教育部高等学校材料类专业教学指导委员会规划教材

江苏省高等学校重点教材（2021-2-228）

新型储能材料

任玉荣　曾芳磊　主编

NEW ENERGY STORAGE MATERIALS

化学工业出版社

·北　京·

内容简介

《新型储能材料》是教育部高等学校材料类专业教学指导委员会规划教材。本书根据当前储能材料领域最新研究进展，结合国家储能技术发展战略，在阐述新型储能材料相关基础理论知识的基础上，从基本构成、工作原理、应用、最新进展以及我国发展现状等方面着重介绍了具有重要意义和发展前景的储能器件以及应用于其中的新型储能材料，包括铅酸电池、镍氢电池、锂离子电池、锂硫电池、锂空气电池、钠离子电池、铝离子电池、锌离子电池等电池体系的关键材料以及超级电容器关键材料和相变储能材料。

本书适合作为高等学校材料类、能源类、化学化工类相关专业的教学用书，同时也适合作为新能源、电化学储能、电动汽车、规模储能等领域研究与应用人员的参考书。

图书在版编目（CIP）数据

新型储能材料/任玉荣，曾芳磊主编. —北京：化学工业出版社，2024.3
ISBN 978-7-122-45163-7

Ⅰ.①新… Ⅱ.①任… ②曾… Ⅲ.①储能-功能材料-高等学校-教材 Ⅳ.①TB34

中国国家版本馆 CIP 数据核字（2024）第 046899 号

责任编辑：陶艳玲　　装帧设计：史利平
责任校对：宋　玮

出版发行：化学工业出版社
（北京市东城区青年湖南街 13 号　邮政编码 100011）
印　　刷：三河市航远印刷有限公司
装　　订：三河市宇新装订厂
787mm×1092mm　1/16　印张 16¾　字数 413 千字
2024 年 5 月北京第 1 版第 1 次印刷

购书咨询：010-64518888　　售后服务：010-64518899
网　　址：http://www.cip.com.cn
凡购买本书，如有缺损质量问题，本社销售中心负责调换。

定　　价：59.00 元

前言

能源是关系国民经济和社会发展的全局性和战略性问题，能源存储技术在促进能源安全生产和使用、推动能源革命和能源新业态发展方面发挥至关重要的作用。能源存储技术的创新突破将成为带动全球能源格局革命性、颠覆性调整的重要引领技术。储能设施的加快建设将成为国家构建更加清洁低碳、安全高效的现代能源产业体系的重要措施。为加快培养储能领域“高精尖缺”人才，增强产业关键核心技术攻关和自主创新能力，以产教融合发展推动储能产业高质量发展，教育部、国家发展和改革委员会、国家能源局决定实施的《储能技术专业学科发展行动计划（2020—2024年）》中重点强调了加快发展储能技术学科并促进储能技术与相关学科深度交叉融合。

能源存储技术作为新兴领域，涉及物理、化学、材料、能源动力、电力电气等多学科多领域的交叉融合、协同创新。高校现有人才培养体系以传统的固有学科划分，不同学科之间虽有联系，但对于新能源专业学生的培养，专业壁垒仍比较明显。以电化学储能技术为例，在材料类相关的专业培养计划中，电池技术所需的电化学、溶液化学和界面化学基础知识不足；在传统化学化工专业的培养计划中，学生缺乏对材料类基础知识的认识。

在编者多年的教学实践过程中，发现来自材料、化学和物理等专业背景的学生对于电化学储能技术的理解，都有各自的知识盲点。为了适应我国经济发展战略、提高人才市场竞争力以及储能产业发展的需求，同时也为了培养专业面宽、知识面广和实践能力强的应用型储能人才，编者编写了本书，主要面向不同专业背景知识的高年级本科生和研究生，希望能够打通学科培养的壁垒，为学生提供一个由浅入深学习途径，使学生了解和掌握储能材料的关键技术、重要组成及发展前景。

本书根据当前储能材料领域的最新研究进展，结合国家储能技术发展战略，全面系统地归纳总结了新型储能材料。本教材首先阐述了储能材料的基础理论知识，再从基本构成、工作原理、应用、最新进展以及我国发展现状等方面着重介绍了具有重要意义和发展前景的储能器件以及应用其中的储能材料。涉及的储能材料有电化学储能材料和热储能材料，主要包括铅酸电池、镍氢电池、锂离子电池、锂硫电池、锂空气电池、钠离子电池、铝离子电池、锌离子电池等新型电池体系关键材料，以及超级电容器关键材料和相变储能材料。

本书力求做到概念清晰，语言通俗易懂，理论分析严谨，结构编排由浅入深，在分析问题时注重启发性，以有说服力的科研或工程实例为依据，较全面系统地阐述储能技术和储能材料的基本原理、方法、性能、制备与工艺等，并在章后配以习题与思考题。

本书由任玉荣、曾芳磊主编。第1章由任玉荣、王大为编写，第2章和第3章由曾芳磊编写，第4章由丁正平、李建斌、戚燕俐、赵倩、曾芳磊共同编写，第5章由曾芳磊、诸葛祥群、赵倩共同编写，第6章由丁正平、李建斌、诸葛祥群共同编写，第7章由曾芳磊编写，第8章由戚燕俐编写，全书由任玉荣、曾芳磊、戚燕俐统稿。

本书在编写过程中参阅了许多相关著作、论文等资料。本书的出版得到了天合光能等新能源企业有关领导、专家的大力支持和帮助，还得到了常州大学材料科学与工程专业（江苏省省级一流专业）建设经费的支持，在此一并表示感谢。

由于编者学识有限，且近年来相关理论研究和新材料体系发展迅速，书中难免有疏漏和不妥之处，希望本书出版后能够得到相关专家和读者的批评指正。

编者

2024年3月

目 录

第1章 新能源时代与储能技术

第2章 化学电源概论

第8章　相变储能材料

本书思政元素

第 1 章 新能源时代与储能技术

自原始人类首次使用火种开始，能源便成为人类生存的必需资源。随着世界经济的快速发展和全球人口的不断增长，世界能源消耗也大幅度上升。伴随主要化石燃料的匮乏和全球环境状况的恶化，传统能源工业已经越来越难以满足人类社会的发展要求。能源问题与环境问题成为 21 世纪人类面临的两大基本问题。在这种情况下，发展无污染、可再生的新能源是解决这两大问题的必由之路。因此，可再生能源作为新能源在一次能源结构中的比例逐渐增大，传统化石能源向新能源的重大转换将成为必然。

1.1 能源的定义和分类

能源按其形成方式的不同分为一次能源和二次能源，见表 1-1。一次能源即直接从自然界中取得的未经改变或转变而直接利用的能源，如化石燃料（煤、石油、天然气等）、核燃料、生物质能、水能、风能、太阳能、海洋能、潮汐能、地热能等。二次能源即由一次能源经过加工与转换得到的能源，如电能、汽油、柴油和氢能等，它是联系一次能源和能源用户的中间纽带。一次能源包括以下三类：①来自地球以外天体的能量，主要是太阳能；②地球本身蕴藏的能量、海洋和陆地内储存的燃料、地球的热能等；③地球与天体相互作用产生的能量，如潮汐能。一次能源按其循环方式不同可分为可再生能源和不可再生能源。可再生能源是指自然界可以循环再生，取之不尽，用之不竭的能源，不需要人力参与便会自动再生。可再生能源包括太阳能、水能、风能、生物质能、潮汐能、海洋能、地热能等。不再生能源

表 1-1 能源分类形式

<table>
<tr><td colspan="2">项目</td><td>过程性能源</td><td colspan="3">含能体能源</td></tr>
<tr><td rowspan="4">一次能源</td><td rowspan="2"></td><td colspan="3">清洁能源</td><td>非清洁能源</td></tr>
<tr><td colspan="2">可再生能源</td><td colspan="2">不可再生能源</td></tr>
<tr><td>常规能源</td><td>水能（水车等）
风能（风车、风帆等）畜力</td><td>地热
生物质能（薪材秸秆、粪便等）
太阳能（自然干燥等）</td><td>核燃料</td><td>化石燃料（煤、石油、天然气等）</td></tr>
<tr><td>新能源</td><td>水能（小水电）
风能（风力机等）
海洋能
潮汐能</td><td>生物质能（燃料作物制沼气、酒精等）
太阳能（收集器、光电池等）
地热能</td><td></td><td></td></tr>
<tr><td colspan="2">二次能源</td><td>电能、蒸汽、热水、压缩空气等</td><td colspan="3">沼气、汽油、柴油、煤油、重油等油制品，氢能等</td></tr>
</table>

是指在自然界中经过亿万年形成，短期内无法恢复，且随着大规模开发利用，储量越来越少总有枯竭一天的能源，如煤炭、石油、天然气、核燃料等。此外，一次能源按环境保护的要求可分为清洁能源和非清洁能源。清洁能源，又称为绿色能源，是指不排放污染物、能够直接用于生产生活的能源，它包括核能和“可再生能源”。非清洁能源是指在使用过程中排放大量温室气体、有害气体和有损环境的液体、固体废弃物的能源，比如煤炭、石油等。

能源按使用性质不同可分为含能体能源和过程性能源。凡包含有能量的物质都是含能体能源，如煤炭、石油、油页岩、柴火，秸秆、树木等，可以直接储存和输送。也可以说，各种燃料能源都是含能体能源。过程性能源是指物质（体）在运动过程中产生能量的能源，无法直接储存和输送，如风、流水、海流、波浪，潮汐等。当它发生移动、流动等运动时，可在其过程中产生能量，人们利用这些能量发电、做功。例如，风可以吹动风车，风车可以用来提水、磨面、碾米；流水能带动机器，从而转变为机械能，再转化为电能。

能源按现阶段的发展程度可分为常规能源和新能源。常见的新能源包括太阳能、风能、水能、海洋能、核能和地热能等。常规能源也叫传统能源，是指已经大规模生产和广泛利用的一次能源。如煤炭、石油、天然气、水，是促进社会进步和文明的主要能源。常规能源的储藏是有限的。新能源是在新技术基础上系统地开发利用的能源，如太阳能、风能、海洋能、地热能等，与常规能源相比，新能源生产规模较小，适用范围较窄。常规能源与新能源的划分是相对的。以核裂变能为例，20 世纪 50 年代初开始把它用来生产电力和作为动力使用时，被认为是一种新能源。到 80 年代世界上不少国家已把它列为常规能源。太阳能和风能被利用的历史比核能要早许多世纪，由于还需要通过系统研究和开发才能提高利用效率，扩大使用范围，所以还是把它们列入新能源。

1.2 新能源和新能源技术

1.2.1 新能源

联合国曾认为新能源和可再生能源共包括 14 种能源：太阳能、地热能、风能、潮汐能、海水温差能、波浪能、薪柴、木炭、生物质能、蓄力、油页岩、焦油砂、泥炭以及水能等。目前各国对这类能源的称谓有所不同，共同的认识是，除常规的化石能源和核能之外，其他的能源都可称为新能源或可再生能源，主要为太阳能、地热能、风能、海洋能、生物质能、氢能和水能。由不可再生能源逐渐向新能源和可再生能源过渡，是当代能源利用的一个重要特点。在面临能源、气候、环境问题严重挑战的今天，大力发展新能源和可再生能源是符合国际发展趋势的，对维护我国能源安全以及环境保护意义重大。

1.2.2 新能源技术

新能源具有分布广、储量大和清洁环保的特征，将为人类提供发展的动力。实现新能源的利用需要新技术支撑，新能源技术是人类开发新能源的基础和保障。

① 太阳能利用技术　太阳能利用技术主要包括：太阳能－热能转换技术，即通过转换装备将太阳辐射转换为热能加以利用，如太阳能热发电、太阳能采暖技术、太阳能制冷与空调技术、太阳能热水系统、太阳能干燥系统、太阳灶和太阳房等；太阳能－光电转换技术，即太阳能电池，包括应用广泛的半导体太阳能电池和光化学电池的制备技术；太阳能－化学

能转换技术，如光化学作用、光合作用和光电转换等。

② 氢能利用技术　氢能利用技术包括制氢技术、氢提纯技术和氢储存与输运技术。制氢技术范围很广，包括化石燃料制氢、电解水制氢、固体聚合物电解质电解制氢、高温水蒸气电解制氢、生物制氢、生物质制氢、热化学分解水制氢及甲醇重整、H_2S 分解制氢等。氢的储存是氢利用的重要保障，主要技术包括液化储氢、压缩氢气储存、金属氢化物储氢、配位氢化物储氢、有机物储氢和玻璃微球储氢等。氢的应用技术主要包括燃料电池、燃气轮机（蒸汽轮机）发电、镍氢电池、内燃机和火箭发动机等。

③ 核电技术　核电技术主要有核裂变和核聚变。自 20 世纪 50 年代第一座核电站诞生以来，全球核裂变发电迅速发展，核电技术不断完善，各种类型的反应堆相继出现，如压水堆、沸水堆、石墨堆、气冷堆及快中子堆等，其中，以轻水（H_2O）作为慢化剂和载热剂的轻水反应堆（包括压水堆和沸水堆）应用最多，技术相对完善。人类实现核聚变并对其进行控制，但难度非常大，采用等离子体最有希望实现核聚变反应。

④ 化学电能技术　化学电能技术即电池制备技术，目前以下电池研究活跃并具有发展前景：金属氢化物－镍电池、锂/钠离子二次电池、铝离子电池、锌离子电池和燃料电池等。

⑤ 生物质能应用技术　生物质能的开发利用在许多国家得到高度重视，生物质能有可能成为未来可持续能源系统的主要成员，扩大其利用是减排 CO_2 的最重要途径。生物质能的开发技术有生物质汽化技术、生物质固化技术、生物质热解技术、生物质液化技术和沼气技术。

⑥ 风能、海洋能应用技术　风能应用技术主要为风力发电，如海上风力发电、小型风机系统和涡轮风力发电等。

⑦ 潮汐能技术　潮汐能是海水受到月球、太阳等天体引力作用而产生的一种周期性海水自然涨落现象，是人类最早认识和利用的一种海洋能。潮汐能应用技术主要为潮汐能发电，该技术开发较早，技术最为成熟，其与水力发电的原理、组成基本相同，也是利用水的能量使水轮发电机发电。

⑧ 地热能技术　地热能开发技术集中在地热发电、地热采暖、供热和供热水的技术。

1.3 储能技术的价值与类型

1.3.1 发展储能技术的重要意义

与传统能源相比，太阳能、风能、生物能和潮汐能等可再生能源具有资源丰富、无污染、多途径利用和可持续性等特点。但这些可再生能源的利用往往受到时间、空间和气候变化等因素的限制，如太阳能不能连续使用，只能在白天利用，并且太阳能分布并不均匀；风能的利用主要取决于风速的大小和稳定性，在我国风力发电的地区与高用电的地区往往距离较远。正是由于可再生能源的间歇性、不稳定性和分布不均匀性，大力发展储能技术成为解决可再生能源“先天不足”的一个重要途径。

发展储能技术的目的主要是实现电力在供应端、输送端以及用户端的稳定运行，具体应用场景包括：a. 应用于电网的削峰填谷、平滑负荷、快速调整电网频率等领域，提高电网运行的稳定性和可靠性；b. 应用于新能源发电领域降低光伏和风力等发电系统瞬时变化大对电网的冲击，减少“弃光、弃风”的现象；c. 应用于新能源汽车充电站，降低新能源汽车大规模瞬时充电对电网的冲击，还可以享受波峰波谷的电价差。

1.3.2 储能技术的分类与应用

能源存储，主要指将能源转变成可存储的形态（如化学能、势能、动能、电磁能等），使转化后的能量具有空间上可转移或时间上可转移或质量可控制的特点，并且在需要的时候以原始的形态或者可以使用的形态释放出来的过程[4]。根据能量来源的不同，可以将能量产生分为八大类，即太阳能、风能、生物质能、核能、热能、机械能、化学能和电磁能。因此，能源可以凭借多种形式和能级存在，包括热能、化学能、机械能、动能、静压气体、电能等，因此储能不只是储电。

图 1-1 涵盖了各种能量产生、储存和应用的形式。相应的储能技术多种多样，包括抽水蓄能、压缩空气储能、飞轮储能、电池储能、液流电池储能、超导磁储能、超级电容储能、储氢技术及储热技术等。根据能量转换（化）形式的不同，可以将储能技术分为机械储能、电磁储能、化学储能和相变储能等四大类，其中：a. 机械储能的典型特征是将电能转换为机械能进行储存，常见的储能方式有抽水蓄能、压缩空气储能、飞轮储能、弹性储能、液压储能等；b. 电磁储能的典型特征是将电能转换为电磁能进行储存，常见的储能方式有超导储能；c. 化学储能的典型特征是将电能转化为化学能进行储存，常见的储能方式有铅酸蓄电池、碱性电池（镍镉电池、镍氢电池等）、碱金属离子电池（如锂离子电池、钠离子电池和钾离子电池等）、金属—空气电池、液流电池和超级电容器储能等；d. 相变储能的典型特征是将能量转换为热能进行储存，即相变储热，常见的储能方式有显热储热、潜热储热和化学能储热三种。储能技术可突破能源应用过程中的"时间"和"空间"限制。

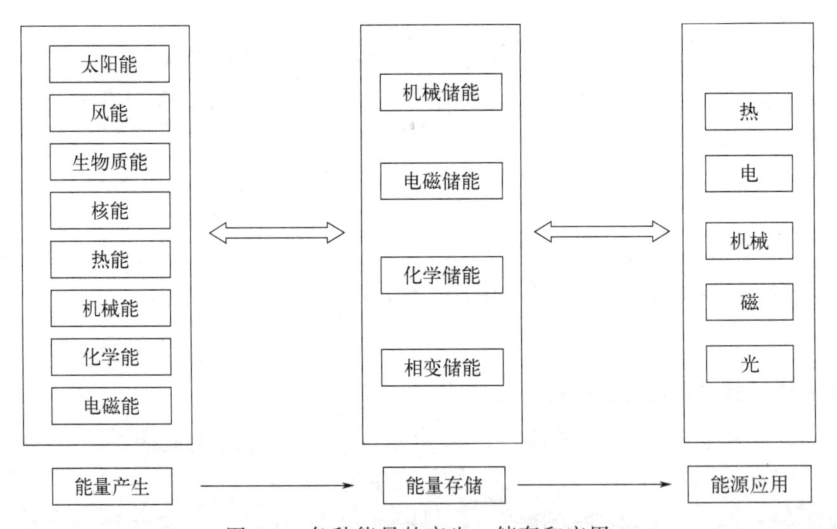

图 1-1 各种能量的产生、储存和应用

储能系统的规模不同，技术的成熟程度也不同，这就决定了应用时的用户类型和所存储的能量等级将会有所差异，应用领域也不同（见表 1-2）[4]。

表 1-2 储能技术的应用领域比较

设备类型	用户类型	功率	能量等级
便携式设备	电子设备	1～100W	1W·h
	电动工具		

设备类型	用户类型	功率	能量等级
运输工具	汽车	24～100kW	100kW・h
	货车、轻轨列车	100～500kW	500kW・h
静止设备	家庭	1kW	5kW・h
	小型工业和商业设施	10～100kW	25kW・h
	配电网	1MW	1MW・h
	输电网	10MW	10MW・h
	发电站	10～100MW	10～100MW・h

图 1-2 给出了不同储能方式的功率等级和放电时间，可以看到，不同储能方式的储能功率及其对应的放电时间不同，根据这一特点，基于不同的需求，如削峰填谷、调峰调频、稳定控制、改善电能质量乃至紧急备用电源等，应选择不同的储能方式。表 1-3 给出了不同储能技术的性能比较。表 1-4 给出了各种典型的储能技术的主要优、缺点和研究应用现状[5]。

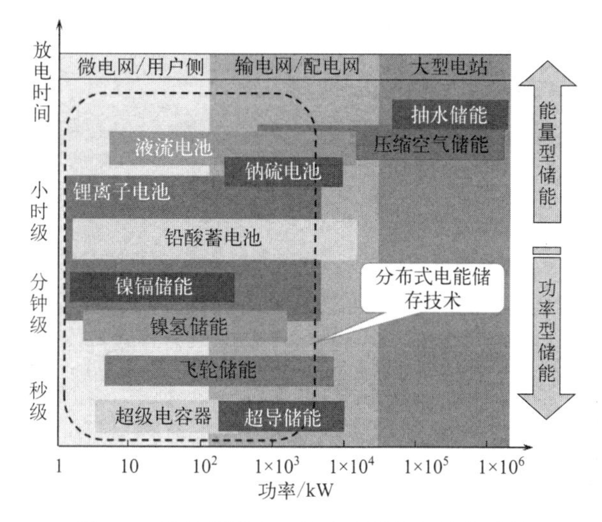

图 1-2　不同储能方式的功率等级和放电时间

表 1-3　不同储能技术的性能比较

储能技术类型		功率规模	全功率响应时间	循环寿命/次	循环效率/%	应用模式
机械储能	抽水蓄能	吉瓦级	分钟级	设备使用期限内无限制	70～85	削峰填谷、频率调节、系统备用
	压缩空气储能	百兆瓦级	分钟级	设备使用期限内无限制	≥70	削峰填谷、频率调节、系统备用
	飞轮储能	兆瓦级	十毫秒级	≥20 000	85～90	电能质量调节和电力系统稳定控制
电磁储能	超导储能	十兆瓦级	毫秒级	≥100 000	90～95	电能质量调节和电力系统稳定控制

续表

储能技术类型		功率规模	全功率响应时间	循环寿命/次	循环效率/%	应用模式
化学储能	超级电容器储能	兆瓦级	毫秒级	≥50 000	95	电容储能式硅整流分合闸装置大功率直流电机启动支撑
	铅酸蓄电池	十兆瓦级	百毫秒级	500～1200	75	削峰填谷、频率和电压调节、可再生能源灵活接入、系统备用
	镍镉电池	十兆瓦级	百毫秒级	2000～2500	80	
	钠硫电池	十兆瓦级	百毫秒级	2500～4500	85	
	液流电池	兆瓦级	百毫秒级	≥12 000	80	
	镍氢电池	百千瓦级	百毫秒级	≥2 500	85	
	锂离子电池	兆瓦级	百毫秒级	1000～10 000	90	

表 1-4　各种典型储能技术的主要优、缺点和研究应用现状

储能技术类型		主要优点	主要缺点	作用	国内研究应用现状
机械储能	抽水蓄能	大容量、低成本	安装位置有特殊要求	调峰调频、系统备用	已建22座、最大2400MW
	压缩空气储能	大容量、低成本、寿命长	对位置有特殊要求、需气体燃烧	削峰填谷、频率控制	研究较少、应用少
	飞轮储能	比功率高	低能量密度、噪声大	调频、改善电能质量	实验室研究阶段
电磁储能	超导储能	比功率高、响应快	能量密度较低、成本高	抑制震荡，低电压穿越	已有35kJ低温超导样机
化学储能	超级电容器储能	响应快、效率高	低能量密度	稳定控制、柔性交流输电系统	小规模应用示范
	铅酸蓄电池	低成本	深度充放电时寿命较短	抑制功率波动、黑启动	技术成熟、示范工程最大40MW、现在少用
	锂离子电池	高功率、高能量密度、高效率	生产成本高、需特殊的充电电路	改善电能质量、备用电源	技术成熟、已建几十兆瓦级示范工程
	镍镉电池	比能量较高、寿命较长	比功率较低、重金属污染	改善电能质量、备用电源	技术成熟、示范工程少
	镍氢电池	比能量较高、寿命较长、安全性能较好	生产成本高、高温性能差、需要控制氢损失	改善电能质量、备用电源	技术成熟、示范工程少
	液流电池	大容量、功率和能量相互独立	能量密度比较低	负荷跟踪、抑制功率波动	几个兆瓦级风储示范工程
	钠硫电池	高功率、高能量密度、高效率	生产成本、安全问题	旋转备用、抑制功率波动	已建几十兆瓦级示范工程

1.3.2.1 机械储能

（1）抽水蓄能

抽水蓄能是最古老，也是目前电力系统中应用最为广泛、寿命周期最长（40～60年）、循环次数最多（10 000～30 000次）、容量最大（500～8 000MW・h）的一种成熟的储能方式[4-6]，主要用于系统备用和调峰调频。抽水蓄能的基本原理是：在用电低谷时，将电能以水的势能的形式储存在高处的水库里；用电高峰时，开闸放水，驱动水轮机发电，如图1-3所示。第一座抽水蓄能电站于1882年在瑞士的苏黎世建成，从20世纪50年代开始抽水蓄能电站的发展进入起步阶段。抽水蓄能电站既可以使用淡水，也可以使用海水作为存储介质。

抽水蓄能受建站选址要求高、建设周期长、机组响应速度相对较慢等因素的影响，其大规模推广应用受到一定程度的约束与限制。

抽水蓄能电站的高度依赖于当地的地形地貌，它的理想场所是上下水库的落差大、具有较高的发电能力、较大的储能能力、对环境无不利影响，并靠近输电线路。但是这样的理想场所很难寻找，目前，地下抽水蓄能（UPHES）的新思路已经浮出水面。地下抽水蓄能电站与传统抽水蓄能电站的唯一区别是水库的位置。传统的抽水蓄能电站对于地质构造与适用区域有较高的要求。地下抽水蓄能电站利用地下水，建筑在平地，上水库在地表，下水库在地下。其中，重力功率模块（GPM）作为新技术受到了广泛关注。具体而言，一个由铁和混凝土制成的大活塞，悬浮在一个充满水的深井中，活塞下降到迫使水通过涡轮，带动发电机发电。与现有抽水蓄能电站相比，GPM电厂单位存储容量的投资成本小，并且自动化程度高，占地面积小，多轴GPM装置也可以在市区修建，从经济性和成本上更具有发展前途。

近年来，抽水蓄能技术的研究方向还有变速抽水蓄能机组。变速抽水蓄能机组分为交流励磁变速抽水蓄能机组和阀控变频抽水蓄能机组。目前，有人提出了将泵和水轮机合并为一体的可逆式水泵水轮机的新抽水蓄能机组结构，有效地提高了抽水蓄能电站建设的经济性，成为现代抽水蓄能电站应用的主要形式。

抽水蓄能系统储存的能量除了从电网获得电能之外，还可以使用风力涡轮机或太阳能直接驱动水泵工作。这种方式不但使能量的利用更为有效，还很好地解决了风能和太阳能发电不稳定的问题。

（2）压缩空气储能

压缩空气储能技术是另一种可以实现大容量和长时间电能存储的电力储能系统，是指将低谷、风电、太阳能等不易储藏的电力用于压缩空气，将压缩后的高压空气密封在报废矿井，沉降的海底储气罐、山洞、过期油气井或新建储气井中。当用电高峰期到来时，压缩空气被压送到燃烧室，与喷入的燃料混合燃烧生成高温高压的燃气；然后再进入汽轮机中膨胀做功，实现了气体或液体燃料的化学能部分转化为机械功，并输出电功[7]。

目前，地下储气站最理想的是水封恒压储气站，能保持输出恒压气体，地上储气站采用高压的储气罐模式。压缩空气储能是一种基于燃气轮机的储能技术，一般包括5个主要部件：压气机、燃烧室及换热器、透平、储气装置（地下或地上洞穴或压力容器）、电动机/发电机（见图 1-4）。其工作原理与燃气轮机不同的是，压气机和透平不同时工作，电动机与发电机共用一机。在储能时，压缩空气储能中的电动机耗用电能，驱动压气机压缩空气并存于储气装置中；放气发电过程中，压缩空气从储气装置释放，进入燃气轮机燃烧室同燃料一起燃烧后，驱动透平带动发电机输出电能。由于压缩空气来自储气装置，透平不必消耗功率带动压气机，几乎全部用于发电。

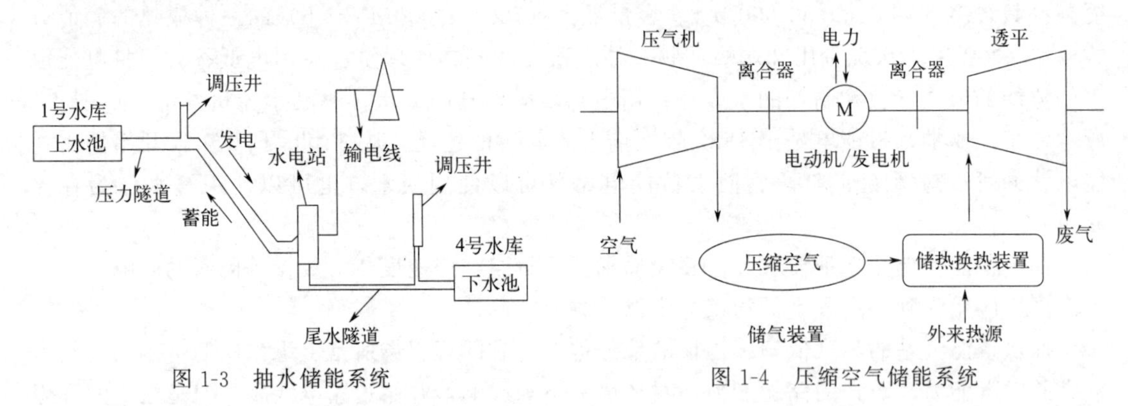

图 1-3　抽水储能系统

图 1-4　压缩空气储能系统

压缩空气储能具有容量大、工作时间长、经济性能好、充放电循环多等优点。a. 规模上仅次于抽水蓄能，适合建造大型电站。压缩空气储能系统可以持续工作数小时乃至数天，工作时间长。b. 建造成本和运行成本比较低，低于钠硫电池或液流电池，也低于抽水蓄能电站，具有很好的经济性。随着绝热材料的应用，仅使用少量或不使用天然气或石油等燃料加热压缩空气，燃料成本占比逐步下降。c. 场地限制少。虽然将压缩空气储存在合适的地下矿井或熔岩下的洞穴中是最经济的方式，但是现代压缩空气储存的解决方法是可以用地面储气罐取代溶洞。d. 寿命长，通过维护可以达到 40～50 年，接近抽水蓄能的 50 年；并且其效率可以达到 60%左右，接近抽水蓄能电站。e. 安全性和可靠性高。压缩空气储能使用的原料是空气，不会燃烧，没有爆炸的危险，不产生任何有毒有害气体。万一发生储气罐漏气的事故，罐内压力会骤然降低，既不会爆炸也不会燃烧。

但压缩空气储能存在能量密度低，依赖大型储气洞穴并产生化石燃料燃烧污染等问题。目前，针对这些问题，压缩空气储能的发展方向是积极开展新型压缩空气储能系统的研发，如等温压缩空气储能系统、地面压缩空气储能系统、液态空气储能系统、先进的绝热压缩空气储能系统以及空气蒸汽联合循环压缩空气储能系统等。其中，改进的隔热压缩空气储能系统使汽轮机不再需要额外的天然气，利用热能储存装置吸收压缩空气时产生的热量，并利用这个热量来加热空气膨胀。地下的地质状况使得这一技术的发展具有风险，人们正在开展研究促进压缩空气储能技术的发展，如实现更高的效率、更低的成本。

世界上第一座商业运行的压缩空气储能电站是 1978 年投入运行的德国 Huntorf 电站，它目前仍在运行中。机组的压缩机功率为 60MW，释能输出功率为 290MW，系统将压缩空气存储在地下 600 m 的废弃矿洞中。机组可连续充气 8 h，连续发电 2h。1991 年投入商业运行的美国亚拉巴马州 Mclntosh 压缩空气储能电站，其地下储气洞穴在地下 450m，压缩机组功率为 50MW，发电功率为 110MW，可以实现连续 41h 空气压缩和 26h 发电。另外日本、意大利、以色列等国也正在建设压缩空气储能电站。我国对压缩空气储能系统的研发起步较晚，但该研究领域正逐渐受到相关科研院所、电力企业和政府部门的重视[8]。

（3）飞轮储能

飞轮储能系统通常由飞轮、电机、轴承、密封壳体、电力控制器和监控仪表等附加设备组成（见图 1-5）。其通过高速运转飞轮将能量从动能转化为电能并存储起来，具有充电、放电、储能功能[9]。其中，电力电子变换装置为电能驱动电动机提供旋转动力，在电能驱动机的带动下飞轮旋转，并将动能储存起来。当电动机外部需要电能时，飞轮带动发动机旋转，将存储的动能转化为电能，并通过电力电子变换装置转换为符合外部装置需要的电压和频率的电能。飞轮储能系统与其他电池储能系统不同，它的输入、输出结构相互独立，因此不需要设置两台发动机，减少了整个发电系统的重量。

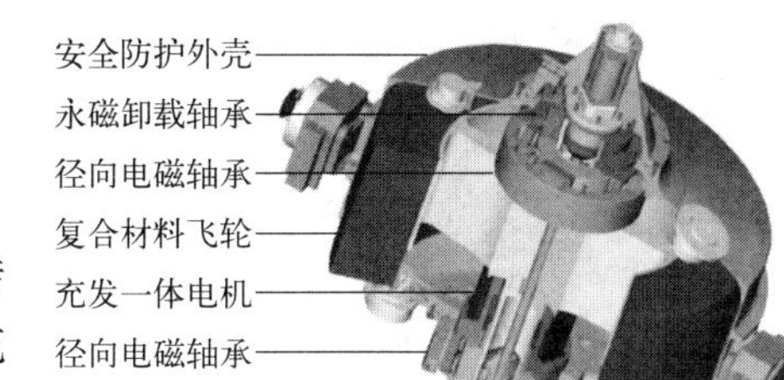

图 1-5　飞轮储能结构

飞轮储能功率密度大于 5kW/kg，能量密度超过 20W・h/kg，效率在 90%以上，循环使用寿命长达 20 年，工作温区为－40～50℃，无污染，维护简单，可连续工作，积木式组合后可以实现兆瓦级，主要用于不间断电源（UPS）/应急电源（EPS）、电网调峰和频率控制。

飞轮储能系统在运行过程中速度非常快，可以达到 50 000 r/min，普通的材料无法满足转动要求。飞轮是整个飞轮储能系统的关键部分，飞轮的重量对储能效果具有决定性作用。一般采用碳纤维制作飞轮，碳纤维重量轻、强度大，可以进一步减轻整个储能结构的重量和充放电过程中的能量损耗，从而达到节能的目的。飞轮储能能量：

$$E=mv^2=J\omega^2 \tag{1-1}$$

式中，m 为飞轮质量；v 为飞轮边缘的线速度；J 为飞轮的转动惯性力；ω 为飞轮的角速度。

从式（1-1）中可以看出，飞轮的能量和转动惯性、飞轮的角速度平方成正比。所以，如果要提高飞轮的储能能量，可以采用增大飞轮的转动惯性或者提高飞轮转速的方法。由此，得到飞轮转动惯性公式：

$$J=mr^2$$

式中，m 为飞轮质量；r 为飞轮转动的半径。降低飞轮的质量和体积可以提高储能效果。

飞轮储能关键技术包括：a. 安全可靠并可支持高速运行的轴承；b. 可以承受高速旋转重力的转子设计与材质。飞轮储能的储能容量、自放电率等方面是制约飞轮储能系统发展的重要因素。随着超导磁悬浮技术和单体并联技术的日渐成熟，飞轮储能将逐渐克服现有的能量密度低、自放电率高等缺点，其应用领域将逐步扩展到大型新能源电力系统的储能领域。

国外飞轮储能系统已形成系列商业化产品，如 Active Power 公司的 500kW Clean Source DC 和 Beacon Power 公司生产的由 10 个 25kW・h 单元组成的 Smart Energy Matrix 储能系统等。目前，飞轮储能装置已投入电网实际运行，如纽约电力管理局就通过试验安装 1MW/(5kW・h) 的飞轮储能装置来解决电动机车引起的电压突变。飞轮储能具有良好的负荷跟踪和快速响应性能，可用于容量小、放电时间短，但瞬时功率要求高的应用场合。

（4）机械弹性储能

机械弹性储能以平面蜗卷弹簧为关键零部件，利用蜗卷弹簧受载时产生弹性变形，将机械能转化为弹性势能，卸载后将弹性势能转化为机械能的原理进行储能和释能，该储能方式具有储能大容量、高效率、低成本和无污染等优点。图 1-6 为机械弹性储能原理的示意图。该技术是利用弹簧（压簧组合体，卷簧和压簧组合体是关键核心部件）可反复屈伸的弹性物质原理，实现对电能的结构性物理储存和释放弹性能量发电。机械弹性储能系统以蜗卷弹簧储能箱为中心分为发电侧与储能侧，两侧都通过变频器连接外部电网；在储能侧，变频器连接电动机，通过联轴器连接扭力传感器与蜗簧箱，完成蜗簧储能；在发电侧，蜗簧通过联轴器带动扭力传感器与发电机，再接上变频器，完成发电并网[10,11]。

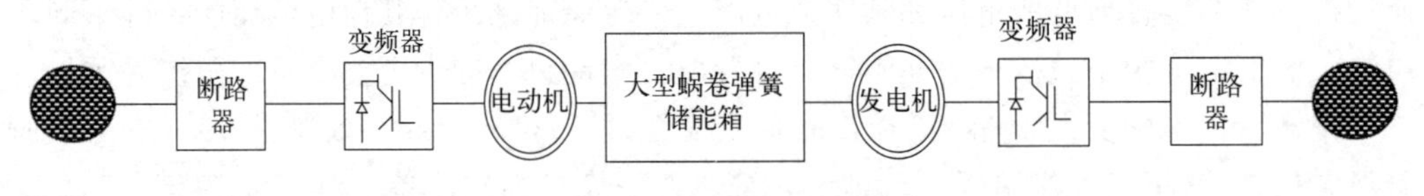

图 1-6　弹性储能

（5）液压储能

液压储能系统中的重要部件是液压储能器，即蓄能器（见图 1-7），是将压力流体的液压能转化为势能储存起来，当系统需要时再由势能转化为液压能而做功的容器，在保证系统正常运行、改善动态品质、保持工作稳定性、延长系统工作寿命和降低噪声等方面起着重要作用[5,12]。因此，液压储能也被称为蓄能器储能。蓄能器发挥存储能量和回收能量的功能，在实际使用中可作为辅助动力源，减小装机容量，补偿泄漏，补偿热膨胀；作为紧急动力源，构成恒压油源等。液压储能技术的基本原理是，当系统压力高于蓄能器内液体或氮气的压力时，系统中的液体进入蓄能器中，直到蓄能器内外压力相等；反之，当蓄能器内液体或氮气的压力高于系统压力时，蓄能器内的液体流到系统中去，直到蓄能器内外压力平衡。

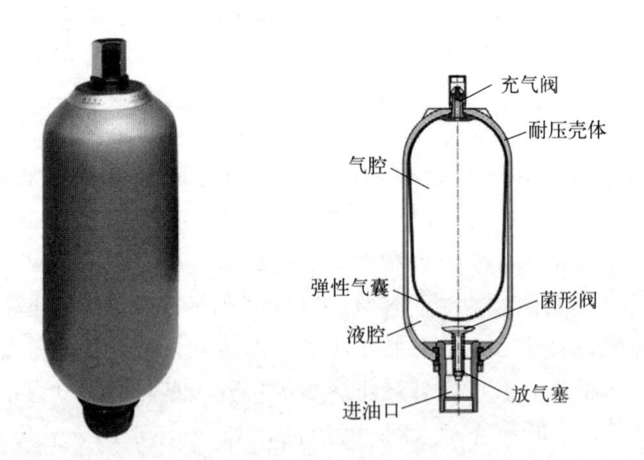

图 1-7　蓄能器的外观图和内部连接结构

各种机械储能技术从系统的能量密度、技术特点、相对发展状况、经济成本进行了比较，见表 1-5。

表 1-5　不同类型储能技术的比较

储能技术	能量密度 /(W·h/kg)	恢复效率/%	发展情况	总成本 /(欧元/kW)	优点	缺点
抽水储能	—	74～85	可用	140～680	大容量、成本较低	对当地生态环境影响较大
压缩空气储能	—	80	可用	400	大容量、成本相对低	应用上存在问题
飞轮储能	30～100	90	可用	3 000～10 000	高功率	能量密度低

1.3.2.2　电磁储能

电磁储能的典型特征是将电能转化为电磁能进行储存，常见的储能方式为超导储能。超导储能系统是在低温冷却到低于其超导临界温度的条件下，利用超导线圈将电磁能直接储存起来，需要时再将电磁能返回电网或其他负载的一种电力设施，它是一种新型高效的蓄能技术[13,14]。这项技术的概念出现在20世纪70年代，以平衡法国电力网的日负荷变化。典型的超导磁储能系统由三部分组成，即大电感超导储能线圈（磁铁）、功率调节系统（交一直流变流装置）及低温系统（使线圈保持在临界温度以下）。当储存电能时，将发电机组（如风力发电机）的交流电经过整流装置变为直流电，激励超导线圈；发电时，直流电经逆变装置变为交流电输出，供应电力负荷或直接接入电力系统。

超导储能的优点主要有：a. 储能装置结构简单，没有旋转机械部件和密封问题，因此设备寿命较长；b. 比容量高（1～10W·h/kg），储能密度高，比功率大（104～105kW/kg），可以实现与电力系统的实时、大容量能量交换和功率补偿；c. 由于采用了电力电子装置，能量转换非常简便，转换效率高（不小于96%），响应极快（毫秒级），调节电压和频率快速且容易。由于超导线材和制冷的需求能源成本高，超导磁储能主要用于短期能源如不间断电源、柔性交流输电（FACTS）。该技术在功率输送时无须能源形式的转换，可以实现与电力系统的实时大容量能量交换和功率补偿。

但和其他储能技术相比，超导储能技术也有缺点，如价格昂贵。此外除了超导本身的费用外，因维持系统低温导致维修频率提高，相关维修费用也相当可观。目前，在世界范围内有许多超导储能工程正在进行建设或者处于研制阶段。

目前世界上1～5MJ/MW低温超导储能系统装置已形成产品，100MJ超导储能系统已投入高压输电网中实际运行，5GW·h超导储能系统已通过可行性分析和技术论证。超导储能系统的发展重点在于基于高温超导涂层导体研发适于液氮温区运行的兆焦级系统，解决高场磁体绕组力学支撑问题，并与柔性输电技术相结合，进一步降低投资和运行成本，结合实际系统探讨分布式超导储能系统及其有效控制与保护策略。超导储能系统在美国、日本、欧洲一些国家或地区的电力系统已得到初步应用，在维持电网稳定、提高输电能力和用户电能质量等方面发挥了重要的作用。

1.3.2.3　相变储能

相变的发生过程通常是等温或近似等温的过程，即发生相变时，物质的温度变化很小或者保持不变，此温度就是相变温度。在相变的发生过程中，相态的变化必然伴随着能量的吸收与放出，这部分能量就是相变潜热。相变潜热是相变储能的方式，所以相变储热实际上是热能存储的范畴。

热能是能量最重要的形式之一，热能存储的典型特征是将能量转化为热能进行储存，即利用物质内部能量变化包括热化学潜热、显热或它们的组合来实现能量存储和释放的储能技术。该技术具有能量密度高、装置简单、设计灵活和管理方便等特点，主要可分为潜热储热、显热储热及热化学储热[15,16]。

① 显热储热　显热储热（SHS）是利用储热材料的热容量，通过升高或降低材料的温度而实现热量的储存或释放的过程。显热储存原理简单，材料来源丰富，成本低廉。低温范围内，水、土壤、砂石及岩石是最为常见的显热储热材料。在太阳能加热系统中，水仍然是用于液体为基础的系统的储热，而岩石床是用于空气为基础的系统的储热。

② 潜热储热　潜热储热（LHS）即相变储热。储热材料释放热量或吸收热量，发生从固体到液体或气体的相变。利用潜热储热就是利用储热材料的相变过程，在放电时，储热相变材料从固态到液态，释放能量；充电时，储热材料从液态到固态，吸收能量。相变储存因储能密度高，放热过程温度波动范围小等优点，得到了越来越多的重视，应用到的储热材料主要有石蜡、盐的水合物和熔盐。

③ 热化学储热　热化学储热是在分子水平上进行储热，利用化学键的断裂或分解反应吸收能量，然后在一个可逆的化学反应中释放能量。这种方法的优点是系统更紧凑，比显热储热和潜热储热具有更高的能量密度。此外，该系统可以在常温下储存能量，且在储存期间没有热损失。在选择热化学蓄热材料时应该考虑成本、反应速率和工作温度范围，并具有大容量充电、存储和放电性能，无毒，不易燃，耐腐蚀，高储能密度，良好的传热特性和流动特性的材料体系。

我国主要从20世纪80年代着手研究储热材料，起步明显晚于国外。而且早期的研究对象主要是相变储热材料，其中重点研究的是相变储热材料中的无机水合盐类，而在众多的无机水合盐相变储热材料中，$Na_2SO_4 \cdot 10H_2O$是开发研究最早且最受重视的一种储热材料。对于储热技术的研究，我国前进的步伐从来没有停歇。1983—1985年，我国依次成功地解决了无机水合盐存在的过冷问题，研制和试验出太阳房相变储热器，分析出新制备的均匀固态物质初始融化热值低的原因；1990年，我国研制出一种新型储热材料，不仅储热性能好，且成本低、无污染、低能耗，凭借其优良特性，该新型储热材料成功在1987年获得国家专利；1992年，我国对相变储热材料在太阳房的应用做了基础研究；20世纪90年代中期，我国对于储热材料的研究重点转向了有机储热材料和固－固相变储热材料[17]。尽管应用于储热技术的储热材料研究有很大的进步，但我国的储热材料研究依然还处于起步阶段，而且国内目前在储热材料的应用领域还仅仅局限于太阳房、农用日光温室等狭窄的领域。

国外研究储热技术最初是以节能为目的，早在1873年，国外就已经出现了储能锅炉，到1880年，人们逐渐开始利用化学反应所产生的反应热来储存车辆的机械能。在20世纪初，国外的研究者又开发出了变压蒸汽储能的技术。1929年，当时最大的蒸汽储能电站在柏林建造成功，储能技术在国外取得了较快的发展。20世纪60年代，随着载人空间技术的迅速发展，美国国家航空航天局（NASA）开始大力发展相变储热技术。20世纪70年代石油危机爆发后，世界上许多工业大国开始着手于新能源的开发与利用，由于新能源存在不连续和不稳定的缺点，储热技术作为主要的储能技术之一受到更多关注，并用于缓解新能源供应不连续的问题。随着储热技术的发展，开发的储热材料种类越来越多，储热技术的实际应用领域也不断扩大，在太阳能热利用、电网调峰、工业节能和余热回收、建筑节能等领域都具有重要的应用价值[18]。

现在，随着经济的发展和能源的大量消耗，人们对于储热技术的研究越来越深入，储热材料在各个领域的应用也越来越多，人们不断利用储热技术来提高能源的利用率，以实现能量的需求平衡，储热技术正在能源、航空、建筑、农业、化工等领域发挥着不可估量的作用。与此同时，还应该注意到，当年的储热技术在很多方面还不够成熟，有待于相关领域的研究人员不断研发，以研制出更高性能的储热材料，降低生产成本，使储热技术能够更加广泛地用于每一个需要储能蓄热的行业，使这种最具发展前景的技术最大限度地造福人类。

1.3.2.4 化学储能

在新能源电力系统运行中，化学储能是一种常见的新能源储能技术，其典型特征是将电能转化为化学能进行储存，主要涉及电化学储能。电化学储能是指各种二次电池储能，以锂电池、铅蓄电池、钠硫电池、液流电池等为代表，通过利用化学反应，将电能以化学能进行储存和再释放的一类技术。相比于物理储能，电化学储能技术具有设备机动性好、响应速度快、能量密度高、循环效率高和受环境影响小等优势，并且具备储能大规模推广所需的批量化、标准化生产，以及便于安装、运行与维护等特点，而且可制备各种小型、便携器件作为能源驱动多种电力电子设备，目前其主要应用在用户侧、可再生能源并网、电网辅助服务、分布式发电及微网、电力输配等领域，是当前各国储能产业研究和创新的重要领域。

电化学储能电池种类繁多，不同的电化学储能电池具有各自的技术特点。目前，铅酸蓄电池主要应用于汽车启停电源、电动自行车、储备电源、通信基站等；镍镉电池、镍氢电池主要应用于玩具、混合动力汽车、规模储能方面；锂离子电池主要应用于消费电子、电动汽车、电动工具、规模储能、航空航天等；超级电容应用于电动大巴、轨道交通、能量回收、电能质量调控等方面[19]。在后面的章节中，将会详细介绍每一种电池体系。

1.4 储能材料及发展现状

1.4.1 储能材料

储能材料指具有能量储存特性的材料。本书介绍的储能材料属于新能源材料的范畴。新型储能材料是实现能源存储与利用以及发展储能技术中所要用到的关键材料，它是发展储能技术的核心和其他应用的基础。从材料学的本质和能源发展的观点看，能存储和有效利用现有传统能源的新型材料也可以归属为新型储能材料。储能材料覆盖了包括铅酸电池、镍氢电池、锂离子电池、钠离子电池、水系电池、超级电容器等在内所需的重点材料、新型相变储能和节能材料等。作为材料科学与工程学科发展的一个重要研究方向，储能材料的主要研究内容同样也是材料的组成与结构、制备与加工工艺、材料的性质、材料的使用效能以及它们之间的关系。结合储能材料的特点，储能材料研究开发的重点有以下几方面。

① 研究新材料、新结构以提高材料的性能和能量的利用效率　例如，研究不同新型固态电解质，以提高材料的离子电导率，从而达到应用的要求；研究开发不同形貌和结构的硅碳复合负极材料，以缓解硅的体积膨胀，发挥硅材料高容量等特点的同时，改善其循环稳定性。

② 安全与环境保护以及资源的合理利用　这是储能材料能否大规模应用的关键。例如，锂离子电池具有优良的性能，但由于锂离子二次电池在应用中出现短路造成的烧伤事件，以及金属锂因性质活泼而易于着火燃烧，因而影响了其应用。为此，研究出用石墨等作为负极载体的锂离子电池，使上述问题得以避免，现已成为发展速度最快的锂离子二次电池。同时，随着锂离子电池在大型储能和动力电池领域的规模化使用，对锂的需求量也迅速增加，资源的合理利用成为业界关注的焦点。同时，回收锂、镍、钴、锰等有价金属，势必产生废水，污染环境。因此，电池的安全、环保及资源的综合利用成为储能领域又一个新的研究课题。

③ 材料规模生产的制作与加工工艺　在储能器件研究开发阶段，材料组成与结构的优化是研究的重点，而材料的制作与加工常使用现成的工艺与设备。到了工程化阶段，材料的制作与加工工艺及设备就成为关键的因素。在许多情况下，需要开发针对储能材料的专用工艺与设备以满足材料产业化的要求，这些情况包括大的处理量、高的成品率、高的劳动生产率、材料及部件的质量参数的一致性和可靠性、环保及劳动防护、低成本等。

④ 延长材料的使用寿命　采用新型储能器件及其装置所遇到的最大问题在于成本有竞争性，从材料的角度考虑，要降低成本，一方面要靠研究开发关键材料，另一方面还要延长材料的使用寿命。上述两方面的潜力是很大的，挖掘潜力要从解决材料性能退化的原理着手，采取相应措施，包括选择材料的合理组成或结构、材料的表面改性等，并要选择合理的使用条件。

1.4.2　储能材料发展现状

本书重点介绍铅酸电池关键材料、镍氢电池关键材料、锂离子电池关键材料、锂金属电池关键材料、新型电池关键材料、超级电容器关键材料以及相变储能材料的发展现状。

(1) 铅酸电池和镍氢电池关键材料

铅酸电池和镍氢电池是较为成熟的两款电池类型，以铅酸电池为例，从发明至今已有160余年的发展历史，虽然如今其在储能市场上的垄断地位被锂离子电池打破，但因其价格低廉、原料易得、工作温度范围宽、安全稳定等优势，仍是世界上用途最为广泛的蓄电池品种之一，很难被任何其他种类的电池完全替代。但铅酸电池的未来市场会随着其他新兴电池的成熟而逐渐变小。铅酸电池的发展前沿仍然是如何增加能量、功率密度及循环寿命。其研究方向应该侧重电极组成/结构、集流体（网格）、电解质和电池构造。使用碳材料取代铅网格和铅电极活性层以增加反应面积、铅利用率和充电速率，减少电极重量仍是有效的方法。对于铅酸电池来说，回收电池是必要的责任，同时回收过程引起的环境问题是行业面临的一大挑战。

(2) 锂离子电池关键材料

经过近30年的发展，小型锂离子电池在信息终端产品（移动电话、便携式计算机、数码摄像机）中的应用已占据垄断性的地位，我国已发展成为全球三大锂离子电池和材料的制造及出口国之一。电动工具、电动自行车、电动汽车、电动公交车用锂离子动力电池也已日渐发展成熟，市场前景广阔。高能量密度、高功率密度以及高安全性、长循环寿命锂离子电池的开发是当前研究的热点。正极材料方面，引领其发展的“三驾马车”是层状结构、尖晶石结构和聚阴离子型材料，分别以 $LiCoO_2$ 或 $LiNi_xCo_yMn_{1-x-y}O_2$ 或 $xLi_2MnO_3 \cdot 1-xLimO_2$（$m$ = Ni、Co、Mn）、$LiMn_2O_4$ 或 $LiNi_{0.5}Mn_{1.5}O_4$、橄榄石结构的 $LiFePO_4$ 或 NASICON 结构的 $Li_3V_2(PO_4)_3$ 为代表。正极材料研究的重点有如何改善高电压钴酸锂的循环稳定性；提高富锂锰基正极材料的倍率性能、首次充放电效率及循环性能；开发高电压电解液应用于 $LiNi_{0.5}Mn_{1.5}O_4$ 等；进一步提高三元材料中镍的比例；发挥大容量性能的同时改善循环稳定性。负极材料方面，根据充放电机理，可分为嵌入型、转换型和合金型材料，分别以碳或 $Li_4Ti_5O_{12}$、硅基或锡基等、氧化物或氮化物或硫化物等为代表。负极材料研究的重点有三个：碳类负极材料的改性与低成本化，如天然石墨的开发与应用；大容量合金负极的复合改性与实用化，如硅碳复合负极材料的研究；高安全性钛酸锂负极的掺杂改性等。在锂离子电池电解液方面，研究的焦点有三个：高低温电解液、高电压电解液和高安全性电解液的开发。为了实现全固态锂离子电池的应用与产业化，在电解质方面主要是研究开发具有高电导率的聚合物电解质和无机固态电解质以取代液态电解质。

（3）锂金属电池关键材料

由于现有锂离子电池能量密度难以进一步提升，具有高比能的锂金属电池再次回到人们视野中，锂金属电池的关键难点在于如何克服金属锂负极的枝晶生长和不稳定性带来的安全问题。目前针对这个问题，已有一些解决思路，例如在电解液中添加成膜剂，进而在金属锂负极表面原位生成钝化膜或者在金属锂负极表面人工涂覆保护膜，来降低金属锂活性，抑制锂枝晶的生长；再如使用三维集流体或者使用锂的合金等解决锂的不安全问题。目前人们已对金属锂负极的枝晶生长机理、保护机制等有了初步的了解。相信随着人们对锂金属电池的逐步深入研究，锂金属电池的安全问题将会进一步解决，电池的容量和循环稳定性也将会进一步提升，这将促进高比能锂金属电池的商业化生产。

（4）新型电池关键材料

新型电池关键材料主要涉及钠离子电池、铝离子电池和锌离子电池，以钠离子电池为例，钠离子电池技术实用化的关键也是电极材料，研究较多的正极材料有层状结构的材料，如 Na_xMnO_2；聚阴离子型材料，如 $Na_3V_2(PO_4)_3$；铁基氟化物材料，如 FeF_3 等。研究较多的负极材料有碳基材料、合金型材料、氧化物与硫化物、钛基氧化物等。只有研发出具有较大容量的、适于钠离子稳定脱嵌的正负极材料，才能推进钠离子电池早日进入市场。此外，相应的电化学机理、电解液的优化、钠离子电池整体的安全性问题，也有待深入研究。相信随着人们对钠离子电池的逐步深入研究，电池的容量和电压以及循环稳定性将会进一步提升，这将促进价格低廉的钠离子电池早日应用于未来的大规模储能体系中。

（5）超级电容器关键材料

超级电容器的最大优点是高比功率和长循环寿命，其最大的挑战是能量密度低。根据能量密度的计算公式 $W=CU^2/2$（式中，U 为单体的电压区间，C 为单体的比容量）可知，提高超级电容器的能量密度，可以从提高电压区间和比容量两个角度考虑。电压区间主要由电解液的分解电压决定，比容量主要由电极材料决定。水系电解液分解电压约为 1.2V，有机电解液分解电压一般为 3.5V，离子液体电解液分解电压为 4.5V。对于电极材料来说，可以通过改变电极材料的组成、晶体结构和微结构来提高比容量。许多电极材料使用时需要添加导电剂，以改进电子从体相导出的问题，如碳材料。提高单体的能量密度，可以用比容量大的电极材料进行匹配，组成非对称超级电容器，也可以引入氧化还原电解质来实现。

（6）相变储能关键材料

相变储能关键材料（PCM）是一种绿色环保的储能材料，在温控与蓄热等新兴领域具有极其广阔的商业应用前景。但同时，热导率低、液态 PCM 泄露等问题阻碍了其大规模的应用普及。近几年，科学工作者们对阻碍 PCM 应用的技术壁垒做出了大量的研究，推动了相变储能材料的快速发展。如开发了有机和无机体系 PCM，使其存在的问题也得到了有效的解决，但是其在大规模的商业应用上仍存在这些问题，仍需从优化材料的性能和开发新型相变储能材料方面努力。如在现有材料的基础上，通过复合改性等方法提高 PCM 的热导率，改善材料泄露，防止相分离等，或通过物理化学的手段，开发出新型材料，满足实际生产生活的需求。

习题与思考题

1. 填空题

（1）根据能量来源的不同，可以将能量产生分为如下八大类：____。

（2）化学储能的典型特征是将电能转化为化学能进行储存，常见的储能方式有：____。

（3）热能存储的典型特征是将能量转化为热能进行储存，常见的储能方式有：____。

（4）机械储能的典型特征是将电能转化为机械能进行储存，常见的储能方式有：____。

（5）储热材料主要包括：____。

2. 问答题

（1）简述抽水储能的工作原理。

（2）简述超导储能的工作原理。

（3）简述相变储能的工作原理。

（4）试分析化学储能的发展趋势。

参考文献

[1] 左玉辉，孙平，柏益尧. 能源—环境调控[M]. 北京：科学出版社，2008.

[2] 潘小勇，马道胜. 新能源技术[M]. 南昌：江西高校出版社，2019.

[3] 王革华，艾德生. 新能源概论[M]. 北京：化学工业出版社，2012.

[4] 黄志高，林应斌，李传常. 储能原理与技术[D]. 北京：中国水利水电出版社，2018.

[5] 连芳. 电化学储能器件及关键材料[M]. 北京：冶金工业出版社，2019，34-42.

[6] 陈海生，李泓，马文涛，等. 2021 年中国储能技术研究进展[J]. 储能科学与技术，2022，11(3)：1052.

[7] 路唱，何青. 压缩空气储能技术最新研究进展[J]. 电力与能源，2018，39(6)，861.

[8] 张建军，周盛妮，李帅旗，等. 压缩空气储能技术现状与发展趋势[J]. 新能源进展，2018，6(2)，140-150.

[9] 戴兴建，魏鲲鹏，张小章，等. 飞轮储能技术研究五十年评述[J]. 储能科学与技术，2018，7(5)，765-782.

[10] Tang J Q，Wang Z Q，Mi Z Q，et al. Finite element analysis of flat spiral spring on mechanical elastic energy storage technology[J]. Research Journal of Applied Sciences，Engineering and Technology，2014，7(5)：993-1000.

[11] 汤敬秋. 机械弹性储能用大型蜗卷弹簧力学特性研究[D]. 北京：华北电力大学（北京），2016.

[12] 瞿炜炜，周连佺，张楚. 液压储能技术的研究现状及展望[J]. 液压与气动，2022，46(6)：93.

[13] 黄晓斌，张熊，韦统振，等. 超级电容器的发展及应用现状[J]. 电工电能新技术，2017，36(11)，63-70.

[14] 张继，郝昊达，田玉，等. 超级电容器储能的光伏系统自适应控制研究[J]. 自动化仪表，2017，38(7)，12-14.

[15] 彭犇，岳昌盛，邱桂博，等. 相变储能材料的最新研究进展与应用[J]. 材料导报，2018，32(A01)，248-252.

[16] 张向倩. 相变储能材料的研究进展与应用[J]. 现代化工，2019，39(4)，67-70.

[17] 金光，肖安汝，刘梦云. 相变储能强化传热技术的研究进展[J]. 储能科学与技术，2019，8(6)，1107.

[18] 李琼慧，王彩霞，张静，等. 适用于电网的先进大容量储能技术发展路线图[J]. 储能科学与技术，2017，6(1)，141-146.

[19] 缪平，姚祯，刘庆华，等. 电池储能技术研究进展及展望[J]. 储能科学与技术，2020，9(3)，670-678.

第 2 章

化学电源概论

2.1 化学电源的工作原理、组成与分类

2.1.1 化学电源的工作原理

顾名思义，"电源"——电力之源，即借助于某些变化（化学变化或物理变化）将某种能量（如化学能、光能）直接转换为电能的装置。通过化学反应直接将化学能转换为电能的装置称为化学电源，也称为化学电池，如常见的锌锰干电池、（阀控式密封）铅酸蓄电池和锂离子电池等[1]。通过物理变化直接将光能、热能转换为电能的装置称为物理电源，也称为物理电池，如硅太阳能电池、薄膜太阳能电池和同位素温差电池等。

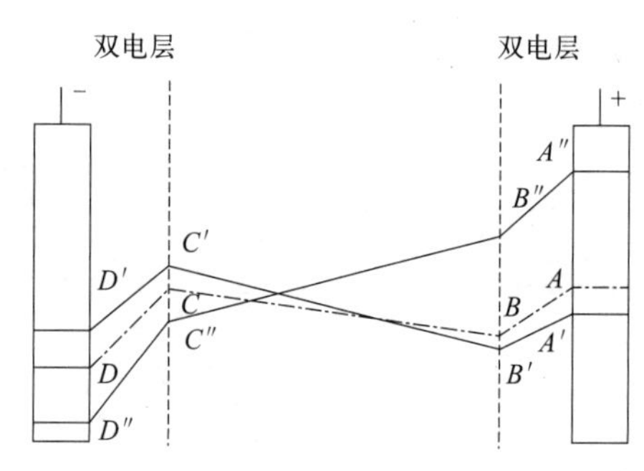

图 2-1　化学电源的工作原理

化学电源实质上是一个能量储存与转换的装置。放电时，将化学能直接转变为电能；充电时则将电能直接转化成化学能储存起来[2]。电池中的正负极由不同的材料制成，插入同一电解液的正负极均将建立自己的电极电势。此时，电池中的电势分布如图 2-1 中折线 A、B、C、D 所示（点划线和电极之间的空间表示双电层）。由正负极平衡电极电势之差构成了电池的电动势 E。当正、负极与负载接通时，正极物质得到电子发生还原反应，产生阴极极化使正极电势下降；负极物质失去电子发生氧化反应，产生阳极极化使负极电势上升。外线路有电子流动，电流由正极流向负极。电解液中靠离子的移动传递电荷，电流由负极流向正极。电池工作时，电势的分布如图 2-1 中 $A'B'C'D'$ 折线所示。

上述的一系列过程构成了一个闭合通路，两个电极上的氧化、还原反应不断进行，闭合通路中的电流就能不断地流过。电池工作时电极上进行的产生电能的电化学反应称为成流反应，参加电化学反应的物质叫活性物质。

电池充电时，情况与放电时的情况刚好相反，正极上进行氧化反应，负极上进行还原反应，溶液中离子的迁移方向与放电时刚好相反，电势分布如图 2-1 中 $A''B''C''D''$ 折线所示，此时的充电电压高于电动势。

化学电源在实现化学能直接转换为电能的过程中，必须具备两个必要条件：

① 必须把化学反应中失去电子的过程（氧化过程）和得到电子的过程（还原过程）分隔在两个区域中进行，因此，它与一般的氧化还原反应不同；

② 两个电极上分别发生氧化反应和还原反应时，电子必须通过外线路做功。因此，它与电化学腐蚀微电池亦有区别。

从化学电源的应用角度而言，常使用“电池组”这个术语。电池组中最基本的电化学装置称为“电池”。电池组由两个或多个电池以串联、并联或串并联形式组合而成。其组合方式取决于用户希望得到的工作电压和电容量。实际上，电池以串联的形式增加其工作电压应用最为广泛，尽量少采用并联的形式增加其电容量，以延长电池使用寿命。

2.1.2 化学电源的组成

任何一种电池都包括四个基本的部分：分别用两种不同材料组成的电极（正极和负极）；将电极分隔在两个空间的隔离物（隔膜、隔板）；电解质（电解液）和外壳（电池盖和电池壳体）。此外，还有一些附件，如连接物、支撑物和绝缘物等。

（1）电极（正极和负极）

电极（正极和负极）由活性物质和导电骨架以及添加剂等组成，其作用是参与电极反应和电子导电，是决定电池电性能的主要部件。

活性物质是指电池放电时，通过化学反应能产生电能的电极材料，活性物质决定了电池的基本特性。活性物质多为固体，但是也有液体和气体。

活性物质按其在电池充、放电过程中发生的电极反应（氧化反应或还原反应）性质的不同，可分为正极活性物质和负极活性物质。对活性物质的具体要求是：

① 正极活性物质的氧化性越强，负极活性物质的还原性越强（正极活性物质的电极电势越高，负极活性物质的电极电势越低），那么它们组成的电池的电动势就越高；

② 活性物质的电化学活性高，即自发进行反应的能力强，电化学活性与活性物质的结构、组成等有很大关系，因此，通常将其制成粉状多孔电极，使其真实表面积增大，降低电池的极化内阻；

③ 活性物质的电化当量越低（质量比容量和体积比容量大），电池质量就越轻；

④ 活性物质在电解液中化学稳定性好，自溶速度小；

⑤ 活性物质自身导电性要好，以减小电池的内阻；

⑥ 资源丰富，价格低廉，便于制造；

⑦ 环境友好。

一种活性物质要完全满足以上要求是很难做到的，必须要综合考虑。目前已广泛采用的正极活性物质大多是一些金属的氧化物，如二氧化铅、二氧化锰、氧化镍、氧化银、氧化汞等，也可用空气中的氧气；广泛采用的负极活性物质，大多是一些活泼或较活泼的金属，如锌、铅、镉、钙、锂、钠等。

导电骨架的作用是能把活性物质与外线路接通并使电流分布均匀，另外还起到支撑活性物质的作用。导电骨架要求机械强度好、化学稳定性好、电阻率低、易于加工。

（2）电解质（电解液）

电解质是决定电池电性能的重要部件。电解质的作用有两个，一是保证正、负极间的离子导电作用；二是参与成流反应（电池放电时，正、负极上发生的形成放电电流的主导的电化学反应，称为成流反应。实际电池体系往往很复杂，成流反应为其主导的电极反应，还可能存在一些副反应如自放电，使活性物质利用率和电池可逆性降低）。有的电解质在反应过程中逐渐被损耗，如锌锰干电池中的 NH_4Cl 和 $ZnCl_2$、铅酸蓄电池中的 H_2SO_4；有的电解质参与反应的中间过程，但总反应不消耗，像锌银电池和镉镍电池中的KOH。

对电解质的具体要求是：

① 化学稳定性好、挥发性小，易长期储存，使储存期间电解质与活性物质界面不发生速度可观的电化学反应，从而减小电池的自放电；

② 电导率高，则电池工作时溶液的欧姆电压降较小；

③ 使用方便。

不同的电池采用的电解质是不同的，一般选用导电能力强的酸、碱、盐的水溶液，最常见的电解液是电解质的水溶液，如铅酸蓄电池的 H_2SO_4 溶液、碱性蓄电池的KOH溶液等；在新型电源和特种电源中，有机溶剂电解质溶液、固态电解质、熔融盐电解质已广泛采用，如锂离子电池、锂一次电池、钠硫电池、质子交换膜电池等采用的电解质。

(3) 隔离物（隔膜、隔板）

隔离物又称隔膜、隔板，置于电池两极之间。隔离物的主要作用是防止正、负极活性物质直接接触而短路，但要允许离子顺利通过。在特殊用途的电池中，隔离物还有吸附电解液的作用。对隔离物的具体要求是十分严格的，它的好坏将直接影响电池的性能和寿命，对隔离物的具体要求是：

① 是电子导电的绝缘体，以防止电池内部短路，并能阻挡从电极上脱落的活性物质微粒和枝晶的生长；

② 隔离物（隔膜）对电解质离子迁移的阻力小，即离子通过隔膜的能力越大越好，则电池内阻就相应减小，电池在大电流放电时的能量损耗就减少；

③ 在电解质中具有良好的化学稳定性，能够耐受电解质（电解液）的腐蚀和电极活性物质的氧化与还原作用；

④ 具有一定的机械强度及抗弯曲能力，并能阻挡枝晶的生长和防止电池正、负极活性物质微粒的穿透；

⑤ 材料价格低廉，资源丰富。

常见的隔离物（隔膜）材料有棉纸、浆层纸、微孔橡胶、微孔塑料、水化纤维素、尼龙布、玻璃纤维和石棉等。

(4) 外壳

又称电池容器。其作用是盛装中间插有隔膜的、由电池正负极组成的极群组且灌有电解质（电解液）。在现有化学电源中，只有锌锰干电池是锌电极兼作外壳，其他各类化学电源均不用活性物质兼作容器，而是根据情况选择合适的材料作外壳。

对外壳材料的具体要求是：

① 有较高的机械强度，不变形、耐振动、抗冲击和过载；

② 耐受高低温环境；

③ 耐腐蚀。

常见的外壳材料有金属、塑料和硬橡胶等。

2.1.3 化学电源的表示方法

综上所述，在一个电池中，主要是正极、负极和电解质三个部分。正极、负极和电解质代表了一个电池的基本组成。为了简明地表示各种电池，习惯上采用如下的电化学表达式来表示一个电池的电化学体系：

(－)负极|电解质(液)|正极(＋)

式中，从左到右依次为负极、电解质和正极，两端的符号（－）和（＋）分别表示电池的负极和正极，其中电解质两侧的直线“|”不仅表示电极与电解质的接触界面，而且还表示正、负极之间必须隔开。

例如，锌锰干电池可表示为

$$(-)Zn|NH_4Cl\text{-}ZnCl_2|MnO_2(C)(+)$$

MnO_2 后面括号内的C，表示正极的导电体为碳棒。

铅酸蓄电池表示为

$$(-)Pb|H_2SO_4|PbO_2(+)$$

镉镍电池可表示为

$$Cd|KOH|NiOOH$$

任何电池均可写成类似形式，在此不一一列举。

化学电源的命名，目前统一的规定是负极放在前面，正极放在后面。如锌锰电池、锌银电池、镍氢电池、锂硫电池以及氢氧燃料电池等。

2.1.4 化学电源的分类

化学电源品种繁多，其分类方法也有多种。可以按其使用电解质的类型分类，也可以按其活性物质的存在方式分类，还可按电池的某些特点分类，更常用的则是按化学电源的性质及储存方式分类。

（1）按电解质（液）的类型分类

① 电解液为酸性水溶液的电池称为酸性电池。

② 电解液为碱性水溶液的电池称为碱性电池。

③ 电解液为中性水溶液的电池称为中性电池。

④ 电解液为有机电解质溶液的电池称为有机电解质溶液电池。

⑤ 采用固态电解质的电池称为固态电解质电池。

⑥ 采用熔融盐电解质的电池称为熔融盐电解质电池。

（2）按活性物质的存在方式分类

① 活性物质保存在电极上：可分为一次电池（非再生式、原电池）和二次电池（再生式、蓄电池）。

② 活性物质连续供给电极：可分为非再生式燃料电池和再生式燃料电池。

（3）按电池的特点分类

① 大容量电池。

② 免维护电池。

③ 密封电池。

④ 烧结式电池。

⑤ 防爆电池。

⑥ 扣式电池、矩形电池、圆柱形电池等。

（4）按电池工作性质及储存方式分类

由于化学电源品种繁多，用途又广，外形差别大，使上述分类方法难以统一，因此人们习惯上按其工作性质及储存方式不同，分为以下三类。

① 一次电池　一次电池，又称“原电池”，指放电后不能用充电方法使其恢复到放电前状态的电池。也就是说，一次电池只能使用一次。导致一次电池不能再充电的原因，或是电池反应本身不可逆，或是条件限制使可逆反应很难进行。如：

锌锰电池 Zn | NH_4Cl-$ZnCl_2$ | MnO_2（C）

锌银电池 Zn | KOH | Ag_2O

锌汞电池 Zn | KOH | HgO

镉汞电池 Cd | KOH | HgO

锂亚硫酰氯电池 Li | $SOCl_2$ | （C）

② 二次电池　二次电池，又称“蓄电池”，指放电后可用充电的方法使活性物质恢复到放电前状态，从而能再次放电，充放电过程能反复进行的电池。二次电池实际上是一个电化学能量储存装置，充电时电能以化学能的形式储存在电池中，放电时化学能又转换为电能，如：

铅酸蓄电池 Pb | H_2SO_4 | PbO

镉镍电池 Cd | KOH | NiOOH

锌银电池 Zn | KOH | AgO

锌氧（空气）电池 Zn | KOH | O_2（空气）

氢镍电池 H_2 | KOH | NiOOH

氢化物镍电池 MH | KOH | NiOOH

③ 储备电池　储备电池，又称“激活电池”，指在储存期间，电解质和电极活性物质分离或电解质处于惰性状态，使用前注入电解质或通过其他方式使其激活，立即开始工作的一类电池。这类电池的正负极活性物质储存期间不会发生自放电反应，因而电池适合长时间储存。如：

锌银电池 Zn | KOH | Ag_2O

镁银电池 Mg | $MgCl_2$ | AgCl

铅高氯酸电池 Pb | $HClO_4$ | PbO_2

必须指出，上述分类方法并不意味着某一种电池体系只能分属一次电池或二次电池或储备电池。恰恰相反，某一种电池体系可以根据需要设计成不同类型的电池类型。如锌银电池，可以设计为一次电池，也可设计为二次电池，还可作为储备电池。

2.2 化学电源的应用与发展

2.2.1 化学电源的应用

化学电源的用途十分广泛，普遍应用的化学电源有铅酸蓄电池、镉镍电池、氢化物镍电池、锂离子电池、锌银电池、锂电池、锌锰电池和燃料电池等[2]。实际上，这些电池体系的电化学反应原理各不相同，其电池设计、所用原材料、制造工艺乃至最终产品的技术性能等都不相同，因而它们的应用领域也是不同的。

各种用电设备对化学电源有着不同的要求，如移动通信设备对为之提供能量的化学电源有如下基本要求：

① 质量轻　作为移动通信设备的电源，首先质量要轻，因为增加质量会使通信设备的移动性能大大降低，所以，为通信设备供给能量的电源也要最大限度地减轻质量；

② 体积小　移动通信设备，都要靠人力或车载方法进行携带，无论哪种方式所携带设备的体积都受到一定的限制，所以在电源能量一定的情况下，要尽量减小电源体积；

③ 耐储存　在一些特殊的应用领域，如军事用途的化学电源就要求有良好的储存性能，以备及时所需；

④ 价格适宜　移动通信中对化学电源的使用较多，而化学电源的使用寿命有限，特别是一次电池不能重复使用，其用量很大，所以开发应用价格适宜的化学电源，可起到节约成本的作用，对推广其广泛应用具有重要意义。

归纳起来，化学电源的用途主要有以下几个方面：

① 启动用　在汽车、摩托车、火车、船舶及内燃发电机组等启动时，通常用铅酸蓄电池作为启动电源；

② 备用电源用　在 UPS、高频开关电源、车载通信等需要不间断供电的场合，通常采用（阀控式密封）铅酸蓄电池作为备用电源；

③ 移动通信用　在便携式通信（如手机、对讲机）、笔记本电脑、车载通信等移动通信设备中，可用锂离子电池、镉镍电池、铅酸蓄电池等作为电源；

④ 电动车用　在电动汽车、电动摩托车、电动自行车等机动车辆中，可用铅酸蓄电池、氢化物镍电池、锂离子电池、燃料电池等作为动力电源；

⑤ 储能用　在自然能（如太阳能、风能、潮汐能等）发电站中，常用（阀控式密封）铅酸蓄电池作为储能电池，起到电力负荷平衡的作用；

⑥ 日用电器用　各种日用电器如计算器、随身听、电动玩具、照相机、剃须刀等可采用锌银电池、锂离子电池、锂电池、氢化物镍电池等作为电源；

⑦ 发电站用　燃料电池是化学电源中最适合用于发电技术的电池，如磷酸燃料电池已经被开发应用于发电站，其他种类的燃料电池如质子交换膜燃料电池、固体氧化物燃料电池和熔融碳酸盐燃料电池等也将被开发用于发电站；

⑧ 特殊领域用　在航空、航天和军事等特殊领域，对化学电源有着特殊的要求，如高功率、高比能量、长寿命、能适应高低温环境等。

2.2.2 化学电源的发展

电化学研究始于 18 世纪和 19 世纪之交有关化学反应中电效应的研究，化学反应中电效应的研究又从意大利科学家伽伐尼（L. Galvani，1737—1798）发现电和意大利物理学家伏打（A. Vlota，1745—1827）发明电池开始。1786 年，伽伐尼在一次偶然的机会中发现，放在两块不同金属之间的蛙腿会发生痉挛现象，他认为这是一种生物电现象。1791 年伏打得知这一发现，并对其产生了极大的兴趣，做了一系列实验。他用两种金属接成一根弯杆，一端放在嘴里，另一端和眼睛接触，在接触的瞬间就有光亮的感觉产生；他用舌头舔着一枚金币和一枚银币，然后用导线把硬币连接起来，就在连接的瞬间，舌头有发麻的感觉。因此他认为伽伐尼电并非动物生电，在本质上是一种物理的电现象，蛙腿本身不放电，是外来电使蛙腿神经兴奋而发生痉挛。后来为了验证他自己的观点，他用锌片和铜片插入盛有盐水的容器中，在锌片和铜片的两端即可测出电压，他甚至发现将锌片和铜片插在柠檬中也可产生电压，这就是最早的“柠檬电池”，从而证明了只要有两片不同的金属和溶液存在，不用动物体也同样可以有电产生。在此基础上，1800 年他又通过实验进一步证明了他的观点：他把银和锌的小圆片相互重叠成堆，并且用食盐水浸透过的厚纸片把各对圆片互相隔开，在头尾两圆片上连接导线，当这两条导线相互接触时，会产生火花放电。这就是科学史上著名的“伏打电堆”。

在电池的发展进程中，一个重要的发展是，1836 年英国人丹尼尔（Daniel）对伏打电堆进行改进，设计出了具有实用性的丹尼尔电池，即将锌负极浸于稀酸溶液中，同时将铜正极浸于硫酸铜溶液中，形成的铜-锌电池。

1859 年法国著名物理学家、发明家普兰特（Gaston Plante）研发了世界上第一块铅酸蓄电池，从而使蓄电池为今后汽车的用电创造了条件。因此，该项发明被人们称为“意义深远的发明”。铅酸蓄电池自发明后，至今已有 100 多年的历史，经历了普兰特式极板、涂膏式极板、管式极板等几个阶段。20 世纪 50 年代开发了铅酸蓄电池的密封技术，解决了普通铅酸蓄电池存在的充电后期析气和维护工作量大的缺点。铅酸蓄电池在化学电源中一直占绝对优势，这是因为其价格低廉、原材料易于获得，使用上有充分的可靠性，并且该电池还具有适用于大电流放电以及适用的环境温度范围较宽等优点。

1868 年，法国工程师勒克朗谢（C. Leclanche）发明了采用 NH_4Cl 水溶液做电解质溶液的锌-二氧化锰电池，成为当今使用最广泛的锌锰电池的雏形（又称 Leclanche 电池），这种电池于 1888 年商品化。商品化的碱性锌-二氧化锰电池（简称碱性锌锰电池或碱锰电池）在 20 世纪 90 年代初实现无汞化技术的突破和可充电，使该产品的竞争力进一步加强。

1899 年瑞典化学家雍格纳（Jungner）发明镉镍蓄电池；1901 年爱迪生（Edison）发明铁镍蓄电池，他用铁镍碱性蓄电池做车辆动力的试验，每充一次电，行程可达 100 英里。1969 年飞利浦实验室发现了储氢性能很好的新型合金，1985 年该公司成功研制金属氢化物镍蓄电池，1990 年日本和欧洲实现了这种电池的产业化。

锂电池的研究和开发始于 20 世纪 60 年代初期，并相继研制出了 Li-MnO_2、Li-$(CF_x)_n$ 和 Li-SO_2 等电池。几乎与锂原电池同步，各国开展了锂金属二次电池的研究，但由于诸如安全等方面的原因，使其未能实现商品化[3]。1991 年索尼公司使用能使锂离子嵌入和脱出的碳负极材料和钴酸锂正极材料，率先成功研制出了锂离子电池，该电池既保持了高电压、高容量的优点，又具有比能量大、循环寿命长、安全性能好、无记忆效应等特点，已广泛应用于手机、便携式视听设备、笔记本电脑等高档电器具中，是目前最具有发展前途的小型二次电池。锂离子电池可用碳代替金属锂做负极，$LiCoO_2$、$LiNiO_2$、$LiMnO_2$ 等做正极，混合电解液如溶有 $LiPF_6$ 的碳酸乙烯酯－碳酸甲乙酯溶液等做电解质。

采用固态聚合物做电解质的锂离子电池称为锂聚合物电池。锂聚合物电池技术近几年才取得突破性进展，美国已有产品在军事领域应用。锂聚合物电池具有比能量大、超薄、超轻、柔软等特性，可实现电池的自由切割，根据使用电器的需求做成任意形状，同时又能以大电流放电。可用于通信、便携式电子设备、电动车、军事、航天、航空、航海设备，随着该电池一些技术问题的解决，其应用范围将更加广泛，发展前景将更加广阔。

化学电源与其他电源相比，具有能量转换效率高、使用方便、安全、容易小型化与环境友好等优点，各类化学电源在日常生活和生产中发挥着不可替代的作用。化学电源的发展与科学技术的发展、社会的进步和人类文明程度的提高是分不开的。材料科学技术的发展促进了各种新型电极材料的开发与应用，使各种高能或新型的化学电源不断呈现；电极生产工艺及电池装配技术的改进和发明，极大地提高了化学电源的性能；其他学科的发展对化学电源的比能量、比功率和循环与储存寿命等性能提出了更高的要求。由于电子设备、电动汽车等方面的强劲需求，随着新型材料技术的进步和制造工艺水平的不断提高，化学电源将向高比能量、长寿命、储存性能好、高转换效率、高可靠性及环境友好等方向快速发展。

2.3 化学电源的性能

化学电源的性能包括电性能、机械性能、储存性能、使用性能，并应考虑经济性等，在这一节主要讨论化学电源的电性能和储存性能。电性能包括电动势、开路电压、内阻、工作电压充电电压、容量与比容量、能量与比能量、功率与比功率、寿命等，储存性能则主要指电池的自放电大小。

2.3.1 电动势与开路电压

(1) 电动势

在外电路开路时，即没有电流流过电池时，正负电极之间的平衡电极电势之差称为电池的电动势。电动势的大小是标志电池体系可输出电能多少的指标之一。

电池的电动势：

$$E=\varphi_{+}-\varphi_{-} \tag{2-1}$$

电动势既可以先计算正、负极的平衡电极电位，再利用式（2-1）进行计算，也可以应用电池的能斯特方程式计算[4]。

电动势是电池在理论上输出能量大小的量度之一。若其他条件相同，电动势越高，理论上能输出的能量就越大，使用价值就越高。主要电池系列的电动势和理论比容量如表2-1所示。

表 2-1　主要电池系列的电动势和理论比容量

电池系列	负极	正极	电池反应	电动势/V	理论比容量	
					g/(A·h)	A·h/kg
一次电池						
锌锰电池	Zn	MnO_2	$Zn+2MnO_2 \rightarrow ZnO \cdot Mn_2O_3$	1.6	4.46	224
镁锰电池	Mg	MnO_2	$Mg+2MnO_2+H_2O \rightarrow Mn_2O_3+Mg(OH)_2$	2.8	3.69	271
碱性锌锰电池	Zn	MnO_2	$Zn+2MnO_2 \rightarrow ZnO \cdot Mn_2O_3$	1.5	4.46	224
锌汞电池	Zn	HgO	$Zn+HgO \rightarrow ZnO+Hg$	1.34	5.27	190
镉汞电池	Cd	HgO	$Cd+HgO+H_2O \rightarrow Cd(OH)_2+Hg$	0.91	6.15	163

续表

电池系列	负极	正极	电池反应	电动势/V	理论比容量	
					g/(A·h)	A·h/kg
锌银电池	Zn	Ag_2O	$Zn+Ag_2O+H_2O \rightarrow Zn(OH)_2+2Ag$	1.6	6.55	180
锌空气电池	Zn	O_2(空气)	$2Zn+O_2 \rightarrow 2ZnO$	1.65	1.55	800
锂二氧化硫电池	Li	SO_2	$2Li+2SO_2 \rightarrow Li_2S_2O_4$	3.1	2.64	379
锂二氧化锰电池	Li	MnO_2	$Li+Mn^{IV}O_2 \rightarrow Mn^{III}O_2(Li^+)$	3.5	3.5	288
贮备电池						
镁氯化亚铜电池	Mg	Cu_2Cl_2	$Mg+Cu_2Cl_2 \rightarrow MgCl_2+2Cu$	1.6	4.14	241
锌银电池	Zn	AgO	$Zn+AgO+H_2O \rightarrow Zn(OH)_2+Ag$	1.81	3.53	283
二次电池						
铅酸蓄电池	Pb	PbO_2	$Pb+2H_2SO_4+PbO_2 \rightarrow 2PbSO_4+2H_2O$	2.1	8.32	120
铁镍电池	Fe	NiOOH	$Fe+2NiOOH+2H_2O \rightarrow Fe(OH)_2+2Ni(OH)_2$	1.4	4.46	224
镉镍电池	Cd	NiOOH	$Cd+2NiOOH+2H_2O \rightarrow Cd(OH)_2+2Ni(OH)_2$	1.35	5.52	181
锌银电池	Zn	AgO	$Zn+AgO+H_2O \rightarrow Zn(OH)_2+Ag$	1.85	3.53	283
锌镍电池	Zn	NiOOH	$Zn+2NiOOH+2H_2O \rightarrow Zn(OH)_2+2Ni(OH)_2$	1.73	4.64	215
氢镍电池	H_2	NiOOH	$H_2+2NiOOH \rightarrow 2Ni(OH)_2$	1.5	3.46	289
锌氯电池	Zn	Cl_2	$Zn+Cl_2 \rightarrow ZnCl_2$	2.12	2.54	394
镉银电池	Cd	AgO	$Cd+AgO+H_2O \rightarrow Cd(OH)_2+Ag$	1.4	4.41	227
锂硫化亚铁电池	Li(Al)	FeS	$2Li(Al)+FeS \rightarrow Li_2S+Fe+2Al$	1.33	2.99	345
钠硫电池	Na	S	$2Na+3S \rightarrow Na_2S_3$	2.1	2.85	377

由电动势的表达式可见，选择正极电极电位越正和负极电极电位越负的活性物质，组成的电池电动势越高，如锂和氟组成的电池。但是在水溶液电解质电池中，不能用比氧的电极电位更正和比氢的电极电位更负的物质做电极的活性物质，否则会引起水的分解。所以，为了获得高的电池电动势，可以采取如下措施：

① 对于水溶液电解质的电池，可以利用氧气和氢气在不同材料上析出时存在不同的超电位，最好用氧超电位高的物质作正极活性物质，用氢超电位高的物质作负极活性物质；

② 选择电极电位较氧电极电位更正和较氢电极电位更负的物质做电池活性物质时，可以采用非水的电解质做电池的电解液。

（2）开路电压

电池的开路电压是两极间连接的外线路处于断路时两极间的电势差。正、负极在电解液中不一定处于热力学平衡状态，因此电池的开路电压总是小于电动势。如金属锌在酸性溶液中建立起的电极电位是锌自溶解和氢析出这一对共轭体系的稳定电位，而不是锌在酸性溶液中的热力学平衡电极电位；锌氧电池的电动势为 1.646V，而开路电压仅为 1.4～1.5V，主要原因是氧在碱性溶液中无法建立热力学平衡电位。

开路电压在实验室中可用电位差计精确测量，通常用高阻伏特计来测量。测量的关键是测量仪表内不得有电流流过，否则测得的电压是端电压，而不是开路电压[5]。

2.3.2 内阻

电池的内阻是指电池在工作时，电流通过电池内部所受到的阻力。它包括欧姆电阻和电化学反应中的电极极化电阻两部分，其中极化电阻不遵守欧姆定律。

电池的欧姆电阻就单体电池而言，它由电极材料、电解液、隔膜电阻及各部分零件的接触电阻组成。在实际应用中，往往是多只单体电池连接成电池组，所以还包括连接物的电阻。串联后的总内阻等于单体电池的内阻之和。电池的欧姆电阻与电池的电化学体系、尺寸、结构、制造工艺和装配等因素有关。

极化电阻也称表观电阻或假电阻，它是当电池充放电时，由于电极上有电流通过，引起极化现象而随之出现的一种电阻，它包括由于电化学极化和浓差极化引起的电阻之和；极化电阻的大小与活性物质的本性、电极的结构、电池的制造工艺有关，特别是与电池的工作条件密切相关。充、放电电流不同，产生的电化学极化与浓差极化的值也不同，因此极化电阻也不同，即极化电阻随充、放电电流的增大而增加。

电池工作时，内阻要消耗能量，内阻越大，消耗的能量越多。因此内阻是决定化学电源性能的一个重要指标，它直接影响着电池的工作电压、工作电流、输出的能量与功率。对于一个实用的化学电源，其内阻越小越好。

2.3.3 放电电压与充电电压

（1）放电电压

放电电压指电池在放电过程中正负两极之间的电位差，又称负荷（载）电压或工作电压。当有电流流过外电路，即电池对外做功时，必须克服由电极极化电阻和欧姆电阻造成的阻力，因此，放电电压总是低于开路电压和电动势，即

$$U_{放}=E-IR_{内}=E-I_{放}(R_{\Omega}+R_{f}) \tag{2-2}$$

式中，$U_{放}$ 为放电电压，V；E 为电动势，V，常用开路电压代替；$I_{放}$ 为放电电流，A；R_{Ω} 为欧姆内阻，Ω；R_{f} 为极化内阻，Ω。

电池在放电过程中的电压变化情况可以用放电曲线来表示。所谓放电曲线就是电池在放电过程中，其工作电压随放电时间的变化曲线。放电曲线的形状随电池的电化学体系、结构特点和放电条件而变化。典型的电池放电曲线如图 2-2 所示。

图 2-2 中的曲线 1 为平滑放电曲线，表示在放电终止前反应物和生成物的变化对电压的影响较小；曲线 2 为阶坪放电曲线，表示活性物质可以两种价态进行氧化或还原，即放电分

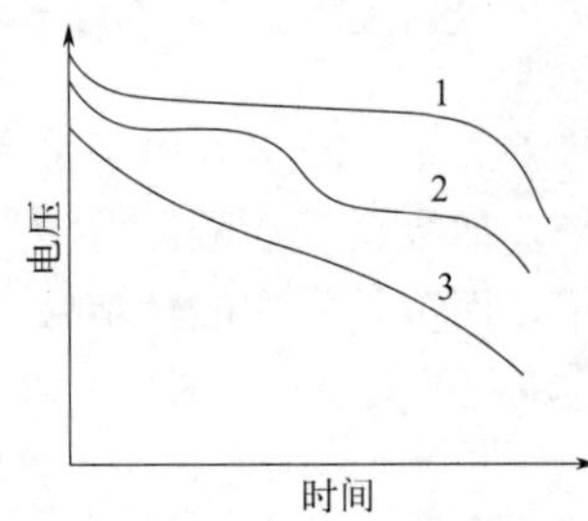

图 2-2　典型的电池放电曲线

两步进行，因而电压出现两个平台；曲线 3 为倾斜放电曲线，表示放电期间反应物、生成物和内阻的变化对电压影响较大。

放电曲线反映了电池在放电过程中工作电压的真实变化情况，所以放电曲线是电池性能的重要标志之一，曲线越平坦，电池的性能越好。

表征放电时电池放电特性的电压值有以下几种。

① 额定电压（或公称电压）　指某系列的电池在规定条件下工作的标准电压，是公认的该电化学体系的电池在工作时的标准电压。如锌锰电池的额定电压是 1.5V，镉镍电池的额定电压是 1.2V。

② 工作电压　指电池在某负载下实际的放电电压，通常指一个电压范围。工作电压的数值和平稳程度与放电条件有关。高倍率（大电流）、低温条件下放电时，电池的工作电压将降低，平稳程度下降。

③ 初始电压　指电池在放电初始时的工作电压。

④ 中点电压　指电池在放电期间的平均电压或中心电压。

⑤ 终止电压　指电池放电时，其电压下降到不宜再继续放电的最低工作电压。电池终端电压的值与负载大小和使用要求有关，通常在低温或大电流放电时，终止电压可规定得低些；小电流放电时终止电压可规定得高些。因为低温或大电流放电时，电极的极化程度活性物质不能得到充分利用，电池的电压下降较快；小电流放电时，电极的极化程度小，活性物质能得到充分利用。

（2）充电电压

充电电压是指二次电池在充电时的端电压。当充电时，外电源提供的充电电压必须克服电池的电动势，以及电极极化电阻和欧姆电阻造成的阻力，因此，充电电压总是高于开路电压和电动势，即

$$U_{充}=E+IR_{内}=E+I_{充}(R_{\Omega}+R_{f}) \tag{2-3}$$

式中，$U_{充}$ 为充电电压，V；E 为电动势，V；$I_{充}$ 为充电电流，A；R_{Ω} 为欧姆内阻，Ω；R_{f} 为极化内阻，Ω。

电池的充电电压在充电过程中的变化情况可以用充电曲线来表示。充电曲线因充电方法的不同而不同，图 2-3 为典型的电池充电曲线。图中的曲线 1 为恒流充电时，充电电压随充电时间的变化曲线；曲线 2 为恒压充电时，充电电流随时间的变化曲线。

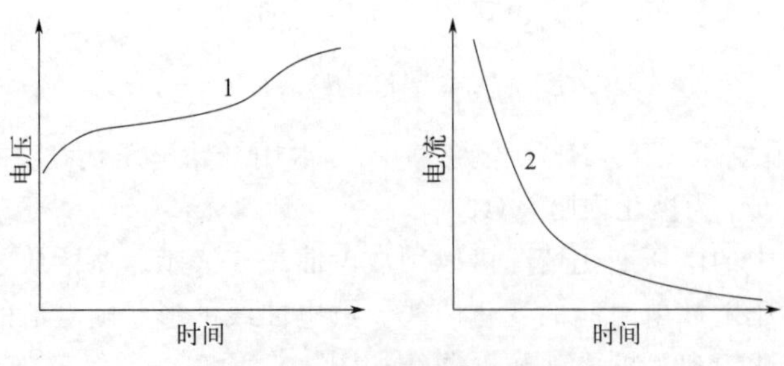

图 2-3　典型的电池充电曲线

1—恒流充电曲线；2—恒压充电曲线

2.3.4 容量与比容量

2.3.4.1 容量

容量是指在一定条件下电池释放出的电量，单位常用安时（A·h）表示。电池的容量又有理论容量、实际容量和额定容量之分。

（1）理论容量

理论容量指电极上的活性物质全部参加反应所能给出的电量，它可以根据活性物质的质量按照法拉第定律计算求得。依据法拉第定律，1mol 的活性物质参加电化学反应释放出的电量为 1 F（96 500C 或 26.8A·h）。因此，电池的理论容量可用式（2-4）和式（2-5）进行计算：

$$C_0 = 26.8n\frac{m_0}{M} = \frac{1}{K}m_0(\text{A}\cdot\text{h}) \tag{2-4}$$

$$K = \frac{M}{26.8n}[\text{g}/(\text{A}\cdot\text{h})] \tag{2-5}$$

式中，C_0 为电池的理论容量；m_0 为活性物质完全反应时的质量；M 为活性物质的分子量；n 为反应发生时的得失电子数；K 为活性物质的电化学当量。

由式（2-4）可见，电池的理论容量与活性物质的电化学当量有关，电化学当量越小，理论容量越大。主要电池系列的理论容量如表 2-1 所示。

例如，铅酸蓄电池的正、负极活性物质分别为 PbO_2 和 Pb（其分子量分别为 239.2 和 207.2，电极反应的得失电子数均为 2），根据式（2-5）可求得 PbO_2 和 Pb 的电化学当量分别为

$$K_{PbO_2} = \frac{239.2}{26.8\times 2} = 4.46[\text{g}/(\text{A}\cdot\text{h})]$$

$$K_{Pb} = \frac{207.2}{26.8\times 2} = 3.87[\text{g}/(\text{A}\cdot\text{h})]$$

若两极的活性物质的质量各为 1000g，根据式（2-4）即可求出两极的理论容量分别为

$$C_{0,PbO_2} = 1000 \div 4.46 = 224.2(\text{A}\cdot\text{h})$$

$$C_{0,Pb} = 1000 \div 3.87 = 258.4(\text{A}\cdot\text{h})$$

（2）实际容量

实际容量指在一定的放电条件下（放电率、温度和终止电压）电池实际能够放出的电量。实际容量按放电方法的不同分别采用以下公式进行计算。

恒电流放电时：

$$C = \int_0^t I\,dt = It \tag{2-6}$$

变电流放电时：

$$C=\int_0^t I(t)\mathrm{d}t \tag{2-7}$$

恒电阻放电时：

$$C=\int_0^t I(t)\mathrm{d}t=\frac{1}{R}\int_0^t U(t)\mathrm{d}t \tag{2-8}$$

式中，C 为放电容量，A·h；I 为放电电流，A；U 为放电电压，V；R 为放电电阻，Ω；t 为放电至终止电压的时间，h。

电池的实际容量小于理论容量，因为实际容量与活性物质的数量与活性、电池的结构与制造工艺、电池的放电条件（放电电流与温度）等因素有关。实际容量与理论容量的比值称为活性物质的利用率。

$$\text{利用率}=\frac{\text{实际容量}\,C}{\text{理论容量}\,C_0}\times 100\% \tag{2-9}$$

或

$$\text{利用率}=\frac{\text{活性物质理论质量}\,m_0}{\text{活性物质实际质量}\,m}\times 100\% \tag{2-10}$$

活性物质的利用率取决于电池的结构和放电制度。采用薄型极板和多孔电极，可以减少电池的内阻，提高活性物质的利用率，从而提高电池实际输出的容量；采用小电流和在较高温度下放电，可提高活性物质的利用率。

(3) 额定容量

额定容量是指按国家和有关部门颁布的标准，保证电池在指定的放电条件（温度、放电率、放电终止电压等）下应该放出的最低限度的容量，又称保证容量。额定容量通常标注在电池的型号上。如型号 6-Q-120 中的 120 即表示这种电池的额定容量为 120A·h。

电池的额定容量和实际容量的关系为：

① 当实际放电条件与指定放电条件相同时，实际容量等于额定容量；

② 当实际温度高于指定温度或放电电流小于指定放电电流时，实际容量大于额定容量，这种放电容量超过额定容量的放电称为过量放电，通常应避免这种情况的发生，可通过提高放电终止电压来防止过量放电；

③ 当实际温度低于指定温度或放电电流大于指定放电电流时，实际容量小于额定容量，此时，可通过适当降低放电终止电压的方法来提高放电容量。

2.3.4.2 比容量

电池的理论比容量是指 1kg 的物质理论上能放出的容量，可用式（2-11）进行计算：

$$C'_0=\frac{1000}{K_+ + K_-}=\frac{1000}{\sum K_i} \tag{2-11}$$

式中，C'_0 为理论比容量，A·h/kg；K_+、K_- 为正极、负极活性物质的电化学当量，g/(A·h)；$\sum K_i$ 为正极、负极及参加电池反应的电解质的电化学当量之和，电池的实际比

容量是指单位质量或单位体积的电池给出的实际容量，称为质量比容量或体积比容量。即

$$C'_m = C/m(A \cdot h/kg) \tag{2-12}$$

$$C'_V = C/V(A \cdot h/L) \tag{2-13}$$

式中，C'_m 为质量比容量；C 为实际容量；m 为电池质量；C'_V 为体积比容量；V 为电池体积。

值得一提的是，在实际电池的设计和制造中，正、负极的容量是不相等的，电池的容量受其中容量较小电极的制约。

2.3.5 能量与比能量

(1) 能量

电池的能量指电池在一定放电条件下对外做功所能输出的电能（W・h）[6]。

① 理论能量　当电池在放电过程中始终处于平衡状态，其放电电压保持为电动势（E）值，而且活性物质的利用率为100%时，电池输出的能量为理论能量（W_0）。即

$$W_0 = C_0 E = 26.8n\frac{m_0}{M}E = \frac{1}{K}m_0 E(W \cdot h) \tag{2-14}$$

式中，C_0 为电池的理论容量；m_0 为活性物质完全反应时的质量；M 为活性物质的分子量；n 为反应发生时的得失电子数；K 为活性物质的电化学当量；E 为电动势值；W_0 为理论能量。

由式（2-14）可见，电化学当量越小的物质，产生的电量越大；电量越大和电动势越高的电池，产生的能量越大。

② 实际能量　实际能量指在一定放电制度下，电池实际输出的电能（W・h）。它在数值上等于电池实际容量与电池平均工作电压（$U_{平}$）的乘积，即

$$W = CU_{平} \tag{2-15}$$

由于活性物质不可能完全被利用，而且电池的工作电压永远小于电动势，所以电池的实际能量总是小于理论能量。

(2) 比能量

① 比能量的概念　比能量指单位质量或单位体积的电池能输出的电能，分别称为质量比能量或体积比能量，也称能量密度，单位分别为 W・h/kg 或 W・h/L。

比能量有理论比能量（W'_0）和实际比能量（W'）之分。理论比能量指1kg活性物质完全参加电化学反应时能输出的电能。实际比能量为1 kg活性物质实际能输出的电能。

理论质量比能量可以根据正、负两极活性物质的理论质量比容量和电池的电动势（E）进行计算。即

$$W'_0 = \frac{1000}{K_+ + K_-}E = \frac{1000}{\sum K_i}E \tag{2-16}$$

以铅酸蓄电池为例，电池反应为

$$Pb+PbO_2+2H_2SO_4 \rightarrow 2PbSO_4+2H_2O$$

已知 Pb、PbO_2 和 H_2SO_4 的电化学当量以及电池的标准电动势为

$K_{Pb}=3.866g/(A \cdot h)$，$K_{PbO_2}=4.463g/(A \cdot h)$，$K_{H_2SO_4}=3.671g/(A \cdot h)$，$E^{\Theta}=2.044V$，则理论比能量为

$$W'_0=\frac{1000}{3.86+4.63+3.671}\times 2.044=170.5(W \cdot h/kg)$$

实际比能量是电池实际输出的能量与电池质量（或体积）之比：

$$W'_m=\frac{W}{m}=\frac{CU_{平}}{m} \text{ 或 } W'_V=\frac{W}{V}=\frac{CU_{平}}{V} \tag{2-17}$$

式中，W'_m 为电池的实际质量比能量，W·h/kg；W'_V 为电池的实际体积比能量，W·h/L；$U_{平}$ 为电池的平均放电电压，V；m 为电池的质量，kg；V 为电池的体积，L。

表 2-2 列出了常见电池的比能量。

表 2-2　常见电池的比能量

电池系列	理论比能量 W_0'/(W·h/kg)	实际比能量 W'/(W·h/kg)	W_0'/W'
铅酸蓄电池	170.5	10～50	3.4～17.0
镉镍电池	214.3	15～40	5.4～14.3
铁镍电池	272.5	10～25	10.9～27.3
锌银电池	487.5	60～160	3.1～8.2
镉银电池	270.2	40～100	2.7～6.8
锌汞电池	255.4	30～100	2.6～8.5
碱性锌锰电池	274.0	30～100	2.7～9.1
锌锰电池	251.3	10～50	5.0～25.1
锌空气电池	1350	100～250	5.4～13.5
镁氯化银（储备电池）	446	40～100	4.5～11.3
锂二氧化硫电池	1114	330	3.38
锂亚硫酰氯电池	1460	550	2.66
锂二氧化锰	1005	400	2.51

② 影响比能量的因素　由于各种因素的影响，电池的实际比能量小于理论比能量。实际比能量与理论比能量的关系可表示如下：

$$W'=W'_0K_UK_RK_m \tag{2-18}$$

式中，K_U、K_R、K_m 分别为电压效率、反应效率、质量效率。

电压效率是指电池的工作电压与电动势的比值，即

$$K_U=\frac{U}{E}=\frac{E-\eta_+-\eta_--IR_\Omega}{E}=1-\frac{\eta_++\eta_-+IR_\Omega}{E} \tag{2-19}$$

式中，K_U 为电压效率；U 为工作电压；E 为电动势；η_+ 和 η_- 分别为正极和负极的极化

过电位；IR_{Ω} 为欧姆电压降。

式（2-19）表明，当电池工作时，由于存在电化学极化、浓差极化和欧姆极化，会产生极化过电位 η_+ 和 η_- 以及欧姆电压降 IR_{Ω}，因此电池的工作电压小于电动势。要提高电池的电压效率，必须降低过电位和电解质电阻，这可以通过改进电极结构（包括真实表面积、孔率、孔径分布、活性物质粒子的大小等）和添加某些添加剂（包括导电物质、膨胀剂、催化剂、疏水剂、掺杂剂等）来达到目的。

反应效率是指活性物质的利用率。由于存在一些阻碍电池反应正常进行的因素，使得活性物质的利用率下降，如负极的腐蚀及钝化作用、负极的变形及枝晶的形成、正极活性物质的溶解及脱落等。

质量效率是指按电池反应式完全反应的活性物质的质量与电池总质量的比值，即

$$\eta_{\mathrm{m}} = \frac{m_0}{m_0 + m_{\mathrm{s}}} = \frac{m_0}{m} \tag{2-20}$$

式中，m_0 为按电池反应式完全反应的活性物质的质量；m_{s} 为不参加反应的物质质量；m 为电池的总质量。由于电池中包含不参加反应的物质，使其实际比能量减小。电池中不参加反应的物质有：

a. 不参加电池反应的电解质溶液。有些电池的电解质不参加电池反应，有些电池的电解质溶液虽然参加电池反应，但其用量是过量的；

b. 过剩的活性物质。在设计电池时，通常有一个电极的活性物质过剩。如在密封镉镍电池和锌银电池中，负极活性物质要有 25%～75%的过剩量，目的是防止充电时在负极上产生 H_2，并能与正极上产生的 O_2 发生反应；

c. 电极的添加剂。如膨胀剂、导电物质、吸收电解质溶液的纤维素等，其中有些添加剂可占电极质量的相当比例；

d. 电池外壳、电极的板栅、骨架等。

（3）高能电池

高能电池指具有高比能量的电池。由式（2-16）可见，电极活性物质的电化当量越小，电池的电动势越大，电池的理论比能量越高。元素周期表上方的元素具有较小的电化学当量，左边元素的电极电位较负，右边元素的电极电位较正。因此为了获得较高的比能量；可以选择电极电位最负且电化学当量小的物质作负极，以及电极电位最高且电化学当量小的物质作正极。这就是所谓的高能电池原理。

① 高能电池的电极材料　适合作高能电池正极材料的有 F、Cl、O、S 等元素，其中 F、Cl、O 等元素做正极材料时，通常不用单质而是用化合物。因为 F_2 和 Cl_2 是气体且有毒，不宜直接用作正极活性物质，一般采用氟化物和氯化物；空气和氧气无毒，无腐蚀性，可制成气体扩散电极或采用氧化物。当然，采用化合物代替单质作正极活性物质，理论比能量会下降。S 元素做正极材料时，既可使用单质也可使用化合物，不过由于硫单质存在导电性较差、常温下活性小等问题，通常需要与导电剂、催化剂等共同使用，如锂硫电池。

② 高能电池的电解质　在普通化学电源中，常用水溶液电解质。虽然水溶液电解质具有电导率高的特点，但其使用温度范围窄，组成的电池电压低。对于水溶液电解质的电池，原则上，当负极的还原性比氢气高和正极的氧化性比氧气高时，电池的活性物质将与水发生反应，使电池的自放电效应增大。在充电时，则主要发生分解水的反应。因此，理论上水溶

液电解质电池的电压以氢气和氧气组成的电池电压为极限，即只能制成电动势为 1.0V 的电池。

实际上，由于存在氢气和氧气的析出超电位，使水溶液电解质电池能采用比氢活泼但析氢超电位高的材料（如 Pb、Cd、Zn 等）作负极以及比氧活泼但析氧超电位高的材料（如 MnO_2、Ag_2O、NiOOH 和 PbO_2 等）作正极。因此，实际使用的水溶液电解质电池的电动势可以大于 1.0V，最高可达 2.0V（铅酸蓄电池）。

显然，水溶液电解质限制了电池的电压，也就限制了电池的比能量的提高，因此不适合用于高能电池。为了获得高能电池，必须采用非水电解质体系，即有机溶液电解质、非水无机溶液电解质、固态电解质、熔盐电解质和聚合物电解质等。因为只有非水电解质体系才能采用电极电位很负的活泼金属（如锂、钠）作负极，以获得高的电池电动势。

由于电池的实际比能量总是小于理论比能量，因此为了提高电池的实际比能量，必须通过改进电极的工艺与结构、采用新型轻质材料做电池外壳、板栅等措施，以减小极化作用和减轻电池的质量，从而提高电压效率和质量效率，达到提高比能量的目的。

2.3.6 功率与比功率

(1) 功率

功率是指在一定放电制度下，单位时间内电池输出的能量（W 或 kW）。

电池的理论功率（P_0）可以表示为

$$P_0=\frac{W_0}{t}=\frac{C_0E}{t}=\frac{ItE}{t}=IE \tag{2-21}$$

式中，t 为放电时间；C_0 为电池的理论容量；I 为（恒定）输出电流；W_0 为电池的理论能量；E 为电池的电动势。

电池的实际功率（P）为

$$P=IU=I(E-IR_{内})=IE-I^2R_{内} \tag{2-22}$$

将式（2-22）对 I 微分，并令 $\mathrm{d}P/\mathrm{d}I=0$，则

$$\mathrm{d}P/\mathrm{d}I=E-2IR_{内}=0 \tag{2-23}$$

因为

$$E=I(R_{内}+R_{外})$$

所以

$$IR_{内}+IR_{外}-2IR_{内}=0$$

即

$$R_{内}=R_{外}$$

而且 $\mathrm{d}P/\mathrm{d}I=0$，所以 $R_{内}=R_{外}$时，电池输出的功率最大。

(2) 比功率

比功率是指单位质量或单位体积的电池输出的功率（W/kg 或 W/L）。比功率是化学电

源的重要性能之一，其值大小表示电池能够承受工作电流的大小。如锌银电池，在中等电流密度下放电时，比功率可达 100W/kg，说明这种电池的内阻比较小，高倍率放电的性能比较好；而锌锰干电池即使在小电流密度下放电，比功率也只能达到 10W/kg，说明电池的内阻大，高倍率放电性能差。

放电条件对电池的输出功率有显著影响。当以高倍率放电时，电池的比功率增大，但是因极化作用增强，电池的电压降低很快，使比能量降低；反之，当电池以低倍率放电时，电池的功率密度降低，比能量却增大。

各种电池体系的比功率与比能量的关系如图 2-4 所示。从曲线的变化规律可以看出，锌银电池、钠硫电池、锂氯电池等比能量随比功率的增大下降很小，说明这些电池适合大电流放电；在所有干电池中，碱性锌锰电池在高负荷下性能最好，锌汞电池在低放电电流下性能较好，而且这两种电池的比能量随比功率的增加下降较快，说明这些电池体系只能以低倍率放电。

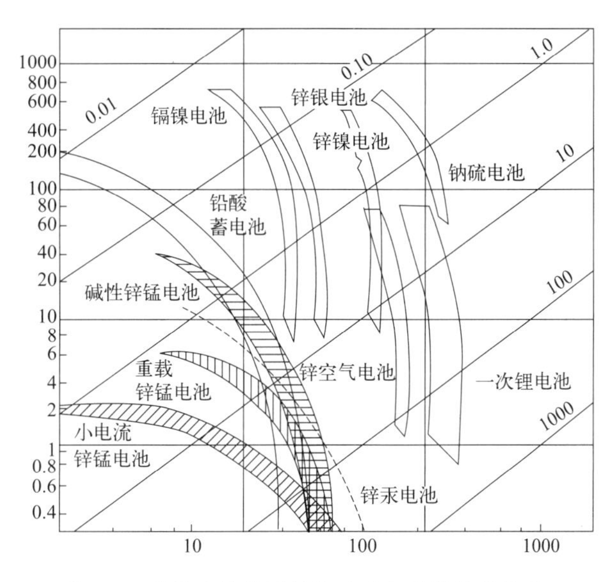

图 2-4　各种电池体系的比功率与比能量的关系

2.3.7　效率与寿命

（1）效率

蓄电池在充电或放电过程中都存在着一定的能量损耗，如充电过程中水的分解、电池内阻产生的热量消耗、各种原因引起的自放电等，使其输出总能量（或总电量）总是小于它的输入总能量（或总电量）。这种输出总能量（或总电量）与输入总能量（或总电量）的百分比分别称为蓄电池的能量效率（也叫瓦时效率）和容量效率（也叫安时效率），即

$$\eta_{安时}=(C_{放}/C_{充})\times 100\% \tag{2-24}$$

$$\eta_{瓦时}=(W_{放}/W_{充})\times 100\% \tag{2-25}$$

一般来说，用 10A 的电流对阀控式密封铅酸蓄电池充放电时，其安时效率为 90%左右，瓦时效率为 75%左右。同样，使用条件对效率有影响，放电率越高，温度越低。电池的效

率也就越低。

例如，某铅酸蓄电池的额定容量为100A·h，用20 A的电流放电至终止电压1.8V时，其放电时间为5.2h，平均放电电压为1.95V，然后用10 A的电流对其充电12h，刚好使电池充足电，平均充电电压为2.3V，则放电容量和充电容量分别为

$$C_{放}=I_{放}t_{放}=20\times5.2=104(\text{A}\cdot\text{h})$$
$$C_{充}=I_{充}t_{充}=10\times12=120(\text{A}\cdot\text{h})$$

放电能量和充电能量分别为

$$W_{放}=I_{放}t_{放}U_{放}=20\times5.2\times1.95=202.8(\text{W}\cdot\text{h})$$
$$W_{充}=I_{充}t_{充}U_{充}=10\times12\times2.3=276(\text{W}\cdot\text{h})$$

将上述数据代入式（2-24）和式（2-25）中得到安时效率和瓦时效率分别为

$$\eta_{安时}=88.67\%\ ,\eta_{瓦时}=73.48\%$$

（2）寿命

一次电池的寿命指给出额定容量的工作时间（与放电率有关）。二次电池的寿命分为充放电循环使用寿命和湿搁置使用寿命。

充放电循环寿命指在一定的充放电制度下，电池容量降至某一规定值之前所经历的充放电循环的次数。电池经受一次充电和放电，称为一次循环（或周期）。

湿搁置使用寿命指电池被加入电解液后，电池的放电容量降至某一规定值之前所经历的时间（年）。

2.3.8 储存性能与自放电

储存性能主要是针对一次电池而言。它指电池在开路时，在一定条件下（温度、湿度等）储存时的容量下降率。电池在储存期间容量发生下降主要是由正负极的自放电引起的[7]。

自放电指电池在开路状态下，容量发生自然损失的现象。自放电的大小可用自放电率表示，即单位时间内容量降低的百分数：

$$x=\frac{C_1-C_2}{C_1t}\times100\% \tag{2-26}$$

式中，C_1为搁置前容量，A·h；C_2为搁置后容量，A·h；t为电池搁置时间，常用天、月或年表示；x为自放电率。

有三种作用可引起电池的自放电，即化学作用、电化学作用和电作用。

① 化学作用　化学作用指活性物质与周围环境的物质发生化学反应，造成容量损失的现象。它包括活性物质与电解液的直接反应，与充电时产生的并溶解于电解液中的氢或氧之间的反应，与电解液中的杂质离子或有机酸或具有还原性的有机物之间的反应。

② 电化学作用　电化学作用指活性物质与杂质金属之间构成微小原电池所引起的容量损失的现象。杂质金属主要是指电极电位比负极活性物质更正的少量金属，它们一是经电解液中的杂质金属离子在充电时沉积到负极上，二是因原料不纯而来。

③ 电作用　电作用因内部短路而引起容量损失的现象。造成内部短路的原因有：极板上脱落的活性物质、负极析出的枝晶、隔板腐蚀损坏。

习题与思考题

1. 填空题

（1）化学电源主要由________、________、________和________四部分组成。

（2）世界上第一个电池是________。

（3）在伏打电池、丹尼尔电池、镍氢电池、铅酸蓄电池和锂离子电池中属于一次电池的有________，属于二次电池的有________。

（4）3.2V 15A·h单体电芯的能量为________。

（5）一节锂电池重325g，额定电压为3.7V，容量为10A·h，其能量是________，能量密度是________。

（6）容量为10A·h的电池放电后容量变为3A·h，可以称为____ DOD，____ SOC。

2. 简答题

（1）什么叫化学电源？什么叫物理电源？

（2）化学电源按工作方式和储存方式可分为哪几类？请每一类各举两个例子。

（3）化学电源有哪些用途？

（4）介绍下列名词或术语：电动势、开路电压、欧姆内阻、极化内阻、工作电压、理论容量、实际容量、额定容量。

（5）什么叫自放电？引起电池自放电的作用有哪三种？它们是如何引起电池自放电的？

3. 计算题

（1）已知石墨是一种锂离子电池负极材料，且最多每6个碳可嵌入一个锂（形成LiC_6），请计算石墨的理论比容量。

（2）已知金属锂是一种锂离子电池负极材料，其在放电过程中失去一个电子形成Li^+（相对分子质量6.94），计算锂的理论比容量。

参考文献

[1] 但世辉，陈莉莉. 电池300余年的发展史[J]. 化学教育，2011，32(7)，74-76.

[2] 杨贵恒，杨玉祥，王秋红，等. 化学电源技术及其应用[M]. 北京：化学工业出版社，2018，49-66.

[3] 黄彦瑜. 锂电池发展简史[J]. 物理，2007，36(8)，643-651.

[4] 李诚芳. 化学电源的某些基本概念（二）(电池的电极与比能量)[J]. 电动自行车，2005（4），31-34.

[5] 凌仕刚，吴娇杨，张舒，等. 锂离子电池基础科学问题（XIII）——电化学测量方法[J]. 储能科学与技术，2015（1），83-103.

[6] 彭佳悦，祖晨曦，李泓. 锂电池基础科学问题（I）——化学储能电池理论能量密度的估算[J]. 储能科学与技术，2013（1），55-62.

[7] 李文俊，褚赓，彭佳悦，等. 锂离子电池基础科学问题（XII）——表征方法[J]. 储能科学与技术，2014（6），642-667.

第3章

铅酸电池和镍氢电池

3.1 铅酸电池

铅酸电池有超过百余年的发展历史，是第一种商业化应用的可逆电池。自从被发明以来，其因价格低廉、原料易得、性能稳定、宽工作温度范围等优势，已成为世界上用途最广泛的蓄电池品种，占据着固定储能市场的主导地位[1]。同时，其在发展过程中不断更新技术，现已被广泛应用于汽车、通信、电力等各个领域。

3.1.1 基本构成和工作原理

铅酸电池的主要组成包括正极板、负极板、隔离板、电解液以及电池壳和盖板等，其结构如图3-1所示。其中，正极的活性物质是过氧化铅 PbO_2，负极的活性物质是海绵状铅，稀硫酸为电解液[2]。电池符号为

$$(-)Pb|H_2SO_4(\rho=1.2\sim1.31)|PbO_2(+)$$

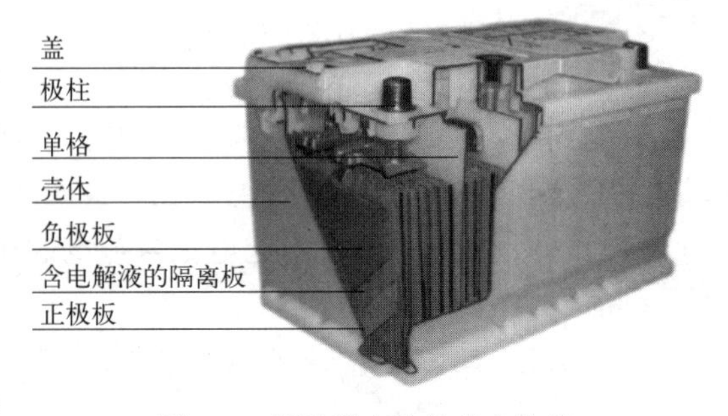

图3-1 铅酸蓄电池的基本构造

1882年，J. H. Glandstone和A. Tribe提出了解释铅酸电池成流反应的“双硫酸盐化”理论，至今如图3-1所示的铅酸蓄电池的基本构造仍被广为应用，并得到了实验的证实[3]。铅酸电池充放电过程中发生的成流反应如下：

$$PbO_2+Pb+2H_2SO_4\rightarrow 2PbSO_4+2H_2O \tag{3-1}$$

铅酸电池的基本工作原理如图3-2所示。铅酸电池放电时，负极板上每个铅原子放出两个电子，生成的铅离子与电解液中的硫酸根离子反应，在极板上生成难溶的硫酸铅［见式(3-2)］。在电池的电位差作用下，负极板上的电子经负载进入正极板形成电流，正极板的铅离子得到来自负极的两个电子转变为二价铅离子，并与电解液中的硫酸根离子反应，在极板上生成难溶的硫酸铅［见式(3-3)］。正极板水解出的氧离子与电解液中的氢离子反应，生成稳定物质水。电解液中存在的硫酸根离子和氢离子在电场的作用下分别移向电池的正负极，形成回路，电池向外持续放电[2-4]。反复放电过程中硫酸浓度不断下降，正负极上的硫酸铅增加，由于硫酸铅不导电，电池内阻增大，电解液浓度下降，电池电动势降低。

铅酸电池的充电过程是，在外接直流电源，使正、负极板在放电后生成的物质恢复成原来的活性物质，并把外界的电能转变为化学能储存起来。在正极板上，在外界电流的作用

下，硫酸铅被离解为二价铅离子和硫酸根负离子，正极板附近游离的二价铅离子被氧化成四价铅离子，并与水继续反应，最终在正极极板上生成二氧化铅。在负极板上，在外界电流的作用下，硫酸铅被离解为二价铅离子和硫酸根负离子，由于负极不断从外电源获得电子，则负极板附近游离的二价铅离子被中和为铅，并以绒状铅附在负极板上。电解液中，正极不断产生游离的氢离子和硫酸根离子，负极不断产生硫酸根离子，在电场的作用下，氢离子向负极移动，硫酸根离子向正极移动，形成电流。

$$Pb + SO_4^{2-} \underset{\text{充电}}{\overset{\text{放电}}{\rightleftharpoons}} PbSO_4 + 2e^- \tag{3-2}$$

$$PbO_2 + 4H^+ + SO_4^{2-} + 2e^- \underset{\text{充电}}{\overset{\text{放电}}{\rightleftharpoons}} PbSO_4 + 2H_2O \tag{3-3}$$

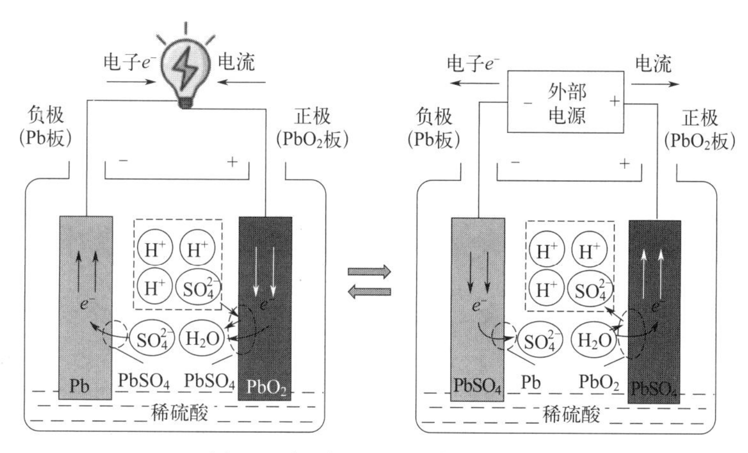

图 3-2　铅酸电池的基本工作原理

3.1.2 铅酸电池的失效机理

铅酸电池的性能可以用普克特（Peukert）方程来描述：

$$I^n t = C \tag{3-4}$$

式中，I 为放电电流，A；t 为放电持续时间，h；n 为 Peukert 常数，与蓄电池结构，特别是极板厚度有关，其值为 1.05～1.42；C 为常数，表示蓄电池的理论容量。

由式（3-4）可以看出，放电电流越大，从蓄电池中可以得到的能量越小。如果电池在高电流密度条件下循环，即高倍率部分荷电（high-rate partial state of charge，HRPSoC）应用，很容易导致电池失效。高倍率部分荷电工况下，铅酸电池的失效模式包括正极板栅腐蚀、负极硫酸盐化[5,6]。对于正极而言，正极电势高，容易被氧化，且放电产物和活性物质的摩尔体积相差比较大，易造成活性物质体积膨胀破裂及活性物质脱落，使得板栅与电解液接触，从而导致正极板栅腐蚀。对负极来说，在高倍率放电模式下，海绵状铅快速反应形成 $PbSO_4$，见式（3-5）。由于 HSO_4^- 在溶液中的扩散速率与负极板的消耗速率不匹配，HSO_4^- 来不及供应，导致成核速率大于生成速率，生成的 $PbSO_4$ 会在海绵状铅以及已经沉积的硫酸铅表面结晶，形成 $PbSO_4$ 紧密堆积层，这将减少电子转移的有效表面积，同时进一步阻碍 HSO_4^- 与活性物质铅接触，如图 3-3（a）所示。当进行充电时，$PbSO_4$ 晶体溶解，

Pb^{2+} 迁移到金属表面，电子从金属表面转移到 Pb^{2+} 形成 Pb 原子，Pb 原子生长并嵌入不断长大的 Pb 晶体晶格内，成为海绵状铅，见式（3-6）。由于 $PbSO_4$ 为不良导体，$PbSO_4$ 堆积层内部的硫酸铅反应不完全。而较大的充电电流下负极板电位快速增加，在内部 $PbSO_4$ 反应前，容易造成负极上水参与反应，即水中的氢离子还原为氢气，如图 3-3（b）所示，限制了硫酸铅的完全转化。随着大电流充放电循环次数的增多，将加速硫酸铅在负极表面的堆积，最终导致负极板充电接受能力下降，电池失效[6,7]。铅酸电池在储能和动力汽车应用领域的失效模式主要在于负极的硫酸盐化。

$$Pb+HSO_4^- +2e^- \xrightarrow{\text{溶解}} \underbrace{Pb^{2+}+SO_4^{2-}}_{\downarrow \text{沉积}\ PbSO_4}+H^+ \tag{3-5}$$

$$Pb+HSO_4^- \xleftarrow{\text{沉积}} \underbrace{Pb^{2+}+SO_4^{2-}}_{\uparrow \text{溶解}\ PbSO_4}+H^+ +2e^- \tag{3-6}$$

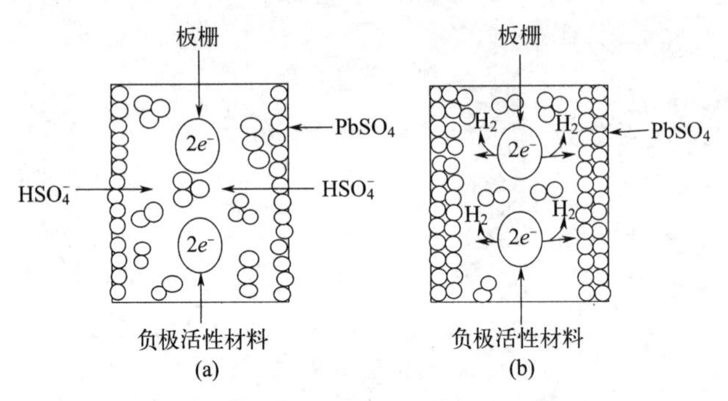

图 3-3　铅酸电池负极的失效机理

（a）高倍率放电条件下；（b）充电条件下

3.1.3 铅碳电池

尽管铅酸蓄电池的性能优势，是目前世界上用途最广泛的蓄电池之一，但是，其依然存在尺寸大、比能量较低的明显问题。而且，处于放电态的长期保存会导致电极的不可逆硫酸盐化，缩短电池的使用寿命，更严重会导致电池中腐蚀性的硫酸液溢出，造成环境污染。尤其在智能电网、混合动力车的实际应用中，电池必须在不同的充电状态下应用，特别是在高倍率部分荷电模式下容易导致电池失效。为了改善富液和阀控式密封铅酸蓄电池（valve-regulated lead-acid，VRLA）在高倍率部分荷电模式下的充放电循环性能，抑制放电过程中负极板表面 $PbSO_4$ 的不均匀堆积以及伴随充电时的早期析氢现象，传统的方法是在铅酸电池组外并联一个超级电容器。澳大利亚联邦科学及工业研究组织（commonwealth scientific and industrial research organisation，CSIRO）发展了这一系统，2000 年其在混合动力汽车（hybrid electric vehicle，HEV）进行了示范，从再生制动吸收能量，由电子控制器控制电容器和电池组之间的能量和功率变化。但是其系统复杂，需要复杂的算法，且价格昂贵。后来，CSIRO 能源技术（CSIRO energy technology）研发出将电容器碳材料与铅酸电池负极复合的内并式超级电池（ultrabattery），以替代复杂、高成本的超级电容器/铅酸电池系统，铅碳电池技术应运而生。

铅碳电池是由铅酸电池和超级电容器组合形成的新型储能装置，该装置包含了至少一个铅负极、至少一个二氧化铅正极和至少一个电容器电极。该超级电池的电池部分由铅负极和二氧化铅正极形成，非对称电容器部分由电容器电极和二氧化铅正极形成，全部负极连接到负极母线，全部正极连接到正极母线。基本结构如图 3-4 所示。根据其结合方式，铅碳电池可分为不对称电化学电容器型和铅碳超级电池（advanced VRLA）。不对称电化学电容器型铅碳电池是将铅酸电池和 PbC 不对称电容器在内部集成到一个单元，电池负极铅板和超级电容器并联，共用一个 PbO_2 正极形成“内并式”铅碳电池。采用这种设计，总电流为电容器电流与铅负极板电流之和。因此，电容器电极可以作为铅酸电池负极板的电流缓冲器，分担铅酸电池负极板的充放电电流，由电容器提供高功率，在需要高倍率充放电时对电池加以保护，缓冲部分大电流，防止铅电极表面发生硫酸盐化，从而在高倍率部分荷电条件下具有良好的循环寿命和较高的功率密度。铅碳超级电池碳作为负极板的添加物直接添加到传统铅酸电池中，与铅产生协同效应，制作成既有电容特性又有电池特性的铅碳复合电极，然后铅碳复合电极再与 PbO_2 匹配组装成碳修饰改性的铅碳电池。或者由标准的铅蓄电池正电极和采用活性炭制成的超级电容器负电极直接组合而成。由于无须改变当今成熟的铅酸电池生产工艺，因此易于实现规模生产，符合储能电池长寿命、高安全、低成本的发展方向。

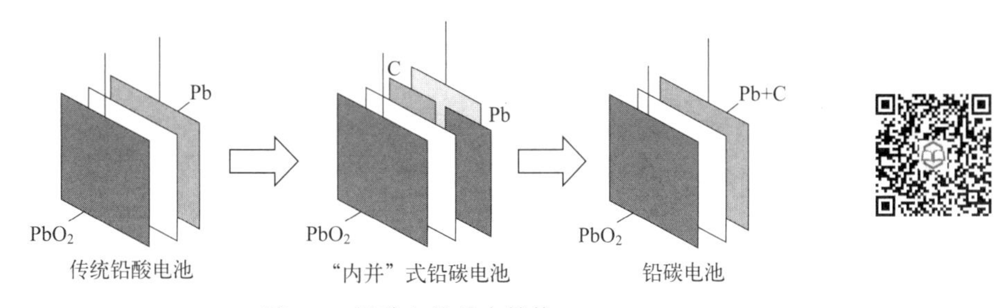

图 3-4　铅碳电池基本结构

在高倍率部分荷电状态下，$PbSO_4$ 的溶解和形成过程同时存在可逆和不可逆的反应。活性物质微孔中的 Pb^{2+} 浓度高，由于小的 $PbSO_4$ 晶体易溶解，这个过程可逆；部分 Pb^{2+} 离子进入大的 $PbSO_4$ 颗粒中，大的 $PbSO_4$ 颗粒不易溶解并还原成 Pb，这是一个不可逆过程，这两种反应的占比关系决定了电池在高倍率部分荷电状态下的循环次数。在铅碳电池中由于碳粒子在硫酸铅中形成了导电网络，活性炭表面形成新的活性中心，降低了极板充电过程中的极化，并抑制硫酸铅颗粒长大，有利于硫酸铅还原，如图 3-5 所示。铅碳电池负极板中碳导电网络抑制了硫酸铅晶体在负极表面的累积，减缓硫酸盐化的趋势，电池循环寿命显著增加[8]。引入碳材料产生的效果可以采用“平行机理”（parallel mechanism）进行解释，如图 3-6 所示。Pb^{2+} 扩散到最邻近的 Pb 和电化学活性炭（electrochemically active carbon，EAC）表面上的 $PbSO_4$ 晶体附近，然后在其表面沉积生长，溶液中 Pb^{2+} 的浓度取决于 $PbSO_4$ 产物的溶解度。充电时，Pb^{2+} 还原为 Pb 的反应同时发生在铅表面和碳颗粒表面，Pb^{2+} 在 Pb 表面的还原速率为 V_1，在 EAC 表面的还原速率为 V_2。电化学反应在两个不同性质的表面同时进行，电极电位取决于速率较高的反应，负极的

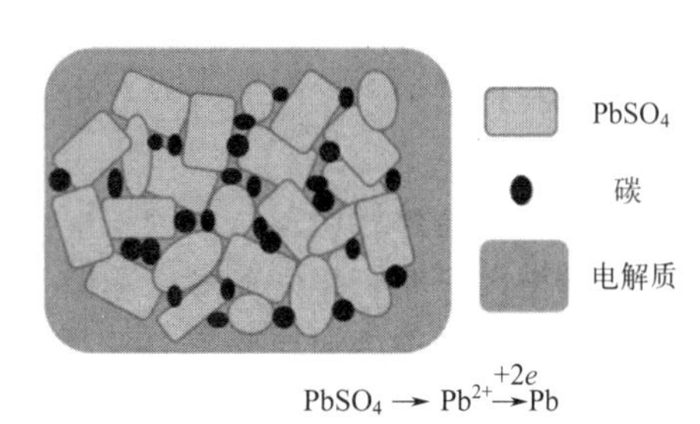

图 3-5　铅碳电池负极板中碳导电网络

极化电位由速率 V_2 确定。除扩展的分子层外，由于酸浓度较高，单层 $PbSO_4$ 分子会吸附在 Pb 表面（$PbSO_4$），Pb/H_2SO_4 界面吸附层的电荷转移电阻非常高。而在 EAC/H_2SO_4 界面则没有上述阻挡层的形成，电子通过该界面转移阻力较小（$R_2 \ll R_1$），流经 EAC/H_2SO_4 界面的电流比 Pb/H_2SO_4 界面大很多（$I_{EAC} \gg I_{Pb}$），在碳颗粒表面反应的速度要远快于在铅表面的反应速度。因此，表面吸附的电化学活性炭颗粒在电子转移方面起着重要作用，加速了 Pb^{2+} 的电化学还原反应。碳添加到负极板可以作为电荷反应的电催化剂，同时也影响了负极活性物质的微观结构和平均孔径[9]。负极引入碳后，硫酸铅颗粒明显减小，可以形成孔隙，增强离子迁移。可见，活性炭的加入提高了负极的充电接受能力，改善了负极活性物质充放电反应的可逆性，提高了电池的循环寿命[10]。

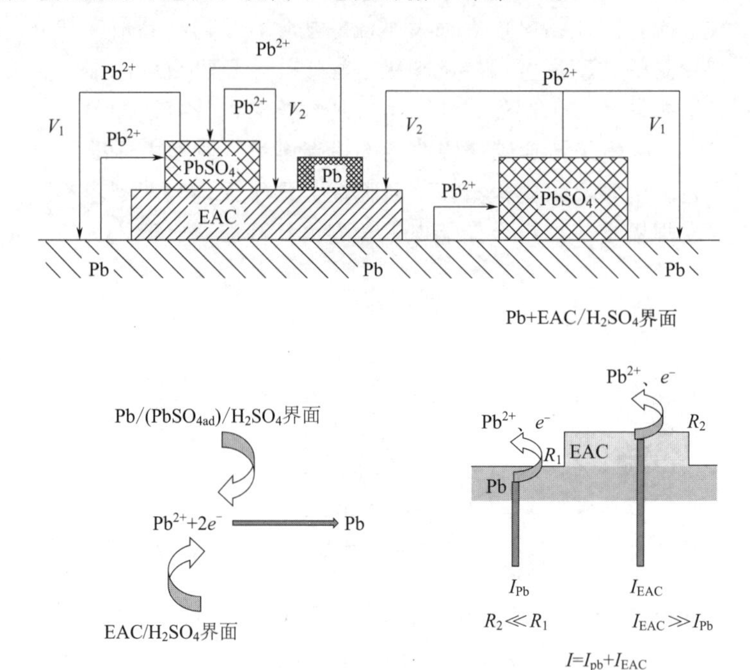

图 3-6 铅碳电池负极板的平行反应机理

铅碳电池中引入碳材料的类型可以是炭黑、活性炭、石墨、碳纳米管、碳纳米纤维、石墨烯或它们的混合物。石墨是六角形网格层面规则堆积而成的晶体，属六方晶系，具有耐高温性、良好的导电导热性以及化学稳定性等特性。膨胀石墨除具有石墨的热稳定性好、耐高温及耐腐蚀、高热导率和低热膨胀率等特点外，还具有丰富的网络状孔隙结构，为电解液迅速进出电极提供通道，有利于电子的传输和离子的扩散，并且膨胀产生的新鲜表面的活性较高，具有一些独特的物理与化学性能。因此，膨胀石墨常加到电池负极中提高活性物质的导电性和表面积，改善电池的充电接受能力和循环性能。炭黑是由准石墨结构单元组成的碳材料，准石墨片层（graphene-like layer）之间排列比较混乱。炭黑具有良好的导电性、较高的比表面积和一定的比电容，而且分散性好、吸附能力强，是合适的铅碳超级电池负极添加剂。

铅碳超级电池和传统铅酸电池的性能比较见表 3-1。铅碳电池通过使铅酸蓄电池极板部分或者全部具有超级电容器特性，并用这种极板部分或者全部代替铅酸蓄电池中的负极板而形成新的储能装置。该装置将铅酸电池和超级电容器有效结合在一起，兼具电池与超级电容器的优势，铅碳电池抑制了放电过程中负极板表面硫酸盐的不均匀分布和充电时较早的析氢现象，具有铅酸电池高能量和超级电容器高功率的优点，能够有效抑制负极硫酸盐化，在部分荷电的大功率充放电状态下具有较高的循环寿命，适合高倍率循环和瞬间脉冲放电等工作状态。铅碳超级电池作为传统铅酸电池应用领域的拓展及铅酸电池行业新的增长点，具有高比能量、大比功率、使用寿命长等优点，未来市场需求空间巨大。

表 3-1 铅碳超级电池和传统铅酸电池的性能对比

性能指标	铅碳超级电池	传统铅酸电池
工作电压/V	2.0	2.0
能量密度/(W·h/kg)	30～60	30～40
循环寿命/次	1000～4500	600～1000
储能电站度电成本/[元/(kW·h)]	600～1200	400～800
全周期度电成本/[元/(kW·h·次)]	0.2～0.4	0.4～0.6
自放电/(%/天)	0.1～0.3	0.1～0.3
电池回收	可回收再生	可回收再生
充放电效率/%	>90	80～90
优点	循环性能好、性价比高、一致性好、可回收性好	成本低、可回收性好
缺点	比能量小、对环境腐蚀性强	比能量小、不适应快速充电和大电流放电、使用寿命短、容易污染环境
最佳应用场景	启停型混合动力汽车、风光储能	通信设备、电动工具、电力控制机车、电动自行车

3.1.4 铅酸蓄电池的应用

铅酸蓄电池经过百余年的发展与完善，已成为世界上广泛使用的一种化学电源，具有可逆性良好、电压特性平稳、使用寿命长、适用范围广、原材料丰富（且可再生使用）及造价低廉等优点。主要应用在交通运输、通信、电力、铁路、矿山、港口、国防、储能电站、计算机、科研等国民经济的各个领域，是社会生产经营活动和人类生活中不可缺少的产品[11-13]。

3.2 镍氢电池

3.2.1 工作原理

镍氢电池（nickel metal hydride batteries，Ni/MH）是一种以质子为电子转移载体在正负极之间转移来实现充放电的电池。基本构造如图 3-7 所示，镍氢电池由氢氧化镍正极、储氢合金负极、隔膜纸、电解液、钢壳、顶盖和密封圈等组成。在圆柱形镍氢电池中，正负极是用隔膜纸分开卷绕在一起，密封在钢壳中；在方形镍氢电池中，正负极则是由隔膜纸分开后叠成层状，密封在钢壳中[14]。

在充电过程中 $Ni(OH)_2$ 的 Ni 被氧化失去一个电子成为 +3 价，同时羟基脱去一个

H^+，其在正极材料与电解液界面处的电解液中结合生成水。同时在负极材料表面，水分子被催化还原成为一个氢原子和一个 OH^-。氢原子吸附在合金表面成为吸附氢，随后通过扩散作用进入合金中形成金属氢固溶体，电化学反应式见式（3-7）～式（3-9）。放电时，负极中固溶的氢原子扩散到合金表面，与电解液中的 OH^- 发生电化学反应生成水。同时正极材料中三价镍被还原成为二价，由水解离产生的 H^+ 进入正极材料晶格，最终 NiOOH 被还原为 $Ni(OH)_2$，反应式见式（3-10）～式（3-12）。整个充放电过程中电极表面均无金属析出，质子以碱液为介质在正负极之间转移。镍氢电池的工作原理如图 3-8 所示[14,15]。

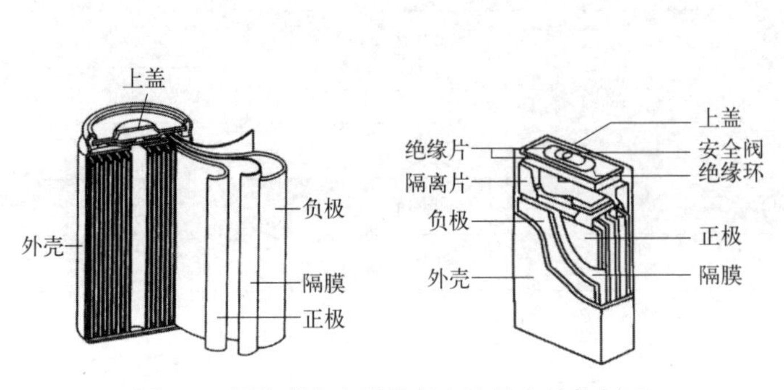

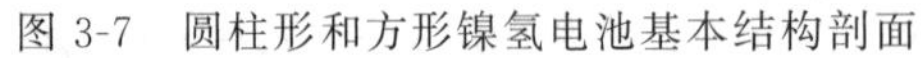
图 3-7 圆柱形和方形镍氢电池基本结构剖面

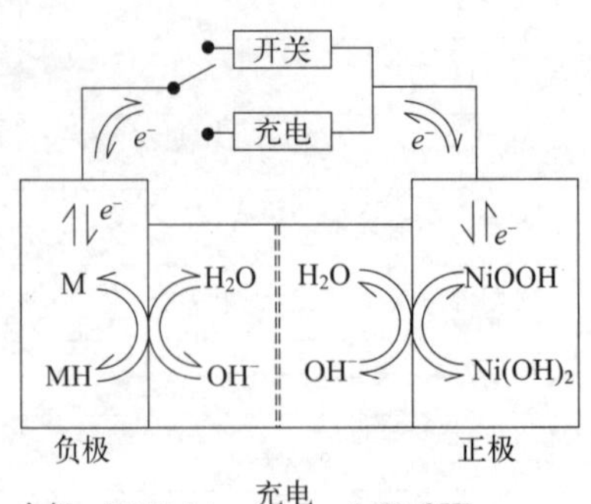

图 3-8 镍氢电池工作原理

充电时：

正极反应：
$$Ni(OH)_2 + OH^- \rightarrow NiOOH + H_2O + e^- \tag{3-7}$$

负极反应：
$$M + H_2O + e^- \rightarrow MH + OH^- \tag{3-8}$$

总反应：
$$M + Ni(OH)_2 \rightarrow MH + NiOOH \tag{3-9}$$

放电时：

正极反应：
$$NiOOH + H_2O + e^- \rightarrow Ni(OH)_2 + OH^- \tag{3-10}$$

负极反应：
$$MH + OH^- \rightarrow M + H_2O + e^- \tag{3-11}$$

总反应：
$$MH + NiOOH \rightarrow M + Ni(OH)_2 \tag{3-12}$$

其中，MH 为吸附了氢原子的储氢合金。

电解液为强碱性混合溶液，通过质子与氢氧根结合成水以及水重新解离为质子和氢氧根，使质子在正负极之间来回移动发挥载体作用。隔膜是正极与负极之间的物理隔断，同时对于抑制充放电过程中的副反应有重要作用。因此，在镍氢电池的充放电过程中，正极是质子源，负极是质子储存体，电解液是质子传递载体，其中正极材料和负极材料中容量较低的决定整个电池的容量。

镍氢电池的工作状态可划分为三种：正常工作状态、过充电状态和过放电状态，在不同的工作状态下，镍氢电池内部发生的电化学反应都是不同的。如果充电不当，镍氢电池发生过充电，诱发电极副反应的产生，其中正极发生析氧副反应，反应式如下所示：

$$4OH^- \rightarrow 2H_2O + O_2 + 4e^- \quad (3\text{-}13)$$

由于析出的氧气在电极内发生聚集，因此造成局部内压过高容易使正极发生结构破坏，因此即使是较轻微的析氧反应也会给电池容量带来不可逆的损失，严重影响了镍氢电池的使用性能。在过充电过程中，负极发生析氢副反应，其反应式如下所示：

$$2H_2O + 2e^- \rightarrow H_2 + 2OH^- \quad (3\text{-}14)$$

析出的氢气不断吸附到负极储氢合金中，当储氢合金吸附氢达饱和之后，氢就会在电池内聚集从而造成内压增高，同时饱和吸附的储氢合金粉化可能性剧增，极大损害了电极的寿命。正极析出的氧气与负极析出的氢气还会通过电解质扩散，在电解质中发生复合同时放出大量的热，使电池温度急剧升高，进一步加剧析氧析氢反应，产生恶性循环，从而有发生起火和爆炸的危险，为电池带来极大的安全隐患。

一般情况下，镍氢电池的容量由正极限制，负极的容量被设计过剩，以保证过放电状态下正极产生的氢气可以顺利到负极去反应，而电池内压不会有明显的升高。对于镍氢电池正极材料氢氧化镍，在充放电过程中主要涉及两个传质过程，分别为电子在氢氧化镍表面的传导和质子在氢氧化镍内的固相扩散。而氢氧化镍作为一种 P 型半导体，无论电子传导率和质子传导率都偏低，因此这两种传质作用在充放电过程中往往都处于受阻状态，导致有部分氢氧化镍无法参与到充放电反应中，进而导致正极活性物质的利用率不高，从客观上造成了正极容量的损失[16,17]。因此，氢氧化镍正极材料对镍氢电池容量的主要影响因素有以下三个方面。

① 氢氧化镍表面电阻　在充放电过程中电子只在氢氧化镍的表面传导，因此氢氧化镍表面电阻显著影响了电子传导情况。当氢氧化镍具有较低的表面电阻时，充放电效率得到提高，正极活性物质利用率也得到提高，进而提高了氢氧化镍正极的放电容量。

② 氢氧化镍晶体缺陷　在充放电过程中质子在氢氧化镍晶体内进行固相扩散，扩散速率由氢氧化镍的本征质子传导率决定，但同时也受到氢氧化镍晶体缺陷的显著影响。晶体缺陷是质子扩散的高速通道，当氢氧化镍晶体内具有大量的缺陷时，质子的固相扩散速率将大幅提高，进而提高氢氧化镍正极的充放电效率和放电容量。

③ 析氧副反应　当充电电压上升到充电氧化反应的末端时，析氧副反应也会同时发生。其电池充电时大量输入的电能耗费在副反应上，降低充电效率，更严重的是析氧副反应会造成电极结构破坏，从而导致电极不可逆的容量损失。因此，在充电过程中要尽量避免析氧副反应的发生，其关键在于降低充电电压或提高析氧反应电压，使充电过程中两个反应的发生充分分离。

3.2.2 负极材料——储氢合金

镍氢电池的负极材料是储氢合金，储氢合金具有很强的吸氢能力，在一定的温度和压力条件下，与氢气反应生成金属负极氢化物，同时放出热量[14]。该氢化物在一定压力条件下，又会将储存在其中的氢释放出来。储氢合金单位体积储氢的密度，是相同温度、压力条件下气态氢的 1000 倍，也高于液态氢的密度。储氢合金作为镍氢电池的负极材料，需要满足以下条件：在碱液中合金组分的化学性质相对稳定；储氢容量高，平衡氢压适中；氢的扩散速率快，具有良好的电催化活性及高倍率放电能力；具有较高的抗氧化、抗吸氢粉化能力，循环寿命长。

（1）储氢合金的热力学特性

作为镍氢电池的负极材料，储氢合金要求具有高的储氢容量和适中的氢化物稳定性。通常情况下，合金的这些特性可以通过压力－成分－温度（PCT）曲线得到。图 3-9 所示为储氢合金的典型 PCT 曲线。平衡氢压可以预测储氢合金电极的电化学平衡电势，通过式（3-15）和式（3-16），根据平衡氢压的平台长度估算镍氢电池中储氢合金的理论容量。

$$E=-0.9324-0.0291\times \lg P_{H_2}\ (\text{vs. Hg/HgO, 20℃, 6mol/L KOH}) \tag{3-15}$$

$$C=6\times 26\ 800\left[(H/M)_5(H/M)_{0.1}\right]/M_W \tag{3-16}$$

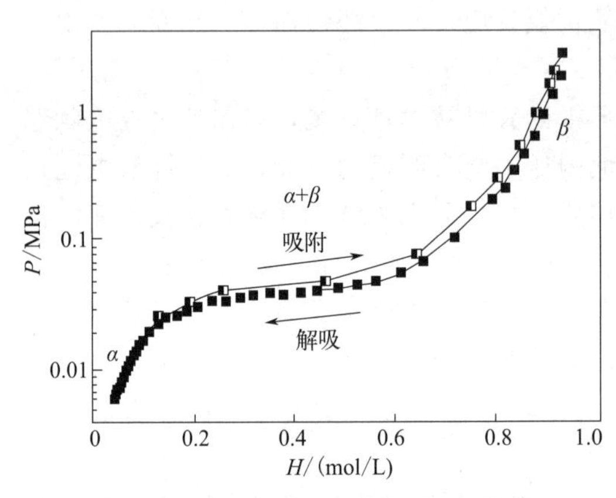

图 3-9　储氢合金的典型 PCT 曲线

式中，P_{H_2} 为脱氢平衡压；$(H/M)_5$ 和 $(H/M)_{0.1}$ 分别为储氢合金在 5MPa 和 0.1MPa 的压力下的氢含量；M_W 为储氢合金的摩尔质量，即合金的实际可逆容量与储氢合金通过气相方法在 45℃条件下和 0.1～5MPa 压力的储氢量密切相关。因此，作为镍氢电池电极材料的储氢合金必须在这个压力范围内得到最高的可逆存储容量。同时，还要考虑金属氢化物的稳定性，氢化物的稳定性太高，氢不会被完全释放出来，氢化物的稳定性太低，不能形成稳定的氢化物。金属－氢之间的结合能一般为 25～50kJ/mol，该结合能可以根据 PCT 曲线，通过范托夫（Van't Hoff）方程式（3-17）计算得到，如图 3-10 所示。

$$\ln P_{H_2}=-\Delta H/RT+\Delta S/R \tag{3-17}$$

式中，ΔH 为焓变；ΔS 为熵变；R 为气态常量；T 为绝对温度。

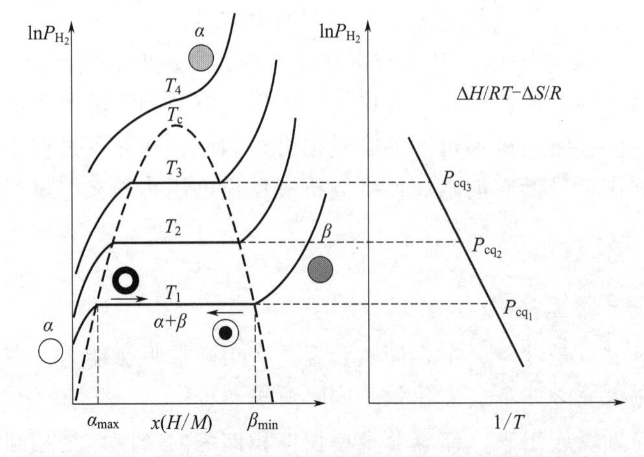

图 3-10　储氢合金的 PCT 曲线与范托夫方程的关系

（2）储氢合金的电化学动力学特性

影响储氢合金实际应用的重要因素除了热力学特性，还有储氢合金/电解质界面的电化学反应动力学和合金内部的氢原子扩散动力学。通常情况下，合金的电催化活性可以用电荷转移电阻（R_{ct}）和交换电流密度（I_0）表征，氢原子的扩散速度可以用极限电流密度（I_L）和氢原子扩散系数（D_H）评估。

储氢合金电极的 R_{ct} 可由交流阻抗图谱（EIS）拟合得到。通常情况下，对镍氢电池来说，其氢化物电极的典型 EIS 由高频区的两个半圆和低频区的一条直线组成。高频区的半圆表征的是合金颗粒之间、合金颗粒与集流器之间的接触电阻（R_c），中频区的半圆表征的是氢化物电极在电化学反应过程中的 R_{ct}，低频区的直线表征的是与扩散有关的 Warburg 阻抗。用等效电路拟合的方法，通过非线性最小二乘法拟合，可以定量得到 R_c 和 R_{ct} 的值。通常情况下，I_0 表征的是电极在近乎平衡状态下的电化学反应速度的快慢。当过电位 η 在小的电势范围内变化时（$\eta \leqslant 10mV$），I_0 可以通过式（3-18）进行计算。

$$I_0 = RTI_d/(F\eta) \tag{3-18}$$

式中，R 为气态常量；T 为绝对温度；I_d 为施加的电流密度；F 为法拉第常数。

由于在固定的温度下，RT/F 是一个常量，η 与 I_d 存在线性关系，I_0 的值便可以通过直线的斜率计算得到。

I_L 和 D_H 表征氢原子由合金内部向电极表面的扩散速度，二者可以通过阳极极化曲线和电势阶跃曲线分别得到。在阳极极化曲线中，电流密度随着过电位的增加而增大，直至达到最大值，该最大值即为 I_L。对于电势阶跃曲线，由于施加了高的过电位，在起始阶段，电极表面吸附的氢原子快速被氧化，氢原子浓度急剧下降，电流密度急剧减小。随着时间的延长，电流密度减小的速度变缓，并且呈线性下降，因为此时电化学反应的控速步骤是合金内部的氢原子向表面的扩散。根据球形扩散模型，D_H 根据式（3-19）的线性部分计算得到

$$\lg i = \lg\left[\frac{6FD_H}{da^2}(C_0 - C_s)\right] - \frac{\pi^2 D_H}{2.303a^2}t \tag{3-19}$$

式中，i 为扩散电流密度，A/g；d 为储氢合金的密度，g/cm^2；a 为合金颗粒的半径；C_0 为合金本体的初始氢浓度，mol/cm^3；C_s 为合金颗粒表面的氢浓度，mol/cm^3；t 为放电时间，s。

（3）储氢合金类型

根据储氢特性和结构差异，储氢合金主要分为以下几种类型：具有 $CaCu_5$ 相结构的稀土系 AB_5 型储氢合金，具有超晶格的稀土－镁－镍基 AB_3 型储氢合金，具有 Laves 相结构的钛基、锆基 AB_2 型储氢合金，具有 CsCl 相结构的钛铁 AB 型储氢合金和具有 Mg_2Ni 相结构的镁基 A_2B 型储氢合金。其中，A 指氢化物形成元素，即可与氢反应形成稳定的氢化物，决定储氢合金的容量，主要包括 La、Ce 等稀土元素；B 指的是非氢化物形成元素，如 Ni、Co、Mn、Al 等过渡族元素，尽管不能与氢反应形成稳定的氢化物，但是可以提高储氢合金的氢化/脱氢动力学特性，改变储氢合金的平衡氢压，可以形成致密的氧化物层，抑制 A 元素的溶解，提高储氢合金的稳定性。A 和 B 共同决定了储氢合金的电化学性能。

AB_5 型储氢合金由于高的储氢容量和良好的电化学反应动力学特性，成为最早商业化

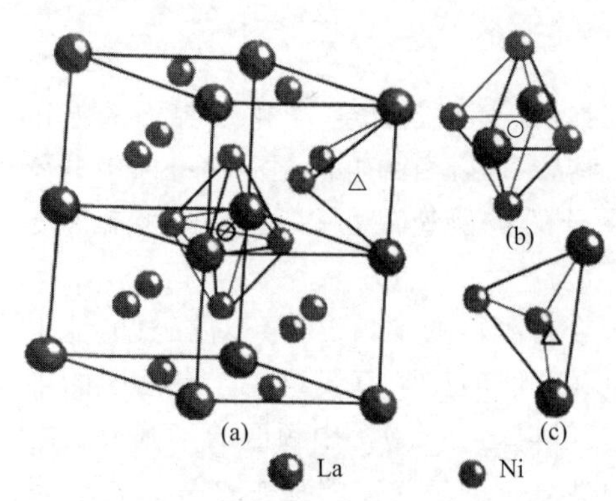

图 3-11　AB_5 型储氢合金
（a）$LaNi_5$ 合金的晶体结构；
（b）氢占据的八面体间隙；
（c）氢占据的四面体间隙

的储氢合金。其中最具代表性的 AB_5 型储氢合金是具有六方结构的 $LaNi_5$ 合金，其晶体结构如图 3-11 所示，其每个晶胞具有三个八面体间隙和三个四面体间隙。一个 $LaNi_5$ 最多可以吸收 6 个氢原子，形成 $LaNi_5H_6$，对应的理论比容量是 372mA·h/g。但是 $LaNi_5$ 吸氢后具有较大的体积膨胀，易发生粉化和腐蚀，而且在碱溶液中容易氧化生成 $La(OH)_3$ 和 $Ni(OH)_2$，因此 AB_5 型储氢合金的循环稳定性差。

1984 年，Willems 采用了 Co 和 Si 部分代替 AB_5 中的镍，较好地抑制了合金的粉化和氧化问题，才使 AB_5 型合金有了突破性进展。此后，为了进一步降低材料成本，采用富 La 系或者富 Ce 系混合稀土代替 $LaNi_5$ 中的 La，并对 B 采用多元化组分，形成的典型合金有 $MNi_{3.55}Co_{0.75}Mo_{0.4}Al_{0.3}$ 和 $MNi_{3.45}(CoMnTi)_{1.55}$。通过对 AB_5 型合金的组分设计优化，以及采用表面处理等方法，可以改善合金的综合电化学特性。控制合金粉末的颗粒直径，改良其表面的光滑度，也能提高合金的耐久性。AB_5 型混合稀土合金由于具有电化学容量适中、优良的活性、高倍率放电、自放电较小及良好的循环性能，已经成为镍氢电池的主要负极材料。

改善 AB_5 型储氢合金的循环稳定性、高倍率放电性能（High Rate Discharg，HRD）等电化学性能的主要措施如下。

① 元素替代。采用 La、Ce、Pr、Nd 等调节储氢合金的储氢量，Ni 元素改进合金的电催化性能，Co 减小合金吸放氢前后的体积膨胀、提高合金的循环稳定性，Mn 调整合金的平衡氢压、改善合金的电化学动力学性能，Al 降低平衡氢压、提高合金的抗腐蚀性能，Fe、Cu 改善合金的循环稳定性，Mo、W 提高合金的表面电导性，提高 HRD。

② 改进热处理工艺，提高合金成分的均匀性，减少大块枝晶，提高合金的利用率和放电容量，改善循环稳定性。

③ 非化学计量比，有利于合金中第二相的形成。增加晶界，提高合金内部氢原子的扩散速度，降低氢化物的稳定性，提高氢化物电极的电催化活性，提高 HRD。

④ 将储氢合金与高电导或高电催化活性的添加剂（石墨、石墨烯、碳纳米管等）进行机械混合来提高电极的导电性能，加快电子和离子的传输速度。提高电极电化学反应动力学性能。

⑤ 将合金纳米化以减小氢在其内部的扩散距离，提高氢扩散动力学性能。

⑥ 采用表面改性处理（氟化处理，酸、碱处理，化学镀 Ni、Ni-P、聚苯胺等涂层）溶解掉合金表面氧化物层，提高电极表面导电性，加快电子的传输速度，增大电极的比表面积，促进合金电极与电解液的接触，加快离子传输速度，提高氢化物电极的 HRD。

AB_2 型 Laves 相储氢合金有锆基和钛基两大类。锆基合金是一类正在研究开发的高容量储氢合金电极材料，与 AB_5 型混合稀土型合金相比具有以下优势：电化学比容量高（理论比容量为 482mA·h/g）；抗氧化腐蚀能力强，在碱液中合金表面形成一层致密的氧化膜，能有效地阻止电极的进一步氧化，因此合金具有更好的循环性能。但是 AB_2 型 Zr 基合金存在活化困难、高倍率性能较差、自放电率大、成本较高等问题。针对以上问题，通常采用多元合金化及其表面处理来改善其性能。AB_2 型 Laves 相钛基储氢合金主要有 Ti-Mn 和 Ti-Cr 系，通过掺入 Mg、Ti、Zr 等可以提高合金的吸氢量；掺入 Mn、V、Zr 等可以调整金属-氢键强度；掺入 Al、Mn、Co 等可以提高合金的电催化活性。

AB 型钛系储氢合金的典型代表是 TiFe。TiFe 合金活化后在室温下能可逆地吸收放出大量的氢，理论值为 1.86%（质量分数），平衡氢压在室温下为 0.3 MPa。TiFe 合金价格便宜，资源丰富，但是活化相对困难。TiFe 合金对气体杂质如 CO_2、CO、O_2 等比较敏感，活化的 TiFe 合金很容易被这些杂质毒化而失去活性。因此，在实际应用中，TiFe 合金的使用寿命受到氢源纯度的限制。为了克服 TiFe 合金的缺点，通常利用 Al、Zr、Ni、V 等替代部分 Fe 元素，从而制备易活化、储氢特性好的合金。

A_2B 型镁基合金与 AB_5 和 AB_2 型合金相比，具有重量轻、价格低、储氢量大和资源丰富等优点。以 Mg_2Ni 为代表的镁基储氢合金，其储氢能力按 Mg_2NiH_4 计算，理论比容量为 1000mA·h/g，被认为是最有发展前途的储氢材料。但镁基合金为中温型储氢合金，过于稳定，吸放氢的动力学性能较差，在 300℃、2MPa 下才与氢反应生成 Mg_2NiH_4，而且在循环过程中 Mg 的氧化物导致电极容量衰减较快。因此，通过添加第三种合金元素可以改善 Mg_2Ni 合金的性能，包括降低氢吸收温度和改善吸放氢动力学性能。目前常采用合金元素有 Zr、V、Zn、Cr、Mn、Co 及多种镧系元素替代 Mg_2Ni 合金中的部分镍，从而降低反应的热效应和放氢温度。此外，通过使镁基合金非晶化，利用非晶合金表面的高催化活性改善镁基合金的吸放氢动力学和热力学性能，提高电化学吸放氢能力。

3.2.3 正极材料——氢氧化镍

目前在电池中最广泛使用的正极材料为 β-Ni（OH）$_2$，其属于六方晶系，P3ml（No.164）空间群，点阵参数分别是 $a=0.3126$nm，$c=0.4605$nm。β-Ni（OH）$_2$ 呈层状结构，其结构可描述为呈六方最密堆积的 OH^- 层沿 c 轴方向堆积，两个 OH^- 层之间有八面体间隙。这些八面体间隙或完全被 Ni^{2+} 填充，或完全空缺。通常把其间八面体间隙中充满 Ni^{2+} 的两个 OH^- 层与其中填充的 Ni^{2+} 一起称为 NiOH 层，NiOH 层内 Ni^{2+} 与 OH^- 的比值为 1∶2，NiOH 层中 O—H 键与 c 轴方向平行。β-Ni(OH)$_2$ 的堆垛结构如图 3-12 所示，其晶体结构为以 ABAB 形式紧密堆积的氧原子层组成，层间间距较小，约为 0.46nm，无插入离子。在充放电过程中，质子在层间进行移动，减少了质子扩散的阻力，从而使材料的电化学反应较易发生[18]。

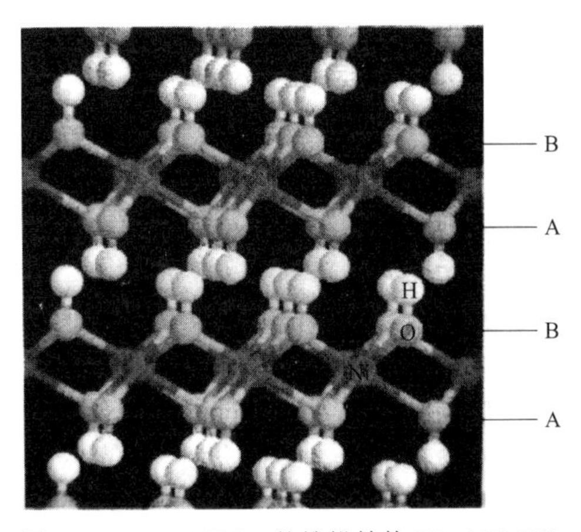

图 3-12 β-Ni(OH)$_2$ 的堆垛结构 T1（ABAB）

除了 β-Ni(OH)$_2$ 以外，氢氧化镍还有一种晶型为 α-Ni(OH)$_2$，为水镁石结构。α-Ni(OH)$_2$ 层间靠氢键键合，层间间距较大，约为 0.8nm，且各层的层间距并不完全一致。另外，各层沿 c 轴平行堆积时取向具有随机性，层与层之间呈无序状态的湍层（或紊层）结构，一般称为二维乱层（Turbostratic）结构。α-Ni(OH)$_2$ 由于存在以 c 轴为旋转轴的二维乱层结构，晶体结构排列往往不规则，由具有缺陷的 Ni（OH）$_{2-x}$ 层堆垛而成，

层间常插入 H_2O、NO_3^-、CO_3^{2-} 等粒子。α-$Ni(OH)_2$ 也有两种形态，可分别表示为 α-$3Ni(OH)_2 \cdot 2H_2O$（晶胞参数为 $a=0.308nm$，$c=0.809nm$）和 α-$Ni(OH)_2 \cdot 0.75H_2O$（晶胞参数为 $a=0.3081nm$，$c=2.345nm$）。

氢氧化镍电极材料在正常充放电情况下，充电时失去一个电子被氧化成 NiOOH，同时给出一个 H^+，H^+ 与溶液中的 OH^- 发生中和反应，生成 H_2O。放电时为上述过程的逆过程，活性物质是在 β-$Ni(OH)_2$ 与 β-NiOOH 之间的转变，但是当过充时却生成了 γ-NiOOH。α-$Ni(OH)_2$ 在碱液中不稳定，会自动转变为 β-$Ni(OH)_2$。对 β-$Ni(OH)_2$、α-$Ni(OH)_2$、β-NiOOH 与 γ-NiOOH 的堆垛结构以及相互转换规律最初是由 Bode 等提出的，如图 3-13 所示。β-NiOOH 以 AABBCC 形式排列，其层间间距约为 0.47nm，层间一般无离子插入，结构示意图如图 3-14 所示。γ-NiOOH 与 β-NOOH 同样为层状堆垛结构，层间间距约为 0.7nm，其层间常插有 K^+、SO_4^{2-}、NO_3^-、H_2O 等粒子。

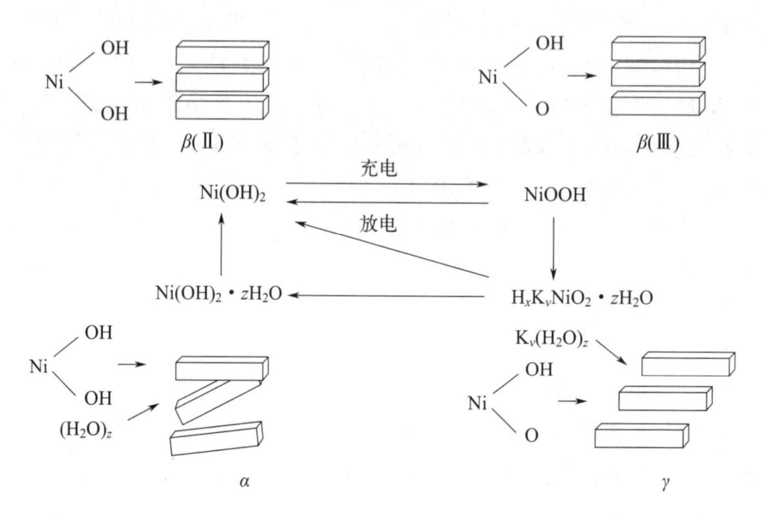

图 3-13　氢氧化镍电极材料的晶型转化

伴随过充过程 $Ni(OH)_2$ 发生以上晶型转变之外，还发生了析氧副反应，见式（3-13）。对其电极过程进行详细剖析，发现首先 OH^- 在电极上被氧化生成原子态氧，见式（3-20）；原子态氧会氧化 NiO(aq) 而生成 NiO_2，见式（3-21）；由于 NiO_2 具有强氧化性，它又与 NiO(aq) 作用，见式（3-22），因此总反应可写成式（3-23）。充电过程中一方面是由于极化的存在，另一方面 NiO 转变成 Ni_2O_3 时，并非直接进行，而是经过高电势的 NiO_2，因此 $Ni(OH)_2$ 电极电势比 Ni_2O_3 的电势还要高。

图 3-14　β-NiOOH 的堆垛结构 P3（AABBCC）

$$2OH^- \longrightarrow H_2O+O+2e^- \tag{3-20}$$

$$NiO(aq)+O \longrightarrow NiO_2 \tag{3-21}$$

$$NiO_2+NiO(aq) \longrightarrow Ni_2O_3(aq) \tag{3-22}$$

$$2NiO(aq)+2OH^- \longrightarrow Ni_2O_3(aq)+H_2O+2e^- \tag{3-23}$$

在氢氧化镍电极中，2NiO（aq）、NiO_2、

Ni_2O_3 三者共存，可视为三者的共熔体。其电势初期由 NiO（aq）生成 NiO_2 反应的难易程度决定，后期则由 Ni_2O_3 生成 NiO_2 反应决定。在活性物质中，NiO_2 的浓度越高，电极电势也就越高，氧的析出量也越多。$Ni(OH)_2$ 电极在充电的情况下，电极电势为 0.6V（相对于标准氢电极，室温，2.8mol/L KOH）。如不立即放电而静置一段时间，电势会自动降低。初始的高电势是因为高价镍以 NiO_2 的形式存在，但由于 NiO_2 不稳定，将会发生反应，见式（3-24）。随着 NiO_2 浓度的减少，电极电势下降，同时有 O_2 析出。

$$2NiO_2 + H_2O \rightarrow 2NiOOH + 1/2O_2 \tag{3-24}$$

氢氧化镍电极的充电过程是一个质子传递过程，若在充电过程中二价镍不能充分氧化，放电过程中 NiOOH 到一定的放电深度时，导电性不好的 $Ni(OH)_2$ 增多，导致三价镍不能充分发生还原，从而导致活性物质的利用率降低，因此电荷传输成为氢氧化镍电极充电过程的控制步骤之一。

为了改善镍电极的电化学特性，通常利用化学共沉积、电化学共沉积、表面包覆、掺杂等方式引入钙、钴、锌及一些稀土元素等。在众多的掺杂元素中，Co 的引入能够增加电极电子电导性、提高析氧过电势，降低 $Ni(OH)_2$ 还原电势，从而提高电极反应的可逆性。在电池活化过程中产生导电性良好的 CoOOH，抑制 γ-NiOOH 的产生，防止正极的膨胀和脱落。另一方面，在 $Ni(OH)_2$ 中加入钴粉，充电时使还原态的 $Ni(OH)_2$ 更充分氧化，而放电时可降低扩散电阻，增加质子导电性，使氧化态的 NiOOH 能够充分被还原，从而提高 $Ni(OH)_2$/NiOOH 氧化还原的可能性。

随着镍氢电池高容量的发展，要求 $Ni(OH)_2$ 正极材料不仅具有高的电化学活性，而且要有高的振实密度。一般情况下，$Ni(OH)_2$ 颗粒呈不规则形状，颗粒的粒度分布较宽，振实密度约为 1.6g/cm^3。制备具有类球形形貌的 $Ni(OH)_2$，可以有效提升振实密度，增大电极的体积比容量和提高电池的体积比能量。类球形的正极材料还具有活性高、流动性好等特点，有利于材料填充到集流体（发泡镍）中，提高单位体积内的活性物质填充量。

3.2.4 镍氢电池的应用

目前电池的发展主要集中在“一大一小”和“高功率”上，即电动汽车用大容量电池，手机和便携式电子设备用 AA 规格以下的小型号电池，电动工具和电动车等用高功率电池。另外，镍氢电池在军事和航天中也有应用[19]，如小容量圆柱形镍氢电池可以在雷达通信车、飞机、坦克、火炮等军事和航天领域应用。

习题与思考题

1. 选择题

(1) 以下有关铅酸电池说法正确的是（　　）。

A. 铅酸电池是水系电池

B. 铅酸电池害怕过放电，因为会导致不可逆硫酸盐化

C. 铅酸电池即使在不使用的时候也要定期充电

D. 铅酸电池使用过程中均不惧怕过充和过放电

(2) 以下有关铅酸电池说法正确的是（　　）。

A. 放电时，硫酸铅既是正极反应产物，也是负极反应产物

B. 充电时，硫酸铅既是正极反应产物，也是负极反应产物

C. 充电时，正极反应产物是二氧化铅，负极反应产物是铅

D. 充电时，正极反应产物是铅，负极反应产物是二氧化铅

2. 简答题

(1) 简述铅酸电池的结构组成和工作原理。

(2) 简述铅酸电池的使用注意事项。

(3) 铅碳电池的优势是什么？限制其发展的主要原因有哪些方面？

(4) 简述铅酸电池的失效机制。

(5) 简述镍氢电池的结构组成和工作原理。

(6) 为什么镍氢电池具有一定耐过充和过放能力？

(7) 目前研究的储氢合金材料主要有哪些？实用性储氢材料需要具备哪些条件？

参考文献

[1] 易江腾，陈浩，郭庆红. 大容量电池储能技术及其电网应用前景[J]. 大众用电，2018，8，3-5.

[2] 王乐莹. 多孔炭在铅炭电池负极中的作用机制研究[D]. 北京:北京科技大学，2017.

[3] 赵海敏，张天任，郭志刚，等. 铅酸电池铅基合金发展现状概述[J]. 广州化工，2017，45(22)，12-13.

[4] 连芳. 电化学储能器件及关键材料[M]. 北京:冶金工业出版社，2019，34-42.

[5] 陶占良，陈军. 铅碳电池储能技术[J]. 储能科学与技术，2015，4(6)，546-555.

[6] 杨俊，胡晨，汪浩，等. 铅酸电池失效模式和机理分析研究进展[J]. 电源技术，2018，42(3)，459-462.

[7] 张波. 铅酸电池失效模式与修复的电化学研究[D]. 上海:华东理工大学，2011.

[8] 张浩，曹高萍，杨裕生. 炭材料在铅酸电池中的应用[J]. 电源技术，2010 (7)，729-733.

[9] 魏杰，王东田，翟淑芳，等. 最近 10 年铅酸电池添加剂研究概况[J]. 电池，2001，01，40-46.

[10] 王乐莹，张浩，胡晨，等. 铅炭电池负极炭材料的作用机制研究进展[J]. 电化学，2014，20(5)，476-481.

[11] 杨裕生. 续论电动汽车和化学蓄电：杨裕生院士文集[M]. 北京，科学出版社，2017，324-327.

[12] 杨裕生. 再论电动汽车和化学蓄电：杨裕生院士文集[M]. 北京，清华大学出版社，2021，271-274.

[13] 吴敏. 铅酸蓄电池行业现状与发展趋势[J]. 电器工业，2007 (3)，30-35.

[14] 李苗苗. 储氢合金基复合材料电化学性能的研究[D]. 长春:吉林大学，2017.

[15] 雷浩. 高容量镍氢电池正极合成与性能研究[D]. 北京:北京有色金属研究总院，2014.

[16] 蒋志军，许涛，郭咏梅. 电容型镍氢动力电池的应用现状与发展前景[J]. 稀土信息，2018，1.

[17] 张沛龙. 稀土储氢材料的应用现状与发展前景[J]. 稀土信息，2017 (11)，8-12.

[18] Van der Ven A，Morgan D，Meng Y S，et al. Phase stability of nickel hydroxides and oxyhydroxides [J]. Journal of The Electrochemical Society，2006，153(2)，A210-A215.

[19] 陈云贵，周万海，朱丁. 先进镍氢电池及其关键电极材料[J]. 金属功能材料，2017，24(1)，1-24.

第4章

锂离子电池

1991年6月，日本索尼公司发布首个商用锂离子电池，至今锂离子电池已经商业发展了30余年。目前锂离子电池广泛应用于各种需要电能存储的设备和装置中，包括手机、笔记本电脑、蓝牙耳机、便携式电动工具、机器人或机器玩具、电网存储、电动汽车等。然而关于锂电池的研究需要追溯至19世纪50年代，由于锂金属具有最低的电位［−3.04V(vs. H^+/H_2)］和最低的密度（0.53g/cm³，是最轻的金属），利用锂金属作为负极材料可以设计得到具有高能量密度的电池系统，因此如何利用锂金属设计电池是当时的研究热点之一[1-3]。使用锂金属作为负极的锂一次电池被最先发明出来，如Li/$(CF)_n$、Li/$SOCl_2$和Li/MnO_2等一次电池[3]。出于环保和资源循环利用的考虑，研究重点转向可反复使用的锂二次电池。1970年左右，研究者发现在一些无机双硫化合物（TiS_2、MoS_2、VS_2、CrS_2、NbS_2、TaS_2）中[3]，锂离子具有可逆的嵌入和脱出反应，这些化合物被命名为插层化合物。1972年，Exxon公司使用性能最好的TiS_2作为正极，锂金属作为负极，$LiClO_4$/1,3-二氧五环作为电解液组成锂金属二次电池，其具有良好的电化学性能，1000次循环保持率达到99%[4]，然而很快人们发现锂金属和液态电解液的组合在循环过程中会形成锂枝晶，这些锂枝晶会引发内短路从而带来严重的安全问题。1989年，Moli能源公司生产的锂金属二次电池发生了多起由于锂枝晶导致的起火事故，未能成功将锂二次电池商业化，甚至一度中断锂二次电池的研发[5]。此时，贝尔实验室研究了插层氧化物（V_6O_{13}）[6]，发现其具有更高的容量和电压平台。随后，Goodenough发明了一系列Li_xmO_2（m=Co、Ni、Mn）插层化合物[7,8]，对锂有近4V的电位，并且锂离子脱出50%～60%后结构依然保持稳定，这种材料也首次被商业化应用于锂离子电池中，John B. Goodenough也因此获得2019年的诺贝尔化学奖。

锂金属作为负极材料会带来严重的安全问题，为了解决这个问题，研究者们进行了一系列探索，主要集中于优化电解液和负极材料。第一种优化方式是将液体电解液替换为凝胶聚合物电解质（SPE），这种电池被称为固态锂聚合物电池（Li-SPE）。但是这种电池只适用于大规模体系，并不适合便携式设备，并且使用温度高达80℃，并不实用，而且这种电池仍然存在锂枝晶的安全问题，因此并未得到大规模商业应用。第二种优化方式是将容易产生锂枝晶的锂金属负极替换为其他可嵌入脱出的插层材料，在20世纪80年代末和20世纪90年代初，由Murphy[9]和Scrosati等[10]首先提出这种概念，并提出了锂离子摇椅电池这一概念，因为此时锂金属以离子形态在正负极之间穿梭，能够有效避免锂枝晶的产生，可以得到安全可靠的锂离子电池。尽管摇椅电池概念先进，然而实现这一概念还面临较多问题：a.找到合适的嵌锂负极材料，与嵌锂正极材料配合；b.找到合适的电解液，在负极形成稳定的界面。随后Asahi Kasei公司的Yoshino使用索尼公司开发出的储锂硬碳材料和Li_xCoO_2阴极材料，发明了第一个商业上可行的锂离子电池[11]，如图4-1所示。该电池由索尼公司于1991年发布，这种锂离子电池电压超过3.6V，能量密度高达120～150W·h/kg（Ni-Cd电池的 2～3 倍)，这种结构的锂离子电池一直沿用至今，目前还在蓬勃发展之中。

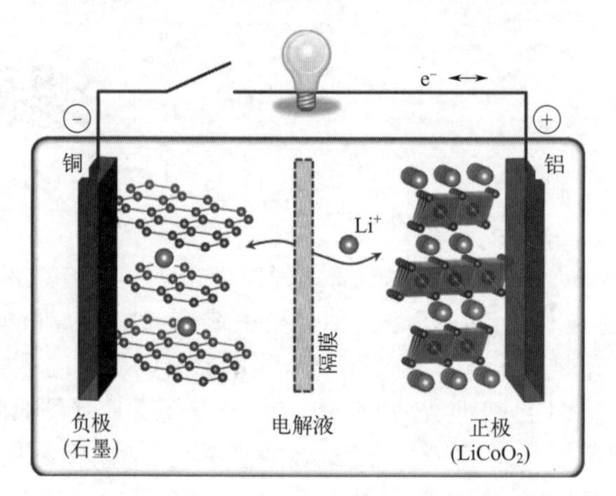

图 4-1　锂离子电池的原理（正极是嵌锂化合物；负极是石墨材料）[1]

4.1 锂离子电池的结构及工作原理

如图 4-1 所示，一个典型的锂离子电池主要由正极、负极、隔膜和锂离子电解液组成。其中电解质可以是液态或者固态，用于充放电过程中传导锂离子；正极材料一般为具有高脱嵌锂电位的插层化合物，如钴酸锂（$LiCoO_2$）、$LiMn_2O_4$、$LiFePO_4$ 等[3]；负极材料一般为低嵌锂电位的插层化合物，如硬碳、石墨、硅单质及硅碳复合材料、过渡金属氧化物等[2]。充电时，锂离子从 $LiCoO_2$ 中脱出进入电解质，随后嵌入石墨负极形成 Li_xC_6 化合物，电能转变为化学能；放电时，锂离子从 Li_xC_6 化合物中脱出，经过电解液嵌入 Li_xCoO_2 中，同时电子经过外电路从负极回到正极，化学能转变为电能。在充放电的过程中，锂离子在正负极之间来回嵌入脱出，被形象地称为“摇椅”电池，其反应方程式如下。

正极：

$$LiCoO_2 \underset{放电}{\overset{充电}{\rightleftharpoons}} Li_{1-x}CoO_2 + xLi^+ + xe^- \tag{4-1}$$

负极：

$$xLi^+ + 6C + xe^- \underset{放电}{\overset{充电}{\rightleftharpoons}} Li_xC_6 \tag{4-2}$$

总反应式：

$$Li_{1-x}CoO_2 + 6C \underset{放电}{\overset{充电}{\rightleftharpoons}} LiCoO_2 + Li_xC_6 \tag{4-3}$$

4.2 锂离子电池正极材料

在锂离子电池中，正极和负极活性材料是产生电能的源泉，其性能直接决定了锂离子电池的性能。图 4-2 中所示为目前开发出的锂离子电池正极和负极材料的对比图，其中正极材料主要可分为过渡金属氧化物正极材料、聚阴离子型正极材料、无锂转化型正极材料等；负极材料有碳基材料、钛基化合物、硅基材料、锡基合金复合物、过渡金属氧化物等[2]。从图中可以看出，负极材料的比容量远高于正极材料的比容量，例如，商业化应用的石墨基负极材料的比容量为 372mA·h/g，而商用化的 $LiCoO_2$、$LiMn_2O_4$、$LiFePO_4$ 实际可达到的比容量分别为 140、110mA·h/g 和 170mA·h/g[2,3]，此外，即将进入实用化的新型硅合金负极材料的实际比容量高达 1000mA·h/g。因此，正极材料是限制锂离子电池能量密度进一步提高的主要因素。

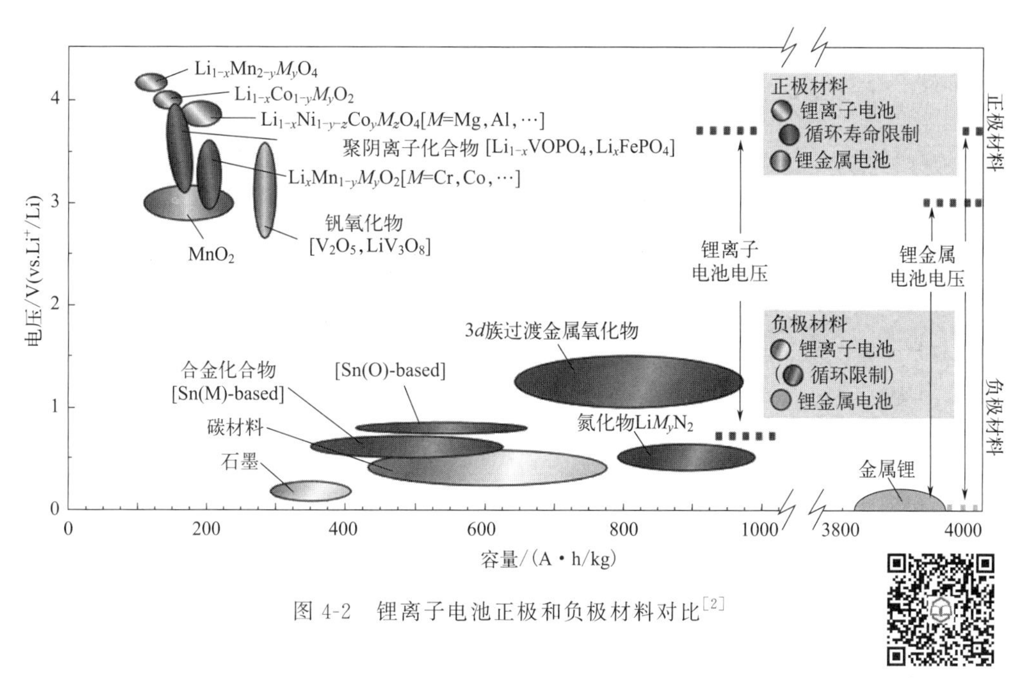

图 4-2 锂离子电池正极和负极材料对比[2]

表 4-1 列出了目前商用的使用传统正负极材料组成的电池的能量密度对比，从表中可以看出，商用的锂离子电池能量密度均小于 200W·h/kg，而现代新能源汽车、储能电站以及电网储能技术对二次储能系统的能量密度的要求已经达到 300W·h/kg 以上。

表 4-1 当前常见的锂离子电池体系[12]

类型	正极	负极	电池电压/V	能量密度/(W·h/kg)
LCO	$LiCoO_2$	石墨	3.7～3.9	140
LNO	$LiNiO_2$	石墨	3.6	150
NCA	$LiNi_{0.8}Co_{0.15}Al_{0.05}O_2$	石墨	3.65	130
NMC	$LiNi_xMn_yCo_{1-x-y}O_2$	石墨	3.8～4.0	170
LMO	$LiMn_2O_4$	石墨	4	120
LNM	$LiNi_{0.5}Mn_{1.5}O_4$	石墨	4.8	140
LFP	$LiFePO_4$	$Li_4Ti_5O_{12}$	2.3～2.5	100

根据我国《节能与新能源汽车技术路线图》的内容，要求到 2030 年单体锂离子电池能量密度达到 500W·h/kg；同时，工信部颁布的《中国制造 2025》指明：“到 2025 年、2030

年，我国动力电池单体能量密度分别需达到400W·h/kg、500W·h/kg”。这就要求正极材料的能量密度均大于1000W·h/kg，显然这些传统正极材料难以满足这些要求，因此，高容量正极材料已经成为新一代高性能锂离子电池发展的关键技术瓶颈之一。同时，由于三元层状正极材料的能量密度较高，大量应用于车用动力电池，三元层状正极材料中主要使用的元素是钴和镍，这两种金属元素地壳丰度低，随着全球对于锂离子电池需求的不断增加，这两种金属价格不断攀升，推高单体锂离子电池价格，对于新能源汽车的推广与市场开拓有较大的影响[13]。因此，开发下一代价格低廉、高能量密度和高功率密度的新型正极材料是非常有必要的。

性能优良的正极材料应具有以下几个特点：

① 具有较大的吉布斯自由能，提供高的工作电压；

② 单位结构中能容纳更多的锂离子进行嵌入和脱出，提供高的比容量，提高电池的能量密度；

③ 在锂离子嵌入和脱出中，结构稳定，吉布斯自由能变化小，确保锂离子电池工作电压稳定，循环稳定性好；

④ 锂离子在结构中进行较快的扩散传输，具有高的扩散系数，并能具有良好的电子导电性和离子传输性能，能够进行高倍率的充放电，提高电池的功率密度；

⑤ 无毒环保、廉价易得。

常见商用化的锂离子电池正极材料见表4-2。

表4-2 常见商用化的锂离子电池正极材料及其性能

中文名称	钴酸锂	三元镍钴锰酸锂	锰酸锂	磷酸亚铁锂
化学式	$LiCoO_2$	$LiNi_xCo_yMn_{1-x-y}O_2$	$LiMn_2O_4$	$LiFePO_4$
晶体结构空间群	$R\bar{3}m$	$R\bar{3}m$	$Fd\bar{3}m$	$Pmnb$
晶胞参数/Å	$a=2.82, c=14.06$	—	$a=b=c=8.231$	$a=4.692, b=10.332, c=6.011$
锂离子扩散系数/(cm^2/s)	$10^{-12}\sim10^{-11}$	$10^{-11}\sim10^{-10}$	$10^{-14}\sim10^{-12}$	$1.8\times10^{-16}\sim2.2\times10^{-14}$
理论密度/(g/cm^3)	5.1	—	4.2	3.6
振实密度/(g/cm^3)	2.8～3.0	2.6～2.8	2.2～2.4	0.8～1.1
压实密度/(g/cm^3)	3.6～4.2	>3.4	>3.0	2.2～2.3
理论比容量/(mA·h/g)	274	273～285	148	170
实际比容量/(mA·h/g)	135～160	155～220	100～120	>160
电压范围/V	3.4～4.5	2.5～4.6	3.0～4.3	3.2～3.7
电池能量密度/(W·h/kg)	180～240	180～240	130～180	130～200
循环稳定性/次	500～1000	800～1500	500～2000	2000～6000
安全性能	差	尚好	良好	优秀
价格/(万元/t)	26～30	16～30	9～15	4～6
主要应用领域	传统3C电子产品	3C电子产品、电动工具、电动自行车、电动汽车及大规模储能	电动工具、电动自行车、电动汽车及储能领域	电动汽车及大规模储能

目前已经实用化和研发之中的锂离子电池正极材料可以根据元素组成结构大致分为三类。

① 第一类是由锂元素、过渡金属元素、氧元素组成的一类过渡金属氧化物，具有六方层状结构（$R\bar{3}m$）或尖晶石结构（$Fd\bar{3}m$），其代表材料主要为钴酸锂（$LiCoO_2$）、三元镍钴锰（NCM）酸锂（$LiNi_xCo_yMn_{1-x-y}O_2$）、三元镍钴铝（NCA）酸锂（$LiNi_xCo_yAl_{1-x-y}O_2$）和尖晶石锰酸锂（$LiMn_2O_4$），这些材料均已经实用化，应用于不同种类的电池体系中。

② 第二类是由锂元素、过渡金属元素、聚阴离子基团组成的化合物，其代表材料主要有橄榄石结构的磷酸亚铁锂（$LiFePO_4$）和正交结构（$Pmn2_1$）的硅酸亚铁锂（Li_2FeSiO_4），其中磷酸亚铁锂已经商用化，常规称为“铁锂电池”。

③ 第三类是无锂转化型正极材料，区别于前两类材料，这类材料分子式中不含有锂元素，其分子式为 m_ax_b，其中 m 为单个或者多个过渡金属元素，包括 Fe、Co、Ni、Mn、Cu、Ti、V、Cr 等过渡族金属元素；x 为阴离子基团，包括氧族、卤族、硫族、磷族元素中的单个元素或者多个元素，其代表材料主要有氟化铁（FeF_2）和五氧化二钒（V_2O_5）等，无锂转化型材料存在较多的问题，处于研究前沿，并未商用化。

4.2.1 过渡金属氧化物正极材料

过渡金属氧化物正极材料，主要是由锂元素、过渡金属元素、氧元素组成的一类化合物，其化学式可写为 $Li_xm_yO_z$，其中 m 由 Co、Ni、Mn、Zr、Mo、Al 等一种或多种元素组成，典型的过渡金属氧化物正极材料有 $LiCoO_2$、镍酸锂（$LiNiO_2$）、$LiNi_xCo_yMn_{1-x-y}O_2$、$Li_{1.2}Mn_xCo_yNi_{0.8-x-y}O_2$、$LiMn_2O_4$、$LiNi_{0.5}Mn_{1.5}O_4$ 等。下面将详细介绍这几种材料。

4.2.1.1 钴酸锂

1958 年 Johnston 等首先合成了 $LiCoO_2$ 材料，1980 年 Goodenough 等首次报道其电化学性能并指出可能的实际应用[7]。1991 年，Sony 公司报道了以 $LiCoO_2$ 为正极和石墨为负极的商用二次锂离子电池，18650 型电池的体积比能量达到 253W·h/L[14]。

(1) $LiCoO_2$ 的结构

热力学稳定的 $LiCoO_2$ 材料为 α-$NaFeO_2$ 盐岩结构，如图 4-3 所示，氧原子为面心立方最密堆积，金属离子产生的八面体空隙，钴原子和锂原子分别形成金属原子层和锂原子层状排列，因而这一类也被称为层状氧化物正极材料，属于 $R\bar{3}m$ 空间群，晶胞参数见表 4-2。这种结构也称为 O3-$LiCoO_2$，其中 O 代表锂离子由六个氧原子包围占据八面体空隙，数字 3 则代表氧原子的堆积模式，其中 3 代表“ABCABC…”堆积，2 则代表“ABACABAC…”堆积，1 则代表“ABABAB…”堆积。这种层状结构也普遍存在于其他类似的层状过渡金属氧化物中[15]，其通式为 $LiMO_2$，其中 M=V、Cr、Mn、Ni 和 Fe，由此研究开发了其他层状正极材料，如 $LiNiO_2$ 正极材料、三元 NCM 正极材料、三元 NCM 正极材料等。通过改变合成方式还可以合成其他物相结构的 $LiCoO_2$，包括尖晶石型 $LiCoO_2$、O2-$LiCoO_2$ 和 O4-$LiCoO_2$，这三种物相结构热力学不稳定，在一定温度下都会转变为更稳定的 O3 结构

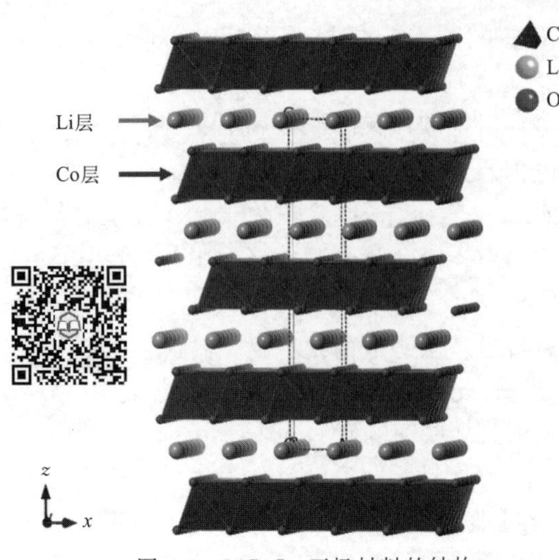

图 4-3　$LiCoO_2$ 正极材料的结构

$LiCoO_2$，因此对于这三种结构 $LiCoO_2$ 的研究较少。

目前商业应用和研究较为广泛的 $LiCoO_2$ 主要是 O3 结构的材料，它也是研究最深入的材料，其理论比容量为 274mA·h/g，具有电化学性能稳定、容易合成等优点，是当前商品化锂离子电池主要的正极材料之一。近些年其在正极材料市场的市场份额为 10%～20%，主要应用于 3C 数码消费类电子产品（如手机、笔记本电脑、无线耳机等）。钴酸锂最早于日本商用，2003 年之前 $LiCoO_2$ 主要被国外厂商垄断，主要生产企业有日亚化学（Nichia Chemical）和优美科（Umicore）。2003 年之后，国内当升科技、湖南瑞翔首先推出了国内第一款 $LiCoO_2$ 产品，伴随着国内当升科技、北大先行、厦门钨业和湖南杉杉等电池材料生产企业的不断发展，截至 2020 年底国内 $LiCoO_2$ 产能全球占比已超过 80%。

（2）$LiCoO_2$ 的主要进展

自锂离子电池成功商业化后，人们投入了大量精力来研究 $LiCoO_2$。尽管 $LiCoO_2$ 的理论比容量高达 274mA·h/g，然而在锂离子电池实际应用中，当超过 0.5 个 Li^+ 离子脱出结构时，$LiCoO_2$ 的循环稳定性较差。为了避免循环容量快速衰减，在 4.2V 的上限充电截止电压下，仅从 $LiCoO_2$ 分子结构中提取 0.5 个 Li^+ 离子，其循环充放电比容量为 140mA·h/g[15]。为了满足 3C 产品对高能量密度锂离子电池日益增长的需求，学术界和工业界都在致力于提高 $LiCoO_2$ 的可逆比容量。从 $LiCoO_2$ 中提取更多锂离子最有效的方法是提高充电截止电压。例如，充电截止电压为 4.2V 时，可逆比容量为 140mA·h/g；提高至 4.4V 时，可逆比容量相应提高至 170mA·h/g；提高至 4.6V 时，可逆比容量高达 220mA·h/g。进一步提高电压可以使得锂离子全部脱出，虽然 Tarascon 等报道 95%的 Li^+ 离子可以重新嵌入完全脱锂的 $LiCoO_2$ 层状结构中，但是这种完全脱锂/嵌锂行为会导致严重的容量衰减。

针对 $LiCoO_2$ 材料在高电压（大于 4.2V）下的失效机理，工业界和学术界开展了大量的研究。Goodenough 等[16]指出 $LiMO_2$ 层状材料无法进行高电压循环的原因是阴离子 p 轨道氧化还原对的钉扎效应。$LiCoO_2$ 中 Co^{4+}/Co^{3+} 氧化还原价带正好在 O 元素的 p 轨道价带上，限制了其高电压的充放电。当 $x>0.5$（电压大于 4.2V）时，与表面形成的过氧化物会氧化 O^{2-} 形成 O_2 析出，导致结构退变；另外，Co 元素也会溶解到溶剂中，使得充电电压高于 4.2V 时，容量快速衰减。为了提高 $LiCoO_2$ 在高电压下的循环稳定性，人们研究开发了许多方法，包括表面包覆、元素掺杂、共同修饰改性、电解液改善等。$LiCoO_2$ 在商业应用中的工作电压不断提高，经过 30 年的发展，实际应用中的 $LiCoO_2$ 正极工作截止电压已经从 4.2V 提高至 4.5V，可逆比容量达到 185mA·h/g。目前实验室中充电截止电压到 4.6V 的研究也取得了一定进展，然而其与商用仍有一定距离，其相关研究是当前的研究前沿热点。

（3）高脱锂态 $LiCoO_2$ 正极的失效机理

高电压下 $LiCoO_2$ 的失效主要有三个因素：结构相变、表面退化和不均匀反应。对于结构相变诱导失效机制，脱锂/嵌锂过程中复杂的结构演化和体积变化导致不可逆相变和颗粒破裂，进而导致容量损失；对于表面退化问题，高电压下钴酸锂正极的阻抗增长与表面退化密切相关，包括阴极电解质界面（CEI）的连续形成、不可逆的表面相变、O2 损失和 Co 溶解；不均匀反应机理表明，由于锂扩散动力学的差异，不同粒子或粒子不同部分的荷电状态（SOC）是不均匀的，SOC 的不均匀分布使得材料产生形变和应力，从而导致电极和颗粒的碎裂进而导致循环容量损失。

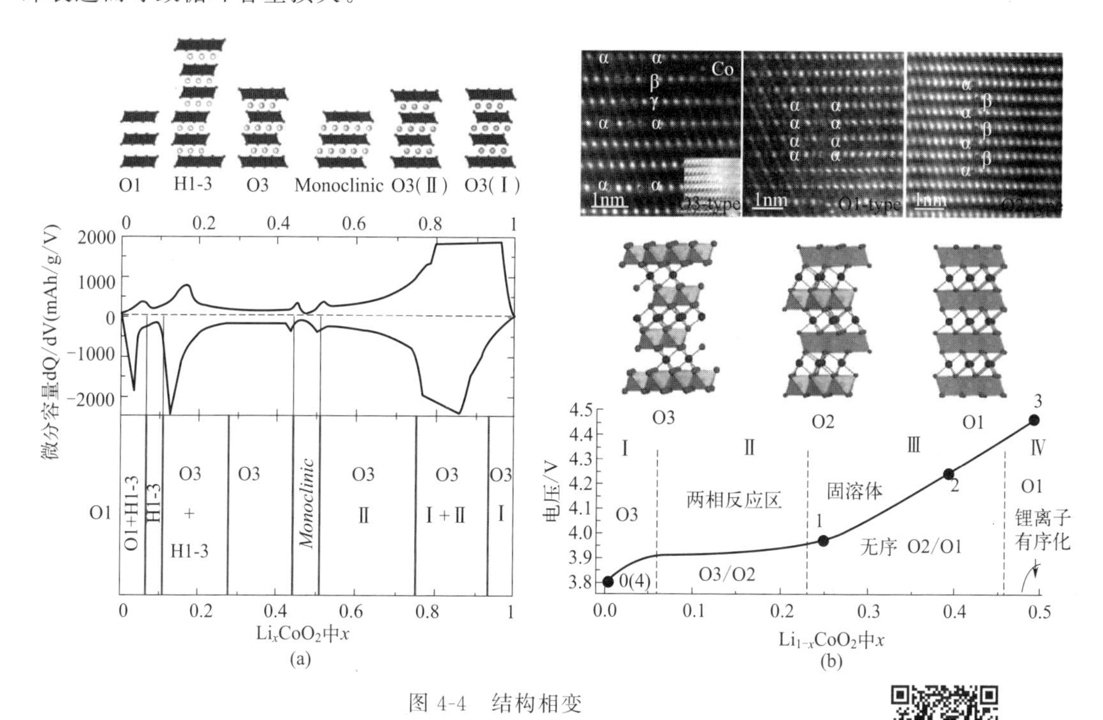

图 4-4 结构相变

（a）不同脱锂状态下 $LiCoO_2$ 的结构演变[17]；（b）$Li_{1-x}CoO_2$（$0 \leqslant x \leqslant 0.5$）的结构和对应的扫描透射电镜环形高角暗场相图（STEM-HAADF）[18]

① 结构相变 如图 4-4（a）所示[17]，从 Li_xCoO_2 中脱锂的结构相变可以根据脱锂量分为两个部分，包括 $0 \leqslant x \leqslant 0.45$ 和 $0.45 \leqslant x \leqslant 1$。当 $0.45 \leqslant x \leqslant 1$ 时，其结构相变包含一个固溶体反应和三个弱的一级相变。Lu 等[18]通过球差矫正扫描透射电镜技术（STEM）观察脱锂过程中的原子结构变化，如图 4-4（b）所示。当 $0.97 \leqslant x \leqslant 1$ 时，$LiCoO_2$ 保持原始的 O3 结构，但是其电子结构从半导体向导体转变；当 $0.75 \leqslant x \leqslant 0.97$ 时，$LiCoO_2$ 从 O3 向 O2 转变，发生 O3/O2 两相反应；当 $0.57 \leqslant x \leqslant 0.75$ 时，结构从无序 O2 转变为 O1，此时充电电压达到 4.2V；当 $0.48 \leqslant x \leqslant 0.57$ 时（充电电压达到 4.5V），完成 O2 至 O1 的转变，出现单斜相，这个单斜相的出现会造成结构损坏，形成容量损失。进一步从结构中脱离（$x \leqslant 0.45$）时，结构从 O3 转变到 H1-3 和 O1 相，H1-3 相是 O1 和 O3 相的混合体。当结构转变为 H1-3 时，O-Co-O 层随着 Li 重排发生移动，导致内应力的产生和结构损伤。Xia 等[19]采用原子层沉积方法（PLD）在钢片上生长了 $LiCoO_2$ 薄膜，研究发现当充电电压在 4.5V

以内，$LiCoO_2$ 薄膜具有良好的循环性能；但当充电截止电压提高到 4.6V，容量快速衰减。说明 4.2～4.5V 的结构相变不会导致容量衰减，4.5～4.7V 的结构相变和较低的锂离子扩散率导致 $LiCoO_2$ 材料的容量衰减。众多研究结果都表明，当充电电压大于 4.5V，会引起 O3 到 H1-3 的相变，使得 C 轴变小体积收缩，形成较大的内应力，导致结构破坏，从而引发颗粒裂纹/粉化，使得后续容量持续衰减。因此，要突破 4.5V 电压上限，抑制结构相变增强结构稳定性至关重要。

② 表面退化　电极材料表面结构和化学组分演化，对于 $LiCoO_2$ 的失效有着决定性的作用。如图 4-5（a）所示，Chen 等[17]发现 4.5V 电压下 $LiCoO_2$ 的失效主要是与电极材料的阻抗增长相关，其阻抗增长则与材料表面结构和化学演化密切相关，包括电解质分解和正极固态 CEI 的形成、不可逆表面相变、晶格失氧和钴溶解等。

锂离子电池的工作电压主要受限于电解液的电化学窗口，该窗口由电解质最低未占据分子轨道（LUMO）和最高占据分子轨道（HOMO）之间的宽度所决定，如图 4-5（b）所示。如果负极的电化学电势高于电解质的 LUMO 能，会发生还原反应，使得在负极表面形成惰性的固态 SEI 层，抑制进一步的反应。同样，只要正极电位位于电解质的 HOMO 能之下，正极材料和电解质之间就会发生氧化反应，在电极表面形成一层正极固态 SEI 层，会抑制氧化反应。正负极与电解质之间形成的界面层的电化学性质，对于锂离子嵌入化学的可逆性和整个电池反应的动力学均起到重要作用。SEI 层的研究较多，CEI 的研究则相对较少。早在 1985 年，Goodenough 等就报道在充电态 $Li_{1-x}CoO_2$ 表面形成一层聚合物，但并未对其化学组分进行详细研究[16]。如图 4-5（c）～图 4-5（e）所示，Zhang 等使用光电子能谱（XPS）技术对 $Li_{1-x}CoO_2$ 电极表面 CEI 进行了定量分析，检测了不同状态下表面 CEI 层中的组分含量[20]。如图 4-5（c）所示，随着充放电循环，CEI 成分也随之变化；随着充放电的进行，其 CEI 的成分比例也会相对增加或减少［见图 4-5（d）］。完全充电后，材料表面的主要 CEI 成分有 Li_2CO_3、LiF 和含有 C—O、C—H 键的有机复合物。如图 4-5（f）所示，CEI 层的演变可能是由于电解质的连续反应和 SEI 碎片从锂负极的物理迁移。虽然 CEI 层阻碍了锂的传输并增加了表面阻抗，但它也阻碍了电解质的连续分解并抑制了正极表面上空间电荷层的形成。

表面结构相变是另一种界面降解机制。在深度脱锂的 $LiCoO_2$ 表面观察到不可逆的相变，表面由层状尖晶石向无序尖晶石相转变。随着循环电压和循环次数的增加，不可逆相变层的厚度逐步增加。例如，截止电压为 4.55V 时 $LiCoO_2$ 的相变层的厚度大约是 4.4V，是截止电压相变层厚度的两倍。第一圈循环时，相变层厚度为 6nm，第 10 圈循环时厚度增加到 24nm。Lu 等[18]使用扫描透射电镜方法详细研究了不同充电状态下 $LiCoO_2$ 的表面结构。随着电压的增加，锂离子深度脱出导致钴离子迁移至锂占位，最终形成不完整的岩盐相。Kikawa 等[21]发现随着循环脱锂/嵌锂的进行，会导致材料近表面 Li/Co 的不均匀分布，表面形成贫锂相。在表面观察到 CoO、Co_3O_4 和嵌锂的 Li-Co_3O_4 等，表明结构相变退化，往往还伴随着 O_2 析出和 Co 的溶解。由于表面结构退化，完全脱锂的 CoO_2 不稳定，O 变成氧气析出，同时这些氧化钴、四氧化三钴等也会被电解液副产物腐蚀，导致 Co 的溶解。Amatucci 等[22]的研究结果表明，在 4.2V 电压下循环充放电，$LiCoO_2$ 电池的负极没有检测到 Co 元素，然而 4.5V 电压下循环后的负极材料中检测到了 Co 元素。

③ 不均匀反应　除了本体相变和表面退化的问题之外，不均匀反应导致不同颗粒和/或颗粒不同部分的 SOC 分布不均匀，使得某些颗粒或者颗粒的某个部分过充或过放，从而导

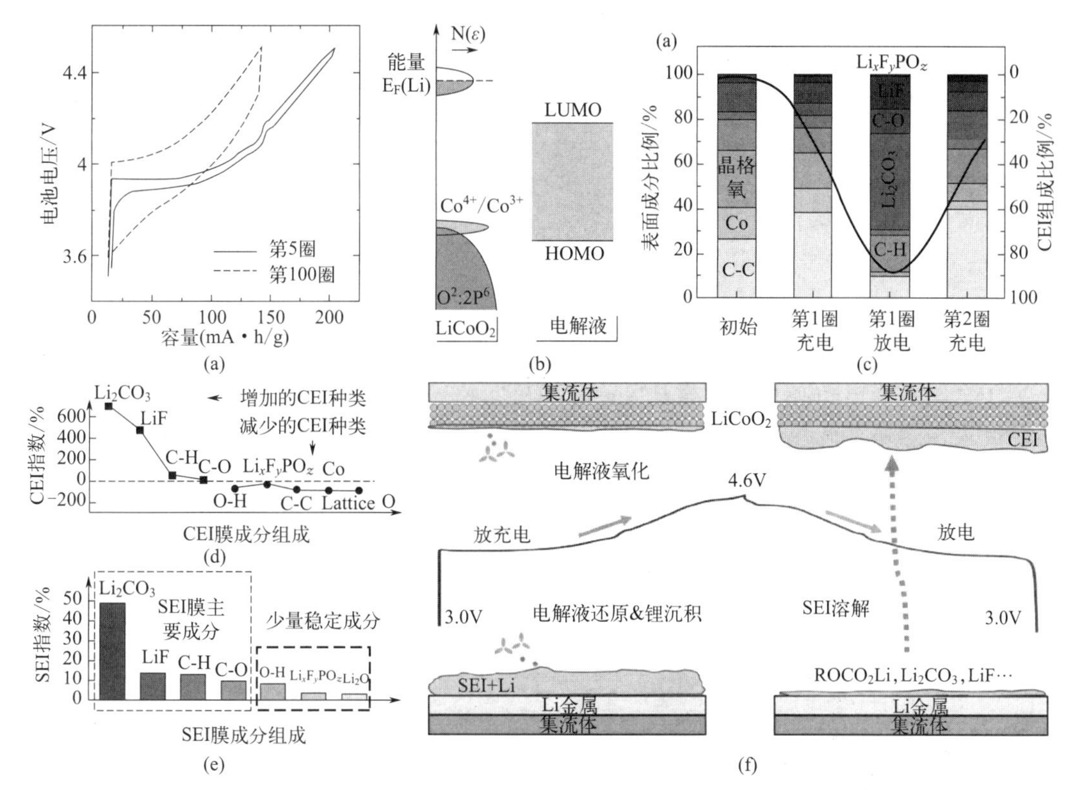

图 4-5 电极材料表面结构和化学组分演化

(a) 循环 5 和 100 圈的 $LiCoO_2$ 充放电曲线[17]；(b) $LiCoO_2$ 的能带示意图及其相对于电解质 HOMO 和 LUMO 的相对能量位置；(c) 不同充放电状态下 $LiCoO_2$ 正极界面层的化学成分；(d) 主要组成部分的 CEI 比例；(e) 锂负极上 SEI 层的组成；(f) 锂负极上 SEI 层的演变[20]

致材料电化学性能随着循环而逐渐退化。Jena 等[23]采用原位中子衍射技术研究了两种粒径的 $LiCoO_2$ 材料的反应激励和电化学行为。8μm 的 $LiCoO_2$ 颗粒在充电过程中均可以均匀地发生固液界面反应，具有良好的倍率性能。然而对于 11μm 的 $LiCoO_2$ 颗粒，当电压小于 4.3V 时，颗粒内部反应均匀，当电压为 4.3～4.5V 时。由于颗粒较大，内部锂离子迁移困难，导致颗粒表面部分的 SOC 较高，颗粒内部 SOC 较低，形成两相反应。这种较高的 SOC 态使得表面不稳定，应力集中发生形变，导致颗粒粉碎、电极断裂以及活性材料和集流体之间失去接触，从而导致容量下降。

（4）$LiCoO_2$ 正极的改性研究

为了克服上述三个主要问题，提高 $LiCoO_2$ 在高电压（大于 4.5V）下的长循环稳定性，国内外的众多研究者开发了诸多改性方法，主要有元素掺杂、表面包覆和复合改性等。

① 元素掺杂　元素掺杂可以直接改变材料的基本物理性质，例如带隙、阳离子有序性、电荷分布和晶格参数等。同样，在电极材料中掺杂各种元素可以提高其电动势、结构、阳离子氧化还原反应和电子/离子电导率，这些都与其电化学性能密切相关。人们提出了多种掺杂方法，在掺杂元素、掺杂量、掺杂位置等方面进行研究，其中大多数掺杂方法能够有效地提高 $LiCoO_2$ 在高截止电压下的电化学性能。掺杂的主要作用有：a. 抑制相变，减少变形和应力的产生；b. 抑制 O 的氧化还原反应，稳定 $LiCoO_2$ 的层状结构；c. 增加层间距，促进

Li^+的扩散；d. 调整电子结构，提高电子电导率和工作电压。

已报道的对 $LiCoO_2$ 材料进行掺杂改性的元素包括 Mg、Al、Ti、Cr、Mn、Fe、Ni、Cu、Zr、Sb 和 W 等[24]。其中 Zr、Al 和 Ti 掺杂可以同时提高 $LiCoO_2$ 材料的循环性能和倍率性能。例如，Ti 掺杂 $LiCoO_2$ 在 4.5V 电压下的放电比容量提高至 205mA·h/g，循环 200 圈后循环保持率仍高达 97%。Mg 掺杂可以提高 $LiCoO_2$ 材料的电导率和循环性能。由于高电压下 $LiCoO_2$ 材料的失效往往从材料表面先开始，表面掺杂也是一个很好方法。Kim 等[25]使用 Cu 元素掺杂，在颗粒表面形成 Cu 掺杂层，形成核壳结构。这种表面掺杂修饰后的 $LiCoO_2$ 正极具有良好的循环稳定性，4.4V 的截止电压下，20 C 的高倍率充放电表现出良好的容量保持率，高温测试下也显示出良好的循环性能。用这种材料，配合石墨负极组装成锂离子全电池，1000 圈循环后容量保持率高达 90%。除了单一元素掺杂和表面掺杂等方法，研究较多的还有多种元素共掺杂方式。Zhang 等[26]研究了微量 Ti/Mg/Al 元素共同掺杂的效果，Mg/Al 元素可以有效抑制 4.5V 以上的不可逆结构相变，微量的 Ti 元素则会在晶界和表面偏析，改变颗粒的微观结构，稳定表面结构减少氧析出。

② 表面修饰改性　表面修饰改性是保护电极材料表面的有效方法。其可以优化电极表面结构、促进表面电荷转移、减少电解质中 HF 杂质对材料的腐蚀从而降低过渡金属粒子的溶解。对 $LiCoO_2$ 正极进行表面修饰改性的涂覆材料有 Al_2O_3、TiO_2、ZrO_2、ZnO、$LiMn_2O_4$、$Li_4Ti_5O_{12}$、$BaTiO_3$、B_2O_3、Li_3PO_4 和金属氟化物[27]等。

除了上述两类常用的改性方法，也可以将这两种方法共同使用，体相掺杂加上表面包覆。另外在高电压下电解质的分解也会影响材料性能的发挥，针对高压钴酸锂设计特定组分的电解液，或者添加特殊添加剂等方法也是常见方式。

4.2.1.2 镍酸锂

(1) $LiNiO_2$ 的结构特征及其电化学性能

具有电化学活性的 $LiNiO_2$ 的结构与 O3-$LiCoO_2$ 层状结构相同，也属于 $R\bar{3}m$ 空间群，简单将 O3-$LiCoO_2$ 结构中的 Co 完全替换成 Ni 即可得到 $LiNiO_2$。$LiNiO_2$ 理论可逆比容量为 275mA·h/g，脱嵌电位在 3.8V 左右，其中 Li^+ 的扩散系数为 $10^{-11}cm^2/s$。与 $LiCoO_2$ 相似，结构中仅有部分锂离子可以可逆地脱出和嵌入，过分脱出会导致结构破坏，引起容量衰减和安全问题。

如图 4-6（a）和（b）所示，Delmas 等[28]用恒电流充放电方法研究了 $LiNiO_2$ 脱嵌锂的反应机理，发现 $Li_{1-x}NiO_2$ 脱嵌锂反应过程中出现四对氧化还原峰，反应是由三个单相反应组成的局部反应，由从 H1 六方相（$0.25\geqslant x\geqslant 0$）到 M 单斜相（$0.55\geqslant x\geqslant 0.25$）到六方相（$0.75\geqslant x\geqslant 0.55$），以及两个六方相（H2 \ H3 \ H4）之间反应组成的（$1\geqslant x\geqslant 0.75$）。如图 4-6（c）所示，当脱出锂离子较少时，仅 NiO_2 中的 Ni 离子被氧化；随着大量的锂离子脱出，少量混排的 Ni^{2+} 氧化为 Ni^{3+}，导致锂离子层间结构的坍塌，使得 Ni 离子周围的 Li 离子无法嵌入，进而导致 Li 离子扩散困难，电极极化急剧增加，最终导致不可逆容量损失[29]。

(2) $LiNiO_2$ 存在的问题及其改性方法

Ni 资源的储量要比 Co 丰富，价格也相对更低。然而，纯 $LiNiO_2$ 却仍然没有实现商业

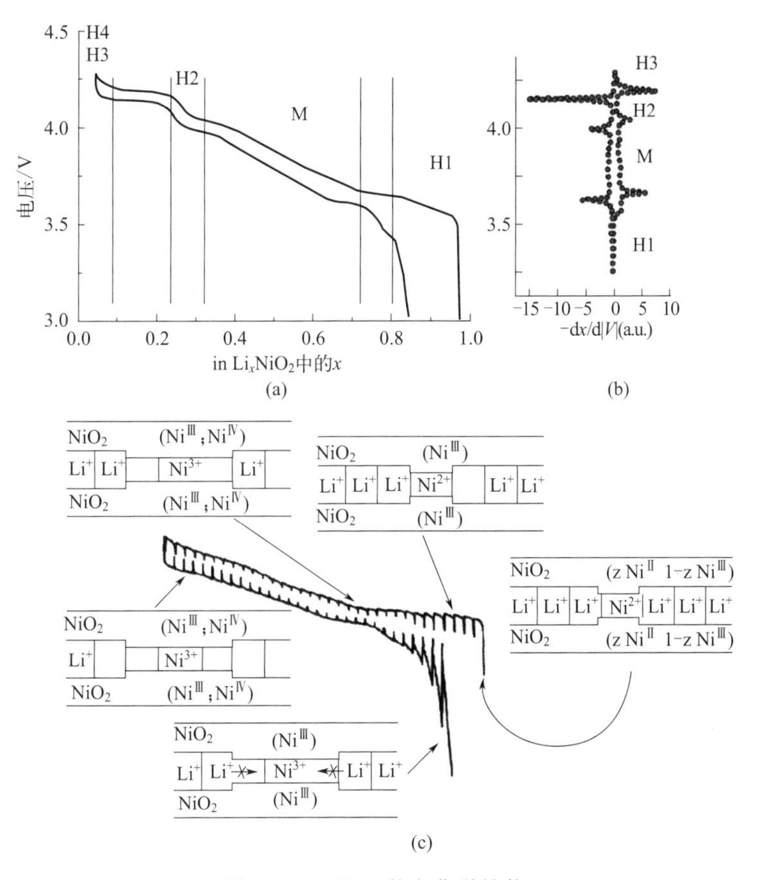

图 4-6　$LiNiO_2$ 的电化学性能

(a) $LiNiO_2$ 的电化学性能：$LiNiO_2$/Li 的典型充放电曲线[28]；(b) 相应的电压电流微分 dx/dV 曲线；

(c) 首次充放电过程中 $LiNiO_2$ 材料的 Li/Ni 离子混排机制[29]

化应用，其主要原因是其本身存在较多问题。

首先，合成化学剂量的 $LiNiO_2$ 是很困难的，这种材料的化学稳定性差，Ni 元素很容易从+3 价变成+2 价，合成得到的材料中往往含有少量 Ni^{2+}，Ni^{2+} 的离子半径与 Li^+ 的离子半径相似，合成时极易发生 Li/Ni 混排，最终得到非化学剂量比的 $[Li_{1-x}Ni_x][Ni_{1-x}Li_x]O_2$ 材料，这种材料的性能较差，可逆比容量较低。另外，在充放电过程中，锂原子层中的 Li 脱出后，Ni 离子极易迁移至锂原子层中，使得结构由层状转变为类似 NiO 的 $Fm\overline{3}m$ 结构，导致循环容量快速衰减。

此外，$LiNiO_2$ 还有一个主要的缺点，其热稳定较差，锂离子电池中使用有机电解液，这就要求正负极材料在 200℃以内应该没有或者有很少的自放热反应。若正极材料热不稳定，会释放 O_2，可能会引燃电解液导致安全事故。然而实验结果发现初始 $LiNiO_2$ 是热稳定的，但是当锂离子脱出后，其脱锂态 $Li_{1-x}NiO_2$ 是不稳定的。$Li_{0.3}NiO_2$ 在较低的温度下即可释放 O_2，MacNeil 等进一步证实当充电电压高于 4V，当电极材料加热至 200℃会释放大量 O_2 并伴随强烈的放热反应。

因此，要商业化应用 $LiNiO_2$，主要解决两个问题，一是如何得到不存在 Li/Ni 混排的化学计量比的 $LiNiO_2$，二是如何提高其充放电循环过程的稳定性，减少 Ni 离子价态升高导致的副反应。目前对于纯 $LiNiO_2$ 的改性研究集中于离子掺杂或者离子取代的改性研究。通过取代掺杂，可以降低 Li/Ni 混排，提高热稳定性，提高循环性能。主要采用其他阳离子掺杂取代部分 Ni 或者 Li，研究较多的掺杂元素包括 Mn、Co、Al、Fe、Ti、Mg 等元素。

4.2.1.3 三元镍钴锰酸锂

(1) 三元镍钴锰酸锂的结构特征及其电化学性能

采用不同离子的掺杂取代会影响 $LiNiO_2$ 的比能量、热稳定性、循环性能等，通过调节平衡多种离子掺杂取代，合成开发了几种新的层状氧化物正极材料，部分 Ni 被 Co、Mn 和 Al 取代，形成多元素组分的层状氧化物材料。这类层状氧化物统称为三元材料，主要分为三元 NCM（$LiNi_{1-x-y}Co_xMn_yO_2$）和三元 NCA（$LiNi_{1-x-y}Co_xAl_yO_2$），这类材料具有和 O_3-$LiCoO_2$ 相同的结构，均属于 $R\bar{3}m$ 空间群，可看成 Co 分别被部分 Ni、Mn 随机替代后的置换固溶体。常见的商用三元材料缩写为 NCM-111、NCM-523、NCM-622 和 NCM-811 等，其中 NCM 代表材料中的过渡金属元素 Ni、Co、Mn，后面的数字代表元素的含量比例，例如 NCM-111 化学式为 $LiNi_{0.333}Co_{0.333}Mn_{0.333}O_2$，NCM-622 化学式为 $LiNi_{0.6}Co_{0.2}Mn_{0.2}O_2$，NCM-811 化学式为 $LiNi_{0.8}Co_{0.1}Mn_{0.1}O_2$。Ni、Co、Mn 在材料中发挥的作用各有侧重：a. Ni 元素的电化学活性较强，在充放电时能够通过 Ni^{2+}/Ni^{4+} 氧化还原对提供大量电子，主要起提高比容量的作用；b. Co 元素能增强材料的电子电导率，同时有效降低材料的 Li/Ni 混排；c. Mn 元素在充放电过程中一般保持+4 价不变，起到支撑稳定层状结构的作用。三种元素的协同作用使得三元层状正极材料表现出较好的综合电化学性能。以最为典型的 $LiNi_{1/3}Co_{1/3}Mn_{1/3}O_2$ 材料为例[30]，其充放电时的平均工作电压为 3.6V（vs. Li^+/Li），实际比容量约为 150mA·h/g，相对于 $LiCoO_2$ 有明显提升。另外，Ni、Mn 元素的使用也有效降低了 NCM-111 材料的成本，减轻了 Co 元素污染。随着电子设备和电动汽车的迅猛发展，电池的续航性能越来越重要，具有更高比能量的正极材料才能满足发展要求。为此，研究者们期望在 NCM111 成分基础上继续提高 Ni 元素含量并开展了大量的研究工作。当 Ni 元素占比超过 0.5 时，$LiNi_xm_{1-x}O_2$（$0.5\leqslant x<1$，m=Co、Mn、Al）被统称为高镍三元材料。

不同组分三元 NCM 材料的理论比容量有部分差异，但大致为 280mA·h/g，不同组分的三元组分的实际比容量则不相同。在相同的 3.0～4.3V 电压，其放电比容量普遍随着 Ni 含量的升高而升高。如图 4-7（a）所示[31]，随着 Ni 含量的升高，放电比容量从 163mA·h/g 提高至 208mA·h/g，但其热稳定性也相应降低，其分解温度从 300℃降低至 220℃；其循环保持率也明显降低，如图 4-7（b）所示，$LiNi_{0.85}Co_{0.075}Mn_{0.075}O_2$ 的首圈放电比容量高达 208mA·h/g，但其 100 圈循环保持率仅为 65%。因此，对于三元层状正极材料，如何同时提高其放电容量、热稳定性和循环保持率一直是研究热点方向。

近年，随着全球化的新能源鼓励政策和电动汽车的迅速推广，人们迫切需要具有更高能量密度（不小于 300W·h/kg）的锂离子动力电池，以满足新一代纯电动汽车 300 km 以上的续航要求。对于正极材料，则需要达到至少 750W·h/kg 的比能量。在 4.5V 截止电压下，高镍三元材料 $LiNi_xM_{1-x}O_2$（$0.5\leqslant x<1$）的实际放电比能量达 180～220mA·h/g，平均放电电压约为 3.7V，其实际能量密度达到 660～814W·h/kg，加之合成工艺简便、低成本和低毒性等众多优势，高镍三元近年来已成为学术界和产业界争相追逐的热点。

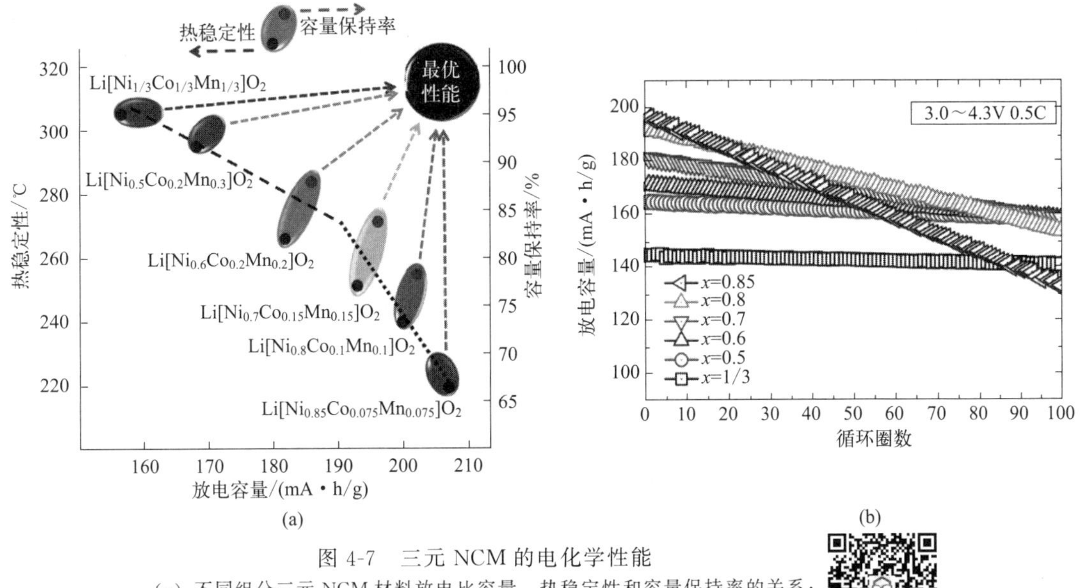

图 4-7 三元 NCM 的电化学性能

(a) 不同组分三元 NCM 材料放电比容量、热稳定性和容量保持率的关系；

(b) 常温下 3.0～4.3V 不同组分三元 NCM 材料的循环（100mA/g）[31]

（2）三元镍钴锰酸锂的产业进展

三元镍钴锰酸锂正极材料被广泛应用于 3C 数码电池、电动自行车等动力电池体系，随着应用的不断推广，产品性能不断完善，其能量密度也随之不断提高，助推电动汽车达成延长续航里程的目标。近年来，美国特斯拉纯电动车成功使用日本松下制造的镍钴铝酸锂圆柱电池体系，实现三元材料广泛应用于电动车动力电池的第一步。随着电动汽车产业的迅速发展，三元材料不断拓展市场份额，有望成为电动汽车动力电池的首选正极材料。新能源汽车高安全动力电池是“十四五”规划中重要的高端制造业核心，三元镍钴锰酸锂正极材料作为重要的动力电池用正极材料，其正极材料制造关键技术仍然受制于韩国、日本等国家，不利于未来中国新能源产业发展，需要进一步提高核心竞争力。

（3）三元镍钴锰酸锂存在的问题

由于其巨大的应用优势，越来越多的研究者参与到高镍三元 NCM 正极材料的开发工作中。但该材料还存在着以下主要问题。

① 相结构不稳定　充放电过程中容易产生 Li/Ni 混排和持续的 Layered（$R\bar{3}m$）→Spinel（$Fd\bar{3}m$）→Rock salt（$Fm\bar{3}m$）相结构转变退化，导致电池的极化加重，进而引起容量/电压衰减[32,33]。通过高角环形暗场相-扫描透射电镜图（HAADF-STEM）和电子能量损失谱（EELS）也证实了高镍三元材料中层状（$R\bar{3}m$）→尖晶石（$Fd\bar{3}m$）→岩盐相（$Fm\bar{3}m$）相结构退化，这是一个由表面向内部逐渐发展的过程。这种现象在高电压/工作温度下更为严重，Jung 等[34]发现 NCM-523 的结构退化均从表面向内部逐步衍生，并且其退化程度与截止电压相关。当充电电压到 4.8V 时，结构退化层厚度明显增加。

② 副反应严重　充电脱 Li^+ 状态下，材料表面的强氧化性 Ni^{4+} 极易与电解质溶剂发生氧化还原反应，带来 Ni^{2+} 溶解和电解质的分解问题。另外，高电压下，O^{2-} 容易参与氧化

反应并以 O_2 的形式从材料晶格中逸出，导致电池鼓包甚至爆炸[35]。

③ 晶格畸变和开裂（二次团聚颗粒） 由于高镍三元 NCM 正极材料的高容量特点，大量 Li^+ 的脱嵌会导致材料充放电前后较大的晶格体积变化。对于传统的二次团聚型球形三元 NCM 材料，因为一次颗粒的随机取向，这种晶格畸变会产生一次颗粒间的巨大应力和裂纹，进而导致副反应的加重和颗粒的失活。Ryu 等[36]详细研究了高镍三元正极材料在 2.7～4.3V 电压范围内的充放电容量衰减机制，当 Ni 含量低于 0.8 时，反应过程中不出现 H2-H3 的有害相变，经过长期循环后材料并不会发生内部开裂，其容量损失主要来自从表面至内部的结构退化；当 Ni 含量高于 0.8 时，反应过程中反复出现 H2-H3 有害相变，由于二次晶粒的各向异性，反复不均匀的收缩膨胀产生了内部裂纹，这些裂纹扩展到颗粒表面，电解质渗透到颗粒内部，加剧内部暴露表面退化（图 4-8）。

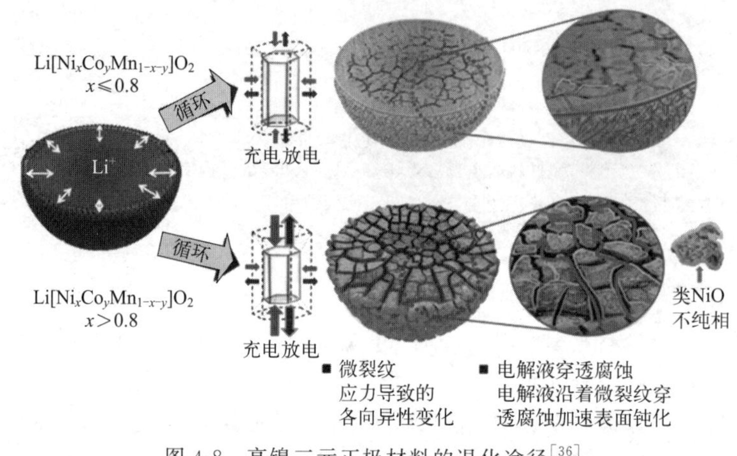

图 4-8 高镍三元正极材料的退化途径[36]

④ 储存性能差 高镍三元 NCM 正极材料表面残余的 Li_2O 和晶格中的 Li^+ 易与空气中的 CO_2 和 H_2O 反应生成 LiOH 和 Li_2CO_3，导致后续涂布困难和充放电过程中的副反应加剧和极化现象[37]。

（4）三元镍钴锰酸锂存在的改性研究

针对上述高镍三元材料存在的问题，学术界和工业界做了大量改性研究工作。目前采取的改性方法主要包括离子掺杂、表面修饰和微观结构调控等。

① 离子掺杂 在高脱锂态下，由于离子半径相近，NCM 材料中的 Ni^{2+}（0.69 Å）极易向 Li^+（0.72 Å）空位迁移，从而诱发层状（$R\bar{3}m$）→尖晶石（$Fd\bar{3}m$）→岩盐相（$Fm\bar{3}m$）相结构退化。另外，晶格中 O^{2-} 容易被氧化并以 O_2 的形式从材料中逸出，导致电池胀气、爆炸等安全问题。一些电化学惰性离子被引入 NCM 材料晶格中，一方面能抑制 Ni^{2+} 的迁移及相结构退化，另一方面能加强 O—m（m=Ni/Co/Mn）之间的结合力，减少 O_2 的逸出。根据离子所带电荷的性质，离子掺杂一般分为阴离子掺杂和阳离子掺杂。

a. 阳离子掺杂。据报道，适量掺杂 Na^+、Mg^{2+}、Al^{3+}、Ga^{3+}、Ti^{4+} 都能够一定程度上增强高镍三元正极材料的结构稳定性和抑制 O_2 的生成[38-40]。Na^+ 和 Mg^{2+} 一般占据 Li 3a 位置，在充放电循环过程中能起到支撑、稳定层状结构的作用。最近 Jo 等合成了一种具有更高 Ni 含量的 $Li[Ni_{0.81}Co_{0.1}Al_{0.09}]O_2$ 材料，相比于 $Li[Ni_{0.8}Co_{0.15}Al_{0.05}]O_2$ 材料具有更好的结构和热稳定性，在充电截止电压为 4.5V（vs. Li^+/Li）下实际可逆比容量达到 200mA·h/g。Ti^{4+} 的引入能有效抑制 NCM811 正极材料在高电压下不可逆的 H2-H3 相变，并且减轻 Ni^{2+} 向 Li^+ 空位的迁移[41]。

b. 阴离子掺杂。F^-、Cl^- 和 S^{2-} 等阴离子在高镍材料中的掺杂均有报道且都起到了正面提升的效果。高镍三元材料中的 O^{2-} 也会进行价态变化而在充放电过程中参与电子交换，这点也被 EELS 等实验表征证明。O^{2-} 的氧化变价会导致其以 O_2 的形式从材料晶格中析出，进而带来严重的副反应和安全隐患。Woo 等通过氢氧化物共沉淀法和高温固相反应法合成了 F^- 掺杂的 $Li[Ni_{0.8}Co_{0.1}Mn_{0.1}]O_{2-z}F_z$（$z=0$、0.02、0.04 和 0.06）[42]，研究表明电负性更强的 F^-（3.98）相对于 O^{2-}（3.44）能与 TM 形成更强的键合力，从而提高了材料的结构稳定性、倍率性能和高压稳定性。另外，F^- 能减小电解液中的 HF 对材料表面的破坏，从而稳定正极材料与电解液界面。阴离子掺杂被认为是一种改善高镍三元正极材料性能的有效方法之一，但其作用机理还需要进一步研究。

② 表面修饰　在充放电过程中，高镍三元正极材料中 Li^+ 脱嵌是从表面向内部逐步进行的，这就导致了 Ni^{2+} 向 Li^+ 空位的迁移优先出现在材料表面。另外，高镍三元材料表面易与电解液发生副反应，导致电解液的分解、Ni^{2+} 溶解及后续的电池性能衰减和安全问题。因此，表面化学成分和微观结构是影响高镍三元材料电化学性能的关键因素。为了提高镍三元正极材料/电解质界面稳定性，研究者采用了多种表面修饰手段对其进行改性，主要分为表面包覆、表面掺杂等。

a. 电化学惰性保护层表面包覆　这类惰性保护层包括氧化物（Al_2O_3、MgO、CeO_2、ZnO、La_2O_3、ZrO_2、TiO_2、SiO_2、Bi_2O_3、In_2O_3、Co_3O_4 等）、磷酸盐 [（$AlPO_4$、$Co_3(PO_4)_2$、$Ni_3(PO_4)_2$、$FePO_4$ 等] 和氟化物（AlF_3、CaF_2 等）。氧化物包覆层虽然能起到一定的保护作用，但随着充放电过程的进行，其易与电解液中的 HF 发生反应而被侵蚀并生成 H_2O，生成的 H_2O 反过来促进锂盐的离解和 HF 的产生。此过程循环往复，直至氧化物包覆层被完全破坏。SunYang-Kook 团队[43]采用 AlF_3 对 $Li[Ni_{0.5}Mn_{0.5}]O_2$ 进行包覆处理，结果表明 AlF_3 包覆层能有效避免材料被 HF 腐蚀。改性后的材料展现出了更高的比容量、更好的倍率性能和循环稳定性。适量的磷酸盐包覆也能取得和氟化物类似的效果。

b. Li^+/电子导体保护层包覆　该类包覆材料主要有碳、石墨（烯）、导电高分子聚合物、$LiTaO_3$、Li_2ZrO_3、Li_2SiO_3、Li_2TiF_6、Li_3VO_4 等。相比上述的电化学惰性保护层，Li^+/电子导体保护层具有更高的 Li^+/电子电导率，不仅能保护内部正极活性材料的作用，还能促进 Li^+/电子的迁移及材料比容量的发挥。Yoon 等采用一种简单的高能球磨法在 $Li[Ni_{0.8}Co_{0.15}Al_{0.05}]O_2$ 表面成功包覆了一层导电石墨[44]，结果表明经过包覆处理的样品的电荷转移阻抗增加更慢，展现出了更好的正极材料/电解液界面稳定性和动力学特性，即使在 10C 和 20C 高倍率下仍能发挥出 152mA·h/g 和 112mA·h/g 的可逆比容量。随着研究的不断深入，Li^+/电子混合导体包覆成为未来发展趋势。在这方面，具有特殊电导性质的 2D 材料、磷烯、砷烯、锑烯和其他低维度材料具有很好的研究价值。

c. 残 Li 反应产物保护层包覆　这类保护层是指外界材料与高镍三元材料表面的残碱（Li_2O、LiOH 及 Li_2CO_3）反应生成包覆在材料表面的具有 Li^+ 脱嵌活性或快速导 Li^+ 性质的含 Li 化合物。常见的包括 Li_xAlPO_4、Li_xCoPO_4 和 Li_3PO_4 等。该种手段能同时降低高镍三元正极材料表面的残碱含量并生成包覆保护层。在 500℃ 下使用适量 H_3PO_4 与 Li

$[Ni_{0.6}Co_{0.2}Mn_{0.2}]O_2$ 表面残碱反应形成了均匀的 Li_3PO_4 包覆层[45]。研究结果表明，Li_3PO_4 包覆层有效地减少电解液中 HF 对材料表面的侵蚀作用，并且能促进 Li^+ 的传导。经过包覆后的材料表现出优良的循环稳定性和倍率性能。总的来说，这种包覆手段工艺简单，非常适合大规模产业化。

d. 人工 SEI 膜包覆　在高镍三元材料表面预先构造一层固态电解质界面（solid electrolyte interface，SEI）膜是一种有效调控表面化学成分和结构的方法。Son 等报道了用一种 CO_2 和 CH_4 混合气体化学气相沉积法（CVD）在 $Li[Ni_{0.6}Co_{0.1}Mn_{0.3}]O_2$ 颗粒表面构造了一种人造 SEI 膜[46]，该膜的主要成分为烷基碳酸锂（$LiCO_3R$）和碳酸锂（Li_2CO_3）。人造 SEI 膜能避免正极活性材料与电解液直接接触，减弱了副反应和过渡金属的溶解，从而大大地增强正极材料/电解质界面稳定性和电池的循环稳定性。

e. 表面掺杂　在高镍三元材料表面掺杂适量的其他元素能有效调节表面化学成分，并且能避免正极材料因整体掺杂导致的比容量降低问题。Wang 等[47]成功合成了表面掺杂氟的 $LiNi_{0.5}Co_{0.2}Mn_{0.3}O_2$ 材料，有效地提升了材料的循环稳定性。

③ 特殊微观结构调控　除了离子掺杂和表面改性，研究者们还采用了特殊微结构调控方法来提高高镍三元材料的电化学性能，包括构筑核壳结构、全浓度梯度结构及特殊晶面暴露结构等。

a. 核壳结构和全浓度梯度结构　对于三元材料 NCM 体系，随着 Ni 含量的增加，其比容量增加，但结构稳定性和热稳定性下降。SunYang-Kook 团队[48]首次提出了核壳结构的概念并成功采用共沉淀法制得了 $Li[(Ni_{0.8}Co_{0.1}Mn_{0.1})_{0.8}(Ni_{0.5}Mn_{0.5})_{0.2}]O_2$ 核壳正极材料。其内核为 $LiNi_{0.8}Co_{0.1}Mn_{0.1}O_2$ 成分，负责提供高的比容量；外壳为 $LiNi_{0.5}Mn_{0.5}O_2$，具有良好的热稳定性和结构稳定性，能够有效抑制由表及里的相结构退化，减少副反应并增强正极材料循环稳定性。然而，由于外壳和内核的成分差异悬殊，在充放电过程中二者的体积变化不协调会导致应力的产生。长时间循环后，外壳和内核之间会慢慢生成裂纹甚至间隙，Li^+ 的传输受到阻碍，核壳结构失效。为了解决这个问题，Sun 团队又设计构筑了一种新的全浓度梯度结构（full concentration-gradient，FCG）[49]。该结构的特点在于 Ni 含量由核心至表面逐渐降低分布，在充放电循环过程中能有效缓解因成分差异带来的应力和裂纹问题。这种全浓度梯度结构的正极材料兼具高比能量和高循环稳定性，表现出极为突出的电化学综合性能。

b. 特殊晶面暴露结构　对于六方层状三元材料，Li^+ 在二维 ab 平面内通过八面体间隙－四面体间隙－八面体间隙路径传输。由于 {010} 晶面与 Li^+ 迁移 ab 平面呈垂直位向关系，因此 {010} 晶面暴露可以大大缩短 Li^+ 传输路径。Sun Xueliang 团队[50]通过在共沉淀过程中提高氨水浓度合成了一种 {010} 晶面优先生长的 NCM-811 材料。相比于传统工艺合成的原始材料，改性后材料在 1C 下可逆比容量达到 180.9mA・h/g，循环 300 圈后容量保持率高达 95.5%（原始样为 84.5%），表现出更好的倍率性能和循环稳定性。

4.2.1.4 尖晶石型锰酸锂

尖晶石型锰酸锂（$LiMn_2O_4$）是另一种构型的锂离子电池正极材料[51,52]。不同于层状氧化物正极，$LiMn_2O_4$ 属于 $Fd\bar{3}m$ 空间群的尖晶石结构，如图 4-9 所示，其中锂占据四面体（8a）位置，锰占据八面体（16d）位置，氧占据面心立方（32e）位置，锂离子通过相邻四面体和八面体间隙沿 8a-16c-8a 的通道在 Mn_2O_4 的三维网络中脱嵌。$LiMn_2O_4$ 的理论比容量为 148mA·h/g，实际比容量约为 120mA·h/g，平均放电平台为 4.1V 左右。

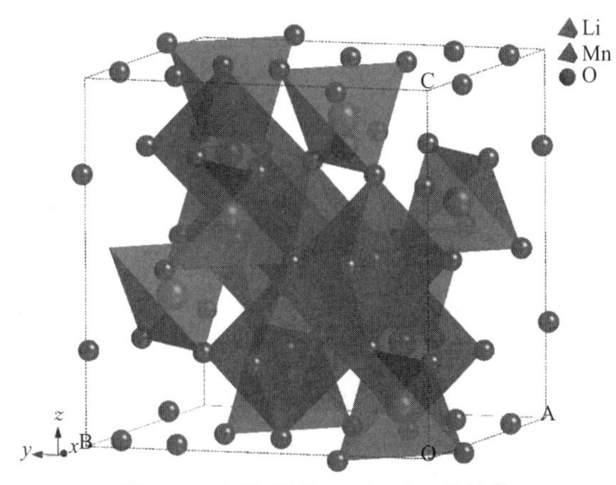

图 4-9 尖晶石型 $LiMn_2O_4$ 的结构

相比于层状氧化物正极材料，$LiMn_2O_4$ 正极材料价格便宜，安全性好，然而其实际容量只有 120mA·h/g，同时在高温环境下面临着严重的容量衰减问题，主要原因是 Mn^{3+} 的 Jahn-Teller 效应易造成结构畸变，导致材料在充放电循环过程中晶体结构转变为四方相，破坏锂离子传输通道；而且三价锰易发生歧化反应，转变为二价和四价离子，溶解于酸性电解液中，使得电极活性物质损失。

为了改善 $LiMn_2O_4$ 材料的性能，使用 Ni 部分替代 Mn，可得到 5V 高电压 $LiNi_{0.5}Mn_{1.5}O_4$ 正极材料，在这种材料的充放电过程中，Mn 的价态不发生变化，主要由 Ni^{2+} 转变为 Ni^{4+} 来提供容量，Mn^{3+} 不变价，可有效防止 Mn^{3+} 的 Jahn-Teller 效应和歧化反应，使晶体结构不发生变化，因而具有良好的循环稳定性。同时由于发生 Ni^{2+}/Ni^{4+} 反应，充放电平台提升至 4.7V，提升了电池的能量密度。由于充放电平台电压过高，超出了锂离子电解液的安全工作电压区间，使用 $LiNi_{0.5}Mn_{1.5}O_4$ 正极材料制成电池，充放电过程中，电解液易分解，产生气体，带来了安全隐患，使其无法大规模应用。

$LiMn_2O_4$ 材料优点是成本低、无污染、制备容易，适用于大功率低成本动力电池，可用于电动汽车、储能电站以及电动工具等方面；缺点是高温下循环性差，储存时容量衰减快。目前世界范围内，$LiMn_2O_4$ 产量最大的国际企业为日本户田工业（Toda），国内企业主要为湖南杉杉、当升科技、纳川股份等。由于其比容量较低，只适合应用于小型低成本电池，其市场占比逐年萎缩。据统计，2021 年中国锰酸锂产量为 8.74 万吨。

4.2.1.5 富锂层状氧化物

富锂层状氧化物正极材料（Li-rich oxide cathode，LLO）的理论比容量高达 350mA·h/g，目前实际比容量已经超过 250mA·h/g，还有进一步提升的空间；而且工作电压平台高（大于 3.5V），理论能量密度大于 1000W·h/kg，同时含有大量 Mn 元素，成本优势明显。相较于传统锂离子电池正极材料，具有较大优势，有望成为下一代高容量锂离子动力电池的正极材料。

（1）富锂层状氧化物正极材料的结构

层状富锂锰正极材料，有两种表达式 $Li_{1+x/(2+x)}$ $M'_{1+x/(2+x)}O_2$（$M'=Mn+M$）和

$xLi_2MnO_3 \cdot (1-x)LiMO_2$（M=Ni、Co、Mn），例如 $Li_{1.2}Mn_{0.534}Co_{0.133}Ni_{0.133}O_2$ 也可以表达为 $0.5Li_2MnO_3 \cdot 0.5LiMn_{0.334}Co_{0.133}Ni_{0.133}O_2$[53]。其中 Li_2MnO_3 是单斜结构（空间群 $C2/m$），$LiMO_2$ 为传统层状氧化物（六方结构 $R\bar{3}m$），这两种材料具有相似的结构，如图 4-10 所示，均属于 α-$NaFeO_2$ 的盐岩结构，氧原子为面心立方最密堆积，金属离子产生八面体空隙，过渡金属原子和锂原子分别形成金属原子和锂原子层状排列。与 $LiMO_2$ 不同的是，Li_2MnO_3 在金属层出现了 Li-Mn 的有序化。目前，对于这个材料的晶体结构一直存在争议，目前的研究主要认为是两种相结构形成的微区双相结构[53]。周豪慎团队[54,55]通过高分辨透射电镜（HRTEM）和扫描透射电镜-高角度环形暗场相（STEM-HAADF）技术，直接观察晶共格交替存在的两种物相。Yoon 等[56]则用原位 XRD、EXAFS 和 6Li MAS NMR 技术，揭示了 $LiMO_2$ 和 Li_2MnO_3 物相同时存在。

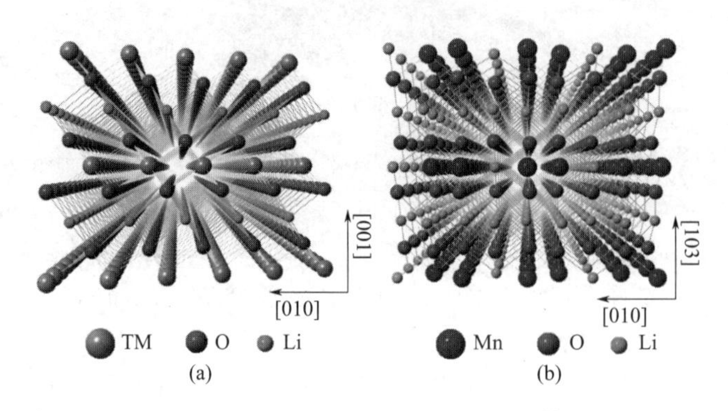

图 4-10　$LiTMO_2$ 和 Li_2MnO_3 的晶体结构

(a) $LiTMO_2$ 的晶体结构；(b) Li_2MnO_3 的晶体结构[46]

富锂层状氧化物的脱嵌锂机理较为复杂。如图 4-11 所示[57]，在首次充放电过程中，富锂层状氧化物的首次充电曲线可以分为两个部分：低于 4.4V 的斜坡部分（Ⅰ）和 4.4V 以上的平台部分（Ⅱ）。电压平台低于 4.4V 时，富锂层状氧化物表现出与普通三元材料类似的电化学行为，Li^+ 从 $LiMO_2$ 结构脱出的反应，同时过渡金属元素发生氧化反应（$Ni^{2+} \rightarrow Ni^{4+}$、$Co^{3+} \rightarrow Co^{4+}$ 等），Li_2MnO_3 并不参与反应，该阶段的反应式可表示为

$$xLi_2MnO_3 \cdot (1-x)LiMO_2 \rightarrow xLi_2MnO_3 \cdot (1-x)MO_2 + (1-x)Li^+ + 0.5e^- \quad (4\text{-}4)$$

当电压到 4.4V 以上时，富锂层状氧化物中的部分 Li_2MnO_3 相被激活，从 Li_2MnO_3 晶格中脱出 Li^+，同时伴随析氧反应的发生，类似以 Li_2O 形式从 Li_2MnO_3 结构中脱出，Li_2MnO_3 结构发生剧烈的晶格重组，其反应式可以表示为

$$\begin{aligned} xLi_2MnO_3 \cdot (1-x)MO_2 \rightarrow & (x-y)Li_2MnO_3 \cdot yMnO_2 \cdot \\ & (1-x)MO_2 + 2yLi^+ + yO_2 + 2ye^- \end{aligned} \quad (4\text{-}5)$$

放电过程中，Li^+ 嵌回到晶格中，发生如下反应：

$$\begin{aligned} (x-y)Li_2MnO_3 \cdot yMnO_2 \cdot (1-x)MO_2 + (1-x+y)Li^+ + (1-x+y)e^- \rightarrow \\ (x-y)Li_2MnO_3 \cdot yLiMnO_2 \cdot (1-x)LiMO_2 \end{aligned} \quad (4\text{-}6)$$

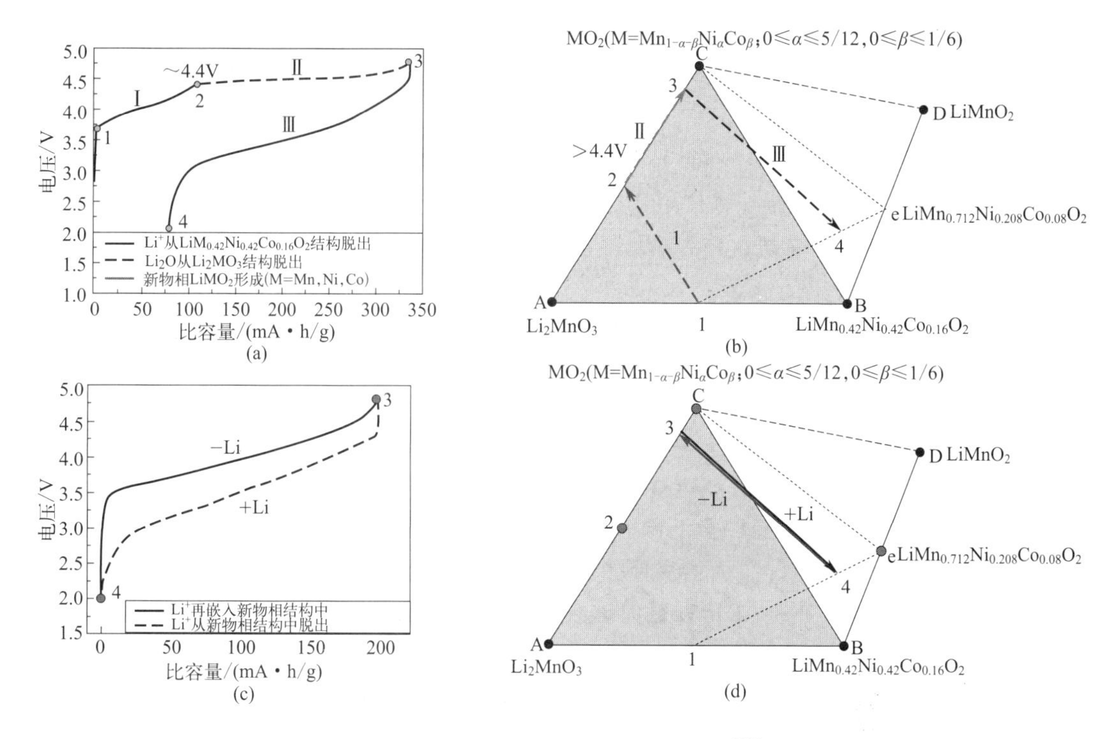

图 4-11 富锂层状氧化物的反应机理[57]

经过一次循环后结构重排，形成新的物相 $(x-y)Li_2MnO_3 \cdot yLiMnO_2 \cdot (1-x)LiMO_2$。在随后的反应过程中，主要是新的物相中的层状氧化物 $yLiMnO_2 \cdot (1-x)LiMO_2$ 进行脱嵌反应。在经历首圈充放电过程后，富锂层状氧化物结构上发生了部分不可逆转变，由 $xLi_2MnO_3 \cdot (1-x)LiMO_2$ 变成了 $(x-y)Li_2MnO_3 \cdot yLiMnO_2 \cdot (1-x)LiMO_2$，这是因为充电过程中以 Li_2O 的形式从晶格中脱出后，析出的氧形成氧气，与电解液发生反应，部分锂离子不能回嵌至晶格中，产生不可逆容量。

（2）富锂层状氧化物正极材料的改性研究

目前富锂层状氧化物材料有两大问题阻碍其进一步发展：a. 材料本征电导率较低，倍率性能差；b. 在循环充放电过程中，结构转变致使放电平台降低、容量衰减，结构不稳定。为了使这种具有高性能的材料得到实际应用，针对这两个主要问题，国内外的众多研究者做出了诸多改性研究，主要采用纳米化、元素掺杂和表面包覆修饰等方法。

① 纳米化 对材料进行纳米化，可以缩短材料中锂离子的扩散路径，提高材料的倍率性能；此外，纳米结构还可以有效缓解锂离子脱嵌过程中带来的应力，改善材料的循环稳定性。但材料经过纳米化后，比表面积增大，会降低材料的振实密度，降低整体电池的体积比容量，不适合实际应用；同时纳米化的电极材料一般采用水热的方法制备，这种方法成本高、产量低，难以进行电极材料的商用化。

② 元素掺杂 离子掺杂能够改善材料的本征电导率和离子扩散速率，从而提高材料的电化学性能。已报道的对富锂层状氧化物材料进行掺杂改性的离子包括 Mg、Ti、K、Si、S、P、B、Sn、Na 等。Ding 等[58]通过溶胶凝胶法调控构建 Si/Sn 表面浓度梯度元素掺杂微结构的富

锂层状氧化物，增强富锂层状氧化物正极材料中的锂离子扩散速率，提高材料的倍率性能。

③ 表面包覆　表面包覆被广泛应用于富锂层状氧化物材料中，通过表面包覆，避免了活性物质与电解液之间的直接接触，阻止电化学过程中对材料表面的腐蚀和界面副反应的发生，提高材料的稳定性。Ding 等[59]提出一种低温熔融盐表面热处理方法，使用 H_3BO_3 作为熔融盐在真空条件下对富锂层状氧化物正极材料表面进行修饰改性。H_3BO_3 与富锂层状氧化物正极材料表面的 Li 和 O 反应形成 Li_3BO_3，使得富锂层状氧化物材料表面形成含有氧空位的无序岩盐结构，类似于预先激活 Li_2MnO_3 相，提高了材料的放电比容量和首次库伦效率，改善材料的循环性能。

4.2.2 聚阴离子正极材料

聚阴离子正极材料最早由 Goodenough 提出，其中商业化最成功的是磷酸亚铁锂($LiFePO_4$)。由于具有稳定的聚阴离子框架结构，聚阴离子正极材料的热分解温度普遍较高，其具有良好的安全性能、好的耐过充性能和循环稳定性；但其共同缺点是电导率偏低，不利于大电流放电和低温使用。因此，如何提高聚阴离子正极材料的电导率是这类材料研究应用的共同问题。常见的聚阴离子正极材料有磷酸盐系、硅酸盐系和硫酸盐系，目前研究较多是磷酸盐体系和硅酸盐体系正极材料。下面将详细介绍这两个体系材料。

4.2.2.1 磷酸盐系 $LiMPO_4$（M= Fe、 Mn）

(1) $LiMPO_4$ 的结构特征及其电化学性能

橄榄石型磷酸盐正极材料，其分子式为 $LiMPO_4$ (M=Fe、Mn、Co、Ni)[60,61]，如图 4-12 所示，该晶体为 *Pmnb* 正交结构[61]，其中 O 以六方密堆积的方式排列，Li 和 M 分别占据八面体的 4*a* 和 4*c* 位置，而 P 占据四面体位置。由于 PO_4^{3-} 聚阴离子基团中带有较强的 P—O 共价键，使这种材料具有良好的结构稳定性，其 Li^+ 离子完全脱出仍然可以保持结构稳定性，$LiFePO_4$ 的理论比容量为 170mA·h/g，实际比容量可以达到 165mA·h/g，放电平台为 3.4V，循环 3000 圈容量保持率仍可达到 90%以上。

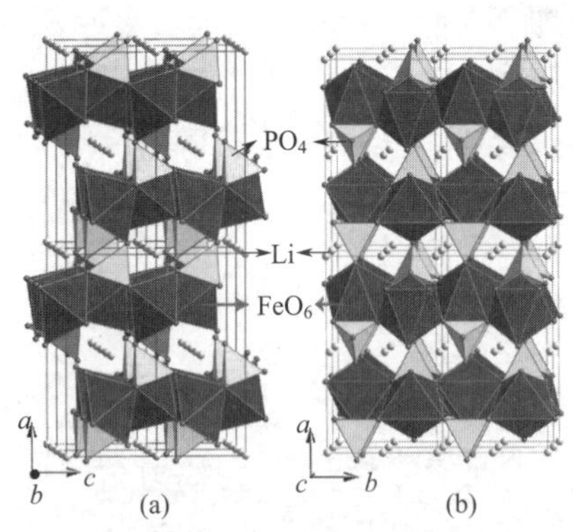

图 4-12　聚阴离子型 $LiFePO_4$ 正极材料的结构[61]

由于其结构中 PO_4^{3-} 基团的存在，该材料具有良好的热稳定性，例如其中研究较为广泛的 $LiFePO_4$ 正极材料，在 85℃下进行充放电测试，不与电解液发生副反应，具有良好的稳定性，并且 $LiFePO_4$ 在 350℃的高温条件下结构不发生变化，没有 O_2 析出的情况，使电池的安全性能显著提高，普遍认为使用 $LiFePO_4$ 正极材料的锂离子电池具有较高的安全性能。

$LiFePO_4$ 最早由诺贝尔化学奖获得者 John Goodenough 教授于 1997 年发明[62]，然而其实际大规模推广主要由中国贡献，国内主要生产商有湖南裕能、德方纳米、湖北万润、龙蟠科技、融通高科等企业。经过十多年的研究，$LiFePO_4$ 正极材料现已经逐步进入商业化应用，并被广泛用于动力汽车和大规模储能方向。2020 年，国内著名汽车制造商比亚迪股份有限公司推出“刀片电池”，该“刀片电池”采用 $LiFePO_4$ 作为正极材料，其独特的设计使电池短路时产热少、放热快，在针刺实验中表现非常优异。随着新能源汽车的产销呈增长趋势，$LiFePO_4$ 电池需求量增加，其中 2021 年中国 $LiFePO_4$ 材料产量为 42.18 万 t，且出口数量达 828t，实现贸易顺差。

（2）$LiFePO_4$ 存在问题及改性研究

$LiFePO_4$ 虽然结构稳定，循环性能好，安全，无毒且价格便宜，但 $LiFePO_4$ 正极材料也存在一些缺点，其电子导电性差（10^{-10}～10^{-9}S/cm），而且由于锂离子只能沿着［010］一维通道传输，锂离子扩散速度低（约为 $10^{-14}cm^2/s$），在充放电过程中极化严重。目前，主要采用导电材料包覆、纳米化、形貌控制和元素掺杂等方法对材料进行改性，提高材料的电化学性能。

① 导电材料包覆　导电材料包覆是改善材料电导率的最常用方法。通过导电材料包覆，可以有效改善材料的电子传输能力，并且可以作为保护层，防止材料与电解液发生副反应。常用的导电材料包括碳、石墨烯、碳纳米管和导电高分子聚合物等。其中碳涂层包覆是最常用的，碳包覆工艺包括将电池材料与各种碳混合，然后进行高温热处理。该方法简单可行，适合大规模工业化生产，其中的关键核心是控制均匀的涂层和提高碳质量。太薄的碳涂层不会均匀地覆盖活性材料，但是太厚的碳涂层会限制锂离子扩散并降低电池材料的体积能量密度。为了满足高性能电池材料的需求，目前的碳包覆技术仍需进一步改进。Wang 等[63]提出了一种原位聚合法合成 $LiFePO_4/C$ 复合材料，由 20～40nm 大小的 $LiFePO_4$ 纳米颗粒以及表面包覆一层 1～2nm 厚度的导电部分石墨化碳复合组成。在 Fe^{3+} 的存在下，苯胺在磷酸亚铁锂的外表面发生氧化聚合为聚苯胺，在此过程中 Fe^{3+} 离子被还原为 Fe^{2+}。在随后的热处理之后，聚合物壳转变成碳壳，其限制了 $LiFePO_4$ 的原位微晶生长。这种复合物在 10A/g 的大电流下仍能放出 90mA·h/g 比容量，且循环 1100 圈后，容量保持率高达 100%。

② 微纳尺寸及形貌结构调控　微纳尺寸及形貌结构对于电极材料的电化学性能具有较大的影响。在锂离子电池的充放电过程中，锂离子在电极材料的晶体结构中嵌入脱出，其迁移速率是制约电极材料电化学性质的关键因素，例如 $LiFePO_4$ 正极材料，锂离子沿着（010）方向迁移，因此，（010）晶面暴露的 $LiFePO_4$ 正极材料具有良好的电化学性能。例如 Li 等[64]采用水热法在表面活性剂十六烷基三甲基溴化铵（CTAB）的作用下合成了（010）晶面暴露的 $LiFePO_4$ 纳米片，这种材料具有良好的电化学性能，在超高倍率 20C 下循环，仍然具有 110mA·h/g 的比容量。

③ 离子掺杂　离子掺杂可以直接改变材料的基本物理性质。$LiFePO_4$ 的主要缺点是锂离子扩散率低和电子电导低，通过少量离子掺杂，可以提高离子扩散和电子电导，从而提高充放电性能。已报道的对 $LiFePO_4$ 材料进行掺杂改性的元素包括 Mn、Co、Ni、Mg、Mo、Ti、V、Nb 等[65]。Chung 等[66]采用 Nb、Ti、Zr 等金属离子掺杂 $Li_{1-x}M_xFePO_4$，使 $LiFePO_4$ 的电导率提高～10^8，达到 10^{-2}S/cm。在 0.1C 的低倍率下放电比容量达到理论比容量，并且在高倍率下仍然具有良好的性能，几乎没有极化。

4.2.2.2　硅酸盐系 Li_2MSiO_4（M=Fe、Mn）

最近，硅酸盐系锂离子正极材料，引起了研究者广泛的关注。相比于 $LiFePO_4$ 正极材料，硅酸盐系正极材料理论上能够进行两个锂离子的脱出和嵌入反应，具有更高的理论比容量（332mA·h/g）；同时，其中Si、Fe和Mn元素都是自然界中含量丰富的元素，原料价格低廉，这些元素的毒性较低，环境友好；此外，硅酸盐系正极材料结构中由正硅酸四面体连接，化学性质稳定，热稳定性高，安全性能高。

（1）硅酸盐系正极材料的结构

硅酸盐系正极材料，分子式为Li_2MSiO_4（M＝Fe、Mn、Co、Ni），其晶体结构与Li_3PO_4的结构相似，金属原子和氧原子形成四面体，各四面体以共顶点的方式相互连接，由于四面体的排列方式多种多样，Li_2MSiO_4具有丰富的晶体结构，包括$Pmnb$、$Pmn2_1$、$P2_1/n$和Pn等晶体结构，如图4-13所示[66]。其中$Pmn2_1$是最稳定的晶体结构，充放电过程中其他晶体结构会转变为稳定的$Pmn2_1$结构。$Pmn2_1$结构中，锂离子主要有两种传输路径，一种为沿着a轴［100］方向的直线进行迁移，另一种是沿着c轴［001］方向的折线进行迁移。在Li_2FeSiO_4正极材料中，由于FeO_4和SiO_4形成的骨架结构对Li^+具有较强的束缚力，在两个方向上的锂离子迁移激活能分别为0.97eV和0.87eV，使得锂离子迁移速率较小，一般为～$10^{-17}cm^2/s$。此外，与$LiFePO_4$类似，Li_2FeSiO_4材料也是半导体，其电子电导率差，仅为$6\times10^{-14}S/cm$。

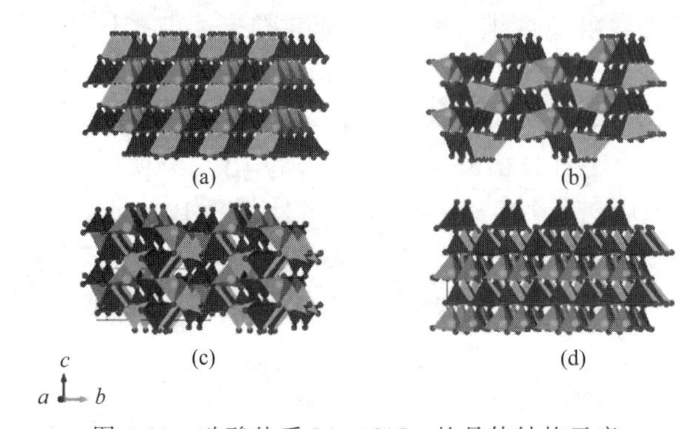

图4-13　硅酸盐系Li_2mSiO_4的晶体结构示意

（a）$Pmn2_1$；（b）$Pmnb$；（c）$P2_1/n$；（d）Pn，锂氧四面体呈绿色，硅氧四面体呈蓝色，mO_4四面体呈紫色[67]

在充放电过程中，锂离子逐步脱出，金属m由二价逐步转变为四价。在首次充电过程中，第一个锂离子脱嵌平台为3.2V，同时Fe^{2+}转变为Fe^{3+}；随着充电电压升高至4.5V，出现第二个电压平台，发生Fe^{3+}/Fe^{4+}的氧化反应，同时脱出第二个锂离子[68,69]。在放电过程中，锂离子回嵌，Fe^{4+}被还原为Fe^{2+}，在2.7V出现一个放电平台。在首次充电过程中，Li_2FeSiO_4结构也发生了变化，理论和实验结果表明：脱出一个锂离子的$LiFeSiO_4$最稳定的晶体结构为$Pmn2_1$相，脱出两个锂离子后，$FeSiO_4$稳定为$Pmn2_1$相[69-71]；随后在放电过程中，锂离子逐步嵌入$FeSiO_4$，物相由$Pnma$逐渐转变为$Pmn2_1$相。同时，首次充电过程中，锂原子和铁原子位置交换，充放电平台下降0.3V[70,71]。尽管锂原子和铁原子位置交换，然而晶体结构仍然为正交晶系，并且稳定物相为$Pmn2_1$相。Kalantarian等通过实验和理论计算也证明了Li_2FeSiO_4在不断脱嵌锂离子的过程中结构不断变化，脱嵌锂电位也不断变化，使充放电曲线平台不稳定[72]。

（2）硅酸盐系正极材料的改性研究

虽然硅酸盐系正极材料具有诸多优点，但是也存在一系列缺点：a.本征电子电导率低；b.锂离子迁移能力差，如 Li_2FeSiO_4 的锂离子迁移系数为约 $10^{-14}cm^2/s$；c.材料的循环稳定性差，如 Li_2MnSiO_4 在循环过程中，放电比容量持续下降，库伦效率只有70%左右。硅酸盐系正极材料的这些缺点，使其很难得到超过一个锂离子脱嵌的比容量，限制了其发展。

为了解决硅酸盐系正极材料的上述缺点，主要的方法有导电材料包覆（无定形碳、石墨烯、碳纳米管、导电聚合物等）、纳米化（缩小晶粒尺寸）、离子掺杂（Zn、Cu、V、Sn、Ti、P、Al等）、控制材料的微纳形貌等。由于硅酸盐正极材料的本征离子和电子电导率极低，且循环结构稳定性差，上述单一的改进方法难以同时改善这些缺点，现阶段的研究工作往往是综合几种方式来提高材料的电化学性能。

4.2.3 无锂转化型正极材料

无锂转化型正极材料，如过渡金属卤化物、硫化物和氧化物，表现出高工作电压和高容量，为可充电锂金属电池提供高能量密度。与锂负极结合，这些正极材料可以使得电池的能量密度达到1000～1600W·h/kg和1500～2200W·h/L，众多研究者对其进行深入研究。下面将详细介绍无锂转化型正极材料的研究进展。

无锂转化型正极材料，其分子式可以表达为 M_aX_b，其中 M 为单个或者多个过渡金属元素，包括Fe、Co、Ni、Mn、Cu、Ti、V、Cr等过渡族金属元素；X 为阴离子基团，包括氧族、卤族、硫族、磷族元素中的单个元素或者多个元素。作为锂离子电池正极材料时，其转换反应方程式[12]如下：

$$M_aX_b+(b-n)Li^++(b-n)e^- \underset{放电}{\overset{充电}{\rightleftharpoons}} aM+bLi_nX \tag{4-7}$$

（M=Fe、Co、Ni、Mn、Cu、Ti、V、Cr；X=F、Cl、O、S、Se、N、P）

式（4-7）代表了转化反应的整个过程，其理论充放电位如图4-14所示。实际上，充放电反应过程中，转化型正极材料通常要经历多个中间态（中间相），使得充放电曲线存在多步反应，存在多个放电或充电平台。

转化型正极材料（M_aX_b）的理论比容量也可以通过式（4-8）进行计算：

$$Q=nF/3.6M \tag{4-8}$$

式中，Q 是理论比容量，n 是参与反应的锂离子数量［见反应式（4-8）］，F 是法拉第常数（96458C/mol），M 是材料的摩尔质量。根据计算电位和理论比容量，可以计算得到理论重量能量密度，再根据密度可以计算得到转化型正极材料的理论体积能量密度。

图4-15中列出了一系列具有高能量密度、价格低廉、环保无毒特征的无锂转化型正极材料[3]。从图4-15中可以看出，这些材料的理论比容量均大于450mA·h/g，均高于传统正极材料（小于200mA·h/g）。同时，从图4-15（c）和（d）中可以看出，这些材料的重量比容量和体积比能量均远高于商用电极材料，同时其重量比能量高于1200W·h/kg。其中过渡金属氟化物（FeF_3、CuF_2、CoF_3、MnF_3）、二氧化锰、二硫化铁、五氧化二钒的重量比能量高于1600W·h/kg，体积比能量高于6700W·h/L。

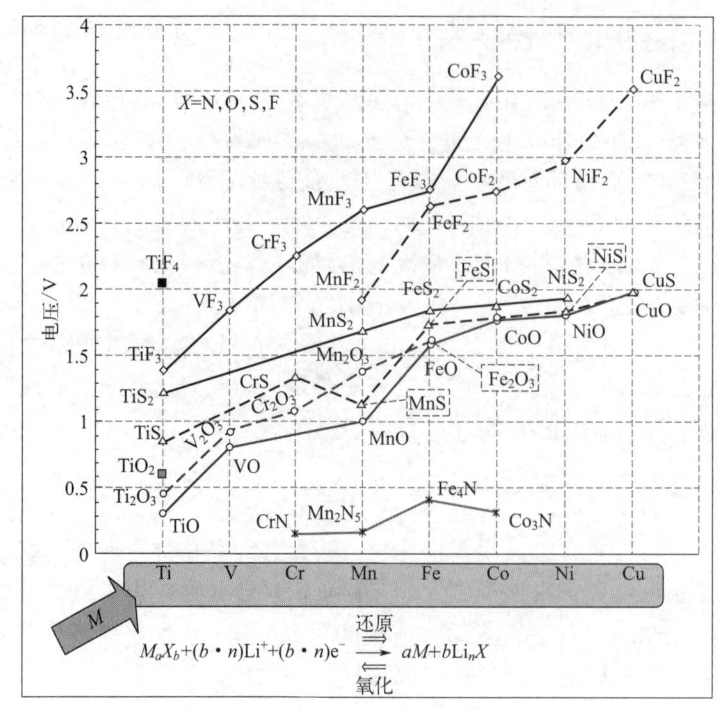

$$M_aX_b+(b\cdot n)Li^++(b\cdot n)e^- \rightleftharpoons aM+bLi_nX$$

图 4-14　二元 M_aX_b 化合物转化反应的理论电位[12]

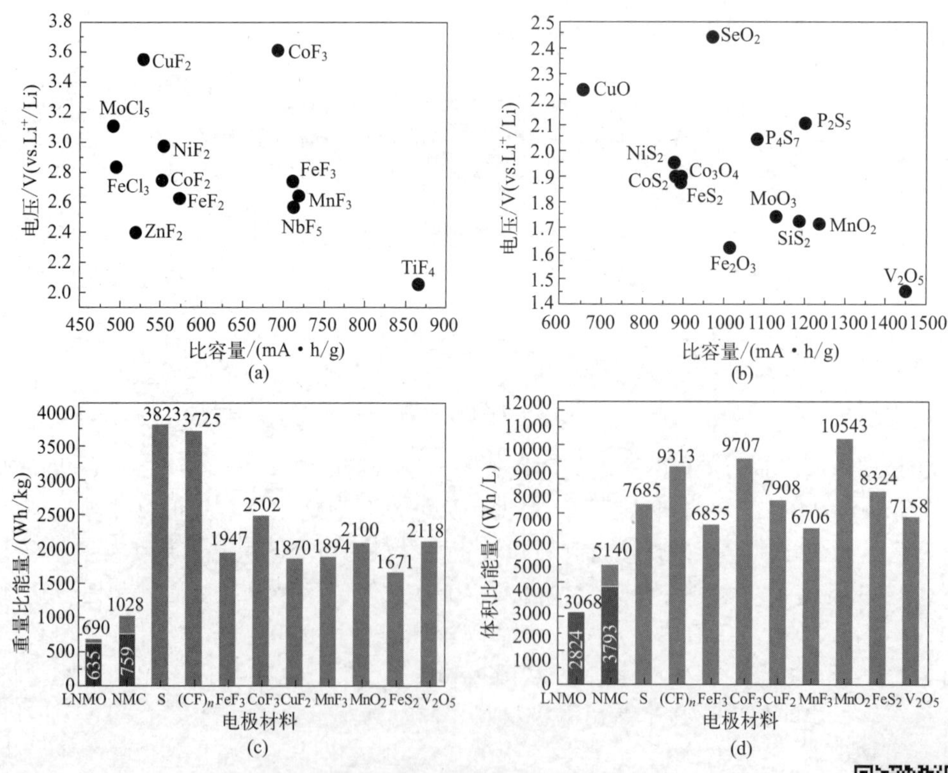

图 4-15　无锂转化型正极材料

(a)～(b)无锂转化型正极材料（氟化物、氯化物、硫化物、氧化物）的理论电压和理论比容量；(c)～(d)无锂转化正极材料的重量比能量与体积比能量与传统材料的对比[3]

无锂转化型正极材料具有较高的比容量和能量密度，组装成电池后可以得到超高能量密度的电池体系，是极具发展前景的高容量锂电池正极材料。然而实际上，无锂转化型正极材料仍然存在一系列问题，使得其离实际商业化还非常遥远。其主要问题有三个。

① 无锂转化正极材料的电导率较低，使得电极材料的活性部分使用率较低，同时其倍率性能较差。

② 无锂转化正极材料的循环性能差，转化反应过程中，电极材料存在较大的体积膨胀，同时随着反应的进行形成较厚的固态电解质膜，阻碍锂离子传输，这些都降低了材料的循环寿命。例如 FeS_2 正极材料，首圈放电容量为 907mA·h/g（接近理论容量），然而第二圈放电容量衰减为 820mA·h/g，100 圈循环后放电容量仅为 720mA·h/g，容量保持率为 79.3%[3]。

③ 嵌锂和脱锂存在较大的电压滞后，使得材料的充放电库伦效率较低，同时可能在使用过程中带来电池发热的问题。

此外，某些 Li_nx 化合物可溶于电解质，使得材料的循环性能和电池性能进一步降低。无锂转化型正极材料的这些缺点，使得材料难以得到实际应用，限制其进一步商业化应用。这些缺点往往与材料的电化学反应相关，为了解决这些问题，研究者们对材料的实际反应路径、电压滞后、体积变化和副反应等四个方面进行详细的研究，并针对体积膨胀、低电导率、电压滞后、SEI 膜生长及副反应等提出了多种改善方法。

4.3 锂离子电池负极材料

4.3.1 简介

二次锂电池最初使用金属锂作为负极。锂金属具有非常高的比容量（3860mA·h/g）和非常低的电势，因此，使用金属锂负极的锂电池具有较高的工作电压。然而，循环效率在充放电过程中随着锂的反复溶解和沉积而降低，这就导致为了维持电池的正常工作，通常需要使用正常锂量的 2～3 倍。此外，锂在沉积过程中形成锂枝晶，刺破隔膜[1-3,73]。这些枝晶导致局部短路，电池完全自放电，严重时电池内部发生热连锁反应，最终起火或爆炸。

1978 年，Basu 等发现锂离子可以嵌入石墨片层间，这就为锂金属负极提供了一种替代物[74]。在其后的研究表明，锂离子嵌入/脱出石墨片层可逆并且迅速，因此石墨成为商业化锂离子电池的负极材料，取代了安全性差、体积膨胀严重的锂金属和锂合金。此后 30 多年来，石墨一直是可充电锂离子电池负极材料的主要来源，这归因于其具有许多优异特性——低工作电位、出色的循环稳定性、低的成本和环境友好等。然而，商用电极的容量远远不够，例如，理论比容量为 372mA·h/g 的石墨负极和比容量小于 250mA·h/g 的锂金属氧化物正极，无法满足当前的需求和新兴应用。精密的便携式电子设备、电动汽车（EV）和大规模储能智能电网需要更高的质量/体积能量和功率密度，更长的使用寿命和更低成本的电池系统[2,75]。因此，研究人员已经进行了大量的研究工作，以找到满足上述苛刻要求的替代电极材料。

作为锂离子电池负极材料应满足以下要求：

① 锂离子在负极材料中嵌入电位较低，使得电池具有较高输出电压；

② 具备较高的理论比容量，可以嵌入大量的锂离子，以此提升电池的能量密度；

③ 锂离子在负极材料中的嵌入和脱嵌应当可逆，基体体积变化较小，确保电池循环性能好；

④ 氧化还原电位随基体中锂含量的变化尽可能小，使电池得以平稳地充放电；

⑤ 具备高离子导电率和电子导电率，以提升电池的倍率性能；

⑥ 化学和电化学稳定性好，在工作电压窗口内不与电解质发生反应；

⑦ 价格便宜，环境友好。

4.3.2 负极材料的分类

如图 4-16 所示，根据反应机理的不同，锂离子电池负极材料主要分为三类：嵌入型、转化型和合金型[76]。

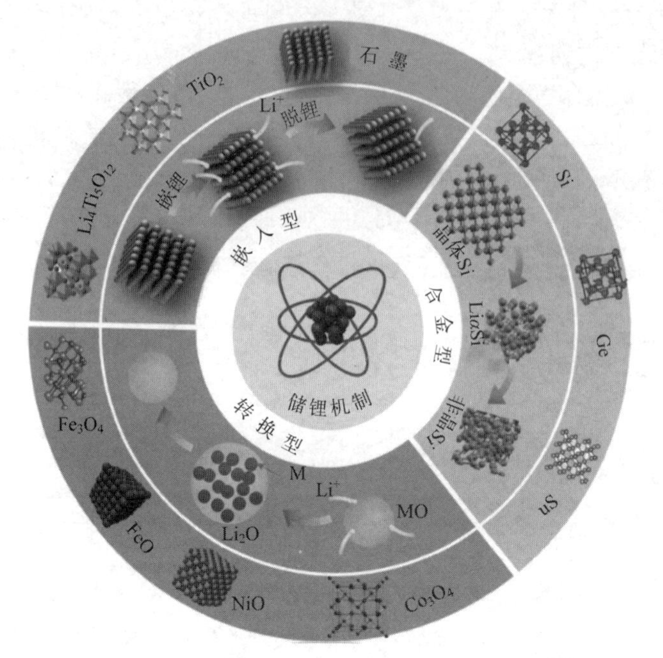

图 4-16 不同反应机理的锂离子电池负极材料[76]

① 嵌入型材料设计插层，其中锂离子插层进入石墨或 TiO_2 的晶格中，而不会引起主体的明显体积变化。锂离子嵌入尖晶石相的 $Li_4Ti_5O_{12}$（LTO）中，LTO 会转变成岩盐相 $Li_7Ti_5O_{12}$，体积膨胀约为零，但比容量只有 175mA・h/g。

② 转化型电极材料与锂离子发生可逆反应，过渡金属氧化物（如 Fe_3O_4、FeO、Co_3O_4 和 NiO）作为氧化还原型负极材料既可以发挥高的可逆容量，同时也具有高能量密度[77,78]。但是，它们的缺点是首次库仑效率低、SEI 不稳定、体积膨胀大、电压滞后性严重以及电子/离子电导率差，这都导致了氧化还原型负极材料循环稳定性差[79]。

③ 第三类负极材料（Si、Sn、Ge、Al、Mg 和 Sb）在嵌锂过程中会与锂离子发生合金化反应，与嵌入型负极材料对比，合金型负极材料以其极高的比容量而闻名。另外，合金型负极材料具有合适的嵌锂电位，可以避免由于锂枝晶的形成所带来的安全问题[80]。但是，该类电极要想实用化，还需要克服在嵌锂过程中的巨大体积膨胀[81]，其中以晶体 Si 的充放电过程为例，Si 在锂化过程中会经历晶体结构体积膨胀和破坏，并在脱锂后转化为无定形

Si（α-Si）。表 4-3 比较了这三类负极材料的电化学性能，在所有的负极材料中，Si 具有最高的理论比容量（4200mA·h/g），这也激发了对其实际应用研究的热情。

表 4-3 不同反应机理的锂离子电池负极材料电化学性能对比[76]

反应机理	负极材料	密度/(g/cm³)	理论比容量/(mA·h/g)	δV/%	嵌锂电位/V(vs. Li/Li⁺)
嵌入型	C	2.25	372	12	0.05
	$Li_4Ti_5O_{12}$	3.5	175	1	1.6
氧化还原型	Fe_3O_4	5.17	942	93	约 0.8
	FeO	5.74	744	约 90	约 1.0
	Co_3O_4	5.18	890	约 100	约 1.1
	NiO	6.67	718	约 100	约 0.6
合金型	Si	2.33	4200	约 300	0.4
	Sn	7.29	994	260	0.6
	Ge	5.32	1600	370	0.4

接下来的章节将会详细介绍不同类型的负极材料。

4.3.3 碳基负极材料

4.3.3.1 无定形碳和石墨简介

无定形碳（硬碳和软碳）和石墨都是天然存在的，并且可以人工合成。天然存在的无定形碳的典型代表是无烟煤。天然存在的石墨称为天然石墨，最大的天然石墨矿在亚洲，主要在中国（储量在世界占 70%～80%），印度和朝鲜也有一定储量。在西半球，天然石墨主要在巴西和加拿大开采。天然石墨需要与矿脉物质分离，通过化学、热和/或两者进行纯化，然后才能应用于电池领域。

石墨是著名的碳同素异形体之一，由平行堆叠的石墨烯层制成。石墨烯是 sp^2 杂化碳原子的六方晶格，广泛分布的六方形石墨具有 ABABAB 堆叠序列［见图 4-17］，层间距为 0.3354nm。具有堆叠序列 ABCABC 的菱形石墨的改性并不太重要，在石墨研磨等成型工艺

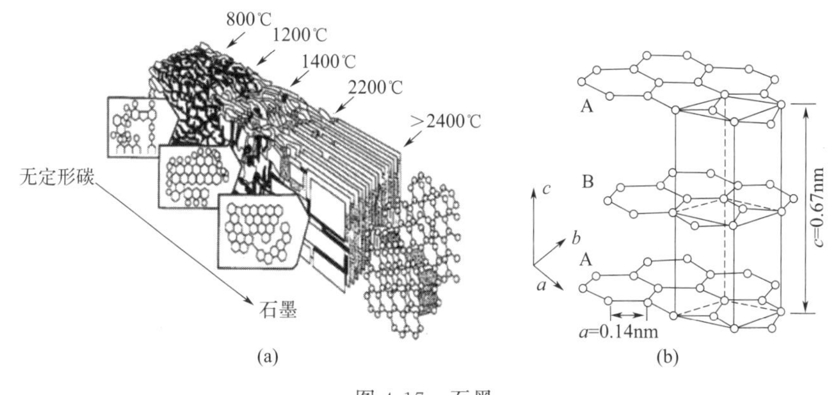

图 4-17 石黑

（a）石墨层状结构的演化过程；（b）六方形石墨结构

中，其百分比可达20%，通过高温处理可降低该菱面体石墨的比例[82,83]，两种石墨形式的结晶密度均为2.26g/cm^3。

多数情况下，根据应用需求需要采用额外的精加工工艺，以得到性能最为优异的石墨活性材料。如图4-18所示，经过研磨后石墨颗粒的大小和形状均发生变化，在这一过程中比表面积减小，表面变得光滑［马铃薯结构，见图4-18（b）］。基于中间相沥青的石墨或软碳在这方面是个例外，它们在生产过程中几乎是圆形的，因此它们在碳化或石墨化后不需要进行造球处理。石墨的进一步精加工工艺包括用无定形或石墨碳层对其进行包覆［见图4-18（c）］，石墨的精加工工艺（造球和包覆）与电化学性能有关。

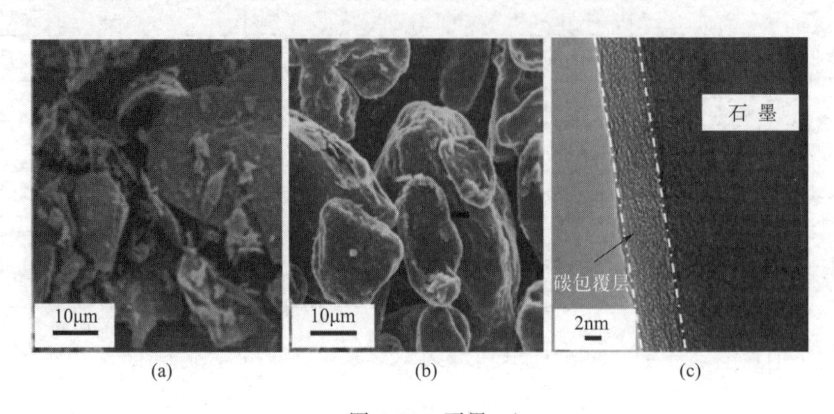

图4-18　石墨

（a）未处理；（b）造粒后；（c）无定形碳包覆

4.3.3.2　无定形碳和石墨的嵌锂机制

索尼能源技术公司通过碳化聚糠醇树脂（PFA）制备了硬碳材料，于1991年[82,84,85]推出了第一款商用锂离子电池的负极材料。之后，关于无定形碳和石墨的嵌锂机制研究也越来越多。

石墨的嵌锂电位在0～0.25V(vs. Li/Li^+)，存在明显的电压平台，在平台的开始和结束处也有明确的化合物［见图4-19（a）］，两相在平台期共存[86]。实验表明，嵌入阶段是可测量的［见图4-19（b）和（c）］，并且由于它们的颜色而易于辨别（见图4-20）[87]。在嵌锂过程中，六方形（ABABAB）和菱形（ABCABC）结构的石墨转变为AAAAAA堆叠序列。锂位于石墨烯层与层之间的C_6环的中心，因此，石墨的容量取决于可用石墨烯层数。如果使用结构良好的石墨（如天然石墨）和缓慢的充放电速率（小电流），石墨能够发挥出接近372mA·h/g的理论可逆比容量。图4-19（b）显示首次循环的充电容量小于放电容量，这期间的容量损失是由来自正极的锂离子、电解液组分（有机碳酸盐、添加剂等）在负极表面发生的不可逆电化学反应。

这种电化学反应在电解质和石墨颗粒之间产生钝化层［图4-21（a）和（b）］，称为SEI[88-90]。SEI的质量对锂离子电池的循环稳定性、使用寿命、功率和安全性有很大影响。例如，SEI膜需要较好的锂离子电导率，保证在最低过电压下电池正常工作。同时，SEI膜必须作为溶剂化锂离子的过滤器，防止了溶剂化离子的共嵌入导致石墨晶格的破坏。此外，SEI膜必须有一定的机械强度和弹性，确保负极材料在嵌锂过程中体积增加而负极颗粒不会破裂，以防止循环过程中的容量的进一步损失。

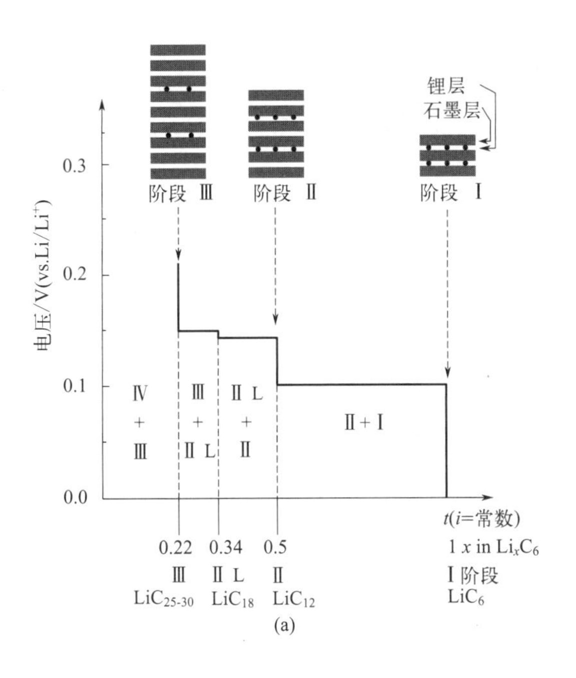

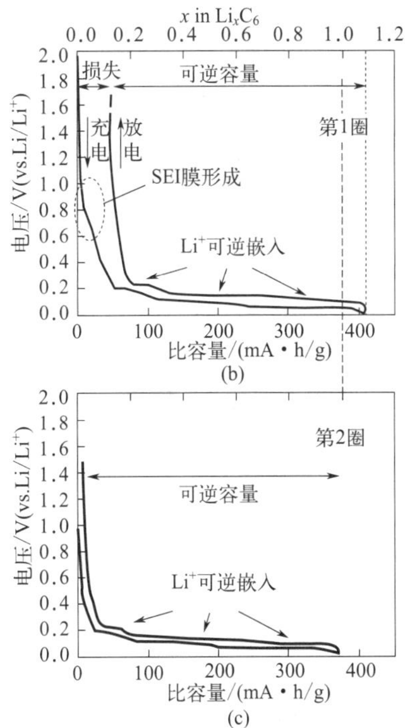

图 4-19 石墨的嵌锂机制

(a) 石墨的热力学嵌锂过程；(b) 石墨的首次恒电流充放电曲线；

(c) 石墨的第二次恒电流充放电曲线（锂金属作为对电极和参比电极）[86]

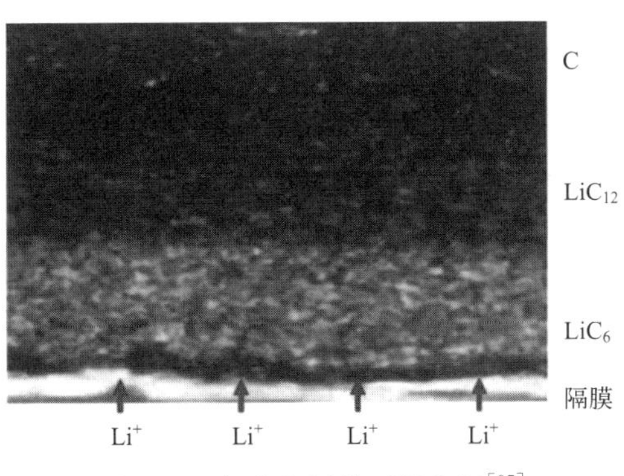

图 4-20 部分嵌锂的石墨负极[87]

电解质和负极表面的物理、化学性质极大地影响 SEI 的厚度和化学成分。负极表面最重要的特征是比表面积（取决于颗粒形状、粒度和孔隙率等）和表面化学性质（如—COOH、—CO、—OH 等基团）。颗粒形状、粒径和表面化学性质也会影响在电极生产过程中用作集流体（铜箔）涂层浆料的稳定性和质量。球形颗粒在混合和涂覆过程中流动性更好，并且比表面积更低。这意味着电极配方中只需要较少的黏结剂，并且在首次充放电过程中形成较少的 SEI 膜，锂离子和电解质的消耗更少。通过对石墨负极材料表面进行修饰改性，可以得到稳定的 SEI 膜并且增强活性物质与铜箔之间的黏附力。

与石墨相反，无定形碳（硬碳和软碳，见图 4-22）没有真正一致的长程有序，有序区域极小，局部层距变化很大。无定形碳材料中存在具有空位簇、杂原子和官能团（如—COOH、—OH）的不同区域，这些因素导致其有着不同的电化学特性（见图 4-22）。

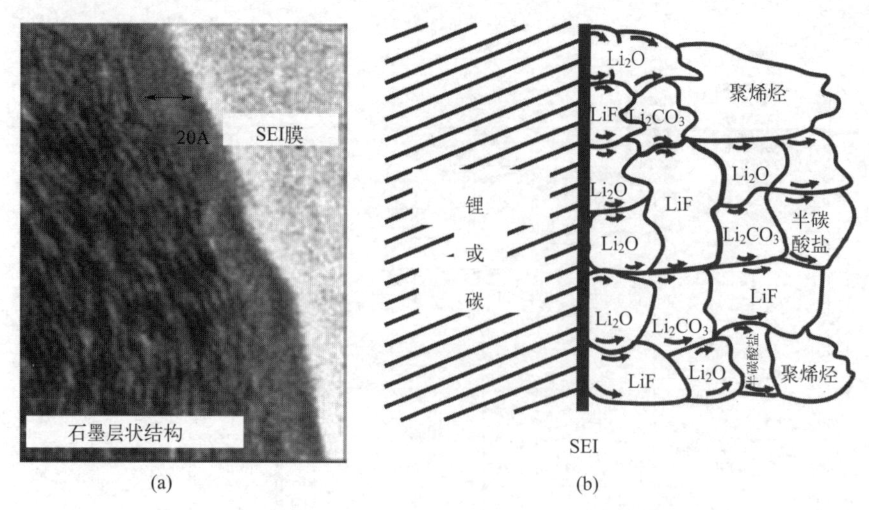

图 4-21　SEI 膜

(a) 石墨表面 SEI 膜的 TEM[89]；(b) SEI 膜化学成分[90]

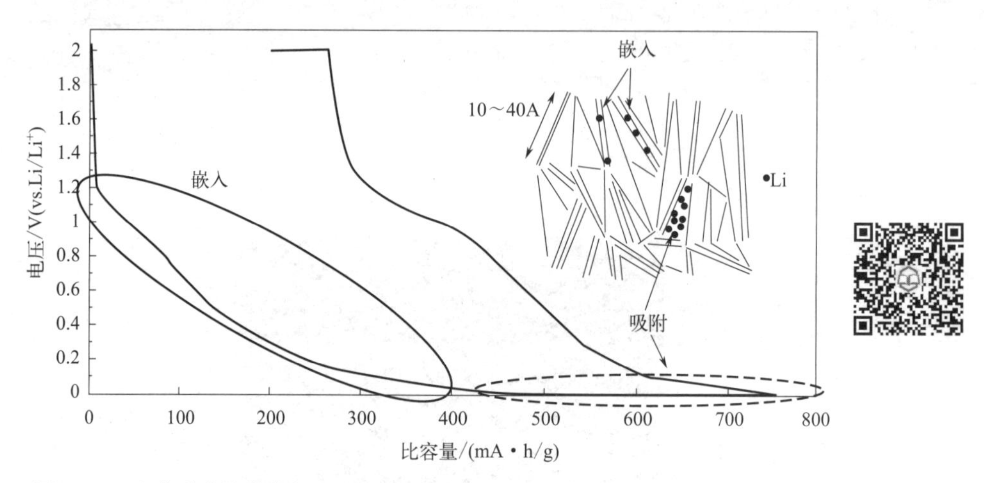

图 4-22　无定形碳的首次恒电流充放电曲线（锂金属作为对电极和参比电极）

所有无定形碳都具有相同的模式和以下电化学特性：

① 尽管有序度低，但是在较小的充放电电流下，仍然具有较高比容量；

② 尽管比表面积低，但首次不可逆容量高；

③ 嵌锂和脱锂的恒电流充放电曲线滞后。

与石墨相反，锂在明显短程有序区域中的嵌入不会在确定的阶段发生，而是或多或少地连续发生。在 0V（vs. Li/Li^+）附近观察到额外的容量不再是石墨烯层之间的嵌锂，而是由内部纳米孔隙中的锂吸附引起的[91-93]。在较大的孔中也可以分离出锂金属团簇。然而，这种额外的容量只能在非常低的倍率下才得以发挥，锂离子需要经过较长的扩散路径。通常，只有嵌入部分可用于高倍率充放电。一般而言，无定形碳的比表面积更小或与石墨相似，有利于形成较少的 SEI 膜，减少不可逆容量。但是，在图 4-22 中充电和放电比容量之间的差异非常大（约 200mA·h/g），这是由于锂离子与表面缺陷（C-SP^3）、杂原子以及内外表面的官能团等副反应造成的。

在高倍率下充电时，无定形碳比石墨更快地嵌锂［如图 4-23（a）］。比较石墨和无定形碳两者的结构，也观察到这种特性［图 4-23（b）］。石墨只为锂离子（在长程层区域的前沿）进入晶格提供了几个“入口点”，从那里它必须扩散到长程结晶域的中心。相反，无定形碳提供了更多的入口点，并且锂离子在有序层内的扩散路径短，可以更快地分布均匀。此外，这些具有短程有序的域也相互连接，降低了分层的趋势。因此，从电化学的角度来看，无定形碳表现出更好的循环稳定性，尤其是在更高的充放电倍率下。

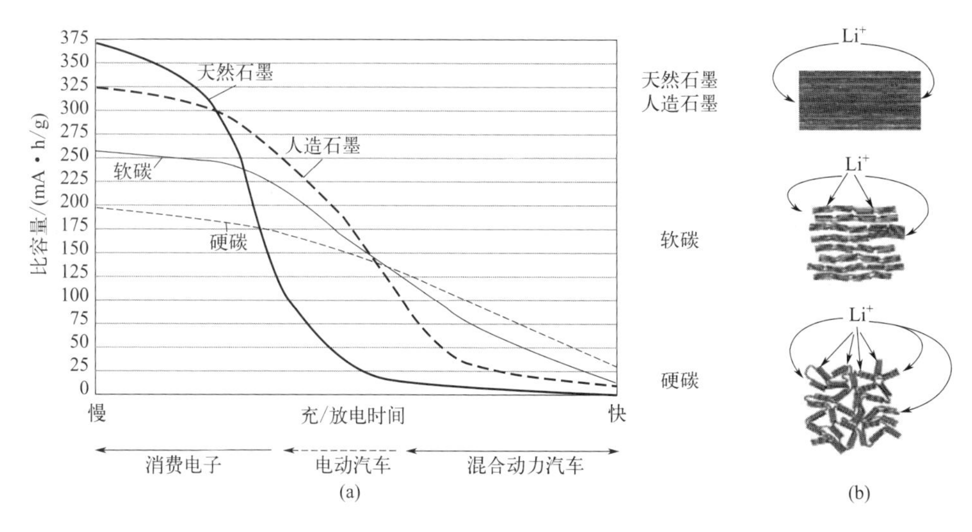

图 4-23　碳材料容量与充放电倍率关系（a）及不同碳材料的嵌锂模型（b）

4.3.4　钛基负极材料

钛的氧化物包括二氧化钛及其与锂的复合氧化物。前者有多种结构，如金红石、锐钛矿、碱硬锰矿和板钛矿（B 型）。后者包括锐钛矿 $Li_{0.5}TiO_2$、尖晶石 $LiTi_2O_4$、斜方相 $Li_2Ti_3O_7$ 和尖晶石 $Li_4Ti_5O_{12}$($Li_{4/3}Ti_{5/3}O_4$)。

在 Li-Ti-O 三元系化合物中，初始充放电容量和循环时可逆容量的变化与 n_{Li}/n_{Ti} 有明显的关系。如图 4-24 所示，$1/2\leqslant n_{Li}/n_{Ti}\leqslant 4/5$ 时，初始充放电容量为常数，循环时的可逆容量随 n_{Li}/n_{Ti} 的增加而增加。当 $4/5\leqslant n_{Li}/n_{Ti}\leqslant 2$ 时，初始充放电容量和循环时的可逆容量均随 n_{Li}/n_{Ti} 的增加而减少。$n_{Li}/n_{Ti}=4/5$ 为一个拐点，是一个不同于 Li_2TiO_3（$n_{Li}/n_{Ti}=2$）和锐钛矿 TiO_2（$n_{Li}/n_{Ti}=0$）的相[94]。最常研究的化合物是 $Li_4Ti_5O_{12}$ 和 TiO_2，其他钛氧化物将不再讨论。

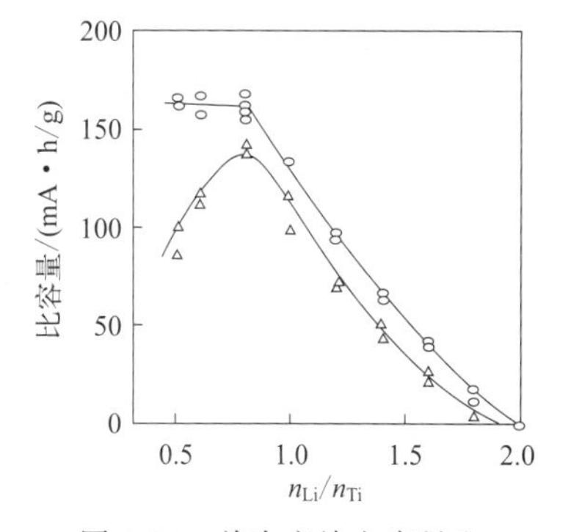

图 4-24　首次充放电容量和可逆容量与 Li-Ti-O 三元系化合物中 n_{Li}/n_{Ti} 的关系[94]

尖晶石 $Li_4Ti_5O_{12}$ 为白色晶体，在空气中可以稳定存在。其晶体结构类似于尖晶石 $LiMn_2O_4$ 的晶体结构，它也可以写成 $Li[Li_{1/3}Ti_{5/3}]O_4$。空间群为 $Fd3m$，晶胞参数 a 为 0.836nm。其中 O^{2-} 构成 FCC 的点阵，处于 $32e$ 的位置，一部分 Li 则位于 $8a$ 四面体间隙中，同时部分 Li 原子和 Ti 原子位于 $16d$ 的八面体间隙中。当锂嵌入时被还原成深蓝色 $Li_2[Li_{1/3}Ti_{5/3}]O_4$。该反应如下所示：

$$\mathrm{Li[Li_{1/3}Ti_{5/3}]O_4 + Li^+ + e^- \longrightarrow Li_2[Li_{1/3}Ti_{5/3}]O_4} \tag{4-9}$$

$8a\ 16d\quad 32e\qquad 16c\quad 16d\ 32e$

当外来的 Li 原子嵌入 $Li_4Ti_5O_{12}$ 的晶格时，Li 首先占据 16c 位点，如图 4-25 所示。同时，在尖晶石 $Li_4Ti_5O_{12}$ 中原来位于 8a 的 Li 也开始迁移到 16c 位点，最终所有 16c 位点都被 Li 所占据[95]。因此，可逆容量的大小主要取决于可以容纳 Li 的八面体间隙数量的多少。由于 Ti^{3+} 的出现，反应产物 $Li_2[Li_{1/3}Ti_{5/3}]O_4$ 的电子导电性较好，电导率约为 10^{-2}S/cm。式（4-9）过程的进行是通过两相的共存实现的，这从紫外可见光谱、红外光谱以及 X 射线衍射（XRD）的变化得到了证明。生成的 $Li_2[Li_{1/3}Ti_{5/3}]O_4$ 的晶胞参数 a 变化很小，仅从 0.836nm 增加到 0.837nm。因此该材料也被称为零应变电极材料。

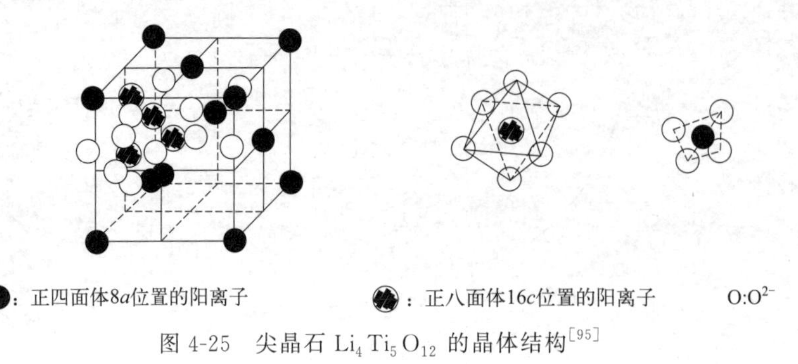

图 4-25　尖晶石 $Li_4Ti_5O_{12}$ 的晶体结构[95]

$Li_4Ti_5O_{12}$ 充放电曲线非常平坦，平均放电电压平台为 1.56V，理论比容量为 168mA·h/g。由于它是一种零应变材料，晶体结构非常稳定，仅发生了细微的变化。然而，它与上述的碳材料明显不一样，能够避免在充放电过程中由于电极材料的来回伸缩而产生的结构破坏，从而具有出色的循环性能。因此除了用作锂离子电池的负极材料外，它也可以用作参比电极来衡量其他电极材料性能的好坏（由于锂金属不能作为长期循环测试的评价标准）。由于充电过程中不需要生成太多的 SEI 膜，这由 Nyquist 图说明。其初始库仑效率在 90%以上。Li 离子的扩散系数为 $2\times10^{-8}cm^2/s$，比通常碳基负极材料高一个数量级。

$Li_4Ti_5O_{12}$ 的电子电导率很低，因此希望对其进行改性。主要的改性方法包括掺杂和包覆。

4.3.4.1　$Li_4Ti_5O_{12}$ 的杂原子掺杂改性

与前面讨论的碳材料和正极材料类似，杂原子掺杂是改善电化学性能的有效方法，这可以从 Li^+（A）和 Ti^{4+}（B）两方面进行。

Mg 是二价金属，Li 是一价金属。当 Li 被 Mg 替换，这样部分 Ti 从+4 氧化态还原为+3 氧化态以平衡电荷，大大提高了材料的电子导电能力，电子电导率（σ_e）得到显著提高。例如，当每 1mol $Li_4Ti_5O_{12}$ 单元中掺杂 1/3mol 单元 Mg 时，σ_e 从小于 10^{-13}S/cm 增加到大约 10^{-2}S/cm，但是可逆容量有所下降。对于 x 接近 1 的 $Li_{4-x}Mg_xTi_5O_{12}$ 的可逆容量为 130mA·h/g，这可能是由于 Mg 占据了尖晶石结构中四面体的部分 8a 位点。

Li 也可以掺杂到 $Li_4Ti_5O_{12}$ 中以增加可逆比容量，改善电池循环性能。众所周知，四面体缺陷（8a）的存在会增加不可逆容量，而八面体缺陷（16d）的存在会降低可逆容量。此外，将 Li 引入间隙 48f 位点时可以防止相转变。

考虑到以下关系：

$$3M^{3+} \leftrightarrow 2Ti^{4+} + Li^{+} \tag{4-10}$$

$Li_4Ti_5O_{12}$ 中的 Ti^{4+} 可以用其他三价过渡金属离子取代，如 Fe、Ni 和 Cr 等。铁资源丰富，无毒。当 Ti^{4+} 被 Fe^{3+} 取代时，晶体结构仍为尖晶石结构。在第一次循环时，0.5V 左右出现一个新的嵌锂平台，但是在锂脱嵌过程中没有发现对应的平台。而且掺杂后，尖晶石的可逆容量增加到 200mA·h/g 以上，但是并不是一直随之增加而增加，循环性能也得到明显。例如，当 Fe 的掺杂量为每 1mol $Li_4Ti_5O_{12}$ 单元中掺杂 0.033mol Fe 时，其可逆容量大于 150mA·h/g，25 次循环后几乎没有容量衰减。当 $Li_4Ti_5O_{12}$ 中 2/3 Ti^{4+} 和 1/3 Li^{+} 被 Fe^{3+} 取代后，得到的 $LiFeTiO_4$ 的可逆容量增加到 650mA·h/g，但其循环性能不佳。由于 Ni 和 Cr 的原子半径与 Ti 的原子半径相似，它们也可用于掺杂 $Li_4Ti_5O_{12}$。然而，掺杂后的 $Li_{1.3}M_{0.1}Ti_{1.7}O_4$（$M$ = Ni 和 Cr）在 1.5V 时具有较低的电压平台，可逆容量为 150mA·h/g。

图 4-26 显示了掺杂 Al、Ga 和 Co 以及共掺杂 Mg 和 Al 对电池循环性能的影响[96]。对于 $Li_{3.95}M_{0.15}Ti_{4.9}O_{12}$（$M$=Al，Ga，Co）和 $Li_{3.9}Mg_{0.1}Al_{0.15}Ti_{4.85}O_{12}$ 两种材料，结果表明，Al^{3+} 的引入能明显提高可逆容量与循环性能，而掺杂 Ga^{2+} 仅能略微增加可逆容量。而掺杂 Co^{3+} 和 Co^{3+} 与 Mg^{2+} 共掺杂时，反而会在一定程度上降低其电化学性能。

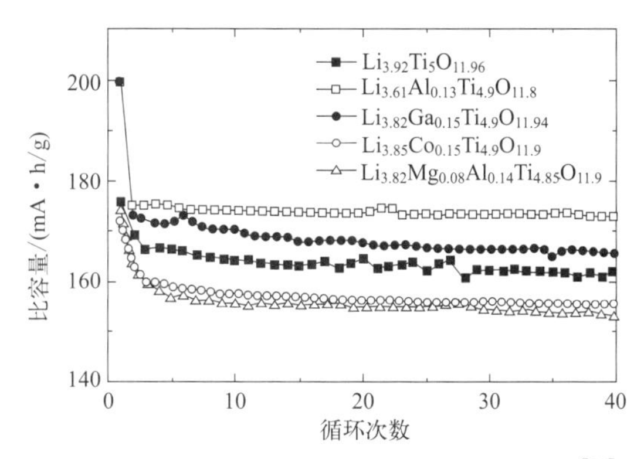

图 4-26 不同原子掺杂 $Li_4Ti_5O_{12}$ 的循环性能[96]

4.3.4.2 $Li_4Ti_5O_{12}$ 的包覆改性

传统的对 $Li_4Ti_5O_{12}$ 的包覆改性一般是通过有机物或聚合物碳化后包覆。在早期的工作中，碳源主要为糖。从图中可以清晰地观察到薄的碳层［见图 4-27（a）］，$Li_4Ti_5O_{12}$ 的可逆比容量从 110mA·h/g 增加到 160mA·h/g［见图 4-27（b）］，接近其理论比容量，循环性能也很好[97]。

银具有优异的电子导电性，可以减小材料在充电和放电过程中的极化。研究发现在 $Li_4Ti_5O_{12}$ 的表面通过 $AgNO_3$ 的分解包覆一层 Ag 时，可显著提高材料的可逆容量和循环性能，在 2C 倍率下循环 50 次后，比容量保持在 184mA·h/g。

TiN 也有良好的电子导电性，在 $Li_4Ti_5O_{12}$ 表面涂覆一层 TiN 也可以提高其电化学性能。

其他负极材料也可用作 $Li_4Ti_5O_{12}$ 的包覆层。将 $Li_4Ti_5O_{12}$ 放入溶有 $SnCl_2 \cdot nH_2O$ 的乙醇溶液得到的溶胶中，加入氨水搅拌，85℃干燥后，加热至 500℃，制得了 $SnCl_2$ 包覆的

(a)

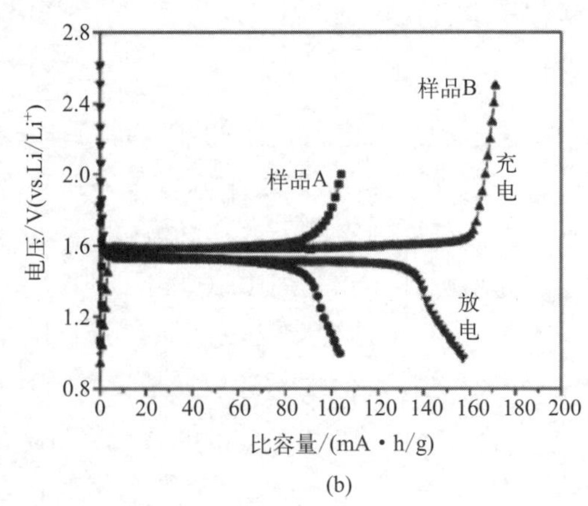

(b)

图 4-27　包覆碳的 $Li_4Ti_5O_{12}$ 的 TEM 图（a）及 $Li_4Ti_5O_{12}$（样品 A）和包覆碳的 $Li_4Ti_5O_{12}$（样品 B）的首次充放电曲线对比图（b）[100]

$Li_4Ti_5O_{12}$。由于 SnO_2（将在第 4.3.6 节中讨论）具有更高的可逆容量，因此复合材料也显示出更高的比容量。在 0.5nA/cm^2 的电流密度循环 16 次，其放电比容量仍为 236mA·h/g。

4.3.5　硅基负极材料

4.3.5.1　硅和硅氧化物简介

Li 和 Si 的混合物通过热处理，可以形成一系列的中间产物：LiSi、$Li_{12}Si_7$、$Li_{13}Si_4$ 和 $Li_{22}Si_5$，如图 4-28（a）的相图所示[98-100]，这是 Si 可以作为锂离子电池负极材料的基础。在 450℃ 时，硅与锂发生合金化反应，一步一步地形成锂硅合金中间产物［图 4-28（b）］[99]，最终形成 $Li_{22}Si_5$，经过计算 Si 的理论比容量为 4200mA·h/g。表 4-4 列出了在不同锂化阶段[76]，Si 所经历的体积变化，最高膨胀率超过 300%，巨大的体积膨胀会导致硅负极产生各种问题，这会在接下来的章节中详细谈论。而当 Si 电极在室温下与 Li 发生电化学反应时，不同于在高温下逐步形成结晶中间产物，它经历一个光滑的晶态到非晶态的转变。为了理解上述差异，用密度泛函理论（DFT）计算了形成晶体和非晶锂硅合金所需的吉布斯自由能[101]。结果表明，电化学驱动的固态非晶会优先形成非晶态 Li_xSi，而在室温下平衡晶相的形成受到动力学抑制，最终获得的产物为 $Li_{15}Si_4$，比容量为 3579mA·h/g，而不是 $Li_{22}Si_5$[102]。另外，从图 4-28（b）还可以得到 Si 的工作电压平台在 0.4V 左右，比石墨负极（约 0.05V）稍高，这就避免了电池在过放情况下锂沉积造成的锂枝晶，因此，Si 负极也更为安全。

表 4-4　锂硅合金的晶体结构、空间群和晶胞体积[76]

物质	晶体结构	空间群	晶胞体系/Å^3	单个 Si 原子的体积/Å^3
Si	立方晶系	$Fd\bar{3}m$	160.2	20.0
$Li_{12}Si_7$	正交晶系	$Pnma$	243.6	58.0

续表

物质	晶体结构	空间群	晶胞体系/$Å^3$	单个 Si 原子的体积/$Å^3$
$Li_{14}Si_6$	正交晶系	$R\bar{3}m$	308.9	51.5
$Li_{13}Si_4$	正交晶系	$Pbam$	538.4	67.3
$Li_{22}Si_5$	立方晶系	$F23$	659.2	82.4

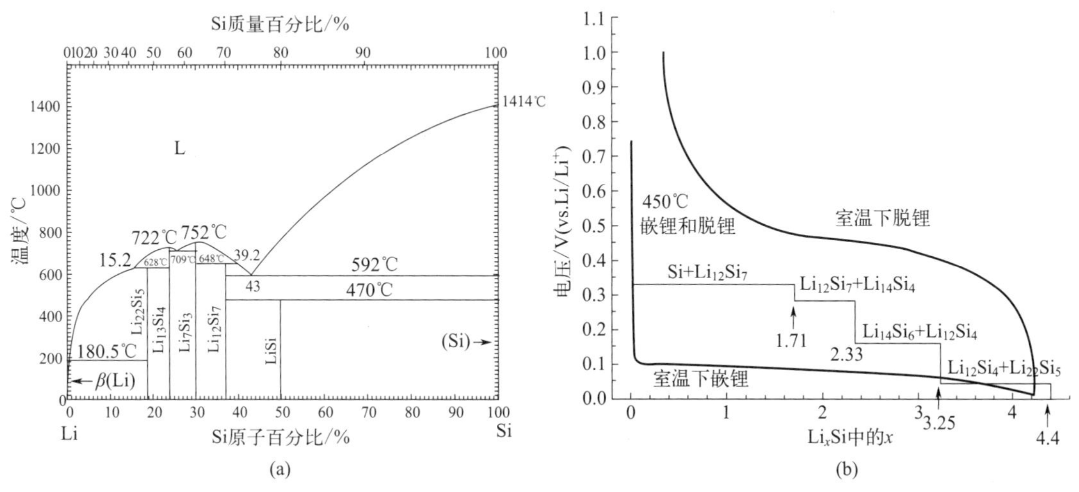

图 4-28　Li-Si 体系相图及 Si 的充放电曲线

(a) Si-Li 相图[98]；(b) 室温和高温下，Si 的充放电曲线[99]

近年来，SiO_x 因其储量丰富、成本低廉、易于合成而被认为是硅负极的理想替代品。此外，相比 Si 负极材料，SiO_x 在循环过程中体积变化相对较小。在各种硅氧化物（SiO、SiO_2、SiO_x 以及 Si-O-C）中，SiO 因其合适的容量和循环稳定性，在锂离子电池负极材料中备受关注。1887 年，Charles F. Mabery 首次报道了 SiO[103]。目前，商业化 SiO 通常是通过在高温下加热 SiO_2 和 Si 混合物，产生 SiO 蒸汽，然后冷凝得到[104]。

在用作锂离子电池负极材料之前，无定形 SiO 已被人们熟知并应用到各种领域。在早期文献中，SiO 的结构是存在争议的，主要有两种模型。在 Philipp[105,106] 的随机键合模型（RB）中，Si—Si 和 Si—O 键在连续的 SiO 网络中随机分布，也就是说 SiO 是单相材料。而在随机混合模型（RM）中，SiO 是包含小区域的 Si 和 SiO_2 的随机混合，对应多相混合物[107,108]。最近，通过 TEM、EELS、ESI 等手段，在 SiO 中清晰地观察到无定形 Si 和无定形 SiO_2 相，因此 RM 更适合于描述 SiO 的结构[109]。Hohl 等人[110] 在前人的基础上，结合 HRTEM、ELNES、XPS、NMR、ESR 等表征手段，提出了界面团簇混合模型（ICM），认为无定形 SiO 在初始状态下是一个歧化反应非平衡体系。具体来说，如图 4-29（a）所示，Si 存在多种化学状态，如 Si^0、Si^+、Si^{2+}、Si^{3+}、Si^{4+} 以及大量的原子链段。但是，由于 XRD、XPS、Raman 等技术空间分辨率上的局限性，仅提供无定形 SiO 的平均光谱信息。最近，Hirata 等利用埃束电子衍射（ABED）技术，并辅以同步辐射高能 X 射线衍射（HEXRD）和计算模拟[111]，能在原子尺度上直接观察 SiO。重构模型如图 4-29（b）所示，在无定形的 SiO 中，Si 和 O 分布在无定形的 Si 和 SiO_2 的团簇中，界面上存在大量的低价 SiO_x。

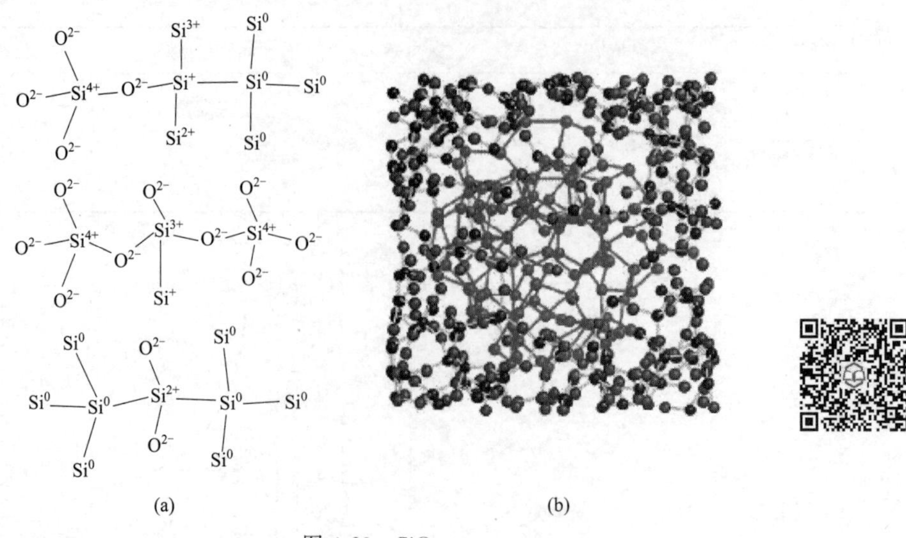

图 4-29 SiO

(a) 无定形 SiO 中 Si 的存在状态[110]；(b) SiO 的重构异质结构模型[111]

20 世纪 90 年代，SiO 首次应用到锂离子电池领域[112,113]。之后，2001 年，Morimoto 等人使用机械球磨法制备的无定形 SiO/SnO（50/50mol%）复合材料，可逆容量在 800mA·h/g 左右[114]。2002 年，Yang 和他的同事们测试了一系列不同 O 含量的 SiO_x（SiO、$SiO_{0.8}$ 和 $SiO_{1.1}$），随着 O 含量的增加，可逆容量是下降的，但是循环稳定性变好[115]。

上述开创性的工作激发了科学家们对 SiO 基负极材料的兴趣。当下，普遍认为 SiO 在首次锂化过程中会形成 Li_xSi 合金、锂硅酸盐（Li_4SiO_4、$Li_2Si_2O_5$、$Li_6Si_2O_7$ 和 Li_2SiO_3）以及 Li_2O[116]。锂离子在 Li_xSi 合金中的嵌入和脱出是可逆的，假设 SiO 中的 Si 完全嵌锂形成 $Li_{22}Si_5$，则理论容量为 2680mA·h/g。在首次嵌锂过程中形成的锂硅酸盐和 Li_2O 是不可逆的相，降低了 SiO 负极材料的首次效率[117-119]，但是作为缓冲基质，在嵌/脱锂过程中可以减小体积膨胀[117,120]。

基于上述研究，SiO 负极材料的储锂机制如下所示[121]：

$$SiO+2Li^{+}+2e^{-} \rightarrow Si+Li_2O \tag{4-11}$$

$$4SiO+4Li^{+}+4e^{-} \rightarrow 3Si+Li_4SiO_4 \tag{4-12}$$

$$5SiO+2Li^{+}+2e^{-} \rightarrow 3Si+Li_2Si_2O_5 \tag{4-13}$$

$$7SiO+6Li^{+}+6e^{-} \rightarrow 5Si+Li_6Si_2O_7 \tag{4-14}$$

$$3SiO+2Li^{+}+2e^{-} \rightarrow 2Si+Li_2SiO_3 \tag{4-15}$$

$$SiO+xLi^{+}+xe^{-} \rightarrow Li_2Si \tag{4-16}$$

4.3.5.2 硅基负极材料存在的问题

硅被认为是下一代最有希望的锂离子电池负极材料，主要有以下四点原因：a. 硅是地球上第二丰富的元素，在地壳中的含量为 26.4%，并且环境友好；b. 考虑到 Si 在成熟半导体产业中的应用，大规模生产不是问题；c. 室温下，Si 的理论比容量为 3579mA·h/g，体积容量为 8322mA·h/cm^3，是商用石墨负极（372mA·h/g，818mA·h/cm^3）的 10 倍之多；d. 硅负极的工作电位为 0.4V(vs. Li/Li^+)，这就避免了电池在过放情况下锂沉积造成的锂枝晶，因此，Si 负极也更为安全[122-124]。

尽管具有以上令人兴奋的优点，但是，Si 负极差的循环稳定性和首次效率阻碍了其在锂离子电池中的大规模使用。硅基负极的失效机理如图 4-30 所示[125]：a. 完全嵌锂后，Si 的体积膨胀高达 300%，SiO 的体积膨胀也在 120%以上[126]，多次充/放电循环后导致开裂并最终粉化［见图 4-30（a）］。在脱锂过程中，体积收缩会导致活性物质与导电网络失去接触［见图 4-30（b）］，并从集电体脱离，从而导致容量迅速衰减；b. Si 颗粒的电导率和离子扩散系数分别为～10^{-3}S/cm 和～$10^{-12}cm^2$/S[127]。差的电子传导能力和低的离子扩散速率导致电荷转移缓慢，阻碍了活性材料的充分利用，特别是在高的电流密度下，倍率性能很差；c. 多次循环之后，SEI 膜在电极表面上持续生长。在充/放电循环过程中，活性材料不断膨胀/收缩，电极表面上的 SEI 不断破裂和重新形成［图 4-30（c）］，不可逆地消耗了电解液。持续生长的 SEI 膜越来越厚，从而导致 Li^+ 的扩散路径增长、活性物质的电子传导变差、低库仑效率以及最终的电池故障。

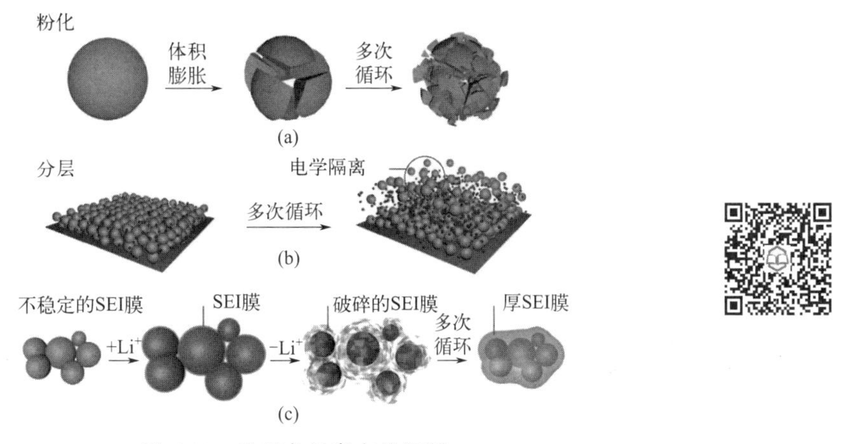

图 4-30　硅基负极存在的问题

（a）活性材料的开裂与粉化；（b）体积膨胀导致失去电化学接触；（c）持续生长的 SEI 膜[125]

4.3.5.3　硅基负极材料性能提升策略

近些年来，为了解决上述问题，研究者们投入了大量精力，并且进步显著。如图 4-31 所示，提升策略主要有三大类：a. 硅基负极材料纳米化，制备特殊形貌的材料，以降低体积变化并缩短锂离子的传输路径；b. 硅基负极材料复合化，将 Si 或者 SiO_x 与导电性优异并且具有一定强度的第二相结合，以提升复合材料的整体导电性并且缓解体积膨胀；c. 除此之外，还可以从改进黏结剂、电解液添加剂以及导电剂等方面入手。

单靠形貌控制来解决硅基负极材料存在的问题，还不够完善。因此，可以引入具有高机械强度和高导电性的复合相来缓解形变应力，提高硅基复合材料的整体电导率。此外，复合相的引入可以降低活性材料与电解液之间的接触面积，有利于形成稳定的 SEI 膜[128,129]。目前，复合第二相主要有石墨化碳材料（石墨、碳纳米管和石墨烯等）、无定形碳、金属及其氧化物和导电聚合物等。将纳米化和复合化两种手段结合起来，制备锂离子电池硅基负极材料，是当前的主要研究方向[130]。

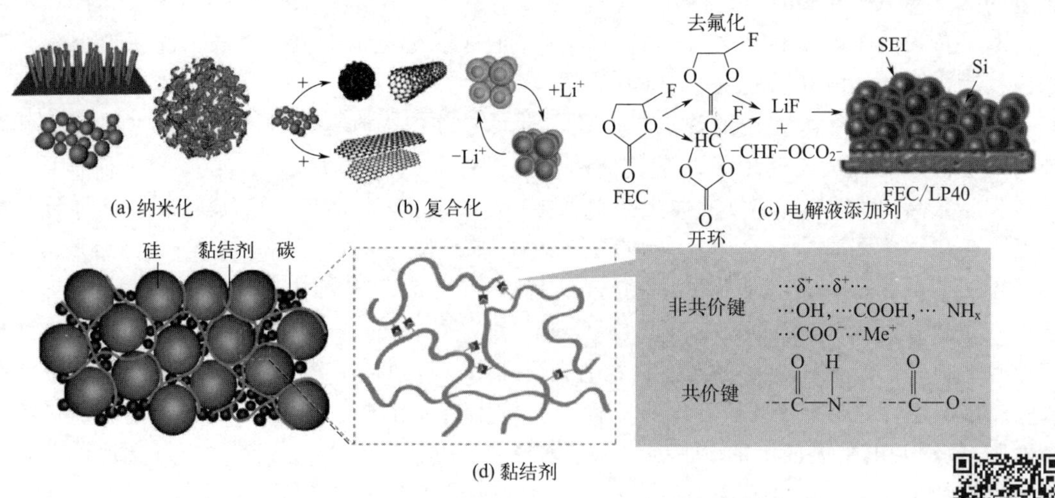

图 4-31　提升锂离子电池硅基负极材料的主要手段[125,131]

除了致力于硅结构的设计和复合材料的开发外，影响硅负极性能的其他关键因素也被广泛地研究，包括导电剂、黏结剂、电解液添加剂以及预嵌锂等。一旦选择了最有前途的硅负极材料并将其商业化，这些将是改善硅负极性能的主要优化因素。

4.3.6　锡基负极材料

与 Si 相似，Sn 也可以与锂发生可逆反应，因此其也可以被用作锂离子电池负极材料，反应如下所示：

$$Sn + Li \leftrightarrow Li_xSn (x \leqslant 4.4) \tag{4-17}$$

锡基负极材料包括锡氧化物、锡基合金以及其他锡基复合材料。

4.3.6.1　锡氧化物

Sn-O-Li 的三元相图如图 4-32（a）所示。锡有三种氧化物：SnO、SnO_2 和氧化物复合物。

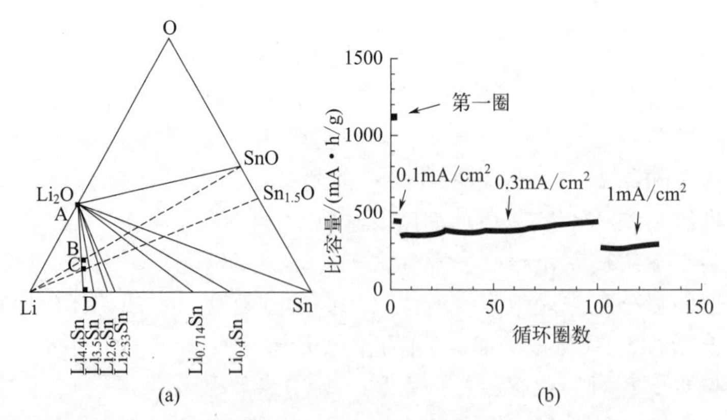

图 4-32　Sn-O-Li 的三元相图（a）及 CVD 法制备 SnO_2 的倍率性能（b）

如化学反应式（4-18）所示，SnO 和 SnO_2 中的 Sn 可以与 Li 发生可逆反应，因此他们的可逆容量远高于石墨。然而，它们的循环性能并不好。容量衰减机制与 Si 类似，在充放电过程中的体积变化非常大。此外，Sn 与 Si 相比，电化学性能更加依赖于制备方法。如图 4-32（b）所示，在低压下通过 CVD 制备的 SnO_2 纳米晶体的可逆比容量可以超过 500mA・h/g，100 次循环后，没有明显的容量衰减。除首次充放电外，其库仑效率均在 90%以上[132]；通过溶胶－凝胶法或简单热处理获得的 SnO_2，可逆比容量也超过了 500mA・h/g，但循环性能不佳，这可能与其微米级颗粒有关。当然，限制充放电电压区间也可以缓解容量衰减。如果电压范围太宽，由于 Sn 具有良好的延展性、流动性和低熔点，容易形成 Sn 聚集体，最终形成两相区，体积膨胀系数不一致，也会导致容量衰减。

锡氧化物可以可逆地储存锂有两种机制：一种是合金机制，另一种是离子机制。合金机制如下所示：

$$SnO_2(SnO)+Li \rightarrow Li_2O+Sn \tag{4-18}$$

$$Sn+Li \leftrightarrow Li_xSn\ (x \leqslant 4.4) \tag{4-19}$$

其中，锂通过氧化还原反应与锡氧化物反应，形成 Li_2O 和金属 Sn。在另一种机制中，锂与还原步骤中形成的 Sn 可逆地形成合金。反应如下所示：

$$SnO_2(SnO)+Li \leftrightarrow Li_xSnO_2(Li_xSnO) \tag{4-20}$$

其中，锂存在离子态，没有中间相 Li_2O 的生成，首次库伦效率非常高。

然而，上述两种机制也可以同时观察到。这意味着锂嵌入 SnO 中，立方 SnO 被还原为 β-Sn，这是另一种与 SnO 具有强相互作用的 Sn 相。当锂脱出时，该过程部分可逆，形成 SnO。与此同时，还观察到 Sn（Ⅳ）的生成。

目前为止，XPS 仅观察到单独的 Sn 相和 Li_2O 相，没有单独的 Li_xSnO_2 相或 Li_xSnO 相，因此合金化机制似乎更有说服力。尽管 Li^+ 可以与 SnO_2 和 SnO 发生可逆的合金化反应，但是与 1mol Sn 可以嵌入 4.4mol Li 相比，锡氧化物容量很低。在充电和放电过程中，不可逆容量的损失主要来源于 Li_2O 的生成，以及电解液的分解和 SEI 的产生。

为了缓解脱嵌锂过程中的体积变化，改善锡氧化物的循环性能，不同形貌的锡氧化物纳米材料，如纳米管、空心纳米球和纳米立方体等被制备出来，核/壳结构复合材料同样具有一定效果。如图 4-33 所示，当无定形碳纳米管包覆在 SnO_2 上时，其循环性能也得到改善[133]。

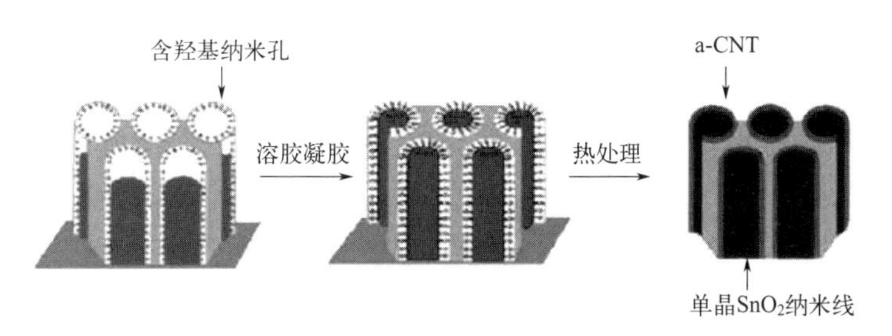

图 4-33　CNT 包覆 SnO_2 纳米线阵列的制备[133]

锡氧化物的另一种改性手段是引入非金属或金属氧化物，如 B、Al、P、Si、Ge、Ti、Mn、Fe 或 Zn 等，经进一步热处理后得到非晶复合氧化物。这种非晶结构由 Sn—O 键活性中心和周围的随机网络组成，在可逆充电和放电过程中不会遭到破坏。随机网络由其他氧化物组成，并将活性中心彼此分开，从而保证了储锂的顺利进行。此外，添加其他氧化物可能会将混合物变成无定形玻璃态。与结晶锡氧化物相比，Li^+的扩散系数增加，有利于锂的嵌入和脱出。这种复合氧化物的密度高达3.7g/cm^3，高于石墨，1mol复合氧化物可储存8mol锂，其比容在2200mA·h/cm^{3}以上，是目前石墨碳的两倍（无定形碳和石墨碳分别小于1200、500mA·h/cm^3）。该体积容量可与用于镍氢电池的AB5型MH合金相媲美，在后者的情况下，只有每个金属原子都存储一个H原子，才能达到2400mA·h/cm^{3}的最大容量。

4.3.6.2 锡基合金

锡基合金用作锂离子电池的负极材料，具有很高的理论比容量，但合金Li_xSn在形成过程中，体积膨胀非常大，并且金属相Li_xSn非常脆。因此，其循环性能不好，必须通过引入另一种具有良好延展性的惰性金属来改善，从而大大降低嵌锂过程中的体积膨胀。

到目前为止，Mg、Fe、Co、Ni、Cu、Zn、Mo和Sb等金属已经被报道用作体积膨胀缓冲基质。

将Sn嵌入导电基质中是提高Sn或其合金电化学性能的另一种策略，柔性基质可以缓冲循环过程中的体积膨胀和收缩，保持整个电极结构的完整性。据报道，使用聚环氧乙烷和无机离子聚合物包覆Sn可以降低界面电荷转移电阻，从而提高低温（−20℃）下的电化学性能。如果使用聚合碳来包覆Sn，所得球形颗粒具有更好的电性能。如图4-34（a）所示，在700℃下热处理得到的碳包覆Sn，Sn稳定地镶嵌在碳基体中。Sn-C纳米复合材料具备稳定、优异的电化学性能，450mA·h/g的可逆稳定容量高于目前市场上使用的石墨负极的水平［见图4-34（b）］。

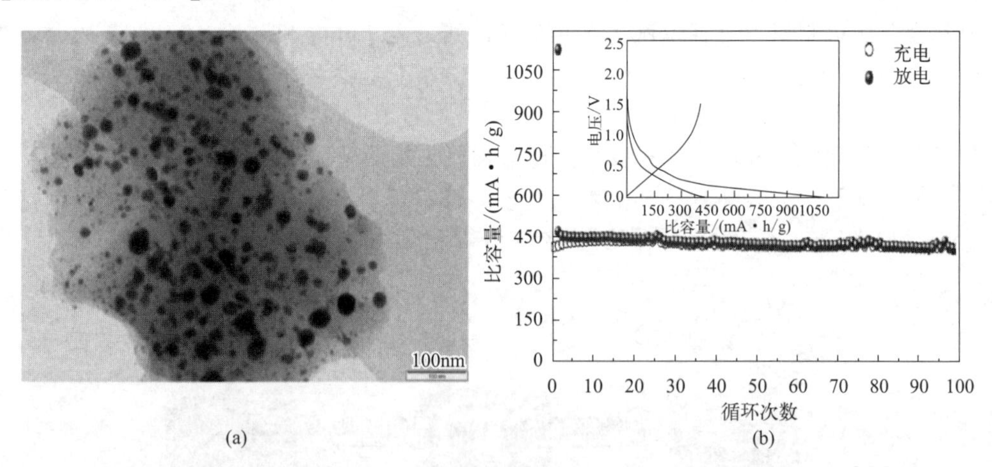

图4-34　Sn-C的TEM（a）及Sn-C的循环性能（插图为充放电曲线）（b）[134]

与SnO_2类似，碳涂层、CNT网络、石墨烯或其氧化物也可以作为锡或其合金的良好缓冲基质，以改进其电化学性能。

4.3.6.3 锡基化合物

除了锡氧化物外，$SnSO_4$、Sn_2PO_4Cl、$SnHPO_4$、SnS_2、$Sn_3O_2(OH)_2$和SiO_2-Si_3N_4-

SnO_2-Sn_3N_4-Si-Sn 等锡基化合物也可作为锂离子电池的负极材料。例如，$SnSO_4$ 的可逆容量可高达 600mA·h/g，根据 XRD 和 Moessbauer 光谱的结果推断，其可逆反应如化学反应式（4-21）和（4-22）所示。

$$2Li + SnSO_4 \rightarrow Sn + Li_2SO_4(\sim 1.6V) \tag{4-21}$$

$$SnO_2\ (SnO) + Li \leftrightarrow Li_xSnO_2\ (Li_xSnO) \tag{4-22}$$

在化学反应式（4-22）中，形成纳米尺度锡颗粒，与锂进一步反应形成无定形 Li_xSn 合金，在 40 次循环后具备 300mA·h/g 的稳定容量。

SnS_2 与 SnO_2 类似，主要通过合金型机制可逆地嵌锂。首先生成 Li_2S，然后形成 Li 与 Sn 的合金，具有很高的可逆容量。水热法制备的 SnS_2 微球发挥出优异的倍率性能和循环性能。在 1C（0.65A/g）、5C 和 10C 的倍率下，100 次循环后仍可分别达到 570mA·h/g、486mA·h/g 和 264mA·h/g 的可逆比容量。正如预期的那样，SnS_2 上的碳包覆层也可以改善其电化学行为。

不同比例 SiO_2、Si_3N_4、SnO_2、Sn_3N_4、Si 和 Sn 组成的 $Si_aSn_bO_yN_z$（$a+b=2$，$y\leqslant 4$，$0<z\leqslant 2.67$）复合材料，Si 和 Sn 作为活性成分可逆地储锂。在 0.25V 和 0.09V 左右的电压形成 Li_xSi 合金，在 0.38V 和 0.66V 左右的电压形成 Li_xSn 合金，可逆比容量为 260mA·h/g，在 250℃空气中退火 1h 后可超过 340mA·h/g。

$Sn_3O_2(OH)_2$ 也可以可逆地脱嵌锂。虽然它也通过合金型机制起作用，但其可逆容量高达 855mA·h/g。

上述讨论表明，Sn 基负极材料在锂离子电池方面具有很大的应用前景。进一步研究储存机制和不同制备方法的影响，会提升我们对理论的理解，还会促进其实际应用。

4.4 电解质材料

锂离子电池的基本组成包含正极、负极和电解质。在电池内部，电解液作为传输媒介，在正、负极之间具有传输离子的作用，是电池中重要的组成部分之一。电解液会直接影响电池的电化学性能，诸如比能量、循环性、稳定性、充放电性能、安全性等。通常情况下，锂离子电池用电解液由锂盐、非水有机溶剂、电解液添加剂组成。

4.4.1 电解质种类

依据电解质的存在形式，可以将其分为液态电解质、固态电解质和熔盐电解质。其中，液态电解质可以分为有机液态电解质、无机液体电解质；固态电解质又可以分为无机固态电解质、有机聚合物电解质和复合固态电解质。锂离子电池用电解质的分类如图 4-35 所示。

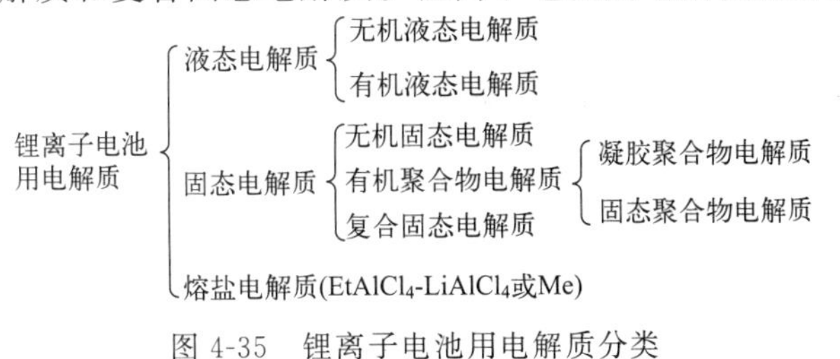

图 4-35 锂离子电池用电解质分类

4.4.2 液态电解质

目前，商品化锂离子电池用有机液态电解液是由电解质锂盐和有机非质子溶剂组成，一般为锂盐和混合碳酸酯溶剂构成的体系，多以 $LiPF_6$ 为锂盐，以碳酸乙烯酯（EC）和二甲基碳酸酯（DMC）或碳酸二乙酯（DEC）的混合溶液为溶剂，例如：1mol/L 的 $LiPF_6$ 溶解在 EC 和 DMC 的混合溶液中（质量比为 1∶1）。此电解质溶液电导率高（大于 10mS/cm），电化学窗口合适，形成的 SEI 膜较均匀、致密，在便携式电子产品领域已形成工业化应用。通常，适用于锂离子电池的有机液态电解质应具备以下特性：

① 与电池中的正极、负极、隔膜等组成不发生反应；

② 在宽温度范围内保持高电导率（大于 10mS/cm），锂离子迁移数高；

③ 电解液在宽温度范围内（－20～80℃）为液态；

④ 与电极相容性好，能形成稳定、致密的钝化膜；

⑤ 电化学稳定性好，分解电压高；

⑥ 耐热性好，闪点高，燃点高，安全性佳；

⑦ 具有环境友好性，污染小。

下面就有机液态电解质溶液的组成进行介绍。

4.4.2.1 锂盐

在锂离子用电池体系中，非质子非水溶剂必须借助锂盐得到电解质溶液。锂盐种类较多，包含无机锂盐和有机锂盐。无机锂盐如高氯酸锂（$LiClO_4$）、四氟硼酸锂（$LiBF_4$）、六氟砷酸锂（$LiAsF_6$）和六氟磷酸锂（$LiPF_6$）等，分子结构如图 4-36 所示；有机锂盐如三氟甲基磺酸锂（$LiCF_3SO_3$）、双三氟甲基磺酰亚胺锂［$LiN(CF_3SO_2)_2$］，分子结构如图 4-37 所示；以及二草酸硼酸锂（LiBOB）及二氟草酸硼酸锂（LiDFOB），分子结构如图 4-38 所示。通常，理想的电解质锂盐应具备以下特性：

① 在高浓度的有机溶剂中具有高溶解度，易解离；

② 锂离子在溶液中具有高迁移率；

③ 阴离子呈惰性，氧化稳定性好；

④ 离解之后存在的锂阳离子和阴离子与电池中的电极片、集流体以及电池外壳等组成部分不发生反应；

⑤ 耐热性、稳定性好，具有安全性；

⑥ 环保、无毒；

⑦ 易于制备，生产成本低。

现阶段，商业化的锂离子电池以含有 $LiPF_6$ 的碳酸酯溶液体系为主[135]。$LiPF_6$ 的结构如图 4-36 所示，该锂盐的电化学稳定性好，不易与电极片、集流体、电池外壳等发生反应，在负极上易形成致密、均一的 SEI 膜，综合性能较优，被广泛地应用于锂离子电池[136,137]。然而，在使用过程中，$LiPF_6$ 基电解质体系也存在一些问题：a. $LiPF_6$ 制备工艺复杂，制备条件苛刻，价格昂贵；b. $LiPF_6$ 热稳定性较差，温度高于 60℃开始分解为 LiF 和 PF_5。当体系中存在微量水时，PF_5 极易与其发生反应生成 HF，HF 易腐蚀电极，对石墨表面的电化学性能影响较大，且加速金属离子溶解在电解液中，降低电池寿命，尤其是在含有锰酸锂、三元镍钴锰材料、高电压镍锰酸锂材料的电池体系中，会造成不可逆容量损失和循环性能下降；c. $LiPF_6$ 溶解在 EC 中配制成的电解液才能在负极形成均匀、致密的 SEI 膜，然而，EC 的熔点较高，为 37℃，限制了电池在低温环境下的使用性能，无法满足锂离子电池的温度使用要求（−30～52℃）。因此，急需研发新型锂盐来优化电解质体系，并改善电池循环效率、工作电压、操作温度和存储时间等。

$LiBF_4$ 的结构式如图 4-36 所示，$LiBF_4$ 的热稳定性比 $LiPF_6$ 好，在高温下不易分解，尤其是在 γ-丁内酯（GBL）中优异的热稳定性确保了电池在高环境温度存储条件下电极膨胀低，提高电池安全性[135，138]。因此，$LiBF_4$ 可用于制备高温锂电池。同时，由于 $LiBF_4$ 基电解液体系在低温环境下表现出更小的界面阻抗，$LiBF_4$ 也可用于制备低温锂电池。$LiBF_4$ 中的 BF_4^- 的半径相对较小（0.227nm），因此，与锂离子缔合能力较弱，在有机溶剂中易解离，有助于提高锂离子电池的电导率，提升电池性能。然而，正由于 BF_4^- 的半径相对较小，其极易与电解液体系中的有机溶剂发生缔合，导致锂离子电导率下降，因此 $LiBF_4$ 极少用于制备常温锂离子电池。此外，$LiBF_4$ 对 Al 具有一定的耐腐蚀性，常被用作锂离子电池体系中的电解液添加剂，提高电解液对集流体 Al 的腐蚀电位。

$LiClO_4$ 热稳定性较好，且易于制备、纯化，成本低廉。由于 $LiClO_4$ 的溶解度较高，离子电导率较高。室温下，$LiClO_4$ 在碳酸酯类电解液中的离子电导率达 9mS/cm。此外，$LiClO_4$ 作为锂盐配制得到的电解液的电化学稳定窗口为 5.1V（vs. Li^+/Li），氧化稳定性较好，因此 $LiClO_4$ 可用于制备高电压高能量密度锂离子电池。然而，$LiClO_4$ 中的氯离子处于最高价态（+7 价），氧化性强，极易与有机溶剂发生氧化还原反应，导致电池燃烧、爆炸，带来安全隐患。出于安全方面考虑，$LiClO_4$ 极少应用于商业化锂电池中，在实验室研究中应用广泛[139,140]。

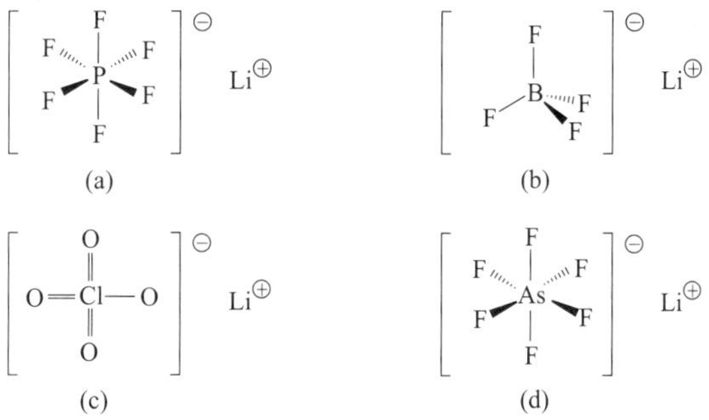

图 4-36　常用无机锂盐的分子结构

（a）$LiPF_6$；（b）$LiBF_4$；（c）$LiClO_4$；（d）$LiAsF_6$

$LiAsF_6$ 的离子电导率与 $LiBF_4$ 基本保持一致，对铝集流体无腐蚀性[141]。和其他电解质锂盐相比，采用 $LiAsF_6$ 制备得到的电解液的电化学稳定窗口较高，能够达到 6.3V（vs. Li^+/Li）。然而，$LiAsF_6$ 中的 As 元素有剧毒，无法实现商业化应用。

$LiCF_3SO_3$ 的结构如图 4-37 所示，其热稳定性优于 $LiPF_6$，且具有最高的抗氧化能力，无毒环保，对湿度不敏感。基于以上特性，$LiCF_3SO_3$ 是最早实现工业化应用的锂盐之一[142]。然而，$LiCF_3SO_3$ 作为电解质锂盐制备得到的电解液的电导率相对较低，且会腐蚀铝集流体，在 2.7V 时铝会发生溶解现象，在 3.0V 时铝会产生凹陷现象，在一定程度上限制了其在锂离子电池中的应用。

$LiN(CF_3SO_2)_2$ 热稳定性良好，其结构中负离子由电负性较强的氮原子和两个连接强吸电子基团（CF_3）的硫原子构成，如图 4-37 所示。这种结构有利于分散中心离子的负电荷，使得阴离子和阳离子在有机溶剂中更易解离，提升离子电导率[143]。$LiN(CF_3SO_2)_2$ 作为电解质锂盐制备得到的电解液的离子电导率接近 $LiPF_6$ 基电解液，远高于 $LiCF_3SO_3$ 基电解液。然而，$LiN(CF_3SO_2)_2$ 作为溶质制备得到的电解液会腐蚀铝集流体，其腐蚀电位稍高于 $LiCF_3SO_3$。在实际使用和应用过程中，在 $LiN(CF_3SO_2)_2$ 中加入不腐蚀集流体的其他锂盐、引入长链的全氟基团、加入添加剂等方法均可以有效提高 $LiN(CF_3SO_2)_2$ 对铝集流体的腐蚀电位。因此，虽然此电解质锂盐会腐蚀铝集流体，但是由于热稳定性好、离子电导率高、电化学稳定性好，已在锂离子电池、全固态聚合物锂电池、锂一硫电池中得到了广泛的应用[143,144]。

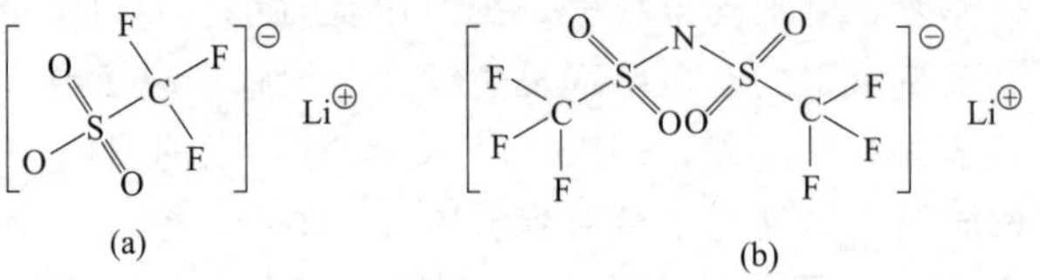

图 4-37 有机锂盐 $LiCF_3SO_3$ 和 $LiN(CF_3SO_2)_2$ 的分子结构

(a) $LiCF_3SO_3$；(b) $LiN(CF_3SO_2)_2$

硼酸锂盐是一种新型电解质锂盐，其以硼原子为中心，与含有氧原子的配位体相结合，从而形成大 π 键共轭体系[145]。共轭体系有利于分散中心离子的负电荷，使阴离子处于更加稳定的状态，减小阴离子与阳离子之间的相互作用力。图 4-38 中给出的硼酸锂盐的结构中含有苯环或萘环，共轭结构有益于降低分子极性，增强热稳定性和电化学稳定性，提高在有机溶剂中的溶解度，从而提高电解液的离子电导率（可达 6mS/cm）。然而，硼酸锂盐的合成和纯化工艺烦琐，制备成本高昂，限制了其在锂离子电池领域的推广应用。

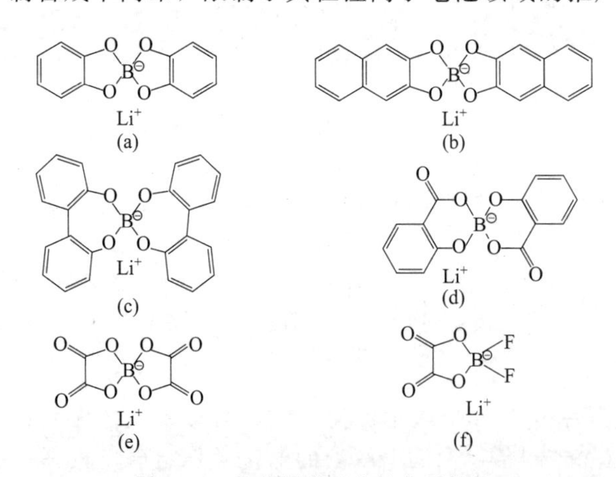

图 4-38　几种硼酸锂盐的分子结构

(a) LBBB；(b) LBNB；(c) LBBPB；(d) LBSB；(e) LiBOB；(f) LiDFOB

LiBOB 的分子结构如图 4-38（e）所示，阴离子的分子结构如图 4-39（a）所示。LiBOB 热稳定性良好，分解温度高达 302℃，离子电导率高，循环稳定性好[146]。LiBOB 吸湿性较强，吸收环境中的水分后会以 $LiBOB \cdot H_2O$ 等形式的水合物存在，或分解为 $LiBO_2$ 等。室温环境中，LiBOB-PC 电解液体系的电化学稳定窗口可达到 4.5V 以上，满足大部分正极材料的充放电需求。同时，以 LiBOB 为溶质的电解液体系能够在电极表面形成致密均一的 SEI 膜，有益于提升电化学性能。然而，LiBOB 在线型碳酸酯类有机溶剂中的溶解度十分有限，其在 EC 和 DMC（3∶7）中的最大溶解度只有 0.8mol/L。此外，LiBOB 对杂质较敏感，在高温环境下使用时会产生 O_2 和 CO_2，出现气胀现象，影响使用安全性，这些问题都限制了其在工业化道路上的应用。

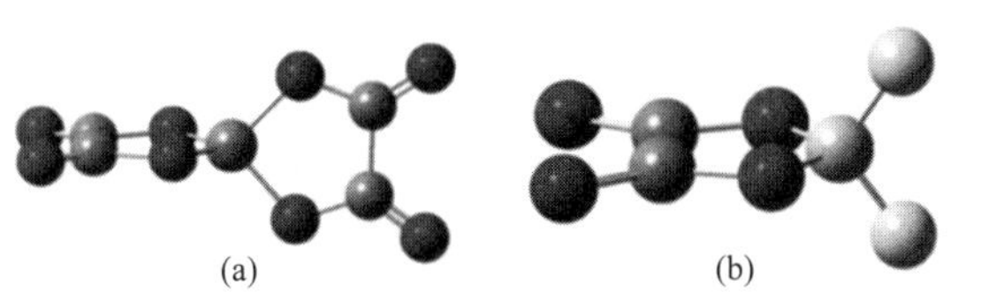

图 4-39　LiBOB 和 LiDFOB 阴离子的分子结构

(a) BOB^-；(b) $DFOB^-$

LiDFOB 的分子结构如图 4-38（f）所示，阴离子结构如图 4-39（b）所示。在结构上，LiDFOB 是 LiBOB 和 $LiBF_4$ 的结合体，其性能也兼具两者的优点。在一定程度上，LiDFOB 可以弥补 LiBOB 的不足。例如，LiDFOB 在线型碳酸酯类溶剂中的溶解性良好，以其为溶质制备得到的电解液黏度低、离子电导率高，可在低温环境中使用[147, 148]。除此之外，当 LiDFOB 作为添加剂加入电解液体系中后，形成的 SEI 膜阻抗小，宽温度范围离子电导率合适，与集流体相容性好，有利于提升电池的倍率性能。另外，由于其具有优异的 SEI 膜成膜性能，可用于制备高电压高容量锂离子电池以及一些富锂电极材料，具有良好的应用和发展前景。

4.4.2.2　有机溶剂

有机溶剂种类较多，依据酸碱性来分类，有机溶剂可以分为非质子性溶剂和两性溶剂。非质子性溶剂指不给予或接受质子的溶剂，依据极性大小又可以分为双极性非质子溶剂和无极性的活泼溶剂；两性溶剂指能够给予或接受质子的溶剂，是非质子性溶剂以外的溶剂。常见的有机溶剂可以分为三类：a. 两性溶剂，如乙醇、甲醇、乙酸等；b. 极性非质子溶剂，如碳酸酯、醚类、砜类、乙腈等；c. 惰性溶剂，如四氯化碳等。常见的锂离子电池用电解质体系的有机溶剂的基本物理参数见表 4-5。

表 4-5　常见有机溶剂的基本物理参数

名称	简写	熔点/℃	沸点/℃	介电常数/ $[C^2/(N\cdot m^2)]$	黏度/(mPa·s)
碳酸乙烯酯	EC	36.4	248	89.6	1.86
碳酸丙烯酯	PC	−49.0	242	64.4	2.50
碳酸二甲酯	DMC	4	90	3.11	0.59
碳酸二乙酯	DEC	−43.0	127	2.82	0.75
碳酸甲乙酯	MEC	−55.0	108	2.40	0.65
1,2-二甲氧基乙烷	DME	−58	84	7.2	0.59
γ-丁内酯	γ-GBL	−43	206	42	1.7
乙酸甲酯	MA	−98	58	6.7	0.37
丙酸甲酯	MP	−88	80	6.2	0.43

续表

名称	简写	熔点/℃	沸点/℃	介电常数/[$C^2/(N \cdot m^2)$]	黏度/(mPa·s)
丁酸甲酯	MB	−84	103	5.5	0.6
乙酸乙酯	EA	−83	77	6.0	0.426
丙酸乙酯	EP	−74	99	5.65	0.502
丁酸乙酯	EB	−93	121	5.2	0.613

理想的锂离子电池用有机溶剂应具备以下特性：a. 高介电常数，保证锂盐有较高的溶解度和较高的电导率；b. 低黏度，保证离子在电解液中有效迁移；c. 熔点低、沸点高，保证在宽温度范围内为液体；d. 与正极、负极不发生电化学反应，不具有腐蚀性；e. 稳定性好，具有安全性；f. 环保无毒，价格低廉，易于制备。

在电池体系中，电解质的溶剂通常会采用两种或多种溶剂来配制电解液溶液。采用两种或多种溶剂主要是指采用具有不同性质的多种溶剂来满足电解液的多项矛盾需求，例如，高介电常数和高流动性。目前，用于配制电解质溶液的溶剂通常是非质子溶剂，以保证不与金属锂发生反应，具有良好的稳定性，而在极性非质子溶剂中溶解锂盐可以获得高锂离子电导率。锂离子电池电解液所用的有机溶剂主要包括碳酸酯、醚类和羧酸酯类有机化合物。

碳酸酯类溶剂的电化学稳定性良好、闪点较高、熔点较低，在锂离子电池体系中应用广泛。目前，商品化的锂离子电池中通常采用碳酸酯作为电解液溶剂。碳酸酯类有机溶剂一般分为环状碳酸酯和链状碳酸酯。环状碳酸酯（如 EC 和 PC）介电常数高，电解质易解离，但是这类溶剂黏度大，导致锂离子扩散速度缓慢，导致电池的高倍率性能下降；链状碳酸酯（如 DMC、EMC 和 DEC）介电常数低，黏度低，锂离子扩散自由。因此，常将环状碳酸酯和链状碳酸酯混合使用，以制备具有高介电常数和低黏度的电解液溶剂，一般将 EC 与低黏度的链状碳酸酯混合使用，例如，以 $LiBF_4$ 为锂盐电解质，将 EC 和 DMC 混合复配为有机溶剂，结构模拟图如图 4-40 所示[149]。

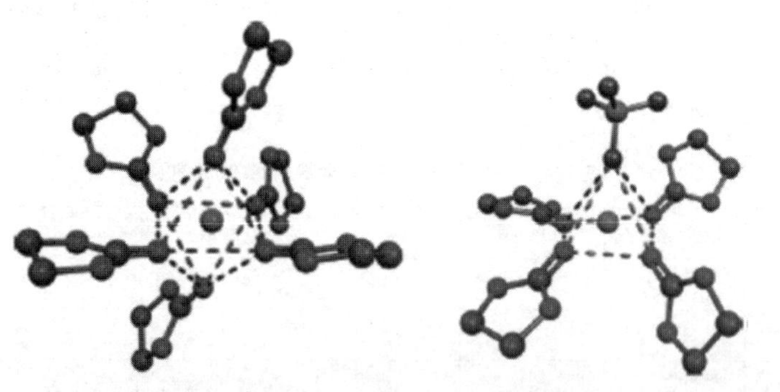

图 4-40　$LiBF_4$ 为锂盐溶于 EC 和 DMC（体积比 50∶50）有机溶剂中的结构模拟图[149]

醚类有机溶剂的介电常数和黏度都较低，但这类有机溶剂的活性和抗氧化性差，因此不常用来制备锂离子电池的电解液，而是作为一种共溶剂或碳酸盐岩的添加剂来提高电解液的电导率和电池的低温性能。醚类有机溶剂包含环型醚类有机溶剂和链型醚类有机溶剂。环醚主要是指四氢呋喃（THF）、2-甲基四氢呋喃（2Me-THF）、1,3-二氧环戊烷（DOL）等。醚类有机溶剂中的 DME 和 PC 组成的电解液体系常用于制备一次锂离子电池。

羟酸酯类有机溶剂也包括环状羟酸酯溶剂和线型羟酸酯溶剂两类。其中，最重要的环状羧酸酯溶剂是γ-丁内酯（GBL），最早曾用于一次锂电池中。熔点为－43.5℃，沸点为204℃，液温范围较宽，以此为溶剂制备得到的电解质溶液的电导率接近于EC＋PC电解液，也可以与碳酸盐一起形成钝化膜。然而，GBL在水中容易分解，毒性大，并且其循环效率远低于碳酸盐有机溶剂的循环效率，故很少用在锂离子电池中。线性羧酸酯主要包括甲酸甲酯（MF）、MA、MB和EP等。这有机溶剂的凝固点平均比碳酸酯的凝固点低20～30℃，黏度也较低，因此可以提升电解液的低温性能。线型羟酸酯具有较低的沸点，将其用作添加剂不会影响正负极的稳定性，然而电解液中线型羧酸酯含量过高则会导致蒸气压升高，给电池带来一定的安全隐患。

4.4.2.3 电解液添加剂

电解液添加剂是电解液中的重要组成部分，添加剂可有效地调节并改善电池的性能。因此，电解液添加剂的开发与应用是现阶段研究的重点，相关技术的研发则是制备高性能电池的核心。电解液添加剂应具备以下特性：a.添加量少（通常质量分数小于10%）、效果显著；b.可溶于有机溶剂；c.与正、负极不发生反应，稳定性好；d.成本低廉，有利于实现工业化应用；e.环保无毒。根据电解液添加剂的功能和特性，可将其分为成膜添加剂、阻燃添加剂、防过充添加剂、高压锂离子电池添加剂、导电添加剂、改善低温性能添加剂等。下文将详细介绍成膜添加剂、阻燃添加剂和防过充添加剂。

成膜添加剂有利于形成致密、均一的SEI膜，而SEI膜的化学组成、结构、稳定性等在很大程度上决定了锂离子电池碳负极与电解液的相容性。在首次充放电过程中，成膜添加剂优先于溶剂化锂离子在电极表面形成界面膜，保证锂离子可以在界面膜之间自由穿梭，阻隔溶剂分子，抑制溶剂分子接触电极表面并产生副反应，从而提高电池的充放电比容量和循环寿命。依据成膜添加剂的工作机制，可以将其分为成膜机制和饰膜机制。成膜机制是指添加剂优先溶剂化锂离子嵌层或还原，在电极表面形成致密均一的SEI膜，从而保护电极结构。这类成膜添加剂可以分为有机成膜添加剂和无机成膜添加剂，有机成膜添加剂主要包括亚硫酸乙烯酯（ES）、碳酸亚乙烯酯（VC）等，无机成膜添加剂主要包含二氧化硫（SO_2）、二氧化碳（CO_2）和碳酸锂（Li_2CO_3）。其中，VC的分子结构中含有C＝C键，还原电位较高，能在负极表面先于电解液发生还原反应，形成聚合物膜，保护负极材料，是目前研究最深入、效果比较理想的有机成膜添加剂。CO_2溶解度有限，使用效果不佳，SO_2具有相对较好的成膜效果和电极改善性能，但在高电位下与正极材料相容性差，难以实现工业化应用。饰膜机制是指添加剂不发生还原反应而在电极表面成膜，这类添加剂具有除水、降酸或螯合的作用，作用产物覆盖在电极表面的活性位点上，阻碍溶剂化锂离子在电极表面发生反应，提高电池性能。三（三甲基硅烷基）磷酸酯（TMSP）是一种性能良好的正极饰膜添加剂。

阻燃添加剂是有效解决锂离子电池电解液易燃问题的途径之一，对电池的电化学性能影响较小，能够有效抑制电解液的燃烧，通常通过形成阻燃气体或捕获自由基的作用来达到阻燃效果[150,151]。阻燃气体可以达到物理阻燃的效果，且在形成阻燃气体的同时可以吸收热量。但是，其物理阻燃效果十分有限，因此通常不单独将其用作电解质添加剂。为了更好地防止热失控的发生和扩散，目前所研究的阻燃添加剂主要起到捕获燃烧反应过程中的活性自由基的作用，同时捕获燃烧反应过程中产生的酸以阻碍燃烧扩散。根据阻燃元素类型，阻燃添加剂大致可以分为五类：磷系阻燃添加剂、氮系阻燃添加剂、卤代碳酸酯类阻燃添加剂、硅系阻燃添加剂和复合阻燃添加剂。常见的磷系阻燃添加剂是研究较多的一类阻燃剂，阻燃效果较好，主要包括磷酸三甲酯（TMP）、甲基磷酸二甲酯（DMMP）、磷酸三苯酯（TPP）以及磷酸二苯甲苯酯（CDP）等。氮系阻燃添加剂对电池性能影响较小，氮阻燃效果有限，这类添加剂主要包括三甲基乙酰胺（DMAc）、三聚氰酸三烯丙酯（TAC）和三烯丙基异氰酸酯（TAIC）等。卤代碳酸酯类阻燃添加剂可以分为氟代碳酸酯和溴代碳酸酯。其中，氟代碳酸酯具有高沸点、高闪点、不可燃等特点，主要包含氟化链状碳酸酯[二氟乙酸甲酯(MFA)]、氟化环状碳酸酯[3,3,3-三氟丙烯碳酸酯（TFPCM）]和烷基全氟烷烃基础醚[甲基全氟丁基醚(MFE)]；溴代碳酸酯种类多、阻燃效率高，但在锂离子电池体系中的应用有限，主要包括四溴双酚（TBBA）。硅系阻燃剂具有良好的阻燃效果，且对电池的电化学性能影响较小，近几年对其的研究主要包括乙烯基-三-(甲基乙基酮肟)硅烷（VTMS）、甲基苯基二甲基二乙氧基硅烷（MPBMDS）和三苯基磷酸低聚硅氧烷（SIPP）等。复合阻燃剂往往含有两种或两种以上阻燃元素。目前，锂离子电池电解液中的复合阻燃体系主要包括磷-氟类阻燃体系和氮-磷类阻燃体系。磷-氟类阻燃体系有氟化亚磷酸三(2,2,2-三氟乙基)酯(TFEP)，其结构中含有P和F两种阻燃元素，在反应过程中具有协同阻燃作用，可有效减少阻燃剂的用量；氮-磷类阻燃体系有双(N,N-二甲基)(2-甲氧基乙氧基）甲基氨基磷酸酯(DEMEMPA)，其结构中含有N和P两种阻燃元素，起到协同阻燃作用。在实际使用过程中，需严格控制阻燃添加剂的用量以减小其对电化学性能的不良影响。

防过充添加剂能有效解决锂离子电池因过充电出现的热失控等安全性问题。过度充电的高压电极材料与电解质的反应性强，正极材料的晶体结构会受到破坏并释放氧气，电解质的氧化反应也会愈发强烈，释放大量的甲烷和烷基。同时，锂枝晶沉积在阳极表面上，与电解液反应并刺穿隔膜，导致电池内部出现短路。过度充电异常危险，而提高电池安全性的关键是消除多余的电流以抑制电解质氧化和电压升高，而使用过充电保护添加剂是缓解过电势增加的有效方法。目前，用于锂离子电池的过充电保护添加剂可根据其工作机理分为氧化还原添加剂和电化学聚合添加剂两类。氧化还原添加剂基于氧化还原穿梭保护原理，在锂离子电池正常充电时，不与电解液中的组分发生反应，当电池发生过充或充电电压高于电池正常工作电压，达到添加剂氧化分解电位时，添加剂在正极附近被氧化并形成活性分子，活性分子穿过隔膜扩散到负极并再次被还原，形成中性分子，中性分子则再次穿过隔膜扩散到正极被氧化，此过程循环往复，持续到电池过充电结束。此类防过充添加剂建立一个氧化还原平衡过程，此过程需要反复消耗电解液中过剩的带电离子和基团，并以热量的形式散发出去，达到保护电解液的效果。氧化还原添加剂主要包括金属茂化合物（二茂铁及其衍生物）、聚吡啶络合物（Fe、Ru、Ir和Ce等的菲咯啉和联嘧啶及其衍生物）、噻蒽及其衍生物、茴香苯及其衍生物[二甲羟基苯衍生物、2,5－二叔丁基-1,4-二甲氧基苯（DDB）、10-甲基吩噻嗪(MPT)、2,2,6,6-四甲基哌啶-1-氧自由基（TEMPO）、4-叔丁基-1,2-二甲氧基苯（TDB）和1,4-苯并二噁烷（DBBD)]和茴香醚及其衍生物（间氯苯甲醚和2-氯苯甲醚）。电化学聚合添加剂的保护机理是电化学保护原理，具体指在电解液内部添加某种聚合物单体分子，当电池发生过充并达到聚合物分子反应电位时，单体分子被氧化产生自由基离子，自由基离子在电解液中偶合成聚合物并沉淀在正极和隔膜表面，并逐渐延伸至负极形成导电桥，从而降低电压。此类防过充添加剂主要包括联苯、环己苯、酯类及其衍生物［四溴苄基异氰酸酯(Br-BIC）和苄基异氰酸酯（BIC）和3-(4-甲基氧甲基）磷酸酯(TMPP)］和N-苯基

(NPM) 等。

高压锂离子电池添加剂有益于提升电极与电解液之间的界面稳定性，主要包含硼类添加剂、有机磷类添加剂、碳酸酯类添加剂、含硫添加剂、离子液体添加剂和其他类型添加剂。导电添加剂可有效提高电子的传输效率以及锂离子在电极之间的迁移速率，提高电池的倍率性能。常用的导电添加剂有导电石墨和乙炔墨为主要组分。改善低温性能添加剂以离子液体为主，离子液体能够在宽温度范围内工作（－18～280℃），可有效提高锂离子电池的低温性能。

4.4.3 凝胶聚合物电解质

凝胶聚合物电解质（GPE）可以认为是液态电解质和全固态电解质之间的“过渡产物”，可以有效解决全固态电解质电导率低的问题。凝胶聚合物电解质的本质是在聚合物中添加电解液，以提高材料的离子电导率。因此，其兼具了聚合物和液体电解质的优点，即具有聚合物良好的加工性能和液体电解质的高离子电导率，一方面，改善了锂离子电池内部液态电解液出现的漏液、燃烧甚至爆炸等问题；另一方面，电池形状可灵活设计、连续生产，安全性高。目前，凝胶聚合物电解质的研究迅速发展，虽然其是唯一实现商业化聚合物电解质的产品，但在商业化锂离子电池的应用过程中依旧存在一些问题，例如，在室温环境下，离子电导率低，无法满足锂离子电池大功率充放电需求；材料力学性能不佳，无法较好地满足电池的装配和使用过程。

凝胶聚合物电解质的组成部分主要包括聚合物基体、电解液和锂盐。在凝胶聚合物电解质中，离子在液相电解液中传输并实现导电。聚合物与锂离子之间存在的相互作用较弱，对离子传输和导电性能的贡献较小。聚合物基体是凝胶聚合物电解质中的核心组成部分，其主要作用是提供力学支撑。

4.4.3.1 凝胶聚合物电解质的种类

目前，用于制备凝胶聚合物电解质的聚合物主要有聚甲基丙烯酸甲酯（PMMA）、聚氧化乙烯（PEO）、聚丙烯腈（PAN）、聚乙烯醇（PVA）和聚偏氟乙烯（PVDF）等[152]。其中，PVDF 分子结构中含有强吸电子集团氟，制备得到的聚合物电解质具有较宽的电化学稳定窗口（高于 4.5V），介电常数高 [$8.4C^2/(N \cdot m^2)$]，离子电导率高，成膜性佳，热稳定性好。PVDF 不溶于碳酸酯类有机溶剂，形成的多孔聚合物结构稳定，可降低 PVDF 的结晶度，被应用于制备凝胶聚合物电解质和隔膜材料。因此，PVDF 基聚合物体系是现阶段的研究热点，且由其为基材制备的部分产品已实现产业化生产。虽然 PVDF 的应用较广泛，但 PVDF 具有一定的结晶度，且分子结构中含有强吸电子氟基团，易与金属锂产生相互作用而影响电极与电解质之间的界面稳定性。针对这一问题，在 PVDF 结构中引入六氟丙烯（HFP）制备得到 PVDF-HFP 共聚物，HFP 可降低聚合物的结晶度，弱化强吸电子基团氟的反应活性，有效改善界面稳定性[153]。

PMMA 分子结构中，侧基含有羰基，此基团易与碳酸酯类有机溶剂中的氧原子发生反应，因此，PMMA 的溶解性非常好。然而，由于 PMMA 分子结构中的乙烯链段与 EC 和 PC 等有机溶剂的相容性较差，电解液易从此 PMMA 体系中渗出。针对这一问题，将甲基丙烯酸甲酯与丙烯腈和乙酸乙烯酯共聚制备得到 P（MMA-AN-VAc）基聚合物体系，在分子链结构中引入丙烯腈基团和羰基弱化乙烯链段与有机溶剂之间的相互作用力，有效提升相容性、力学性能和界面稳定性[154, 155]。目前，PMMA的研究侧重于将其与其他聚合物（如PEO）共聚制备凝胶聚合物电解质体系[156]。

PEO质轻（0.93g/cm^3），材质柔软，强度高，机械加工性能好，溶于水和部分有机溶剂，成膜性良好，可制成较薄的薄膜，为锂离子电池向全固态、超薄化方向发展提供了十分有利的条件。在1973年，Fenton等首次合成并报道了PEO和碱金属盐的双组分复合物[157]。在室温下，PEO与碱金属盐复合得到的产物的离子电导率为10^{-5}～10^{-4}mS/cm。目前，有研究采用共混、交联、接枝等方法破坏PEO分子链的规整性，降低结晶度，减少晶格与锂离子之间的相互作用，提升材料的离子电导率[139, 158]。PEO基聚合物电解质有待进一步研究发展。

PAN的化学稳定性、热稳定性和成膜性良好，且具有一定的阻燃性能，有助于制备具有一定阻燃性能的聚合物基电解质材料，且由此聚合物制备得到的电解质材料的电导率接近液体电解质的电导率。PAN的分子结构中不含有氧原子，其分子结构中的氮原子与锂离子之间的相互作用较弱，有利于提高体系中的载流子浓度，提高离子电导率。然而，PAN分子结构中含有强极性氰基（—CN），此基团会与锂离子之间产生相互作用，有助于锂离子传输和迁移，且会造成聚合物与电极界面之间产生严重的钝化现象。PAN作为聚合物电解质，具有较宽的电化学窗口（可达4.5V）。然而，PAN的离子电导率较低，因此，此聚合物材料往往不会作为纯固态聚合物电解质使用。通常情况下，会将PAN进入有机电解液中，制备凝胶聚合物电解质。目前，对PAN基电解质体系的改性主要侧重于将PVA与其他聚合物或无机物复合[154,155,158]。

PVA溶于水，成膜性优异，机械强度良好。目前，PVA作为聚合物基材常与PEO或PVDF复合制备具有网络结构的凝胶聚合物电解质。日本索尼公司采用原位聚合法，将PVA及其衍生物聚乙烯醇缩甲醛（PVFM）作为基材制备得到凝胶聚合物电解质。

除上述凝胶聚合物电解质体系外，其他凝胶聚合物电解质通过调控聚合物的分子结构、改变有机溶剂或采用单离子导体聚合物制备适用于电池的聚合物基电解质。

凝胶聚合物电解质的导电机理不同于聚合物/盐型电解质。凝胶聚合物电解质体系中锂离子的迁移一方面在电解液微相中完成，另一方面通过聚合物链段运动实现。因此，锂离子与溶剂之间的溶剂化作用是提高凝胶电解质的离子电导率的关键因素。而在凝胶电解质体系中引入有机溶剂，待小分子有机溶剂渗入聚合物分子链结构中，降低分子链基团之间的相互作用，从而降低聚合物基材的玻璃化转变温度，增强聚合物分子结构中链段的运动能力，提高离子的迁移速度。

4.4.3.2 凝胶聚合物电解质的改性方法

目前，凝胶聚合物电解质的力学性能和导电性都有待改善，常用的改性方法有聚合物结构调控法、无机粒子添加法和离子液体复合法。

聚合物结构调控法是指采用接枝、嵌段、共混等方法对聚合物的结构进行调控。例如，将刚性的3,5-二醇-苯甲酸结构引入PEO聚合物分子链中，当3,5-二醇-苯甲酸含量高达一定程度后，支化程度变高，甚至会形成交联结构，交联结构形成后PEO基聚合物电解质的离子电导率降低。这是因为，支化度上升后，聚合物链段的运动能力下降，进而导致聚合物的离子电导率下降。共混可有效降低聚合物的结晶程度，减少被晶格束缚的链段数，增强链段的运动能力，提升离子电导率。研究发现，经过共混改性的（PEO/EM/AGE）凝胶聚合物电解质，在室温下，离子电导率可以高达 5.9mS/cm，且具有良好的循环性能和倍率性能。

无机粒子添加法是在聚合物基材中添加无机粒子，无机粒子可以在聚合物分子链结构中形成以自身为中心的物理交联网络结构，无机粒子呈刚性，有效分散聚合物基材承受的应力，从而增强聚合物体系的机械强度和稳定性。常用的无机粒子有二氧化钛（TiO_2）、二氧化硅（SiO_2）、三氧化二铝（Al_2O_3）、氧化锌（ZnO）、沸石等。聚合物/无机粒子体系的导电性能由三部分组成，即本体导电性、无机粒子的导电性和无机粒子表面的高电导覆盖层的导电性。以聚合物/无机粒子为聚合物基材，一方面，浸入电解液后制备得到的凝胶聚合物电解质的离子电导率由液态电解液的吸附量决定；另一方面，无机粒子表面的空间电荷层也会对电荷传输通道产生作用从而影响体系的离子电导率。除此之外，大部分无机粒子表面包覆有羟基，羟基为亲水基团，导致无机粒子之间产生相互作用易形成团聚。针对这一问题，可以采用有机溶剂对无机粒子表面进行物理或化学改性。其中，物理法即在无机粒子表面包覆有机层，如硅烷偶联剂、硬脂酸、甲基丙烯酸丁酯等；化学法即通过羟基与羟基之间的脱水缩合反应，在无机粒子表面接枝有机基团[159,160]。

离子液体复合法是指将离子液体与聚合物基材复合制备凝胶聚合物电解质。离子液体不具有挥发性，且导电性好，无可燃性，电化学窗口稳定，温度稳定范围较宽，因此制备得到的聚合物电解质安全性好、电化学性能良好。目前，用于锂离子电池体系的离子液体主要有咪唑类、季铵盐类、吡唑类和哌啶类等。尽管改性后的聚合物/离子液体复合电解质具有诸多优点，但是电导率还有待进一步改性，在锂离子电池领域的研究还有待进一步深入，导电机理的研究还有待进一步完善。

4.4.4 固态聚合物电解质

4.4.4.1 固态聚合物电解质的主要问题

目前，商业化的锂离子电池主要以液态电解质为主。尽管液态电解质的研究与应用相对成熟，但是在使用过程中还是会出现热失控等安全性问题。除此之外，液态电解质还存在以下问题。

① 在高压或高氧化活性下易氧化分解　通常情况下，为了提高正极材料的容量，会将电池充电至高压以脱出更多的锂离子。而对于高容量的正极层状氧化物而言，当充电至高电压时，晶格中的氧原子易失去电子，以游离态从晶格中脱出，与电解液产生相互作用，发生氧化反应，从而导致热失控现象。

② 持续形成 SEI 膜，导致电解液不断损耗　当电极和电解质界面的 SEI 膜不够致密时，SEI 膜中的部分组分会溶解在电解液中，从而导致 SEI 膜在电极表面不断形成，造成活性锂大量减少，电解液不断损耗，内阻升高，电极体积不断膨胀。

③ 与金属锂负极不匹配　金属锂和碳酸酯类有机溶剂同时使用时，会造成热力学不稳定状态。金属锂具有高活性，易与液态电解质之间产生相互作用发生还原反应，导致电解质和负极中的活性物质不断损耗。在循环过程中，随着金属锂的不断沉积和剥离，金属锂负极的体积变化较大，会导致 SEI 膜破裂，暴露出金属锂负极的界面，暴露出来的界面将与电解液继续发生反应，消耗更多的电解液和金属锂。同时，由于金属锂沉积不均匀，会导致锂枝晶不断生长，刺破钝化膜后导致短路。

固态电解质有望有效解决液态电解液在使用过程中出现的各类问题。固态聚合物电解质是指以聚合物为基材，能发生离子迁移的电解质。固态电解质具有以下优点：a. 固态电池有望提升电池体系的能量密度，固态金属锂电池的能量密度是锂离子电池的 2～5 倍；b. 固态电解质具有可塑性，设计灵活，基于聚合物基材的成膜性，可制备得到大面积薄膜，增加聚合物电解质和电极之间的接触面积，保证其与电极充分接触；c. 改善电极在充放电过程中承受的压力，降低电极反应活性。固态聚合物电解质的导电机理主要是通过聚合物基体中的杂原子或强极性基团上的孤对电子与锂离子产生配位作用，溶解锂盐并产生溶剂化作用，并通过聚合物分子链结构中链段的蠕动和离子在聚合物基材中的配位点之间的迁移来实现导电性。因此，用于制备聚合物电解质的聚合物基材应具备以下特点：

① 聚合物基材分子链中含有较强的给电子基团，并含有对阳离子（尤其是锂离子）有溶剂化作用的杂原子或强极性基团，保证聚合物与锂盐可以产生一定的配位作用；

② 聚合物基团中的刚性基团较少，链柔性好，玻璃化转变温度低，一方面有利于聚合物分子链结构中的最小单元——链段实现蠕动，另一方面保证聚合物分子链的无定形区域增加，减少结晶区域，降低晶格对分子链的束缚，保证分子链具有良好的活动能力；

③ 聚合物基材的力学性能良好，便于材料制备和连续化生产；

④ 聚合物基材具有良好的热稳定性，高温下不易分解，电化学稳定窗口较宽。

目前，对聚合物电解质的特性要求是具有良好的力学性能，同时具有较好的导电性能。在室温环境下，聚合物的离子电导率还和以下因素相关：

① 聚合物分子链结构中的刚性基团数较少，分子链内旋转阻力较小，分子链具有良好的链柔性；

② 具有配位作用的杂原子（如 PEO 基材中的氧原子）之间应具有适宜的间距；

③ 聚合物的玻璃化转变温度相对较低，链段在较低环境温度下可以开始蠕动；

④ 聚合物的结晶度较低，分子链不被晶格束缚，有利于链段运动；

⑤ 聚合物和阳离子发生配位作用时，空间位阻应较小，有利于离子传输迁移。

固态电池作为新能源领域中动力电池的发展方向，仍被认为是解决电池安全性和续航能力等瓶颈问题的有效方法。目前，固态电池在使用过程中依旧存在诸多技术壁垒，例如，在室温环境下，固态电池的电导率较低，且固态电解质和电极、活性材料之间的界面问题导致锂离子扩散效果不佳。因此，固态电池与金属锂负极在技术层面的研究是固态电池实现产业化和商业化的关键。本节将对固态电池的种类进行介绍。

4.4.4.2 固态聚合物电解质种类

目前，固态聚合物电解质主要有 PEO、PAN、PMMA、单离子聚合物电解质等。其中，PEO－碱金属盐复合物由于具有高离子电导率，最先被认为可以应用于储能材料领域。按照聚合物电解质的作用原理，又可将其分为聚合物－盐络合物、离子橡胶和单离子导电聚合物电解质三大类，具体描述如下：

① 聚合物－盐络合物（salt-in-polymer） 盐类溶解在具有极性的高分子聚合物中；

② 离子橡胶（ionic rubber，polymer-in-salt） 在聚合物电解质体系中，含有在低温环境下可以溶解的盐类和少量具有较低玻璃化转变温度的非晶高分子聚合物，该体系中的聚合物电解质类似于胶体电解质；

③ 单离子导电聚合物电解质（single-ion conducting polymer） 主要指的是在惰性聚合

物骨架上衔接阴离子基团，可通过聚合反应将锂盐阴离子固定在分子链结构中，实现锂离子的迁移。但是，该体系需要选用合适的溶剂来实现解离和高离子电导率。

上述三种体系，分别属于“耦合”体系、“解耦和”体系和“单离子”体系。就“耦合”体系而言，固态聚合物电解质中的离子传输主要发生在非晶区，且链段的运动能力很大程度上影响了离子传输性能。“解耦和”体系中，锂离子在聚合物中的运动空间较大，可通过离子橡胶、液晶聚合物等方式实现。不同种类的固态聚合物电解质的具体内容如第 4.4.5 节所述。

4.4.4.3 聚合物—锂盐络合体系

在固态聚合物电解质中，对聚合物—锂盐络合体系的研究最为深入。由于孤对电子可以与锂离子形成络合物，因此，在通常情况下，这些聚合物的分子结构中包含带有孤对电子的元素，如氮（N）、氧（O）、氟（F）、氯（Cl）等。表 4-6 列出了常见的聚合物电解质基材的重复单元结构式、熔点（T_m）和玻璃化转变温度（T_g）等。

表 4-6 常见聚合物的重复单元结构式、熔点和玻璃化转变温度

名称	简称	重复单元结构	T_g/℃	T_m/℃
聚氧化乙烯	PEO	$-(CH_2CH_2O)_n-$	−64	65
聚氧化丙烯	PPO	$-(CH(CH_3)CH_2O)_n-$	−60	无(非晶态)
聚二甲基硅氧烷	PDMS	$-(SiO(CH_3)_2)_n-$	−127	−40
聚丙烯腈	PAN	$-(CH_2CH(CN))_n-$	125	317
聚甲基丙烯酸甲酯	PMMA	$-(CH_2C(CH_3)COOCH_3)_n-$	105	无(非晶态)
聚氯乙烯	PVC	$-(CH_2CHCl)_n-$	82	无(非晶态)
聚偏二氯乙烯	PVDF	$-(CH_2CF_2)_n-$	−40	171
聚偏二氯乙烯－六氟丙烯	PVDF-HPE	$-(CH_2CF_2)_n-(CF_2CF(CH_3)-$	−65	135

聚合物－锂盐络合体系中锂盐在高分子基材中必须易于解离，因此，锂盐应具有较低的离子解离能或晶格点阵能，且聚合物基材应具有较高的溶剂化作用和介电常数。通常情况下，固态聚合物电解质选用的聚合物基材在分子链中往往含有配位能力强、空间位阻小的给电子极性基团，如醚、酯或硅氧等基团。分子结构中含有这些基团的聚合物易与锂盐形成络合物，这类聚合物 PEO 为代表。从 PEO 的分子结构和空间结构来看，它既含有大量的给电子极性基团，又具有醚氧原子链段，能有效地产生溶剂化作用，溶解阳离子，被认为是最佳的聚合物－锂盐络合体系。

4.4.4.4 聚氧化乙烯基电解质

PEO 独特的分子结构和空间结构，锂离子在其内部的迁移过程是锂离子与氧官能团的配位和解离过程。分子链一直处在不间断的热运动中，因此，锂离子与氧原子之间不断发生配位和解离现象，阳离子的迁移会在一条分子链的不同配位点之间进行，同时也会在不同分子链的不同配位点之间进行，即离子的迁移和传输通过分子链的移动实现快速迁移，如图 4-41 所示。具体而言，我们用 MX 代表锂盐，当 MX 溶于聚合物发生解离，则形成阳离子 M^+ 和阴离子 X^-。同时，也有可能形成中性电子对 $[MX]^0$，此电子对与阳离子和阴离子再次发生结合，形成三合离子 $[M_2X]^+$ 或 $[MX_2]^-$。若体系中形成中性离子对 $[MX]^0$，载流子浓度则下降，最终导致电导率降低。其次，若体系中形成三合离子 $[M_2X]^+$ 或 $[MX_2]^-$，则会由于三合离子体积过大而导致迁移困难，造成电导率下降。

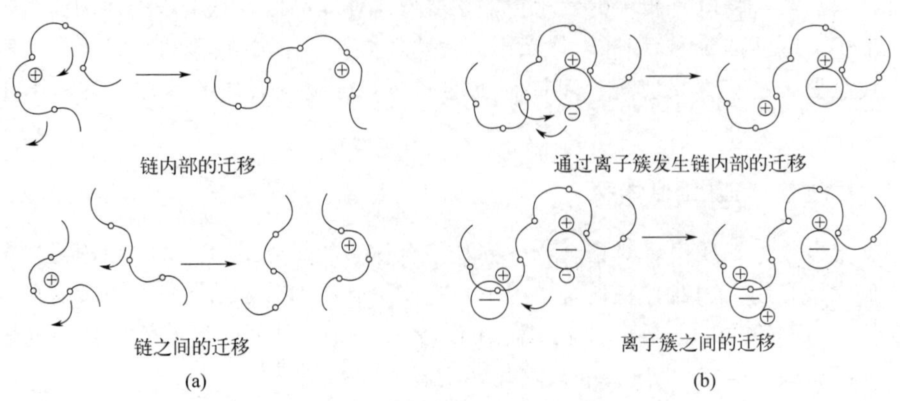

图 4-41　阳离子在 PEO 聚合物电解质中发生迁移

(a) 通过链段；(b) 通过离子簇

由于聚合物基体中的晶区会束缚链段运动，因此，就聚合物电解质而言，锂离子在非晶区中进行迁移和传输，实现聚合物电解质的导电性。然而，由于 PEO 易结晶，故而与液态电解质相比，PEO 基固态聚合物电解质的电导率相对较低，最高仅为 10^{-3}mS/cm，这在很大程度上限制了 PEO 的应用范围和工业化推广价值。因此，很多研究人员尝试对 PEO 聚合物基材进行改性，以提高其电导率。目前，常用的改性方法有共混、共聚、掺杂盐、添加无机粒子、添加增塑剂、交联等。

① 共混主要指采用熔融共混法将 PEO 与其他聚合物复合。一方面，共混法主要是依靠不同聚合物分子链结构之间的相互作用去破坏 PEO 分子链的规整性，降低结晶度，弱化晶区部分，提高电导率；另一方面，通过引入具有低玻璃化转变温度的聚合物，降低聚合物体系的玻璃化转变温度，从而有效地提高电导率。目前，用于和 PEO 共混的聚合物主要有以下几种：聚苯乙烯（PS）、聚乙酸乙烯酯（PVAc）、聚丙烯酰胺（PAM）、PMMA、PVA 等。PEO 与这些聚合物的共混体系可与锂离子形成配合物，可将聚合物体系的电导率提高到 10^{-2}mS/cm。有研究人员借助“刚柔并济”的理念，通过共混手段制备得到一种机械性能和电化学性能均大幅提高的固态聚合物电解质。“刚”即采用聚合物基材作为刚性骨架，“柔”即采用柔性聚合物作为离子传输介质。将 PEO 和聚氰基丙烯酸酯（PCA）共混，再和 LiBOB 复合，将此三者共溶于溶剂后涂布到纤维素基材上。研究发现，聚合物复合材料（PEO-PCA）可以提供有效的锂离子传输通道，利用该聚合物装配得到的 $LiFePO_4$/Li 电池具有优异的循环稳定性和倍率性能[161]。

② 共聚指在聚合过程中添加其他聚合物的单体结构单元，在 PEO 的分子链结构中引入其他聚合物结构单元，从而破坏 PEO 分子链的排列结构的规整性，降低结晶度，弱化晶区，提高电导率。用于共聚的聚合物应与锂盐有较好的相容性，且与锂离子的相互作用不宜过强，防止其优于 PEO 分子结构中的醚氧原子捕获锂离子，优选链柔性好、具有极性基团、热力学稳定性好的共聚物。有研究人员将 PEO 和 PAN 共聚得到 PEO-PAN 基聚合物，以 $LiClO_4$ 为锂盐，在 25℃下，材料的离子电导率达到 0.679mS/cm，且 PAN 可有效抑制体系中锂枝晶的生长[158]。

③ 掺杂盐指在体系中添加适合聚合物电解质的阴离子。类似于液态电解质，固态聚合物电解质中也通过锂盐提供载流子，载流子浓度越高，电导率越好。在理论上，适用于聚合物电解质的阴离子有 BF_4^-、$CF_3SO_3^-$、AsF_6^-、ClO_4^-、SCN^-、PF_6^-、I^- 等。然而，在实际使用过程中，由于会产生副反应，因此上述阴离子的应用也受到限制。例如，$CF_3SO_3^-$ 与聚合物络合后，会增强聚合物的结晶性；与锂离子产生配合作用时，AsF_6^- 会产生路易斯酸，导致聚合物分子链断裂；ClO_4^- 具有强氧化性，使用受限；SCN^- 和 I^- 具有还原性，不适用于高电压锂离子电池体系。因此，可有效提高聚合物电解质的电导率、减少聚合物基体的结晶度的阴离子主要有 $[N(CF_3SO_3^-)_2]^-$，该阴离子的体积大小和构型良好，可阻碍聚合物分子链排入晶格，降低结晶度，提升电导率。

④ 添加无机粒子指在聚合物基材中加入无机填料，常用的无机粒子有铁电陶瓷，如钛酸钡（$BaTiO_3$）等；陶瓷氧化物，如氧化镁（MgO）、铝酸锂（$LiAlO_2$）、TiO_2、SiO_2、ZnO、Al_2O_3 等；黏土，如蒙脱土等。由于无机粒子可有效吸收并分散聚合物承受的破坏力，在聚合物基材中加入填料后基材的力学性能会得到有效提升，且可降低 PEO 的结晶能力，尤其是针对室温环境下结晶度较高的聚合物，可有效降低聚合物的结晶部分，增加非晶部分区域，有利于锂离子传输。

另一种填料为无机锂离子导体，锂镧锆钽氧（LLZTO）。如 Zhang 等将 PEO 和 LLZTO（$Li_{6.4}La_3Zr_{1.4}Ta_{0.6}O_{12}$）混合，当 LLZTO 的粒径为 43nm，体积含量为 12.7% 时，固态聚合物电解质在室温下的离子电导率达到 0.21mS/cm[162]。

⑤ 添加增塑剂指在聚合物基材中添加小分子增塑剂。小分子增塑剂会渗入并迁移到聚合物分子链之间，并作用于极性基团。通过屏蔽极性基团之间的相互作用，降低分子链之间的相互作用，增强链柔性，提高链段的活动和迁移能力，提高电导率。

⑥ 交联指采用化学交联法、辐照交联法或热交联法等方法使聚合物基材具有一定的交联度。PEO 的分子链排列规则，易排入晶格形成晶区，阻碍链段运动。针对这一问题，适度地提升交联度可以阻碍分子链运动，防止分子链排入晶格，降低聚合物的结晶度。然而，交联度并非越高越好，交联度过高，会阻碍链段运动，链段迁移能力下降，也会导致固态聚合物电解质的离子电导率下降。

4.4.4.5 聚碳酸酯系聚合物电解质

由于聚碳酸酯系聚合物的分子结构中含有强极性基团（碳酸酯基团），可有效降低阴离子与阳离子之间的相互作用，介电常数高，有利于提高载流子浓度，进而提高体系的离子电导率，被认为是一类非常具有发展前景的固态聚合物电解质基材。聚碳酸酯系聚合物，包含聚三亚甲基碳酸酯（PTMC）、聚碳酸乙烯酯（PEC）、聚碳酸丙烯酯（PPC）和聚碳酸亚乙烯酯（PVCA），这四种聚合物的重复结构单元和玻璃化转变温度如表 4-7 所示。

表 4-7 聚碳酸酯系聚合物的重复结构单元和玻璃化转变温度

名称	简称	重复单元结构	T_g/℃
聚三亚甲基碳酸酯	PTMC	$-(COOCH_2OCH_2CH_2)_n-$	−15
聚碳酸乙烯酯	PEC	$-(CH_2CH_2OCOO)_n-$	5
聚碳酸丙烯酯	PPC	$-(CH_2(CH_3)CHOCOO)_n-$	33
聚碳酸亚乙烯酯	PVCA	$-(CHOCOOCH)_n-$	16

PTMC的玻璃化转变温度低，在室温下呈橡胶态，失重温度在280℃以上，热稳定性能好。由于PTMC具有优异的生物相容性，因此在固态聚合物电解质方面的研究较少。依据近几年的研究发现，以PTMC为聚合物基材制备得到的固态聚合物电解质的离子电导率和电化学稳定窗口见表4-8。由表可知，尽管以PTMC为主要基材的固态聚合物电解质在室温环境下的离子电导率较低，但电化学稳定窗口基本保持在4.5～5.0V，有望应用于高电压锂离子电池领域。

表4-8 PTMC基固态聚合物电解质的离子电导率和电化学稳定窗口[163]

聚合物电解质	离子电导率/(mS/cm)	电化学稳定窗口/V
PTMC/$LiClO_4$	3×10^{-1}(95℃)	—
PTMC/$LiSbF_6$	3.16×10^{-2}(85℃)	5.0
PTMC/$LiPF_6$	4.79×10^{-3}(98℃)	4.5
PTMC/LiTFSI	10^{-6}(25℃)	5.0
PTMC/PCL/LiTFSI	1.65×10^{-2}(60℃)	5.0

碳酸乙烯酯聚合可以得到PEC聚合物基材。PEC和聚醚基固态聚合物电解质相比，室温环境下的离子电导率较高，这是由于PEC分子结构中含有羰基氧，而羰基氧可与锂离子产生配位作用，通过含有羰基氧的链段的运动实现离子迁移，提高离子电导率，如图4-42所示。将PEC与锂盐复合即可得到固态聚合物电解质，聚合物电解质体系中的离子电导率随着锂盐浓度的增加逐步上升，这一方面是由于锂盐浓度增加后会降低分子之间的作用力，另一方面是由于分子内的相互作用导致偶极距下降。

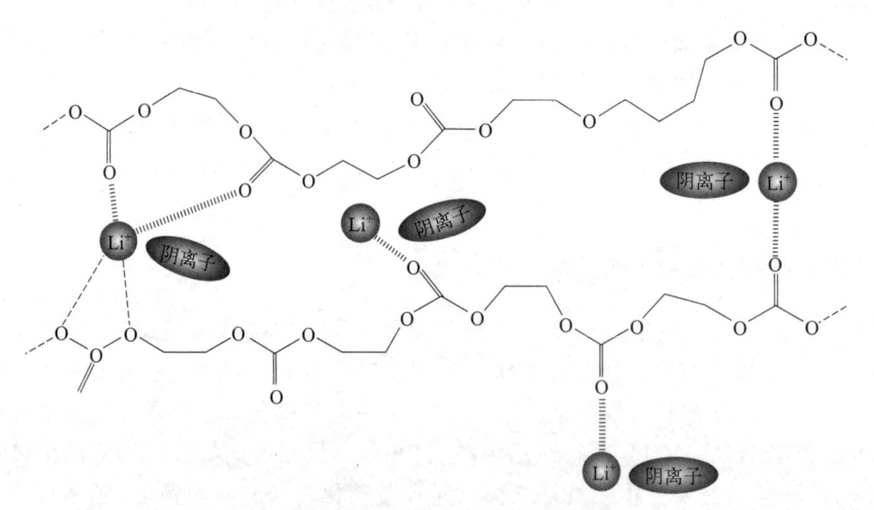

图4-42 PEC传输锂离子示意[163]

PEC基聚合物电解质的离子电导率和电化学稳定窗口见表4-9。有研究人员将PEC和LiTFSI复合，并复配一定量的离子液体N-甲基-N-丙基吡咯二(三氟甲基酰胺)亚胺(Pyr_{14}TFSI)，制备得到具有较高离子迁移数的PEC基聚合物基材。Pyr_{14}TFSI具有较高的离子电导率和较宽的电化学稳定窗口，当温度为80℃时，离子迁移数为0.66，离子电导率可以达到10^{-2}mS/cm[164]。

表 4-9 PEC 基固态聚合物电解质的离子电导率和电化学稳定窗口

聚合物电解质	离子电导率/(mS/cm)	电化学稳定窗口/V
PEC/$NaCF_3SO_3$	10^{-2}(55℃)	—
PEC/LiFSI/TiO_2	4.3×10^{-1}(60℃)	—
P(EO-EC)/$LiSO_3CF_3$	3.74×10^{-2}(30℃)	4.0
PEC/Pyr_{14}TFSI/LiTFSI	10^{-2}(80 或 30℃)	4.3(80℃) 5.0(30℃)

PPC 的玻璃化转变温度较低，热稳定性好，见表 4-10。由于其具有生物可降解性，因此目前常被用于生物材料开展研究。PPC 的分子链柔性好，易内旋转，构象数多，且结构中含有强极性基团（碳酸酯基团），羰基氧易和锂离子产生配位作用，提高聚合物电解质体系的离子电导率。

表 4-10 PPC 基固态聚合物电解质的热稳定性能[165]

固态聚合物电解质	玻璃化转变温度 T_g/℃	分解温度 T_d/℃
PPC	33	209
PPC/$LiClO_4$	3	166
PPC/$LiClO_4$/$BMIM^+BF_4^-$ ($x=0.3$)	−18	
PPC/$LiClO_4$/$BMIM^+BF_4^-$ ($x=1$)	−36	
PPC/$LiClO_4$/$BMIM^+BF_4^-$ ($x=2$)	−49	224
PPC/$LiClO_4$/$BMIM^+BF_4^-$ ($x=3$)	−70	231
PPC/ $BMIM^+BF_4^-$ ($x=3$)	−63	229

PVCA 的单体碳酸亚乙烯酯常被用作电解液添加剂，由于其结构特殊，PVCA 也可用于制备固态聚合物电解质[166]。Itoh 等将碳酸乙烯酯和甲氧基乙烯基醚低聚物共聚制备固态电解质，聚合路径如图 4-43 所示[167]，研究发现，侧链长度越长，离子电导率越高，且当侧链长度为 23.5 时，离子电导率达到峰值，为 1.2×10^{-1}mS/cm（30℃），电化学稳定窗口较宽，热稳定性好，应用前景好。同时，有研究人员采用原位聚合法制备 PVCA 基固态聚合物电解质，该固态聚合物电解质和电极之间的界面相容性良好、界面阻抗较低。室温下，该体系的离子电导率为 2.25×10^{-2}mS/cm，在 50℃时，离子电导率达到 9.80×10^{-2}mS/cm，优于 PEO 基聚合物电解质的离子电导率，且该固态聚合物电解质与纤维素复合后，柔性好，具有较宽的电化学稳定窗口，在 4.5V 以上[168]。由此可见，PVCA 基固态电解质在电池体系中具有较好的应用前景。

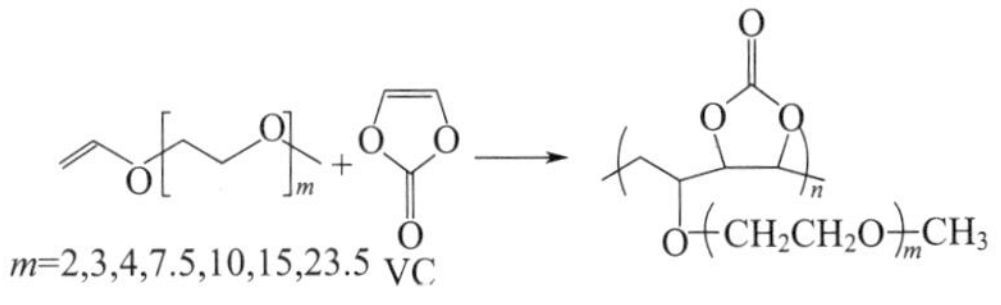

m=2,3,4,7.5,10,15,23.5 VC

O$\!\left(CH_2CH_2O\right)_m$$CH_3$

图 4-43 碳酸乙烯酯和甲氧基乙烯基醚低聚物共聚[167]

4.4.4.6 离子橡胶

在1993年，有研究人员在低共熔盐中掺杂少量聚合物，自此polymer in salt的概念被提出。就锂盐的浓度和电导率之间的关系而言，随着盐浓度的增加，电导率会逐步下降，当盐浓度达到某个值之后，体系转变为polymer in salt区域，电导率又开始逐步上升[169]。一方面，离子橡胶中的电导性不再依靠聚合物分子链中的链段运动来实现，另一方面，该体系又呈现出聚合物弹性体的特征，是一种新型聚合物电解质体系。

4.4.4.7 单离子聚合物电解质

传统的聚合物-盐络合体系和液态电解质一样，都是双离子聚合物电解质，即在充电和放电过程中，阳离子和阴离子都会在聚合物电解质体系中发生迁移。聚合物基材和锂盐形成的聚合物电解质在充放电过程中，锂离子和阴离子的运动方向相反，从而导致电解质体系的浓差极化增加，对电池的性能造成一定影响。双离子体系中，锂离子的迁移数较低。针对这一问题，可增强阴离子与聚合物分子链之间的相互作用力，抑或是通过共价键将阴离子键合在聚合物分子链结构中。对于增强阴离子与聚合物分子链之间的相互作用力而言，可在聚合物链结构中引入缺失电子对的硼酸酯或氮杂环，这两种基团均可与阴离子发生作用，从而提高锂离子的迁移和传输能力。对于将阴离子衔接在聚合物分子链结构中而言，电池体系中只有锂离子在迁移传输，即形成单离子聚合物体系。在单离子聚合物电解质体系中，锂离子的迁移数可以接近1。此时，“单离子”这一概念仅针对上述“双离子”迁移这一概念来定义。反之，也可将阳离子衔接固定在聚合物分子链结构中，保证阴离子的迁移和传输。单离子聚合物体系可以解决双离子聚合物体系存在的一些问题，如内部极化等，可较全面地提高聚合物电解质体系的容量、循环性能、能量密度、安全性等，更适用于纯固态锂离子电池或锂金属电池体系。

由于聚合物分子链结构中的阴离子会与锂离子产生不同程度的相互作用，导致锂离子传输性能下降，因此，单离子聚合物电解质体系的离子电导率比双离子电解质体系的电导率低。针对这一问题，解决方案如下：

① 在阴离子附近引入吸电子基团，提高共轭酸的酸性，从而促进离子对解离；

② 选用具有较大半径的阴离子基团，增大阴离子基团的体积，提高位阻效应，阻碍锂离子与阴离子基团之间产生相互作用。

全固态电解质可以有效解决液态电解质存在的问题，且具有良好的力学性能。目前，全固态电解质的离子电导率相对较低，基本保持在$10^{-4}\sim10^{-1}$mS/cm，无法满足商业化电池的性能需求。因此，全固态聚合物电解质还有待进一步的研究和发展。

4.4.5 无机固态电解质

传统锂离子电池含有可燃性液态有机物，容易出现电解液挥发、漏液、腐蚀电极，甚至发生燃烧爆炸等安全问题。聚合物电解质的使用在一定程度上缓解了安全问题，但没有从根本上解决。使用无机固态电解质可以彻底解决因可燃性有机电解液造成的锂离子电池的安全性问题。

固态电解质是指离子电导率接近熔盐和电解质溶液的一类固体材料，这些材料以离子可在固体中快速准自由传输为特征，是介于固态和液态之间的一个独立物态[170-174]。固态电解质的作用是在电池充放电时为迁移离子搭建传导通道，实现电池内部（正负极之间）电流的导通。理想的无机固态电解质应该具有高的离子电导率、低电子电导率、宽电化学窗口、高化学稳定性、高热稳定性、高机械强度等。

无机固态电解质具有悠久的研究历史，如图 4-44 所示[175]。自 20 世纪 60 年代起，无机固态电解质便引起了大量的关注。率先研究的是银、铜离子电解质材料。然而，Ag 的价格较高，而且化学稳定性差；Cu 导电时常伴有电子、空穴导电。因此，人们的注意力开始转向碱金属电解质材料。其中，原子序数最小、电极电位最负的碱金属锂，受到了较高关注。早期典型代表当属 Li_3N、LiI 及其衍生物等。其中，Li_3N 具有 10^{-3} S/cm 的离子电导率，但是 0.45V 的分解电压限制了它的应用。尽管如此，对于它们的研究、发现，极大地激发了人们对无机固态电解质的研究热情，陆续发展出更多类型的电解质材料，如 LiSICON 型、Garnet 型、NaSICON 型、Perovskite 型等晶态固态电解质和氧化物及硫化物等玻璃态固态电解质等。

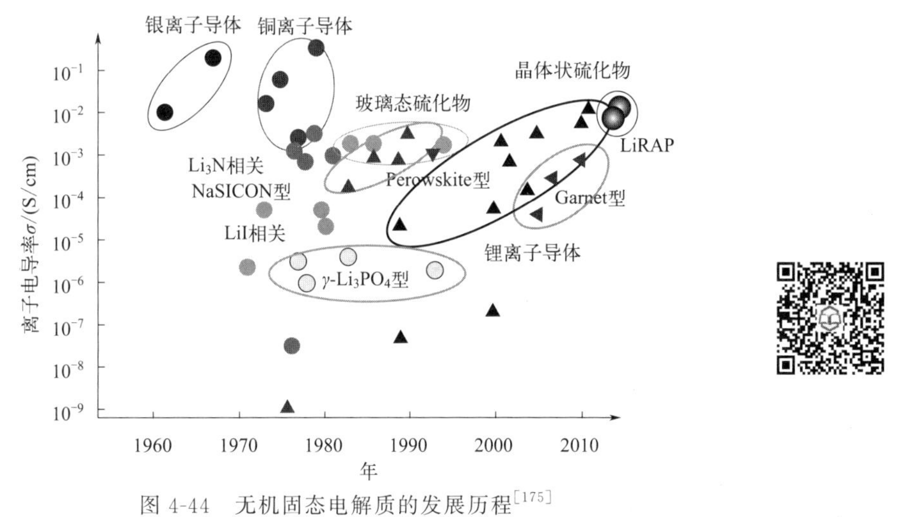

图 4-44　无机固态电解质的发展历程[175]

然而，目前大多数无机固态电解质的离子电导率达不到商用电池的要求。如图 4-45 所示，使用无机固态电解质材料的一个最大问题是其锂离子电导率比常规液态电解质中低了至少一个数量级[176]。因此，研发高离子电导率的无机固态电解质材料是发展固态电池的关键。

为了实现这个目标，无数前辈致力于合理有效地发现、设计新的电解质材料，但是面临很大挑战，主要原因在于无机固态电解质本身的离子传导特点和复杂多样的结构特征等，具体如下。

① 固态中离子的传导需要考虑到不同结构对离子传导的影响。与气、液相中物质扩散不同，在具有一定结构的固体体系中，离子的传导不仅需要考虑到周围离子的影响，还要考虑离子的堆砌方式对离子传导的影响。事实上，不同结构家族的无机固态电解质的离子传导性能各异[177]，如图 4-46 所示。

② 无机固态电解质中离子传导涉及从原子到器件水平的多个尺度，如图 4-47 所示[178]。箭头表示迁移离子在固态电解质框架中的传输。不同尺度上与离子传导相关的描述符为：原子尺度的跃迁能（E_{Hop}）、跃迁频率（ν_{Hop}）；宏观尺度上的导电性（Si）、面电阻（ASRi）；器件总阻抗 Z_{SSB}[178]。固态电解质的电导率指的是通过测量宏观样品（电解质片）的阻抗谱得到的总的离子电导率，它对所有尺度上的结构特征都很敏感。

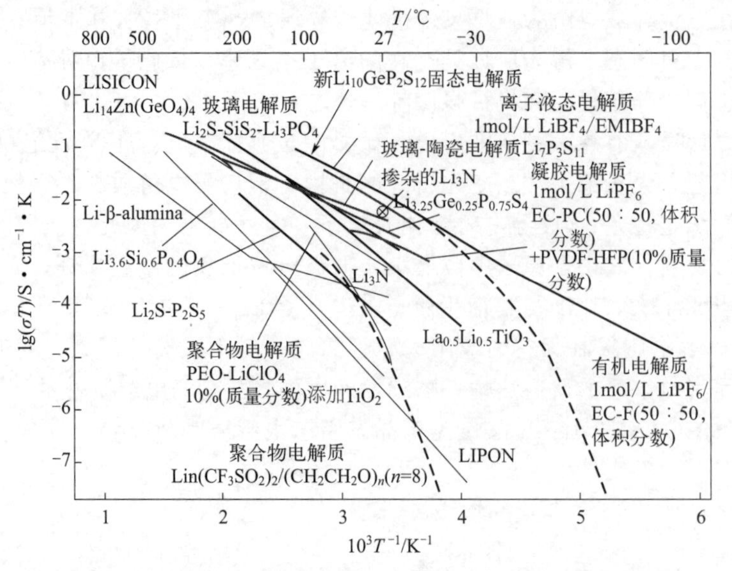

图 4-45　各类电解质（无机固态电解质、有机液态电解质、聚合物电解质等）的电导率随温度变化的阿伦尼乌斯曲线[176]

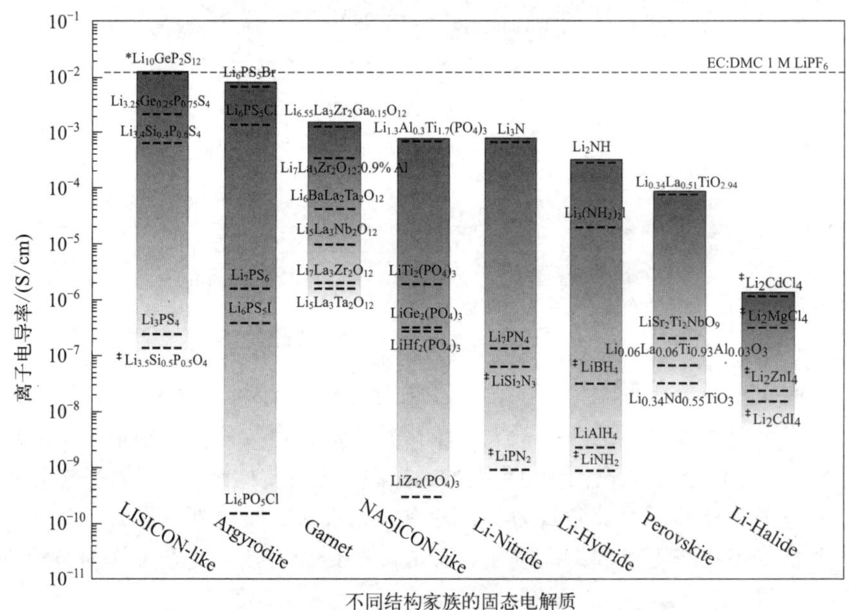

图 4-46　不同结构家族的无机固态电解质的离子电导率[177]

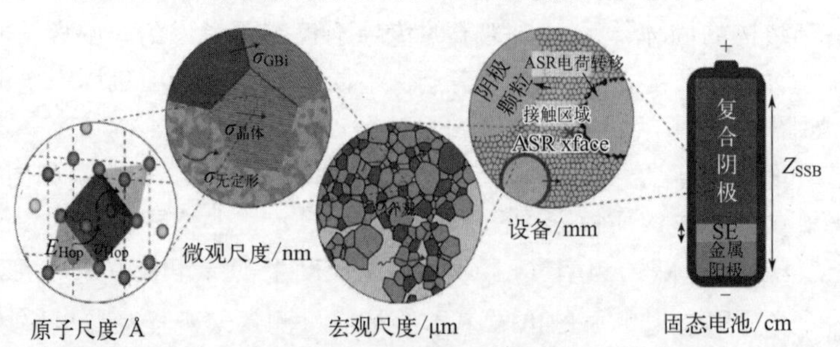

图 4-47　多尺度离子传输以及主要的相关技术[9]

③ 影响离子传导的因素众多，如图 4-48 所示。不同尺度下，影响离子传导的因素不同，涉及晶体结构、晶界、相结构演变、孔洞等，尤其在原子尺度上，离子传导与晶体结构特征关系密切，然而，不同体系的无机固态电解质材料的组成、结构、离子传导过程等都存在差异。因此，影响离子传导性能的因素兼具多样性和特殊性。

总之，研发高离子电导率的无机固态电解质材料是多方位的问题，任重而道远。

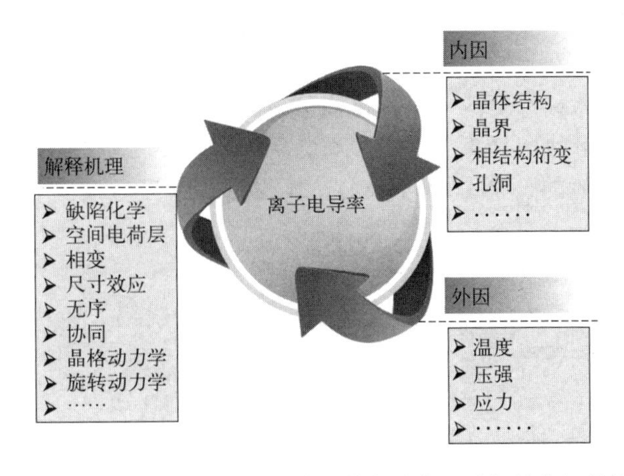

图 4-48 影响离子电导率的内在因素、外在因素以及相关的解释机理汇总

4.4.6 展望

新能源汽车的普及是实现“双碳”目标进程中关键的举措。近年来，新能源汽车产业呈现爆发式增长趋势，特斯拉、比亚迪、理想、蔚来等电动车品牌的销售量在资本市场的表现十分优异。新能源汽车产业链的爆发式增长有赖于其上游产业链中的锂离子动力电池的发展，动力电池作为电动汽车的核心零部件，是新能源汽车产业迅猛发展中关键的一环。

2021 年 4 月，国内动力电池产业龙头企业宁德时代董事长曾毓群表示，“3～5 年能做到上车的，都不是全固态电池”。科研人员对固态电池技术进行了大量的探索研究，但固态电池技术达到成熟的产业化和市场化状态仍需要一定的时间周期。固态电池顺利实现产业化应用的前提是技术成熟和成本可控，如何在未来将固态电池的生产成本控制在可行的范围内，前方依然有很长的路程需要探索。固态电池的研究与发展是锂离子电池产业的延续与升级，其也必将经历以十年为单位的技术探索、试错、迭代、优化。待技术逐步成熟、成本逐步下降、供应链逐步完善、装车验证逐步到位之后，固态电池技术有望搭载整车进入市场，并占据一定的市场份额。

固态电池的研发离不开该领域科学研究与工业应用之间的相互融合，迎着“双碳”时代的新需求，挑战与机遇并存，创新与发展同行。作为新青年一代，承载着祖国的未来，肩负着祖国的希望。随着“新工科”建设的不断推进，新一代青年人才将成为推动社会前进、致力产业发展、变革市场格局的主力军。探索研究的过程中布满艰辛，产业发展的道路上充满挑战，岁月更迭，薪火相传，奋斗和担当是青春最亮丽的底色，我们应坚持初心，勇担使命，不畏艰难，夯实基础，脚踏实地，砥砺前行。

4.5 隔膜材料

隔膜是一种由非电子导体材料成型的微孔膜，位于电池正负极之间，其作用是阻止正负极直接接触，防止电子通过，但是锂离子可以通过其中的电解质传输。作为锂电池的关键材料，隔膜对于保障电池的安全运行也至关重要[179]。在特殊情况下，如事故、刺穿、电池滥用等，隔膜发生局部破损从而造成正负极的直接接触，引发剧烈的电池反应造成电池起火爆炸。锂离子电池隔膜在电池中有第三“电极材料”之称，尽管隔膜不参与任何电池反应，但是它的结构和性能对电池的性能如循环寿命、体积能量密度及安全性等都有显著影响。因此，在隔膜的制备和筛选中应充分考虑到化学稳定性、机械强度、均匀性、热稳定性、电解液润湿性、离子电导率和制备成本等因素。

电池隔膜按照成分和结构主要可以分为三类：聚合物隔膜、无机隔膜和复合隔膜[180]。每种类型的隔膜在应用方面都有各自的优势，包括厚度、孔隙率、热性能、润湿性、力学性能和化学性能等。商业锂离子电池广泛使用微孔聚烯烃隔膜，因为它们在操作、性能和安全等方面综合性能突出[181]。通常由聚乙烯（PE）、聚丙烯（PP）或其组合构成，如 PE/PP、PP/PE/PP。聚烯烃隔膜厚度低，具有均匀分布的亚微米级孔径，机械强度高、化学稳定性好，部分隔膜具备自关闭效应，提高电池的安全性能。

4.5.1 锂离子电池隔膜材料的种类

4.5.1.1 聚烯烃隔膜

大多数商业化的聚烯烃微孔隔膜是由 PE、PP 以及它们的组合构成。锂离子电池多孔聚合物隔膜最广泛的制造工艺分为干法工艺、湿法工艺和倒相法[182]。

干法工艺又称拉伸致孔法，按照制备过程又分为单向拉伸和双向拉伸工艺。干法工艺通常由加热、挤出、退火和拉伸四个步骤组成。总的来说，锂离子电池隔膜干法生产工艺是将聚烯烃树脂熔融、挤压、吹膜制成结晶性聚合物膜，再经过结晶化处理、退火后得到高度取向的多层结构膜，在高温（一般高于树脂的熔融温度）下进一步拉伸将结晶界面进行剥离形成多孔结构膜[183]。在干法的过程中，熔融挤出的聚烯烃薄膜在升高的温度过程中低于聚合物熔融温度时立即退火，以诱导微晶的形成和/或增加微晶的尺寸和数量。排列整齐的微晶片在垂直于机器方向上排列成行，在低温和随后高温下单轴拉伸。通过这个过程中产生的多孔膜通常显示的特征是狭缝状孔结构，如图 4-49 所示。

湿法又称相分离法或热相分离法。湿法采用溶剂萃取的原理，将高沸点小分子作为致孔剂添加到聚烯烃中，加热熔融成均匀体系，然后降温发生相分离，拉伸后用有机溶剂萃取出小分子即可制备出相互贯通的微孔膜材料。在湿法工艺中，增塑剂（低分子量物质，如石蜡油和矿物油）在挤出或升高的温度吹塑成薄膜之前加入聚合物中。然后挤压成膜，挤压至达到所需的厚度。凝固后，将增塑剂用挥发性溶剂（如二氯甲烷和三氯乙烯）从膜中提取出，留下亚微米尺寸的孔。通过湿法工艺制造的隔膜通常拉伸双轴孔径来扩大和增加孔隙。湿法隔膜可以得到更高的孔隙率和更好的透气性，满足动力电池的大电流充放的要求。采用该法的代表性公司有日本旭化成（asahi）、东燃化学（Tonen Tory）以及美国 Entek 等。

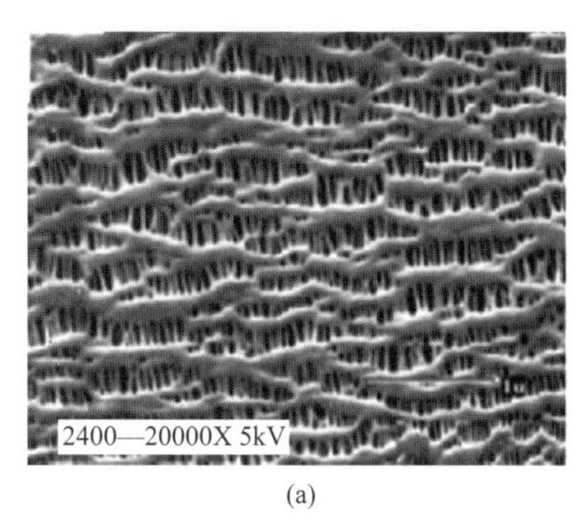

(a)

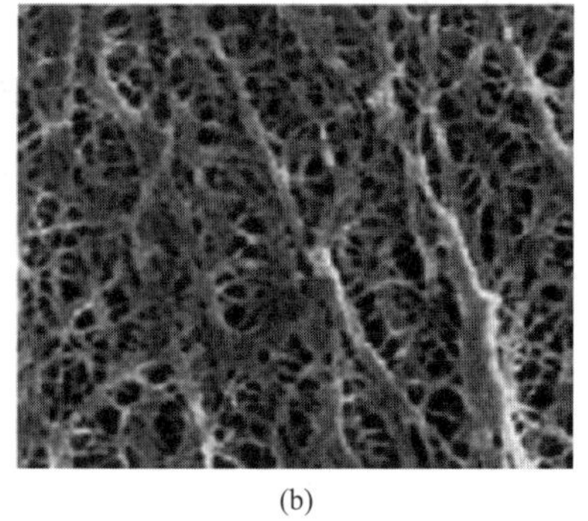
(b)

图 4-49　隔膜 SEM

（a）干法工艺生产；（b）湿法工艺生产

由干法工艺形成的膜的开孔和直孔结构，更适合高功率密度的电池。与干法工艺相比，湿法工艺可以应用在更广泛的范围内，这是因为聚合物在半结晶结构的形成前不需要拉伸。并且通过湿法工艺制造的膜可以延长电池的循环寿命，这是因为湿法工艺制备的膜具有微孔互连且曲折的结构，可以防止充电和放电期间锂枝晶的生长。但由于湿法采用 PE 材料，熔点只有 140℃，因此热稳定性较差。不管采用哪种工艺制备隔膜，目的都是增加隔膜的孔隙率和强度。不同方法生产的隔膜见表 4-11。

表 4-11　锂离子电池隔膜产品的生产工艺及特点

制造工艺	工艺简介	工艺特点
干法	单向拉伸：通过生产硬弹纤维的方法制备微孔膜	微孔尺寸分布均匀、导通性好、横向拉伸强度差
	双向拉伸：加入有机结晶成核剂及纳米材料制备微孔膜	微孔尺寸分布均匀、膜厚度范围宽、横向拉伸强度好、穿刺强度高、备微孔膜
湿法	加入高沸点烃类液体或低分子量聚合物，拉伸后用	有机溶剂萃取制备微孔膜，孔隙率和透气性可控范围大、工艺复杂、成本高、厚度薄

这两种工艺都是通过挤出机进行的，采用在一个或两个方向上拉伸以增加隔膜的孔隙率和提高抗拉强度。并且这两个过程都会使用同种低成本的聚烯烃材料，因此，大多数的隔膜成本是因制造方法的不同而不同的。在实际应用中对电池而言，这些聚烯烃膜的物理性质和化学性质相似，如热稳定性差、孔隙率低及润湿性差等。

倒相法又称相转化法，是用于制造微孔膜隔膜的另一种方法。倒相指溶剂体系为连续相的一个聚合物溶液转变为一个溶胀的三维大分子网络式凝胶的过程。当采用倒相法，往往形成一种非对称的多孔结构，在顶部具有高度多孔的形态，但底部结构紧凑。由倒相方法制备的膜的非对称结构是受聚合物的类型和浓度、添加剂的种类和浓度、溶剂的类型、膜厚度、处理温度和时间的影响。在实际应用中，非对称结构往往限制了电池的性能，因为在底层的结构紧凑，减少了液体电解质的吸收，阻碍了离子的迁移。

4.5.1.2 无纺布隔膜

无纺布隔膜是采用物理或化学方法，将纤维交织在一起形成的纤维状膜，其制备方法一般有熔喷法、湿法拉伸和静电纺丝等。利用湿法制备的无纺布隔膜的孔隙率达到55%～65%，孔径范围为20～30μm，由于孔径太大，用于锂离子电池时自放电严重，同时粗糙的表面也无法有效阻止电池短路，厚度也难以满足锂离子电池的要求，一般用于碱锰电池Ni-MH电池、Ni-Cd电池。为了兼顾孔径和厚度。目前一般采用静电纺丝技术，通过外加电场对聚合物溶液施加牵引力来制造聚合物纤维，能够得到纳米级别的纤维直径，这样可以更密集地堆砌，有效控制孔直径和厚度。在解决耐热性问题上，仅需要选用耐热性好的材料。目前，静电纺丝技术直接用于锂离子电池隔膜也存在些许不足，其中最严重的缺陷是制备的隔膜强度差，由于静电纺丝过程中为了得到纳米纤维丝，单根纤维丝带有相同电荷相互排斥，这样堆砌的隔膜相互作用力弱、强度小。如图4-50所示为采用湿法和静电纺丝方法制备的无纺布型隔膜的微观结构图[184]。

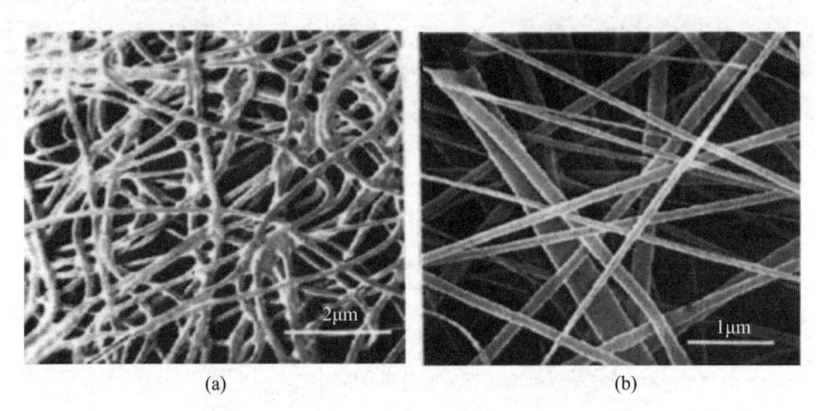

图4-50 湿法(a)和静电纺丝法无纺布型隔膜的微观结构(b)[184]

4.5.1.3 无机复合隔膜

无机复合隔膜可以分为无机颗粒涂覆复合隔膜和无机颗粒填充复合隔膜。其中，对于无机颗粒涂覆复合隔膜，为了提高热稳定性、微孔聚烯烃膜的润湿性，纳米无机颗粒通过使用亲水性聚合物作为黏合剂涂敷在膜表面。少量的金属氧化物颗粒，包括氧化铝、二氧化硅和氧化锌被分散到聚烯烃膜上，让它们有效地从膜材料中吸附杂质，从而提高电池循环性能。其特点为颗粒紧密堆砌，存在的缝膜提供了一个发达的多孔结构，在不影响隔膜的透气性和孔隙率的前提下，能够提高隔膜的热稳定性和吸液率。此外，这些无机粒子具有较大的比表面积和良好的亲水性，因此与有机电解液溶剂（EC、PC等）有优异的亲和性，可提高电池的电化学性能，同时刚性的无机颗粒可以提高隔膜的热尺寸稳定性。总体来说，就是用这些复合膜组装的锂离子电池表现出良好的容量保持能力。

无机颗粒填充复合隔膜：除了用无机颗粒涂覆聚烯烃微孔膜，另一种简单的方法是将无机粒子直接掺入聚合物基材中来制备复合膜。这些选定的无机粒子按一定的比例首先被分散到聚合物溶液中，然后无机颗粒与聚合物溶液按一定的比例分散，制备形成微孔复合隔膜。对含有填充物颗粒的膜的电化学稳定性和离子电导率进行的研究显示，这些膜在整体性能上比普通膜得到了改善。

4.5.2 锂离子电池隔膜的主要性能指标

4.5.2.1 厚度、孔径和孔隙率

① 厚度　厚度是电池隔膜的最基本特性之一。目前商品电池所使用的聚烯烃隔膜的厚度都不超过 25μm，而且要求厚度均一、表面平整，以便于提高电池的稳定性和循环寿命。薄的隔膜在电池中展现出更高的离子电导，同时有助于提高电池的体积能量密度。当然，一味追求更薄的隔膜可能会导致隔膜机械强度降低，影响安全性能。稍厚的隔膜能提供足够的机械强度并确保电池的安全性能。

② 孔径大小及分布　隔膜孔径大小是隔膜的一个关键特征。锂离子电池隔膜必须具备亚微米级孔径，以阻止极片中所包含的几十至几百纳米的小颗粒通过，防止发生内部短路。隔膜孔径大小可以通过气泡法进行测试，将隔膜采用与其良好浸润的液体充分润湿，因毛细作用，液体被束缚在隔膜中，液面与气相界面产生表面张力，与润湿角一同作用下产生指向气相的附加压力 Δp。在隔膜的一侧施加逐渐增大的气压，当气压大于 Δp 时，该孔径内液体推出。孔径越小，表面张力产生附加压力越大，液体越难被推出。首先被打开的孔所对应的压力为泡点压力，该压力所对应的孔径为最大孔径；在此过程中，实时记录压力和流量，得到压力-流量曲线：压力反映孔径大小的信息，流量反映某种孔径的孔数量的信息：然后再测试出干膜的压力-流量曲线，可根据相应的公式计算得到薄膜的最大孔径、平均孔径、最小孔径以及孔径分布。

孔径和压力的关系如 Washburn 公式所示：

$$D=\frac{4\delta\cos\theta}{\Delta p} \tag{4-23}$$

式中，D 为孔隙直径；δ 为液体的表面张力；θ 为接触角；Δp 为压差。

孔径分布的流量百分比为

$$f(D)=-\frac{\mathrm{d}(F_{\mathrm{w}}/F_{\mathrm{d}})\times 100}{\mathrm{d}D} \tag{4-24}$$

式中，F_{w} 为湿样品流量；F_{d} 为干样品流量。均匀的孔径分布和曲折的孔通道可以抑制锂枝晶的形成并阻止颗粒穿透隔膜。

③ 孔隙率　孔隙率是指孔体积占隔膜总体积的比例，计算公式为

$$孔隙率(\%)=(W_t-W_0)/(\rho V)\times 100\% \tag{4-25}$$

式中，W_0 为薄膜的干重，g；W_{t} 为薄膜浸润最大量的电解液后的湿重，g；ρ 为电解液的密度，$\mathrm{g\cdot cm^{-3}}$；V 为隔膜的体积。

孔隙率直接影响了电解液在隔膜中的保液量。隔膜应该具有足够的孔隙用于吸收液体电解质，这对隔膜的离子电导率有极大的影响。当隔膜孔隙率低，吸收电解液的量不足时，正负极之间的电解质阻抗会非常高。过高的孔隙率也会影响隔膜的机械强度和自关闭效应，高温下高孔隙率容易导致隔膜更易收缩。不均匀的孔隙分布会使电极接触隔膜不均匀的部分离子传输阻碍更大，导致不均匀的电流密度，降低电池性能。

④ 透气度　隔膜的透气度是由隔膜的厚度、孔隙率、孔径大小和分布等多种因素决定

的。即使隔膜的孔隙率相近，但由于孔的不同贯通性造成其透气度存在很大差异。电池隔膜的透气性采用空气透过率来衡量，即一定量的空气在单位压差下通过单位面积隔膜所需要的时间。通常以 Gurley 指数表示，时间越短表明透气率越高。对应具有相同厚度和孔隙率的电池隔膜，空气透过率与电阻率呈现一定的比例关系，空气透过率越小，电阻值也越小。

4.5.2.2 润湿性和吸液率

① 润湿性　隔膜的润湿性指的是电解液对隔膜的润湿程度，是电池隔膜很重要的一个条件。隔膜润湿性好，可以吸收和保留足够量的电解液，为锂离子在隔膜中迁移提供更畅通的通道，可以提高润湿隔膜的电导率[179]。隔膜对电解液的快速吸收能在电池组装过程促进隔膜完全润湿。隔膜润湿的速度取决于隔膜的材料类型、孔隙率和孔隙大小。同时，隔膜的保液性能同样会影响电池的循环寿命和使用时间。评价隔膜与电解液润湿性的主要方法为接触角测试和吸液率、保液率测试。接触角测试是通过在隔膜上滴加一滴电解液，观察气、液、固三相交点处所做的气液界面的切线穿过液体与固液交界线之间的夹角，角度越小润湿性越好。

② 吸液率（U）和保液率（R）　通过式（4-26）计算：

$$U=\frac{W_1-W_0}{W_0}\times 100\% \tag{4-26}$$

式中，W_0 为隔膜净重；W_1 为隔膜吸液稳定后的重量。

同时，隔膜的优异的保液性能同样会影响电池的循环寿命，延长电池的使用时间。

$$R=\frac{W_x-W_0}{W_1-W_0}\times 100\% \tag{4-27}$$

式中，W_0 为隔膜净重；W_1 和 W_x 分别为隔膜吸液稳定后的重量和在 50℃下放置过后稳定的重量。所有的测试均在氩气充满的手套箱中进行。

4.5.2.3 机械强度

隔膜机械强度主要考察的方向是横向的抗拉伸强度和纵向的抗穿刺强度。抗拉伸强度是通过横向的杨氏模量来考察的，主要是为了保证隔膜在电池卷绕组装的过程中有足够的强度。抗穿刺强度的定义是一定面积的针头穿透隔膜的最大负载。隔膜必须具备高抗穿刺强度以防止电极上材料的穿透。若电极上的材料穿透隔膜，可能会引起电池短路导致电池毁坏甚至引发安全问题。

4.5.2.4 热性能

① 尺寸稳定性　隔膜在吸收电解液后应该是平整的，不会产生卷曲，若是隔膜发生弯曲或者倾斜，都将影响到隔膜在电池组装中和电极之间的偏差。同时，隔膜在高温下应该保持尺寸稳定性，不收缩。常用聚烯烃隔膜在温度达到材料熔点后会严重收缩，无法起到隔绝正负极直接接触的作用，使锂离子电池在高温下存在严重安全隐患。

② 自关闭效应　自关闭性能主要针对在高温下会发生尺寸变化的聚合物隔膜。在锂离子电池短路的情况下电池产生高温，隔膜能够自动关闭，阻止锂离子在其中通过而导致温度继续升高，避免热失控造成火灾爆炸。这个过程通常发生在聚合物的熔点温度附近，隔膜关闭，隔膜的阻抗显著增加，离子穿梭通道受限阻止离子继续通过。自关闭效应停止了电池的

电化学反应，以防继续反应引发电池爆炸。自关闭主要是通过一种隔膜的多层设计来实现，选用至少一层熔化层，它的熔化温度低于支撑层的熔点，当温度达到它的熔点时，熔化关闭支撑层孔洞，而此时支撑层还远未达到热失控温度。

③ 热稳定性　隔膜在温度升高孔关闭、孔隙率减小时，不应该产生尺寸缩小或者褶皱，以保持良好的热稳定性，避免正负极在高温条件下直接接触导致短路。干燥的隔膜在组装电池的过程中热收缩应该尽量小。一般隔膜置于 90℃ 的真空环境下 60min，尺寸收缩应该不大于 5%。由于商业锂离子电池主要使用聚烯烃隔膜，隔膜热稳定性常与 PE 或 PP 隔膜作对比。PE 隔膜的熔点约为 130℃，PP 隔膜的熔点约为 160℃，隔膜到达熔点后快速收缩，根据聚烯烃熔点选择热稳定性测试温度，能有效对比实验结果[185]。

4.5.2.5　化学稳定性

在锂离子电池中，隔膜必须保证化学和电化学稳定性，不与电解质及电极材料发生反应。它在电池完全充电、放电的强氧化还原环境下保持惰性。在电池充放电的过程中，隔膜不会降低机械强度或产生杂质从而影响电池的整体性能。此外，隔膜应该能承受在高温下电解液的腐蚀性。

4.5.3　锂离子电池隔膜的预处理方法

虽然聚烯烃材料具备高强度、耐水及耐溶剂腐蚀等优异的性能，但是其表面对电解液和水的浸润性较差，通过对其表面进行预处理，可以提高其亲水性、亲电解液性，从而使膜的导电性能得到提高。将聚烯烃膜的惰性表面激活（表面处理），然后嫁接一些官能团是提高其润湿性的基本方法。对聚烯烃膜表面的激活方法分为化学法和物理法。化学预处理主要是对薄膜表面性能进行优化，如对其表面接枝亲水性单体，是提高隔膜浸润性的一种常见的方法。除了接枝技术，使用不同的聚合物涂覆到聚烯烃微孔膜上是改性微孔膜隔膜的另一个重要方法。锂离子电池用聚丙烯烃隔膜的表面处理及修饰改性，使改性膜材料与正极材料兼容并能复合成一体，使该膜在具有较高强度的前提下，降低了隔膜的厚度，减小了电池的体积。例如，Lee 等[186]研究了在聚烯烃微孔隔膜表面涂上了聚多巴胺（PDA）的涂层，改变了表面润湿性、电解液吸收率及热稳定性等性质。隔膜的孔隙率和透气度值并没有受到 PDA 涂层的影响，但是接触角显著下降，离子电导率增加。

物理表面激活的处理方法有等离子体、电子束和激光照射等方法，这些方法广泛用于聚烯烃隔膜表面的预处理。例如，Kim 等[187]用等离子体处理技术制备丙烯腈单体的改性聚烯烃膜。等离子体诱导使得聚烯烃膜表面的亲水性提高，并改善了电解质的润湿性和保液性。电子束照射是另一个修改微孔聚烯烃膜的表面亲水性常用的方法。Gineste 等[188]通过使用电子束单体（EGDMA）接枝丙烯酸和二甘醇-二甲基创建亲水性表面。改性后的聚烯烃膜与未改性的聚烯烃膜相比，改善了电解液的吸液率、离子电导率以及循环寿命。甲基丙烯酸缩水甘油酯（GMA）和甲基丙烯酸甲酯（MMA）也可通过使用电子束照射接枝到聚乙烯膜的表面上。聚烯烃膜表面上接枝的单体增加了电解质的吸收和保留，从而改善了锂离子电池的电化学性能。Kim 等[189]研究了 γ 射线辐照对聚乙烯薄膜的形态、热学和电化学性能的影响。改性后的膜在 γ 射线辐照下表现出聚烯烃聚合物链交联的形态变化，膜的孔隙度和孔径大小随辐照剂量降低。此外，改性的膜相比非辐照的膜表现出更强的热稳定性。对聚烯烃隔膜进行表面处理，提高隔膜的吸液性能，将是提高隔膜性能的一个重要方法。

对其表面进行亲水性改性后，用聚丙烯腈、聚环氧乙烯、聚甲基丙烯酸甲酯、橡胶等改性。通过使用 PDA 涂层聚烯烃隔膜组装出的电池由于表面亲水性的综合影响，增强了锂离子电池的循环寿命、倍率性能，提高了电解液的吸收率，抑制了锂枝晶的生长。在另一项研究中，也研究出 PDA 涂层工艺可以提高电解质润湿、电解质吸收和离子导电性，从而提高倍率性能和动力性能。例如，用聚乙二醇链结合 PDA 涂层改性聚丙烯隔膜和电解质的吸收增加，降低界面热阻，提高循环稳定性。通过使用 PDA 涂层和二氧化硅涂层进行涂覆，不仅提高了聚烯烃隔膜对电解液的润湿性，也提高了锂离子电池的能量密度和安全性。由此方法生产的隔膜，改善了电解质溶液的吸收率和离子的导电性，同时也提高了倍率和循环性能。Song 等[190]浸涂聚酰亚胺到聚乙烯隔膜上，在未改变其电化学性能的前提下，增加了隔膜的热稳定性。总之，聚烯烃微孔隔膜的表面改性带来了其机械特性、润湿性，以及离子电导率的改进。此外，利用表面改性的聚烯烃微孔膜隔膜，可以提高锂离子电池的电化学性能，尤其是提高其倍率性能。

提高电池隔膜的物理化学性质的其他重要方法还有引入无机粒子，形成前文所述的无机复合隔膜。研究表明纳米尺寸的无机粒子，如氧化铝（Al_2O_3）、二氧化硅（SiO_2）和二氧化钛（TiO_2）可以显著提高隔膜的机械强度、热稳定性以及聚合物电解质的离子电导率。在聚合物膜中加入无机颗粒，可以降低其结晶度并促进锂离子的迁移。由于其表面的无机颗粒填充复合隔膜具有高亲水性和高表面积，可以产生良好的润湿性[191,192]。

4.5.4 锂离子电池隔膜发展趋势

锂离子电池隔膜的发展随着科技进步而不断改变。从体积上，隔膜的发展正朝着小和大以及厚与薄截然相反的两个方向发展：手机、笔记本电脑和一些便携式数码设备，为了迎合小而轻便的需求，电池一般需要做得非常小，甚至具有一定的弯曲柔性，同时为了获取更高的能量密度，狭小的电池空间中需要容纳更多的电极材料，以至于电池厂家希望隔膜的厚度越薄越好，目前许多电池厂家要求隔膜的厚度在 20μm 甚至 16μm 以下。要求隔膜轻薄同时保证原来的电池容量、循环性能和安全性能不受影响是对隔膜的一个挑战。与此相反，在电动汽车、混动汽车和大型设备等所用的动力电池方面，为获求高的容量，提供大的功率，通常需要几十个甚至上百个电芯进行串联，在工作过程中，电芯发热量很大，有潜在危险，所以现在市场上对厚度较厚的 PP 隔膜的需求量日益增加。

隔膜的性能能够影响离子电导率，从而直接影响电池的容量和循环性能等。商业 PE 和 PP 等聚烯烃隔膜成为非极性材料，难以被有机碳酸酯电解质浸润，造成隔膜的吸液率低和离子电导率低。因此，对聚烯烃隔膜进行亲水化表面改性，将是提高隔膜性能的一个重要方向。

锂离子电池虽然具有高的比容量和其他优异的电化学性能，但是在工作时会释放大量的热，隔膜的耐热性就成为制约锂离子电池发展的一个重要因素，因此，开发高耐热性的隔膜是锂离子电池隔膜的另一个重要发展方向。

4.6 电池黏结剂

4.6.1 简介

随着便携式电子设备和电动汽车对长寿命电池的需求不断增长，对高能量密度和长循环寿命电极的关注日益增加。然而，LIBs 的能量密度已经成为进一步发展的瓶颈。由于电极的比容量几乎不可能增加一倍，因此增加电极厚度似乎是唯一的出路。然而，当电极的活性物质负载量增加时，就会出现重大挑战。通常，将活性材料、导电剂和黏结剂在溶剂中混合，形成均匀浆料，然后将其涂覆在集流体上，经干燥后制得极片。在干燥过程中，黏结剂聚合物可能会迁移并集中在表面，导致整个电极的黏结剂分布不均匀[193]。因此，电子传输和锂离子扩散可能会变得缓慢，极化变大，循环性能和倍率性能变差。此外，电极可能变脆，对于转化和合金型的电极，一旦黏结剂强度无法适应体积膨胀，就会发生粉化并导致容量急剧下降。将活性材料、导电剂和黏结剂分散均匀，确保电子和锂离子密度分布均匀，有利于电极电化学性能的发挥[194]。考虑到这一点，用作电极材料和集流体之间的黏结剂至关重要。

近来，黏结剂的设计在电池界引起了广泛关注。各种聚合物已被开发用于正极和负极材料，不仅用于锂离子电池，在新型二次电池（如锂硫电池）中也是关键组件。如今，聚合物黏结剂功能不再单一，不仅起到黏结作用，而且也具备一些功能，例如导电性、负极－电解质界面膜（SEI）和正极－电解质中间相（CEI）稳定、多硫化物锚定等。在本节，以锂离子电池硅基负极黏结剂为例，介绍不同类型的黏结剂。

4.6.2 线性聚合物黏结剂

聚合物黏结剂只占电极中所有组分的一小部分，对硅基材料性能的影响通常被低估。正如以上部分所介绍的，传统的 PVDF 黏结剂依靠范德华力来连接电极内的所有组分，但弱的相互作用力无法维持体积变化剧烈的 Si 负极。据报道，在高温（300℃）下加热 Si-PVDF 电极可以提升 PVDF 的流动性并改善 PVDF 的分布，从而在活性材料表面形成更好的涂层。得益于这一点，可以显著提高对 Si 颗粒在集流体上的附着力，在 50 次循环后容量保持约 600mA・h/g[195]。目前，多种先进的聚合物黏结剂已经被广泛应用于硅基负极材料。

早些年，研究人员尝试用 CMC 和 PAA[196,197]代替传统的 PVDF 黏结剂，丰富的羧基增加了黏结剂和硅颗粒之间的相互作用，并取得了一定效果。除此之外，Kovalenko 等从褐藻中提取的天然多糖——海藻酸盐（Alg），可以有效地稳定 Si 负极[198]。此后，大量海藻酸盐基黏结剂得以开发，如海藻酸盐水凝胶和交联海藻酸盐[199,200]，并在不同程度上延长了硅负极的循环寿命。海藻酸盐水凝胶的结合力依赖于引入的金属离子，β-Alg 的剥离力为 2.656N，高于其他 M-Alg（M＝Zn、Mn、Al、Ba、Ca、Na）[201]。此外，许多其他天然衍生的具有丰富官能团的线性聚合物，如壳聚糖[202]和纤维素也可作为 Si 负极的黏结剂，性能均优于 PVDF。

4.6.3 交联聚合物黏结剂

线性聚合物通过共价键与硅颗粒相互作用，具有很强的机械强度，有利于延长硅基负极的循环寿命。然而，当活性颗粒尺寸达到微米尺寸时，线性聚合物无法充分缓解 Si 的体积膨胀问题。从分子角度来看，聚合物链与表面 Si—OH 基团之间形成的共价键，可以提供很高的强度，在一定程度上可以防止 Si 粉化。但是，一旦共价键因 Si 的体积变化较大而断裂，就无法恢复，聚合物与 Si 之间的共价键会减弱甚至丧失。此外，由于相邻的聚合物链之间几乎没有相互作用，因此线性聚合物倾向于解离。因此，电极的完整性会随着时间的推移而被破坏。这就是为什么通过共价键发挥作用的黏结剂显示出比 PVDF 更好的电化学性能，但仍不能满足实际应用的要求。

因此，探索Si和聚合物黏结剂之间的理想相互作用是具有挑战性的，但也是必要的，这种相互作用可以从重复膨胀/收缩中“幸存”下来。与线性聚合物相比，具有网状交联结构的聚合物将有效提高机械强度和附着力。如PAA和CMC通过热聚合可得到高度交联的黏结剂，当用于Si负极时［见图4-51（a）］[203]，黏结剂中丰富的羟基和羧基可使Si颗粒结构保持稳定。此外，PAA与聚乙烯醇（PVA）交联聚合也可得到网状凝胶态聚合物［见图4-51（b）］[204]，同样，当其用于Si负极时［见图4-51（b）］，Si颗粒可以通过羧基和羟基紧紧固定在聚合物上，当以1C倍率循环时，循环300次每圈容量损失率仅为0.1%。

交联聚合物增加了黏结剂设计的灵活性，它可以同时获得两种不同聚合物的优点，并在稳定硅基负极方面起到协同作用。上海交通大学杨军教授团队[205]设计了一种聚(丙烯酸)-聚(2-羟乙基丙烯酸酯-共-多巴胺甲基丙烯酸酯)水性黏结剂(PAA-P(HEA-co-DMA))，其中，PAA链段充当提供黏附力的刚性链；HEA链段用作软链，提供弹性；DMA链段提供自我修复功能，如图4-51（c）所示，可以在Si颗粒和黏结剂之间形成共价键，局部形成氢键，一旦将两个破碎的聚合物膜放在一起，可以部分自我修复，潮湿环境下尤为明显。经测试，这种特殊结构的聚合物可以拉伸到400%，高于硅负极的最大体积变化。此外，剥离力经测试为0.83 N，远高于PAA（0.34N）。得益于强大的附着力和弹性，0.5～3μm的硅在1A/g电流下具备400次的循环寿命，即使在4mA·h/cm^{2}的高面容量下，也具备稳定的电化学性能。

优异的性能归因于聚合物黏结剂的巧妙设计，刚性和柔软聚合物链的结合增强了柔韧性和机械强度，可以适应硅负极的体积膨胀，局部氢键提供了自我修复能力，进一步保证了电极的完整性。聚（苯并咪唑）（PAA-PBI）[206]、交联聚丙烯酰胺（PAM）[207]、交联超支化聚乙烯亚胺（PEI）[208]、氟化－共聚物－海藻酸钠[8]也具有类似功能，可以改善Si负极的电化学性能。

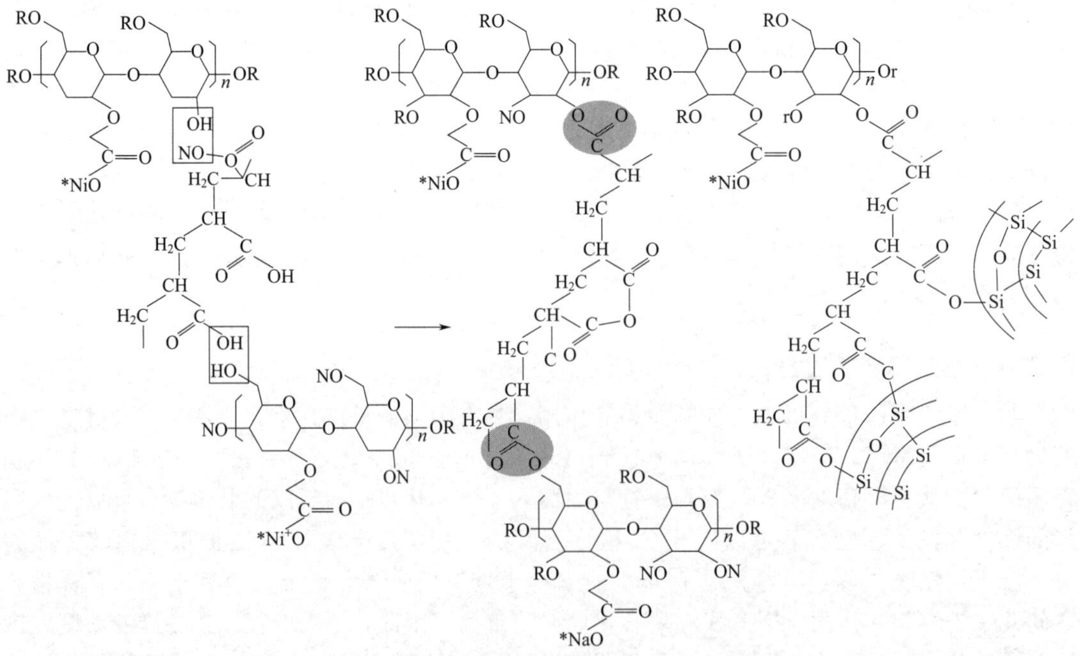

(a)

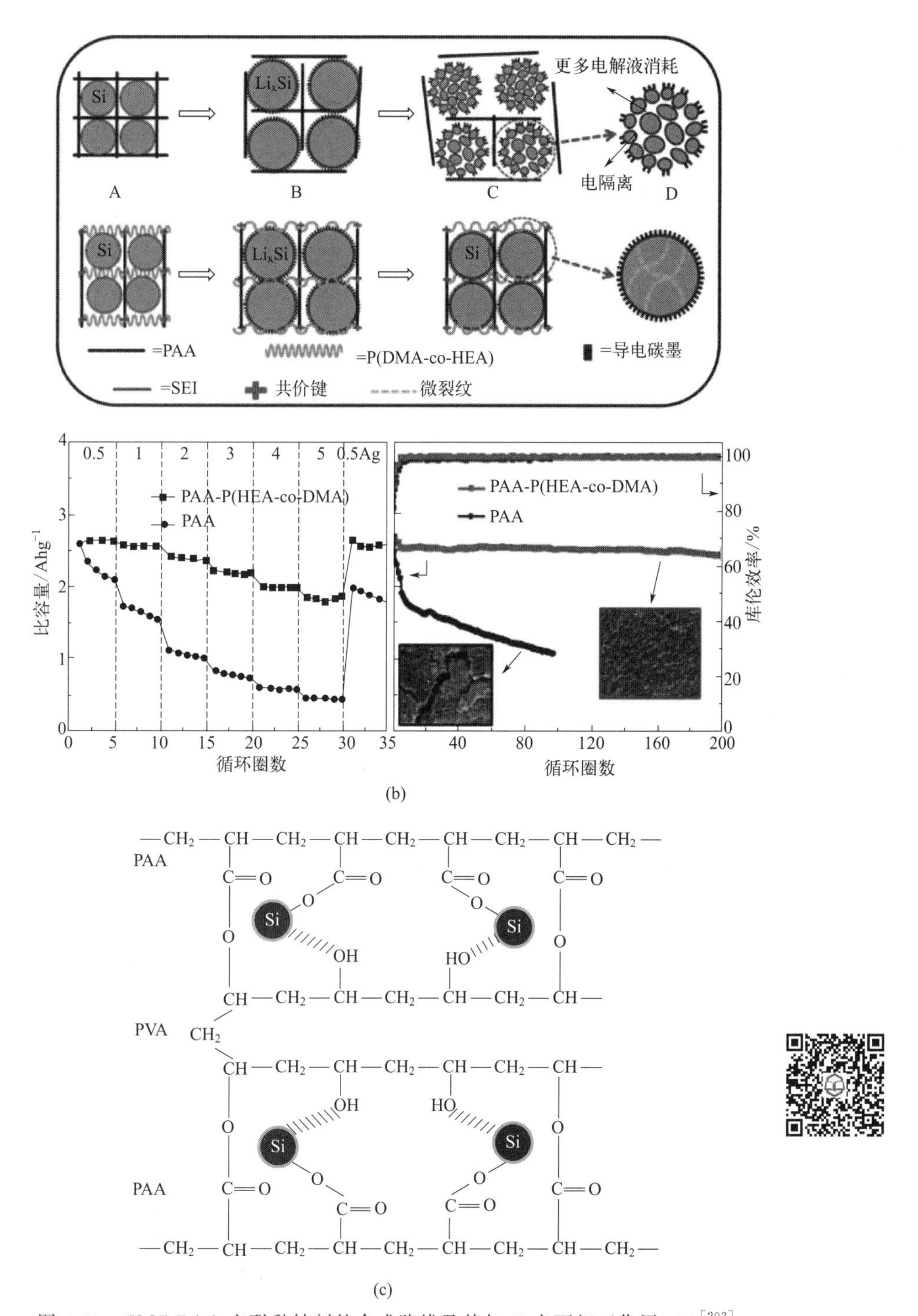

图 4-51 CMC-PAA 交联黏结剂的合成路线及其与 Si 表面相互作用（a）[203]、PVA-PAA 与 Si 表面相互作用（b）[204]及 PAA 和 PAA-P(DMA-co-HEA) 黏结剂作用机制及相应电化学性能对比（c）[205]

4.6.4 支化和超分子聚合物黏结剂

对于硅负极来说，保持结构完整性的关键是聚合物黏结性能否承受体积膨胀引起的机械应力。基于这个假设，提高电极的稳定性可以通过增加结合力或减少机械应力来实现。如前所述，聚合物黏结剂通过其活性官能团与硅颗粒表面形成共价键或氢键来发挥黏结性能，结合能决定黏附力。另一方面，施加在结合点上的机械应力可以通过使用分支结构将力分布到它们的分支上，从而确保聚合物结构和电极结构的稳定性［见图 4-52（a）］。

如图 4-52（b）所示，Choi 及其同事将超支化 β－环糊精聚合物（β-CDp）用作 Si 负极材料[209]，通过环氧氯丙烷（EPI）修饰，羟基通过多个非共价键与硅颗粒相互作用，从而获得优异的机械强度。同样，黏结剂和硅之间形成的大量氢键使电极具有自修复作用。经测试，β-CDp 在结合强度和机械稳定性方面均优于海藻酸盐。具有超分子结构的聚合物黏结剂具备显著优势，Choi 团队又在 β-CDp 中引入了具有六个金刚烷单元的树枝状没食子酸衍生交联剂［见图 4-52（c）］，它与 β-CDp 形成“动态交联”[210]。这种“主客体”相互作用进一步增强了结合力。受千足虫黏附机制的启发，发现超结构 XG［见图 4-52（d）］通过形成双螺旋超结构，增加硅黏结剂和集流体之间的接触点数量，可有效稳定硅负极[211]。

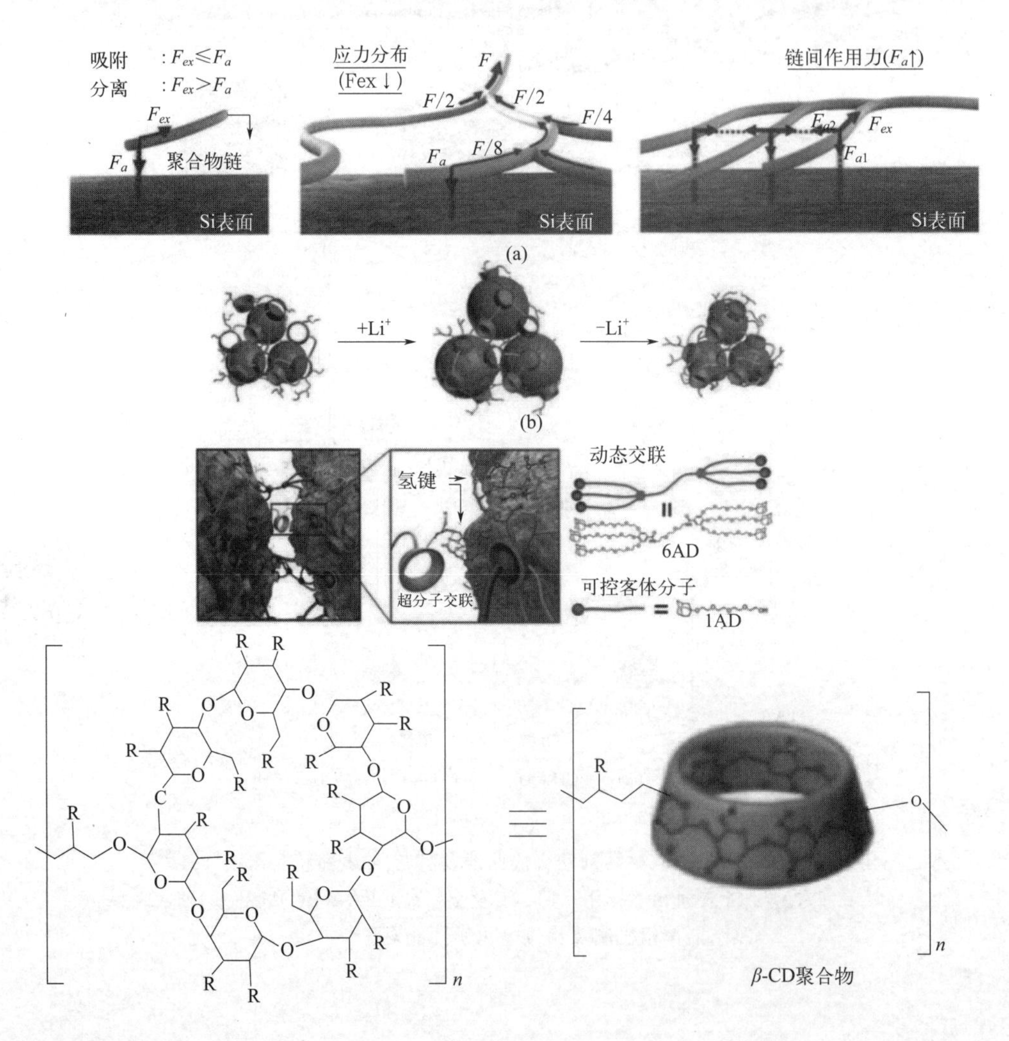

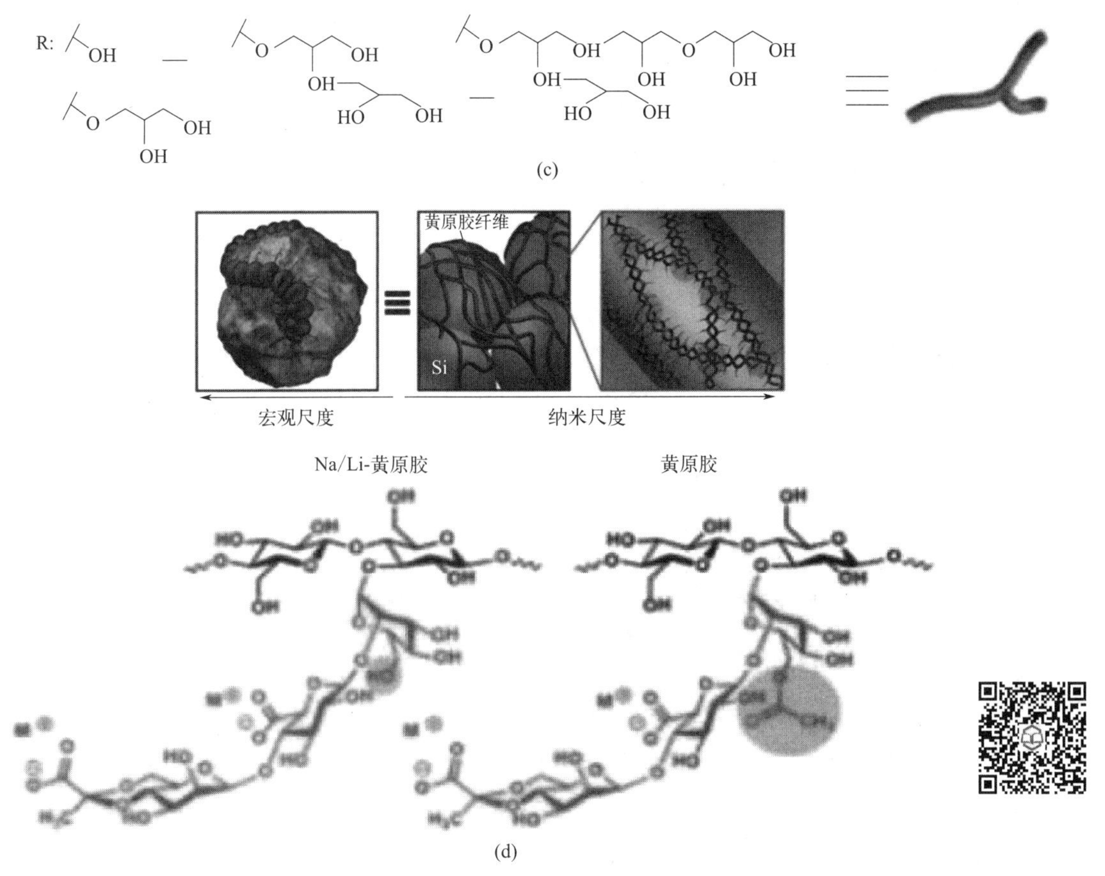

图 4-52　支化和超分子聚合物黏结剂结构与作用机制

(a) 多枝化聚合物应力分散；(b) 超支化 β—环糊精作用机制[209]；
(c) 树枝状没食子酸衍生黏结剂[210]；(d) 黄原胶纳米尺寸和分子结构[211]

相比纳米 Si 负极，解决微米 Si 负极的体积膨胀更具挑战性，Wang 等制备了一种具有自修复功能的聚合物黏结剂（见图 4-53）[212]，自修复聚合物（SHP）是一种随机支化的氢键聚合物。无定形结构和低的玻璃化转变温度（T_g）使聚合物链具有移动能力，相邻的聚合物链可以通过氢键相互作用，从而电极出现裂缝或机械损伤后实现自修复［见图 4-53（a）和（b）］。值得注意的是，除了自修复功能外，交联网络还提供了更强的机械强度，拉伸 300%而不会断裂。此外，当与炭黑复合时，它可以在拉伸过程中保持良好的导电性［见图 4-53（c）］。即使在断裂后，导电网络也可以通过自我修复重新连接，实现了低成本微米硅的应用价值。

4.6.5　导电聚合物黏结剂

尽管解决 Si 负极的体积膨胀问题是首要任务，但 Si 本身固有的低导电性也需克服。为了提高整体电极的电导率，通常将硅与碳材料复合，并且在电极制备过程中加入炭黑等导电剂。然而，这些惰性物质的引入将降低电极的能量密度。考虑到这一点，使用导电聚合物黏结剂可能是一种较好选择。

Oh 和同事合成了一种高度共轭的聚合物黏结剂 3,6-聚（菲醌）（PPQ），并将其用于纳

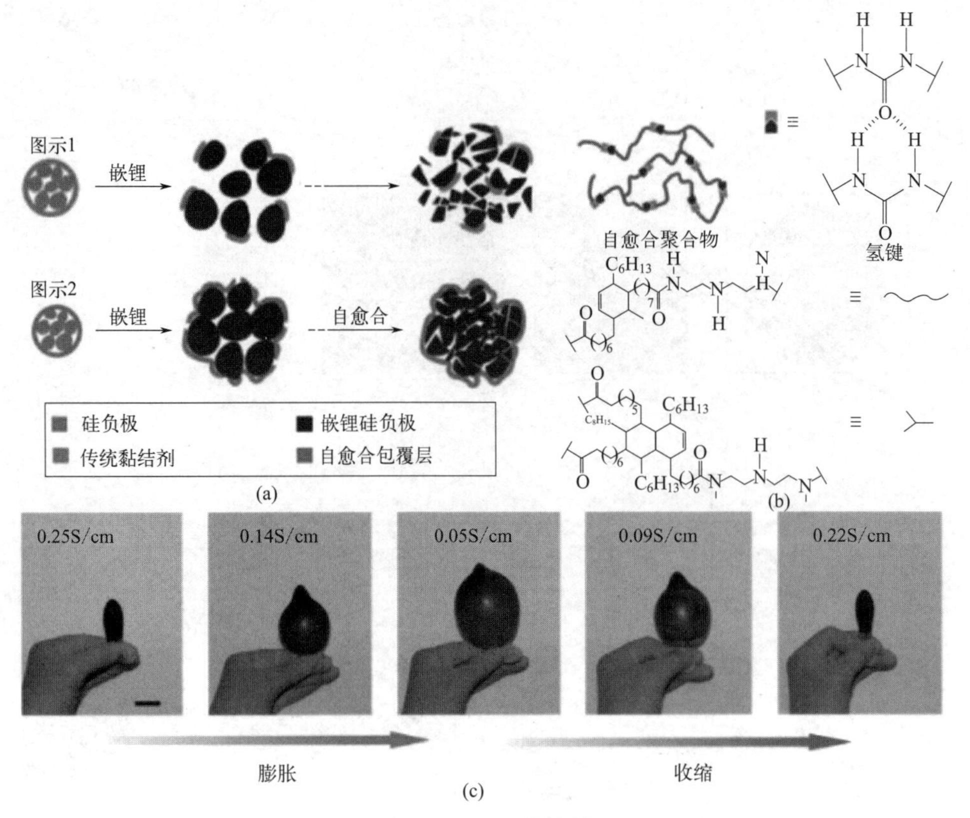

图 4-53 SHP 黏结剂

(a) 传统黏结剂和 SHP 黏结剂在 Si 负极中的作用机制；

(b) SHP 黏结剂的分子结构；(c) 体积变化时 SHP 黏结剂的电子导电性[212]

米 Si 负极[213]，PPQ 的使用可以将黏结剂含量降至仅 10%。放电时，PPQ 得到电子形成 n 型掺杂，因此具备导电性。

当导电聚合物用作体积变化较小的活性材料黏结剂时，黏附强度也许没有那么重要，但是对于体积变化大的 Si 负极，这个问题就不能被忽视。Liu 等设计并合成了一种基于聚芴 (PF) 型导电聚合物：聚(9,9-二辛基芴-共-芴酮-共-甲基苯甲酸酯) (PFFOMB) [见图 4-54 (a)][214]。根据计算，最低 LUMO 能量可以通过羰基降低 [见图 4-54 (b)]。此外，Li 与羰基的结合能为 2.46eV，略高于 Li 与 Si 的结合能 (2.42eV)。换句话说，锂会先与聚合物反应，有助于形成稳定的 SEI 膜。此外，当锂与聚合物结合时，可以向 PFFO 提供一个电子，从而提高导电性。通过将 MB 单元引入 PFFO，由于可以与 Si 表面上的羟基形成化学键，可以显著增强结合力[215]。此外，它们通过引入三氧化乙烯单甲醚侧链优化了聚合物结构，可以提高电解液吸收能力[216]。

传统的导电聚合物如果经过改性具备很强的黏结能力，也可以用作硅负极黏结剂。一种具有高导电性和强附着力的聚(1-芘甲基丙烯酸甲酯-共聚-甲基丙烯酸) (PPyMAA) 黏结剂得以研究[217]，MMA 的高附着力和 PPy 的高电导率有利于电子/Li^+ 传输和电极结构稳定性。MMA 单体中的-COOH 能够与 Si 颗粒上的表面基团形成牢固的键合。MMA 的引入不会影响 PPy 的 LUMO 态，共聚物的电导率变化可以忽略不计，而黏附能力却大大增强。其凭借这一优势，具有巨大的商业应用价值。

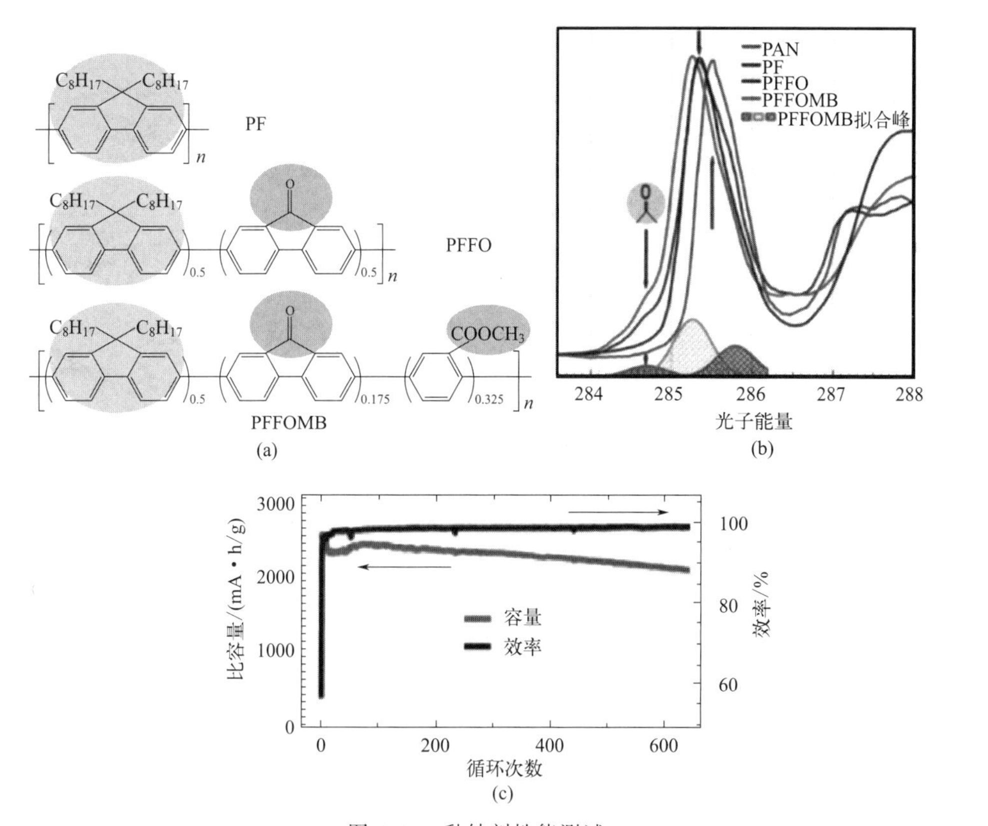

图 4-54　黏结剂性能测试

(a) PFFOMB 导电聚合物黏结剂的分子结构；(b) 不同黏结剂的 C-1sXAS 谱；

(c) 以 PFFOMB 作为黏结剂的 Si 负极的长循环性能[214]

尽管到目前为止已经取得了相当大的进展[218-220]，还需要进一步努力来设计导电聚合物黏结剂。现阶段，大部分公布的数据中电极的负载量都相对较低（小于 2mg/cm），全电池应用值得商榷。对于硅基负极材料，出色的半电池性能并不等同于出色的全电池性能。对于半电池，锂源通常是过量的，因此在测试过程中可能会隐藏许多问题。此外，导电聚合物的共轭骨架不能提供足够的机械强度和黏附力，这可能会导致循环过程中活性物质损失，从而导致容量衰减。因此，需要考虑接枝具有互补功能的聚合物，同时简化合成和加工过程，满足工业生产的要求。

总而言之，Si 负极黏结剂的设计已经不再只考虑单一功能，需要开发具备适应体积变化、稳定 SEI 膜或具备电子/离子导电性的多功能复合黏结剂。基于目前对硅负极黏结剂认识还不够清晰，未来黏结剂探索应考虑以下几个方面：首先，从分子结构的角度来看，理想的黏结剂应该具有大量的官能团，如羧基和羟基，与 Si 颗粒表面形成共价键/氢键，并提供优异的机械强度、黏附力以及自愈合能力。交联聚合物或超分子是优选的，它们的聚合物链运动受到限制，防止它们由于体积膨胀而解离。其次，从电子/离子导电性的角度来看，聚合物在其主链/支链上应具有共轭结构或极性官能团，如 C—O、C—N 等，才能具有电子/锂离子导电性。第三，聚合物合成和设计具有相当大的灵活性，有望以模块化方式设计黏结剂，具有不同所需结构的片段/聚合物可以共聚成具有所需特定功能的超分子。第四，应考虑成本和可持续性，天然聚合物的应用或改性是理想的。

习题与思考题

1.选择题

(1) 如右图，若分别组装 $LiMnPO_4 \parallel Li$、$LiMnPO_4 \parallel Li_4Ti_5O_{12}$ 电池，两个电池的电压分别为（　　）。

4.1 V
$LiMnPO_4$
3.4 V
$LiFePO_4$
2.5 V
$Li_3Ti_2(PO_4)_3$
1.5 V
$Li_4Ti_5O_{12}$

A. 4.1V、1.9V　　B. 2.5V、1.5V

C. 1.6V、1.9V　　D. 4.1V、2.6V

(2) 钴酸锂离子电池放电时的反应为 $Li_{1-x}CoO_2 + Li_xC_6 \longrightarrow LiCoO_2 + C_6$，下列有关这种锂离子电池的说法错误的是（　　）。

A. 电池内部运载电荷的是 Li^+

B. 放电结束时，负极材料是填充了金属锂的石墨（Li_xC_6）

C. 锂离子电池电解质溶液是 Li^+ 盐的水溶液

D. 放电过程中锂离子有电子的得失

(3) 以下有关层状正极材料（$LiMO_2$）说法正确的是（　　）。

A. $LiCoO_2$ 材料主要有 4V、4.5V 两个平台

B. $LiCoO_2$ 材料脱锂过程中容易出现氧失电子导致结构坍塌

C. $LiNiO_2$ 材料易发生 Li/Ni 混排，导致材料结构不稳定

D. $LiMnO_2$ 材料易发生 Li/Ni 混排，导致材料结构不稳定

(4) 以下有关镍锰尖晶石类材料和富锂锰基材料说法正确的是（　　）。

A. 镍锰尖晶石类材料中，Mn^{3+} 在 HF 作用下极易歧化为 Mn^{4+} 和 Mn^{2+}

B. 5V 锰酸锂尖晶石材料电压高，需要开发与其相匹配的高压电解液

C. 富锂锰基材料易发生脱氧反应，导致首次效率低

D. 富锂锰基材料结构和充放电机理目前还存在争议

(5) 以下有关三元材料说法正确的是（　　）。

A. 随着镍含量的增加，Li/Ni 混排变得严重，但热稳定性越好

B. 三元材料中钴元素主要起到抑制 Li/Ni 混排、改善倍率性能的作用

C. 三元材料中锰元素主要起到稳定框架的作用

D. 可通过包覆、掺杂的办法提高三元材料的稳定性

(6) 有关聚阴离子材料，说法正确的是（　　）。

A. 过渡金属可互相部分取代，进而得到具有不同电压的材料

B. 一般导电性较差，可通过碳包覆提高材料的导电性

C. 可通过“诱导效应”调节容量

D. 材料种类非常丰富且多种材料已商业化

(7) 右图为 LiC_{18} 的阶结构示意图，当放电至此种状态时，石墨材料的理论比容量约是（　　）(不考虑副反应)。

M_{Li}=7g/mol
M_c=12g/mol

$Q=n\frac{26800}{M}$(mA·h/g)
M:材料的摩尔质量
n:1mol材料中可反应的锂摩尔量

A. 372mA·h/g

B. 339mA·h/g

C. 186mA·h/g

D. 124mA·h/g

(8) 已知 Al 可在 0.5V 左右嵌锂，因此 Al 一般不用作负极集流体。但以下哪个材料作负极时，Al 可以用作负极集流体（　　）？

A. C（～0.1V）

B. $Li_3Ti_2(PO_4)_3$（～2.5V）

C. $Li_4Ti_5O_{12}$（～1.5V）

D. TiO_2（～1.5V）

(9) 下面有关负极说法正确的是（　　）。

A. 在锂离子电池中，通常选用石墨或者软碳做负极，因为硬碳难以石墨化，而软碳经高温处理容易石墨化

B. 负极表面很容易形成非常稳定的 SEI 膜

C. Si 和 Sn 等易和 Li 形成 Li-Si 或 Li-Sn 合金，为合金型负极材料

D. 硅基和锡基负极材料在与锂形成合金时，均有较为严重的体积膨胀现象

2. 简答题

(1) 简述锂离子电池的结构组成。

(2) 阐述二次锂离子电池的充放电机理，写出以钴酸锂（$LiCoO_2$）为正极材料，石墨为负极材料的总电池反应，并计算该电池的理论容量。

(3) 简述常见的正极材料种类及其特点。

(4) 简述 $LiFePO_4$ 正极材料存在的问题及改性方法。

(5) 分别阐述三元材料与 $LiFePO_4$ 材料的优缺点。

(6) 简述碳负极表面 SEI 膜的形成原因及正面作用。

(7) 为什么要开发高比容量负极材料？

(8) 简述锂离子电池负极材料的种类和特点。

(9) 碳基负极材料与硅基负极材料在工作原理上有什么不同？

(10) 高比容量负极材料有哪些？

(11) 锂离子电池有机液态电解质的构成组分及电解质锂盐选择的原则是什么？

(12) 常见的电解液用有机溶剂种类有哪些？

(13) 常用于制备固态电解质的聚合物有哪些？

(14) 简述聚合物电解质的种类。

(15) 阐述现在聚合物电解质存在的问题。

(16) 为什么要开发固态电解质，其优势有哪些？

(17) 简述凝胶聚合物电解质和固态电解质作用机制的区别。

(18) 简述聚合物分子链的链柔性对固态电解质性能的影响作用。

(19) 试着阐述无机固态电解质面临哪些难题？现在有什么解决方案？

(20) 针对锂离子电池隔膜的主要性能要求，目前有哪些测试表征方法？

(21) 阐述聚烯烃隔膜的性能优势，对比 PE、PP 两种聚合物的特点，并分析其作为隔膜材料的优缺点。

(22) 除聚烯烃体系之外，还有什么材料能够满足对锂离子电池隔膜的主要性能要求？

(23) 如何在固态电池的设计开发中协作发挥隔膜与电解质的功能一体化？

(24) 黏结剂材料的主要检测指标有哪些？

(25) 以 CMC 为例，阐述黏结剂在电极中的作用。

(26) 影响极片黏结力的因素有哪些？

参考文献

[1] Goodenough J B, Park K S. The Li-ion rechargeable battery: a perspective[J]. Journal of the American Chemical Society, 2013, 135 (4), 1167-1176.

[2] Tarascon J M, Armand M. Issues and challenges facing rechargeable lithium batteries[J]. Nature, 2011, 414, 359-367.

[3] Wang L P, Wu Z R, Zou J, et al. Li-free cathode materials for high energy density lithium batteries[J]. Joule, 2019, 3 (9), 2086-2102.

[4] Whittingham M S. Chemistry of intercalation compounds: Metal guests in chalcogenide hosts[J]. Progress in Solid State Chemistry, 1978, 12(1): 41-99.

[5] Nakajima, K. Conversation too hot to handle[J]. Mainichi Daily News, 1989, 1, 1.

[6] Murphy D W, Christian P A. Solid state electrodes for high energy batteries[J]. Science, 1979, 205 (4407): 651-656.

[7] Mizushima K, Jones P C, Wiseman P J, et al. $LixCoO_2$ ($0<x<-1$): A new cathode material for batteries of high energy density[J]. Materials Research Bulletin, 1980, 15(6): 783-789.

[8] Thackeray M M, David W I F, Bruce P G, et al. Lithium insertion into manganese spinels[J]. Materials Research Bulletin, 1983, 18(4): 461-472.

[9] Murphy D W, Di Salvo F J, Carides J N, et al. Topochemical reactions of rutile related structures with lithium[J]. Materials Research Bulletin, 1978, 13(12): 1395-1402.

[10] Lazzari M, Scrosati B. A cyclable lithium organic electrolyte cell based on two intercalation electrodes [J]. Journal of The Electrochemical Society, 1980, 127(3): 773.

[11] Yoshino A, Sanechika K, Nakajima T. Secondary Battery[P]. Japanese, 1989293,1985.

[12] Kraytsberg A, Ein-Eli Y. A critical review-promises and barriers of conversion electrodes for Li-ion batteries[J]. Journal of Solid State Electrochemistry, 2017, 21 (7), 1907-1923.

[13] Turcheniuk K, Bondarev D, Singhal V, et al. Ten years left to redesign lithium-ion batteries[J]. Nature, 2018, 559 (7715), 467-470.

[14] Ozawa K. Lithium-ion rechargeable batteries with $LiCoO_2$ and carbon electrodes: the $LiCoO_2$/C system[J]. Solid State Ionics, 1994, 69(3-4): 212-221.

[15] Lyu Y, Wu X, Wang K, et al. An overview on the advances of $LiCoO_2$ cathodes for lithium-ion batteries[J]. Advanced Energy Materials, 2021, 11(2): 2000982.

[16] Thomas M, Bruce P G, Goodenough J B. AC impedance snalysis of polycrystalline insertion electrodes: application to $Li_{1-x}CoO_2$[J]. Journal of the Electrochemical Society, 1985, 132 (7), 1521-1528.

[17] Chen Z, DAhn J R. Methods to obtain excellent capacity retention in $LiCoO_2$ cycled to 4.5 V[J]. Electrochimica Acta, 2004, 49 (7), 1079-1090.

[18] Lu X, Sun Y, Jian Z, et al. New insight into the atomic structure of electrochemically delithiated O3-$Li_{1-x}CoO_2$ ($0\leqslant x\leqslant 0.5$) nanoparticles[J]. Nano Letters, 2012, 12 (12), 6192-6197.

[19] Xia H, Lu L, Meng Y S, et al. Phase transitions and high-voltage electrochemical behavior of $LiCoO_2$ thin films grown by pulsed laser deposition[J]. Journal of the Electrochemical Society, 2007, 154 (4),

A337-A342.

[20] Zhang J N, Li Q, Wang Y, et al. Dynamic evolution of cathode electrolyte interphase (CEI) on high voltage $LiCoO_2$ cathode and its interaction with Li anode[J]. Energy Storage Materials, 2018, 14: 1-7.

[21] Kikkawa J, Terada S, Gunji A, et al. Chemical states of overcharged $LiCoO_2$ particle surfaces and interiors observed using electron energy-loss spectroscopy[J]. The Journal of Physical Chemistry C, 2015, 119(28): 15823-15830.

[22] Amatucci G G, Tarascon J M, Klein L C. Cobalt dissolution in $LiCoO_2$-based non-aqueous rechargeable batteries[J]. Solid State Ionics, 1996, 83 (1-2), 167-173.

[23] Jena A, Lee P H, Pang W K, et al. Monitoring the phase evolution in $LiCoO_2$ electrodes during battery cycles using in-situ neutron diffraction technique[J]. Journal of the Chinese Chemical Society, 2019, 67 (3), 344-352.

[24] Xu H T, Zhang H, Liu L, et al. Fabricating hexagonal Al-doped $LiCoO_2$ nanomeshes based on crystal-mismatch strategy for ultrafast lithium storage[J]. ACS Applied Materials & Interfaces, 2015, 7 (37), 20979-20986.

[25] Kim J, Kang H, Go N, et al. Egg-shell structured $LiCoO_2$ by Cu^{2+} substitution to Li^+ sites via facile stirring in an aqueous copper(ii) nitrate solution[J]. Journal of Materials Chemistry A, 2017, 5 (47), 24892-24900.

[26] Zhang J N, Li Q, Ouyang C, et al. Trace doping of multiple elements enables stable battery cycling of $LiCoO_2$ at 4.6 V[J]. Nature Energy, 2019, 4 (7), 594-603.

[27] Qian J, Liu L, Yang J, et al. Electrochemical surface passivation of $LiCoO_2$ particles at ultrA · high voltage and its applications in lithium-based batteries[J]. Nature Communications, 2018, 9 (1), 4918.

[28] Delmas C, Ménétrier M, Croguennec L, et al. Lithium batteries: a new tool in solid state chemistry [J]. International Journal of Inorganic Materials, 1999, 1(1): 11-19.

[29] Delmas C, Peres J P, Rougier A, et al. On the behavior of the Li_xNiO_2 system: an electrochemical and structural overview[J]. Journal of Power Sources, 1997, 68(1): 120-125.

[30] Hwang B J, Tsai Y W, Carlier D, et al. A combined computational/experimental study on $LiNi_{1/3}Co_{1/3}Mn_{1/3}O_2$[J]. Chemistry of Materials, 2003, 15 (19), 3676-3682.

[31] Noh H-J, Youn S, Yoon C S, et al. Comparison of the structural and electrochemical properties of layered $Li[Ni_xCo_yMn_z]O_2$ (x = 1/3, 0.5, 0.6, 0.7, 0.8 and 0.85) cathode material for lithium-ion batteries[J]. Journal of Power Sources, 2013, 233, 121-130.

[32] Kim N Y, Yim T, Song J H, et al. Microstructural study on degradation mechanism of layered $LiNi_{0.6}Co_{0.2}Mn_{0.2}O_2$ cathode materials by analytical transmission electron microscopy[J]. Journal of Power Sources, 2016, 307, 641-648.

[33] Hwang S, Chang W, Kim S M, et al. Investigation of changes in the surface structure of $Li_xNi_{0.8}Co_{0.15}Al_{0.05}O_2$ cathode materials induced by the initial charge[J]. Chemistry of Materials, 2014, 26 (2), 1084-1092.

[34] Jung S K, Gwon H, Hong J, et al. Understanding the degradation mechanisms of $LiNi_{0.5}Co_{0.2}Mn_{0.3}O_2$ cathode material in lithium ion batteries[J]. Advanced Energy Materials, 2014, 4 (1), 1300787.

[35] Feng X, Ren D, He X, et al. Mitigating thermal runaway of lithium-ion batteries[J]. Joule, 2020, 4 (4), 743-770.

[36] Ryu H H, Park K J, Yoon C S, et al. Capacity fading of Ni-rich $Li[Ni_xCo_yMn_{1-x-y}]O_2$ ($0.6 \leqslant x \leqslant 0.95$) cathodes for high-energy-density lithium-ion batteries: Bulk or Surface Degradation? [J]. Chemistry of Materials, 2018, 30 (3), 1155-1163.

[37] Sun H H, Ryu H-H, Kim U-H, et al. Beyond doping and coating: prospective strategies for stable high-capacity layered Ni-rich cathodes[J]. ACS Energy Letters, 2020, 5 (4), 1136-1146.

[38] Xie H, Du K, Hu G, et al. The role of sodium in $LiNi_{0.8}Co_{0.15}Al_{0.05}O_2$ cathode material and its electrochemical behaviors[J]. The Journal of Physical Chemistry C, 2016, 120 (6), 3235-3241.

[39] Yu A, Subba Rao G V, Chowdari B V R. Synthesis and properties of $LiGa_xMg_yNi_{1-x-y}O_2$ as cathode material for lithium ion batteries[J]. Solid State Ionics, 2000, 135 (1), 131-135.

[40] Du R, Bi Y, Yang W, et al. Improved cyclic stability of $LiNi_{0.8}Co_{0.1}Mn_{0.1}O_2$ via Ti substitution with a cut-off potential of 4.5V[J]. Ceramics International, 2015, 41 (5), 7133-7139.

[41] Jo M, Noh M, Oh P, et al. A new high power $LiNi_{0.81}Co_{0.1}Al_{0.09}O_2$ cathode material for lithium-ion batteries[J]. Advanced Energy Materials, 2014, 4(13): 1301583.

[42] Woo S-U, Park B-C, Yoon C S, et al. Improvement of electrochemical performances of $LiNi_{0.8}Co_{0.1}Mn_{0.1}O_2$ cathode materials by fluorine substitution[J]. Journal of the Electrochemical Society, 2007, 154 (7), A649.

[43] Sun Y-K, Myung S-T, Park B-C, et al. Improvement of the electrochemical properties of $LiNi_{0.5}Mn_{0.5}O_2$ by AlF_3 coating[J]. Journal of the Electrochemical Society, 2008, 155 (10), A705-A710.

[44] Yoon S, Jung K-N, Yeon S-H, et al. Electrochemical properties of $LiNi_{0.8}Co_{0.15}Al_{0.05}O_2$-graphene composite as cathode materials for lithium-ion batteries[J]. Journal of Electroanalytical Chemistry, 2012, 683, 88-93.

[45] Jo C-H, Cho D-H, Noh H-J, et al. An effective method to reduce residual lithium compounds on Ni-rich $Li[Ni_{0.6}Co_{0.2}Mn_{0.2}]O_2$ active material using a phosphoric acid derived Li_3PO_4 nanolayer[J]. Nano Research, 2015, 8 (5), 1464-1479.

[46] Son I H, Park J H, Kwon S, et al. Self-terminated artificial SEI layer for nickel-rich layered cathode material via mixed gas chemical vapor deposition[J]. Chemistry of Materials, 2015, 27 (21), 7370-7379.

[47] Wang D, Wang Z, Li X, et al. Effect of surface fluorine substitution on high voltage electrochemical performances of layered $LiNi_{0.5}Co_{0.2}Mn_{0.3}O_2$ cathode materials[J]. Applied Surface Science, 2016, 371: 172-179.

[48] Sun Y K, Myung S T, Kim M H, et al. Synthesis and characterization of $Li[(Ni_{0.8}Co_{0.1}Mn_{0.1})_{0.8}(Ni_{0.5}Mn_{0.5})_{0.2}]O_2$ with the microscale coreshell structure as the positive electrode material for lithium batteries[J]. Journal of the American Chemical Society, 2005, 127(38): 13411-13418.

[49] Sun Y K, Chen Z, Noh H J, et al. Nanostructured high-energy cathode materials for advanced lithium batteries[J]. Nature Materials, 2012, 11 (11), 942-947.

[50] Xu X, Huo H, Jian J, et al. Radially oriented single-crystal primary nanosheets enable ultrA • high rate and cycling properties of $LiNi_{0.8}Co_{0.1}Mn_{0.1}O_2$ cathode material for lithium-ion batteries[J]. Advanced Energy Materials, 2019, 9 (15), 1803963.

[51] Lee S, Cho Y, Song H K, et al. Carbon-coated single-crystal $LiMn_2O_4$ nanoparticle clusters as cathode material for high-energy and high-power lithium-ion batteries[J]. Angewandte Chemie, 2012, 124 (35): 8878-8882.

[52] Xia H, Xia Q, Lin B, et al. Self-standing porous $LiMn_2O_4$ nanowall arrays as promising cathodes for advanced 3D microbatteries and flexible lithium-ion batteries[J]. Nano Energy, 2016, 22, 475-482.

[53] Bareno J, Lei C H, Wen J G, et al. Local structure of layered oxide electrode materials for lithium-ion batteries[J]. Advanced Materials, 2010, 22 (10), 1122-1127.

[54] Yu H, Ishikawa R, So Y G, et al. Direct atomic-resolution observation of two phases in the

$Li_{1.2}Mn_{0.567}Ni_{0.166}Co_{0.067}O_2$ cathode material for lithium-ion batteries[J]. Angewandte Chemie, International Edition in English, 2013, 52 (23), 5969-5973.

[55] Yu H J, So Y G, Kuwabara A, et al. Crystalline grain interior configuration affects lithium migration kinetics in Li-rich layered oxide[J]. Nano Letters, 2016, 16 (5), 2907-2915.

[56] Yoon W S, Kim N, Yang X Q, et al. ^{6}Li MAS NMR and in situ X-ray studies of lithium nickel manganese oxides[J]. Journal of power sources, 2003, 119: 649-653.

[57] Yu H, Kim H, Wang Y, et al. High-energy 'composite' layered manganese-rich cathode materials via controlling Li_2MnO_3 phase activation for lithium-ion batteries[J]. Physical Chemistry Chemical Physics, 2012, 14 (18), 6584-6595.

[58] Ding Z, Xu M, Liu J, et al. Understanding the enhanced kinetics of gradient-chemical-doped lithium-rich cathode material[J]. ACS Applied Materials & Interfaces, 2017, 9 (24), 20519-20526.

[59] Ding Z P, Zhang C X, Xu S, et al. Stable heteroepitaxial interface of Li-rich layered oxide cathodes with enhanced lithium storage[J]. Energy Storage Materials, 2019, 21, 69-76.

[60] Nishimura S, Kobayashi G, Ohoyama K, et al. Experimental visualization of lithium diffusion in Li_xFePO_4[J]. Nature Materials, 2008, 7 (9), 707-711.

[61] Gong Z, Yang Y. Recent advances in the research of polyanion-type cathode materials for Li-ion batteries[J]. Energy & Environmental Science, 2011, 4 (9), 3223-3242.

[62] Padhi A K, Nanjundaswamy K S, Goodenough J B. Phospho-olivines as positive-electrode materials for rechargeable lithium batteries[J]. Journal of the electrochemicalsociety, 1997, 144(4): 1188.

[63] Wang Y, Wang Y, Hosono E, et al. The design of a $LiFePO_4$/carbon nanocomposite with a core-shell structure and its synthesis by an in situ polymerization restriction method[J]. Angewandte Chemie International Edition, 2008, 47 (39), 7461-7465.

[64] Li W, Wei Z, Huang L, et al. Plate-like $LiFePO_4$/C composite with preferential (010) lattice plane synthesized by cetyltrimethylammonium bromide-assisted hydrothermal carbonization[J]. Journal of Alloys and Compounds, 2015, 651, 34-41.

[65] Wang J, Sun X. Olivine $LiFePO_4$: the remaining challenges for future energy storage[J]. Energy & Environmental Science, 2015, 8 (4), 1110-1138.

[66] Chung S Y, Bloking J T, Chiang Y M. Electronically conductive phospho-olivines as lithium storage electrodes[J]. Nature Materials, 2002, 1 (2), 123-128.

[67] Gummow R J, He Y. Recent progress in the development of Li_2MnSiO_4 cathode materials[J]. Journal of Power Sources, 2014, 253, 315-331.

[68] Lv D, Bai J, Zhang P, et al. Understanding the high capacity of Li_2FeSiO_4: in situ XRD/XANES study combined with first-principles calculations[J]. Chemistry of Materials, 2013, 25 (10), 2014-2020.

[69] Masese T, Tassel C, Orikasa Y, et al. Crystal structural changes and charge compensation mechanism during two lithium extraction/insertion between Li_2FeSiO_4 and $FeSiO_4$[J]. The Journal of Physical Chemistry C, 2015, 119 (19), 10206-10211.

[70] Saracibar A, Van Der Ven A, Arroyo-De Dompablo M E. Crystal structure, energetics, and electrochemistry of Li_2FeSiO_4 polymorphs from first principles calculations[J]. Chemistry of Materials, 2012, 24(3), 495-503.

[71] Lee H, Park S-D, Moon J, et al. Origin of poor cyclability in Li_2MnSiO_4 from first-principles calculations: layer exfoliation and unstable cycled structure[J]. Chemistry of Materials, 2014, 26 (13), 3896-3899.

[72] Kalantarian M M, Oghbaei M, Asgari S, et al. Understanding non-ideal voltage behaviour of cathodes

for lithium-ion batteries[J]. Journal of Materials Chemistry A, 2014, 2 (45), 19451-19460.

[73] Winter M, Barnett B, Xu K. Before Li ion batteries [J]. Chemical reviews, 2018, 118 (23): 11433-11456.

[74] Zanini M, Basu S, Fischer J E. Alternate synthesis and reflectivity spectrum of stage 1 lithium-graphite intercalation compound[J]. Carbon, 1978, 16 (3), 211-212.

[75] Armand M, Tarascon J M. Building better batteries[J]. Nature, 2008, 451(7179), 652-657.

[76] Xu Z L, Liu X M, Luo Y S, et al. Nanosilicon anodes for high performance rechargeable batteries[J]. Progress in Materials Science, 2017, 90, 1-44.

[77] Abouali S, Akbari Garakani M, Zhang B, et al. Co_3O_4/porous electrospun carbon nanofibers as anodes for high performance Li-ion batteries[J]. Journal of Materials Chemistry A, 2014, 2(40), 16939-16944.

[78] Abouali S, Akbari Garakani M, Zhang B, et al. Electrospun carbon nanofibers with in situ encapsulated Co_3O_4 nanoparticles as electrodes for high-performance supercapacitors[J]. ACS applied materials & interfaces, 2015, 7(24), 13503-13511.

[79] Goriparti S, Miele E, De Angelis F, et al. Review on recent progress of nanostructured anode materials for Li-ion batteries[J]. Journal of power sources, 2014, 257, 421-443.

[80] Zhang W J. A review of the electrochemical performance of alloy anodes for lithium-ion batteries[J]. Journal of Power Sources 2011, 196 (1), 13-24.

[81] Obrovac M N, Chevrier V L. Alloy negative electrodes for Li-ion batteries[J]. Chemical reviews 2014, 114 (23), 11444-11502.

[82] Omaru A, Azuma H, Nishi Y. Negative electrode material, manufacturing thereof, and nonaqueous electrolyte battery made therefrom[P]. Japan WO1992016026A1, 1992.

[83] Marsh H, Griffiths J A. A high resolution electron microscopy study of graphitization of graphitizable carbon[C]. In International symposium on carbon. Carbon society of Japan. Annual meeting. 9, 1982, 81-83.

[84] Abraham K M. Directions in secondary lithium battery research and development[J]. Electrochimica Acta 1993, 38 (9), 1233-1248.

[85] Sekai K, Azuma H, Omaru A, et al. Lithium-ion rechargeable cells with $LiCoO_2$ and carbon electrodes [J]. Journal of power sources, 1993, 43 (1), 241-244.

[86] Winter M, Besenhard J O, Spahr M E, et al. Insertion electrode materials for rechargeable lithium batteries[J]. Advanced Materials, 1998, 10 (10), 725-763.

[87] Harris S J, Timmons A, Baker D R, et al. Direct in situ measurements of Li transport in Li-ion battery negative electrodes[J]. Chemical Physics Letters, 2010, 485(4-6), 265-274.

[88] Peled E. The electrochemical behavior of alkali and alkaline earth metals in nonaqueous battery systems-the solid electrolyte interphase model[J]. Journal of The Electrochemical Society, 1979, 126 (12), 2047-2051.

[89] Orsini F, Dupont L, Beaudoin, B, et al. Scanning and transmission electron microscopy contributions to the improvement of electrode materials and interfaces in the design of better batteries [J]. International Journal of Inorganic Materials, 2000, 2 (6), 701-715.

[90] Peled E, Golodnitsky D, Ardel G. Advanced model for solid electrolyte interphase electrodes in liquid and polymer electrolytes[J]. Journal of The Electrochemical Society, 1997, 144 (8), L208-L210.

[91] Dahn J R, Zheng T, Liu, Y H, et al. Mechanisms for lithium insertion in carbonaceous materials[J]. Science, 1995, 270 (5236), 590-593.

[92] Liu Y H, Xue J S, Zheng T, et al. Mechanism of lithium insertion in hard carbons prepared by

pyrolysis of epoxy resins[J]. Carbon 1996, 34 (2), 193-200.

[93] Dahn J R, Xing W, Gao Y. The "falling cards model" for the structure of microporous carbons[J]. Carbon, 1997, 35 (6), 825-830.

[94] Ohzuku T, Ueda A, Yamamoto N. Zero-strain insertion material of Li $[Li_{1/3}Ti_{5/3}]O_4$ for rechargeable lithium cells[J]. Journal of The Electrochemical Society, 1995, 142 (5), 1431.

[95] Fu L J, Wu Y P, van Ree T. Noncarbon negative electrode materials[J]. J. Electrochem. Soc, 1995, 140, 1431-1435.

[96] Huang S H, Wen Z Y, Zhu X J, et al. Effects of dopant on the electrochemical performance of $Li_4Ti_5O_{12}$ as electrode material for lithium ion batteries[J]. Journal of Power Sources, 2007, 165 (1), 408-412.

[97] Wang G J, Gao J, Fu L J, et al. Preparation andcharacteristic of carbon-coated $Li_4Ti_5O_{12}$ anode material[J]. Journal of Power Sources, 2007, 174 (2), 1109-1112.

[98] Okamoto H. Li-Si (Lithium-Silicon)[J]. Journal of Phase Equilibria and Diffusion, 2009, 30 (1), 118-119.

[99] Wu H, Cui Y. Designing nanostructured Si anodes for high energy lithium ion batteries[J]. Nano Today, 2012, 7 (5), 414-429.

[100] Sharma R A, Seefurth R N. Thermodynamic properties of the lithium-silicon system[J]. Journal of The Electrochemical Society, 1976, 123 (12), 1763-1768.

[101] Gu M, Wang Z G,Connell J G, et al. Electronic origin for the phase transition from amorphous Li_xSi to crystalline $Li_{15}Si_4$[J]. ACS nano, 2013, 7 (7), 6303-6309.

[102] Li J, Dahn J R. An in situ X-ray diffraction study of the reaction of Li with crystalline Si[J]. Journal of The Electrochemical Society, 2007, 154 (3), A156-A161.

[103] Mabery C F. The composition of certain products from the Cowles electrical furnace[J]. Journal of the Franklin Institute, 1886, 122 (4), 271-274.

[104] Henry N P. Method of producing silicon monoxid[P]. Google Patents, 1907.

[105] Philipp H R. Optical and bonding model for non-crystalline SiO_x and SiO_xN_y materials[J]. Journal of Non-Crystalline Solids, 1972, 8, 627-632.

[106] Philipp H R. Optical properties of non-crystalline Si, SiO, SiO_x and SiO_2[J]. Journal of Physics and Chemistry of Solids, 1971, 32 (8), 1935-1945.

[107] Dupree R, Holland D, Williams D S. An assessment of the structural models for amorphous SiO using MAS NMR[J]. Philosophical Magazine B, 1984, 50 (3), L13-L18.

[108] Temkin R J. An analysis of the radial distribution function of SiO_x[J]. Journal of Non-Crystalline Solids, 1975, 17 (2), 215-230.

[109] Schulmeister K, Mader W. TEM investigation on the structure of amorphous silicon monoxide[J]. Journal of Non-Crystalline Solids, 2003, 320 (1-3), 143-150.

[110] Hohl A, Wieder T, Van Aken P A, et al. An interface clusters mixture model for the structure of amorphous silicon monoxide (SiO)[J]. Journal of Non-Crystalline Solids, 2003, 320 (1-3), 255-280.

[111] Hirata A, Kohara S, Asada T, et al. Atomic-scale disproportionation in amorphous silicon monoxide [J]. Nature communications, 2016, 7(1), 1-7.

[112] Idota Y, Mineo Y, Matsufuji A, et al. Promising anode active materials for the coming lithium secondary batteries. 3. Tin based oxide as the negative electrode material of the lithium[J]. Denki Kagaku, 1997, 65 (9), 717-722.

[113] Tahara K, Ishikawa H, Iwasaki F, et al. Non-aqueous electrolyte secondary battery and its production method: U. S. Patent 5,395,711[P]. 1995-3-7.

[114] Morimoto H, Tatsumisago M, Minami T. Anode properties of amorphous 50SiO 50SnO powders synthesized by mechanical milling[J]. Electrochemical and Solid-State Letters, 2001, 4(2): A16.

[115] Yang J, Takeda Y, Imanishi N, et al. SiO_x-based anodes for secondary lithium batteries[J]. Solid State Ionics, 2002, 152, 125-129.

[116] Nagao Y, Sakaguchi H, Honda H, et al. Structural analysis of pure and electrochemically lithiated SiO using neutron elastic scattering[J]. Journal of The Electrochemical Society, 2004, 151 (10), A1572-A1575.

[117] Miyachi M, Yamamoto H, Kawai H, et al. Analysis of SiO anodes for lithium-ion batteries[J]. Journal of The Electrochemical Society, 2005, 152 (10), A2089-A2091.

[118] Kim J H, Park C M, Kim H, et al. Electrochemical behavior of SiO anode for Li secondary batteries [J]. Journal of Electroanalytical Chemistry, 2011, 661 (1), 245-249.

[119] Lee J K, Yoon W Y, Kim B K. Kinetics of reaction products of silicon monoxide with controlled amount of Li-ion insertion at various current densities for Li-ion batteries[J]. Journal of The Electrochemical Society, 2014, 161 (6), A927-A933.

[120] Miyachi M, Yamamoto H, Kawai H. Electrochemical properties and chemical structures of metal-doped SiO anodes for Li-ion rechargeable batteries[J]. Journal of The Electrochemical Society, 2007, 154(4), A376-A380.

[121] Liu Z H, Yu Q, Zhao Y L, et al. Silicon oxides: a promising family of anode materials for lithium-ion batteries[J]. Chemical Society Reviews, 2019, 48 (1), 285-309.

[122] Kasavajjula U, Wang C, Appleby A J. Nano-and bulk-silicon-based insertion anodes for lithium-ion secondary cells[J]. Journal of Power Sources, 2007, 163 (2), 1003-1039.

[123] Szczech J R, Jin S. Nanostructured silicon for high capacity lithium battery anodes[J]. Energy & Environmental Science, 2011, 4 (1), 56-72.

[124] Yin Y X, Wan L J, Guo Y G. Silicon-based nanomaterials for lithium-ion batteries[J]. Chinese Science Bulletin, 2012, 57 (32), 4104-4110.

[125] Choi J W, Aurbach D. Promise and reality of post-lithium-ion batteries with high energy densities[J]. Nature Reviews Materials, 2016, 1 (4), 1-16.

[126] Pan K, Zou F, Canova M, et al. Systematic electrochemical characterizations of Si and SiO anodes for high-capacity Li-ion batteries[J]. Journal of Power Sources, 2019, 413, 20-28.

[127] Su X, Wu, Q L, Li J C, et al. Silicon-based nanomaterials for lithium-ion batteries: a review[J]. Advanced Energy Materials, 2014, 4 (1), 1300882.

[128] Loaiza L C, Monconduit L, Seznec V. Si and Ge-based anode materials for Li-, Na-, and K- ion batteries: a perspective from structure to electrochemical mechanism [J]. Small, 2020, 16 (5),1905260.

[129] Ren W F, Zhou Y, Li J T, et al. Si Anode for next generation lithium-ion battery[J]. Current Opinion in Electrochemistry, 2019, 18, 46-54.

[130] 黄燕华,韩响,陈松岩. 锂离子电池硅基负极材料的研究进展[J]. 闽南师范大学学报(自然版), 2015, 28(002), 68-74.

[131] Xu C, Lindgren F, Philippe B, et al. Improved performance of the silicon anode for Li-ion batteries: understanding the surface modification mechanism of fluoroethylene carbonate as an effective electrolyte additive[J]. Chemistry of Materials, 2015, 27 (7), 2591-2599.

[132] Brousse T, Retoux R, Herterich U, et al. Thin-film crystalline SnO_2-lithium electrodes[J]. Journal of The Electrochemical Society 1998, 145 (1), 1.

[133] Zhao N H, Wang G J, Wang B, et al. A template roure to prepare nanowire arrays of amorphous

cabon nanotube-coated single crystal tin dioxide[J]. Journal of Fudan University (Natural Science), 2007, 05.

[134] Hassoun J, Derrien G, Panero S, et al. A nanostructured Sn-C composite lithium battery electrode with unique stability and high electrochemical performance[J]. Advanced Materials, 2008, 20 (16), 3169-3175.

[135] Wang Q, Sun J, Yao X, et al. Thermal stability of $LiPF_6$/EC + DEC electrolyte with charged electrodes for lithium ion batteries[J]. Thermochimica Acta, 2005, 437(1-2), 12-16.

[136] Kawamura T, Okada S, Yamaki J. Decomposition reaction of $LiPF_6$-based electrolytes for lithium ion cells [J]. Journal of Power Sources, 2006, 156(2), 547-554.

[137] Yu Y, Karayaylali P, Katayama Y, et al. Coupled $LiPF_6$ decomposition and carbonate dehydrogenation enhanced by highly covalent metal oxides in high-energy Li-ion batteries[J]. The Journal of Physical Chemistry C, 2018, 122(48), 27368-27382.

[138] Zhang S S, Xu K, Jow T R. Enhanced performance of Li-ion cell with $LiBF_4$-PC based electrolyte by addition of small amount of LiBOB[J]. Journal of Power Sources, 2006, 156(2), 629-633.

[139] Jinisha B, Femy A F, Ashima M S, et al. Polyethylene oxide (PEO)/polyvinyl alcohol (PVA) complexed with lithium perchlorate ($LiClO_4$) as a prospective material for making solid polymer electrolyte films[J]. Materials Today: Proceedings, 2018, 5(10), 21189-21194.

[140] Wang W, Wang Y, Huang Y, et al. The electrochemical performance of lithium-sulfur batteries with $LiClO_4$ DOL/DME electrolyte[J]. Journal of Applied Electrochemistry, 2010, 40(2), 321-325.

[141] Zhang C, Ainsworth D, Andreev Y G, et al. Ionic conductivity in the solid glyme complexes [$CH_3O(CH_2CH_2O)_nCH_3$]: $LiAsF_6$ (n = 3,4)[J]. Journal of the American Chemical Society, 2007, 129 (28), 8700-8701.

[142] Xue S, Liu Y, Li Y, et al. Diffusion of lithium ions in amorphous and crystalline poly(ethylene oxide) 3: $LiCF_3SO_3$ polymer electrolytes[J]. Electrochimica Acta, 2017, 235, 122-128.

[143] Rajendran S, Song M S, Park M S, et al. Lithium ion conduction in PVC-$LiN(CF_3SO_2)_2$ electrolytes gelled with PVdF[J]. Materials Letters, 2005, 59(18), 2347-2351.

[144] Itoh T, Ichikawa Y, Uno T, et al. Composite polymer electrolytes based on poly(ethylene oxide), hyperbranched polymer, $BaTiO_3$ and $LiN(CF_3SO_2)_2$ [J]. Solid State Ionics, 2003, 156 (3-4), 393-399.

[145] Aravindan V, Vickraman P, Sivashanmugam A, et al. Comparison among the performance of LiBOB, LiDFOB and LiFAP impregnated polyvinylidenefluoride-hexafluoropropylene nanocomposite membranes by phase inversion for lithium batteries[J]. Current Applied Physics, 2013, 13 (1), 293-297.

[146] Swiderska-Mocek A, Naparstek D. Physical and electrochemical properties of lithium bis(oxalate) borate—organic mixed electrolytes in Li-ion batteries[J]. Electrochimica Acta, 2016, 204, 69-77.

[147] Liu J, Chen Z, Busking S, et al. Lithium difluoro(oxalato) borate as a functional additive for lithium-ion batteries[J]. Electrochemistry Communications, 2007, 9(3), 475-479.

[148] Zhao D, Wang P, Cui X, et al. Robust and sulfur-containing ingredient surface film to improve the electrochemical performance of LiDFOB-based high-voltage electrolyte [J]. Electrochimica Acta, 2018, 260, 536-548.

[149] Postupna O O, Kolesnik Y V, Kalugin O N, et al. Microscopic structure and dynamics of $LiBF_4$ solutions in cyclic and linear carbonates[J]. The Journal of Physical Chemistry B, 2011, 115(49), 14563-14571.

[150] Dagger T, Rad B R, Schappacher F M, et al. Comparative performance evaluation of flame retardant

additives for lithium ion batteries-I. safety, chemical and electrochemical stabilities[J]. Energy Technology, 2018, 6(10), 2011-2022.

[151] Hyung Y E, Vissers D R, Amine K. Flame-retardant additives for lithium-ion batteries[J]. Journal of Power Sources, 2003, 119(121), 383-387.

[152] Manuel Stephan A. Review on gel polymer electrolytes for lithium batteries[J]. European Polymer Journal, 2006, 42(1), 21-42.

[153] Jie J, Liu Y, Cong L, et al. High-performance PVDF-HFP based gel polymer electrolyte with a safe solvent in Li metal polymer battery[J]. Journal of Energy Chemistry, 2020, 49, 80-88.

[154] Liao Y, Sun C, Hu S, et al. Anti-thermal shrinkage nanoparticles/polymer and ionic liquid based gel polymer electrolyte for lithium ion battery[J]. Electrochimica Acta, 2013, 89, 461-468.

[155] Liao Y, Rao M, Li W, et al. Improvement in ionic conductivity of self-supported P(MMA-AN-VAc) gel electrolyte by fumed silica for lithium ion batteries[J]. Electrochimica Acta, 2009, 54(26), 6396-6402.

[156] Hosseinioun A, Nürnberg P, Schönhoff M, et al. Improved lithium ion dynamics in crosslinked PMMA gel polymer electrolyte[J]. RSC Advances, 2019, 9(47), 27574-27582.

[157] Fenton D E. Complexes of Alkali Metal Ions with Poly (etylene oxide)[J]. polymer, 1973, 14: 589.

[158] Masoud E M, El-Bellihi A A, Bayoumy W A, et al. Organic-inorganic composite polymer electrolyte based on PEO-$LiClO_4$ and nano-Al_2O_3 filler for lithium polymer batteries: Dielectric and transport properties[J]. Journal of Alloys and Compounds, 2013, 575, 223-228.

[159] Qi Y, Xiang B, Tan W, et al. Hydrophobic surface modification of TiO_2 nanoparticles for production of acrylonitrile-styrene-acrylate terpolymer/TiO_2 composited cool materials[J]. Applied Surface Science, 2017, 419, 213-223.

[160] Qi Y, Chen S, Zhang J. Fluorine modification on titanium dioxide particles: Improving the anti-icing performance through a very hydrophobic surface[J]. Applied Surface Science, 2019, 476, 161-173.

[161] Zhang J, Yue L, Hu P, et al. Taichi-inspired rigid-flexible coupling cellulose-supported solid polymer electrolyte for high-performance lithium batteries[J]. Scientific Reports, 2014, 4(1), 1-7.

[162] Zhang J, Zhao N, Zhang M, et al. Flexible and ion-conducting membrane electrolytes for solid-state lithium batteries: Dispersion of garnet nanoparticles in insulating polyethylene oxide[J]. Nano Energy, 2016,28, 447-454.

[163] Manuela Silva M, Barbosa P, Evans A, et al. Novelsolid polymer electrolytes based on poly (trimethylene carbonate) and lithium hexafluoroantimonate[J]. Solid State Sciences, 2006, 8(11), 1318-1321.

[164] Tominaga Y, Yamazaki K, Nanthana V. Effect of anions on lithium ion conduction in poly(ethylene carbonate)-based polymer electrolytes[J]. ECS Transactions, 2014, 62(1), 151-157.

[165] Kimura K, Matsumoto H, Hassoun J, et al. A quaternarypoly (ethylene carbonate)-lithiumbis (trifluoromethanesulfonyl) imide-ionic liquid-silica fiber composite polymer electrolyte for lithium batteries[J]. Electrochimica Acta, 2015, 175, 134-140.

[166] Lu Q, Yang J, Lu W, et al. Advanced semi-interpenetrating polymer network gel electrolyte for rechargeable lithium batteries[J]. Electrochimica Acta, 2015, 152, 489-495.

[167] Itoh T, Fujita K, Inoue K, et al. Solid polymer electrolytes based on alternating copolymers of vinyl ethers with methoxy oligo(ethyleneoxy)ethyl groups and vinylene carbonate[J]. Electrochimica Acta, 2013, 112, 221-229.

[168] Chai J, Liu Z, Ma J, et al. In situ generation of poly (vinylene carbonate) based solid electrolyte with interfacial stability for $LiCoO_2$ lithium batteries[J]. Advanced Science, 2017, 4(2), 1600377.

[169] Zalewska A, Pruszczyk I, Sułek E, et al. New poly(acrylamide) based (polymer in salt) electrolytes: preparation and spectroscopic characterization[J]. Solid State Ionics, 2003, 157(1), 233-239.
[170] 萨拉蒙. 快离子导体物理[M]. 北京：科学出版社,1984.
[171] 史美伦. 固态电解质[M]. 重庆：科学技术文献出版社重庆分社,1982.
[172] 哈根穆勒著. 固态电解质：一般原理、特征、材料和应用[M]. 陈立泉译. 北京：科学出版社，1984.
[173] 林祖纕. 快离子导体(固体电解质)基础、材料、应用[M]. 上海：上海科学技术出版社,1983.
[174] 王常珍. 固态电解质和化学传感器[M]. 北京：冶金工业出版社,2000.
[175] Gao J, Zhao Y S, Shi S Q, et al. Lithium-ion transport in inorganic solid state electrolyte[J]. Chinese Physics B, 2015, 25(1), 018211.
[176] Kamaya N, Homma K, Yamakawa Y, et al. A lithium superionic conductor[J]. Nature Materials, 2011, 10(9), 682-686.
[177] Bachman J C, Muy S, Grimaud A, et al. Inorganic solid-state electrolytes for lithium batteries: mechanisms and properties governing ion conduction[J]. Chemical Reviews, 2016, 116(1), 140-162.
[178] Famprikis T, Canepa P, Dawson J A, et al. Fundamentals of inorganic solid-state electrolytes for batteries[J]. Nature Materials, 2019, 18(12), 1278-1291.
[179] Lee H, Yanilmaz M, Toprakci O, et al. A review of recent developments in membrane separators for rechargeable lithium-ion batteries[J]. Energy & Environmental Science, 2014, 7(12): 3857-3886.
[180] Zhang S S. A review on the separators of liquid electrolyte Li-ion batteries[J]. Journal of Power Sources, 2007, 164, 351-357.
[181] 肖伟,巩亚群,王红,等. 锂离子电池隔膜技术进展[J]. 储能科学与技术,2016 (2),188-196.
[182] Venugopal G, Moore J, Howard J, et al. Characterization of microporous separators for lithium-ion batteries[J]. Journal of Power Sources, 1999, 77(1), 34-41.
[183] Lee Y, Lee H, Lee T, et al. Synergistic thermal stabilization of ceramic/co-polyimide coated polypropylene separators for lithium-ion batteries[J]. Journal of Power Sources, 2015, 294, 537-543.
[184] 崔光磊.动力锂电池中聚合物关键材料[M]. 北京:科学出版社,2018,23-32.
[185] Cuan H Y, Lian F, Ren Y, et al. Comparative study of different membranes as separators for rechargeable lithium-ion batteries[J]. International Journal of Minerals, Metllurgy and Materials, 2013, 20(6), 1-6.
[186] Lee Y, Ryou M H, Seo M, et al. Effect of polydopamine surface coating on polyethylene separators as a function of their porosity for high-power Li-ion batteries[J]. Electrochimica Acta, 2013, 113: 433-438.
[187] Kim J Y, Lee Y, Lim D Y. Plasma-modified polyethylene membrane as a separator for lithium-ion polymer battery[J]. Electrochimica Acta, 2009, 54(14): 3714-3719.
[188] Gineste J L, Pourcelly G. Polypropylene separator grafted with hydrophilic monomers for lithium batteries[J]. Journal of Membrane Science, 1995, 1(107): 155-164.
[189] Kim K J, Kim Y H, Song J H, et al. Effect of gamma ray irradiation on thermal and electrochemical properties of polyethylene separator for Li ion batteries[J]. Journal of Power Sources, 2010, 195 (18): 6075-6080.
[190] Song J, Ryou M H, Son B, et al. Co-polyimide-coated polyethylene separators for enhanced thermal stability of lithium ion batteries[J]. Electrochimica Acta, 2012, 85: 524-530.
[191] Fergus J W. Ceramic and polymeric solid electrolytes for lithium-ion batteries[J]. Journal of Power Sources, 2010, 195(15), 4554-4569.
[192] 张鹏,石川,杨娉婷,等. 功能性隔膜材料的研究进展[J]. 科学通报,2013,58(31),3124-3131.
[193] Müller M, Pfaffmann L, Jaiser S, et al. Investigation of binder distribution in graphite anodes for

lithium-ion batteries[J]. Journal of Power Sources, 2017, 340, 1-5.

[194] Kwade A, Haselrieder W, Leithoff R, et al. Current status and challenges for automotive battery production technologies[J]. Nature Energy, 2018, 3 (4), 290-300.

[195] Li J, Christensen L, Obrovac M N, et al. Effect of heat treatment on Si electrodes using polyvinylidene fluoride binder[J]. Journal of The Electrochemical Society, 2008, 155 (3), A234.

[196] Komaba S, Ozeki T, Yabuuchi N, et al. Polyacrylate as functional binder for silicon and graphite compositeelectrode in lithium-ion batteries[J]. Electrochemistry, 2011, 79 (1), 6-9.

[197] Magasinski A, Zdyrko B, Kovalenko I, et al. Toward efficient binders for Li-ion battery Si-based anodes: polyacrylic acid[J]. ACS Applied Materials & Interfaces, 2010, 2 (11), 3004-3010.

[198] Kovalenko I, Zdyrko B, Magasinski A, et al. A major constituent of brown algae for use in high-capacity Li-ion batteries[J]. Science, 2011, 334 (6052), 75-79.

[199] Zhang L, Zhang L Y, Chai L L, et al. A coordinatively cross-linked polymeric network as a functional binder for high-performance silicon submicro-particle anodes in lithium-ion batteries[J]. Journal of Materials Chemistry A, 2014, 2 (44), 19036-19045.

[200] Cai Y J, Li Y Y, Jin B Y, et al. Dual cross-linked fluorinated binder network for high-performance silicon and silicon oxide based anodes in lithium-ion batteries [J]. ACS Applied Materials & Interfaces, 2019, 11 (50), 46800-46807.

[201] Wu Z Y, Deng L, Li J T, et al. Multiple hydrogel alginate binders for Si anodes of lithium-ion battery [J]. Electrochimica Acta, 2017, 245, 371-378.

[202] Yue L, Zhang L Z, Zhong H X. Carboxymethyl chitosan: a new water soluble binder for Si anode of Li-ion batteries[J]. Journal of power sources, 2014, 247, 327-331.

[203] Koo B, Kim H, Cho Y, et al. A highly cross-linked polymeric binder for high-performance silicon negative electrodes in lithium ion batteries[J]. Angewandte Chemie International Edition, 2012, 51 (35), 8762-8767.

[204] Song J X, Zhou M J, Yi R, et al. Interpenetrated gel polymer binder for high-performance silicon anodes in lithium-ion batteries[J]. Advanced Functional Materials, 2014, 24 (37), 5904-5910.

[205] Xu Z X, Yang J, Zhang T, et al. Silicon microparticle anodes with self-healing multiple network binder[J]. Joule, 2018, 2 (5), 950-961.

[206] Lim S, Chu H, Lee K, et al. Physically cross-linked polymer binder induced by reversible acid-base interaction for high-performance silicon composite anodes[J]. ACS Applied Materials & Interfaces, 2015, 7 (42), 23545-23553.

[207] Zhu X Y, Zhang F, Zhang L, et al. A highly stretchable cross-linked polyacrylamide hydrogel as an effective binder for silicon and sulfur electrodes toward durable lithium-ion storage[J]. Advanced Functional Materials, 2018, 28 (11), 1705015.

[208] Chen C, Chen F, Liu L M, et al. Cross-linked hyperbranched polyethylenimine as an efficient multidimensional binder for silicon anodes in lithium-ion batteries[J]. Electrochimica Acta 2019, 326, 134964.

[209] Jeong Y K, Kwon T, Lee I, et al. Hyperbranched β-cyclodextrin polymer as an effective multidimensional binder for silicon anodes in lithium rechargeable batteries[J]. Nano Letters, 2014, 14 (2), 864-870.

[210] Kwon T, Jeong Y K, Deniz E, et al. Dynamic cross-linking of polymeric binders based on host-guest interactions for silicon anodes in lithium ion batteries[J]. ACS Nano, 2015, 9 (11), 11317-11324.

[211] Jeong Y K, Kwon T, Lee I, et al. Millipede-inspired structural design principle for high performance polysaccharide binders in silicon anodes [J]. Energy & Environmental Science, 2015, 8 (4),

1224-1230.
[212] Wang C, Wu H, Chen Z, et al. Self-healing chemistry enables the stable operation of silicon microparticle anodes for high-energy lithium-ion batteries[J]. Nature Chemistry, 2013, 5 (12), 1042-1048.
[213] Kim S M, Kim M H, Choi S Y, et al. Poly(phenanthrenequinone) as a conductive binder for nano-sized silicon negative electrodes[J]. Energy & Environmental Science, 2015, 8 (5), 1538-1543.
[214] Liu G, Xun S D, Vukmirovic N, et al. Polymers with tailored electronic structure for high capacity lithium battery electrodes[J]. Advanced Materials, 2011, 23 (40), 4679-4683.
[215] Zhao H, Wang Z H, Lu P, et al. Toward practical application of functional conductive polymer binder for a high-energy lithium-ion battery design[J]. Nano Letters, 2014, 14 (11), 6704-6710.
[216] Wu M Y, Song X Y, Liu X S, et al. Manipulating the polarity of conductive polymer binders for Si-based anodes in lithium-ion batteries[J]. Journal of Materials Chemistry A, 2015, 3 (7), 3651-3658.
[217] Zhao H, Wei Y, Qiao R M, et al. Conductive polymer binder for high-tap-density nanosilicon material for lithium-ion battery negative electrode application[J]. Nano letters, 2015, 15 (12), 7927-7932.
[218] Ma Y, Ma J, Cui G L. Small thingsmake big deal: powerful binders of lithium batteries and post-lithium batteries[J]. Energy Storage Materials, 2019, 20, 146-175.
[219] Kwon T W, Choi J W, Coskun A. The emerging era of supramolecular polymeric binders in silicon anodes[J]. Chemical Society Reviews, 2018, 47 (6), 2145-2164.
[220] Chen H, Ling M, Hencz L, et al. Exploring chemical, mechanical, and electrical functionalities of binders for advanced energy-storage devices[J]. Chemical Reviews, 2018, 118 (18), 8936-8982.

第5章 锂硫电池与锂空气电池

5.1 锂硫电池

5.1.1 锂硫电池概述

锂硫电池是采用单质硫或硫的复合物做正极，金属锂或储锂材料做负极，以硫一硫键的断裂/生成来实现电能与化学能相互转换的一类电池体系。早在1962年，Herbet和Ulam首次提出以硫作为正极材料[1]。早期的锂硫电池被作为一次电池研究，甚至实现了商业化生产。1976年Whitingham等提出以TiS_2为正极，金属锂为负极的Li-TiS_2二次电池，但最终因为锂枝晶带来的严重安全问题未实现商业化。20世纪90年代，在锂离子电池的商业化背景下，锂硫电池的研究因稳定性和安全性方面的问题一度陷入低谷。经过多年的发展，锂离子电池工艺日益完善，但受限于其理论能量密度，难以满足人类未来对于储能的需求。因而，以高能量密度著称的锂硫电池再度受到广泛关注。2009年，Nazar课题组[2]提出将有序介孔碳CMK-3与硫复合，实现了1320mA·h/g的高比容量，开启了锂硫电池发展的新篇章。

5.1.1.1 锂硫电池的结构和充放电机理

在所有金属元素中，金属锂的标准电极电位最负（−3.04V（vs. H^+/H_2）、比容量最高（3800mA·h/g），锂的这种特性决定了它是一种高比能量的电极材料。而对于锂硫电池的正极材料单质硫来说，其标准电极电位适中［−0.9～−0.7V（vs. H^+/H_2）］、比容量较大（1675mA·h/g）。当金属锂与单质硫组成电池，其理论比能量可高达2600W·h/kg，与目前商业化的锂离子电池相比，其在比能量和比容量方面都具有巨大的优势，是目前已知的除锂氧电池以外的能量密度最高的二次锂电池体系。除此之外，硫在自然界中储量丰富、成本低，且硫正极在充放电过程中不会产生有害物质，也没有锂离子电池带来的重金属污染问题，因此以硫作为正极的锂硫电池还兼具价格低廉与环境友好的优势。正是以上原因，锂硫电池成为当前储能领域的重要研究方向[3,4]。

锂硫电池的构造如图5-1（a）所示，主要由正极、负极、隔膜、电解质、集流体、外壳构成。其中锂硫电池硫正极由硫复合正极材料、导电剂、黏结剂以及集流体等共同组成；负极一般采用金属锂；溶有LiTFSI/$LiNO_3$等锂盐的醚类有机电解液作电解质；为防止电池短路，正负极之间放置隔膜。

单质硫具有30多种固态同素异形体，其中最为常见且又稳定的就是环形冠状硫八分子（S_8）形式。锂硫电池的反应机理与锂离子电池的“脱嵌机理”不同，其为“双溶解沉积”机制。如图5-1（b）所示，在放电过程中，正极侧的固态单质硫会逐渐被还原并与锂离子结

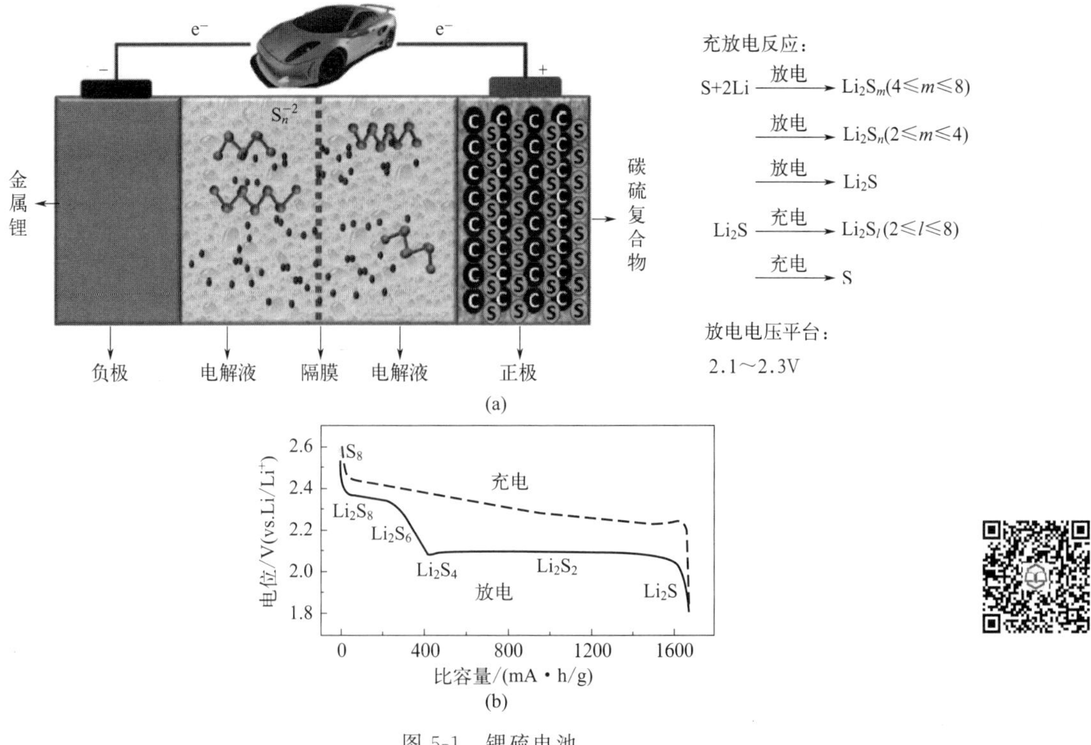

图 5-1　锂硫电池

(a) 锂硫电池的构造；(b) 锂硫电池的反应机理

合生成一些具有不同硫链长度的多硫化物中间产物（Li_2S_x，$3\leqslant x\leqslant 8$），并溶解到电解液中，随着反应的进行，溶解在电解液中的多硫化物会进一步被还原生成不溶性的硫化锂，整个过程正极侧经历了 $S(s)\rightarrow Li_2S_x(l)\rightarrow Li_2S(s)$（溶解→沉积）历程。与此同时，负极侧的金属锂被氧化为 Li^+，整个过程经历金属锂的溶解过程。而在充电时，负极侧的锂离子被还原成金属锂，经历金属锂的沉积过程，而正极侧的放电产物硫化锂会先被氧化为多硫化物，再进一步被氧化为单质硫，整个过程经历了 $Li_2S(s)\rightarrow Li_2S_x(l)\rightarrow S(s)$（溶解→沉积）历程[5-8]。

总的来说，锂硫电池的电化学反应总式可表述为

$$S_8+16Li\rightarrow 8Li_2S \tag{5-1}$$

基于该电化学反应式，由式（5-2）可计算出锂硫电池的理论放电比容量为 1675mA·h/g。

$$q=\frac{nF}{M} \tag{5-2}$$

式中，q 为电池的放电比容量，mA·h/g；n 为每摩尔单质硫原子转移的电子数，mol^{-1}；F 为 1 法拉第电量，是常数 26.8A·h；M 为单质硫的摩尔质量，32g/mol。

虽然该反应看上去很简单，但是实际的充放电过程十分复杂。2004 年左右，Mikhaylik 和 Shim 等详细研究了锂硫电池的充放电机理，其结论也被后来的科研工作者认可[9]。图 5-1（b）展现了锂硫电池典型的充放电电压曲线，可以看出，在氧化还原过程中，S_8 分子经历了组成和结构上的复杂变化，并且涉及一系列可溶性多硫化物中间产物（Li_2S_x，$3\leqslant x\leqslant 8$）的形成，很明显，图中有两个放电平台，对应着一个从固相 S_8 分子到液相多硫化物再到

固相 Li_2S_x 和 Li_2S 的硫链变短过程。基于硫物种的相态变化，锂硫电池正极在放电过程所经历的反应可总结如下：

$$S_{8(s)} \rightarrow S_{8(l)} \tag{5-3}$$

$$\frac{1}{2}S_{8(l)} + e \rightarrow \frac{1}{2}S_8^{2-} \tag{5-4}$$

$$\frac{3}{2}S_8^{2-} + e \rightarrow 2S_6^{2-} \tag{5-5}$$

$$S_6^{2-} + e \rightarrow \frac{3}{2}S_4^{2-} \tag{5-6}$$

$$\frac{1}{2}S_4^{2-} + 2Li^+ + e \rightarrow Li_2S_2\ (s) \tag{5-7}$$

$$Li_2S_2 + 2Li^+ + 2e \rightarrow 2Li_2S\ (s) \tag{5-8}$$

在放电过程中，方程式（5-3）是单质硫的溶解平衡方程式。固相单质硫 $S_{8(s)}$ 首先溶解在电解液中形成液相单质硫 $S_{8(l)}$。然后生成的液相单质硫 $S_{8(l)}$ 按照式（5-4）～式（5-6）逐步被还原生成长链的 S_8^{2-}、S_6^{2-}、S_4^{2-} 多硫离子 S_x^{2-}（$4 \leqslant x \leqslant 8$），而这些多硫离子极易在电解液中溶解和扩散。此多步反应对应于锂硫电池放电曲线的高电压平台，电压从 2.45V 降至 2.1V。随着反应的进行，长链多硫离子继续被还原，并且与锂离子结合生成不溶于电解液的 Li_2S_2 和 Li_2S，如式（5-7）和式（5-8），这一过程对应于电池低电压放电平台，电压维持在 2.1～1.7V。

在充电过程中，放电产物 Li_2S_2 和 Li_2S 逐步被氧化成长链多硫化锂，最终被氧化为单质硫。不过长链多硫化锂进一步向单质硫的转化过程动力学十分缓慢，因而在首次循环之后硫活性物质主要以 S_x^{2-}（$4 \leqslant x \leqslant 8$）大量存在于电解液中，只有少量活性物质被氧化成 S_8。所以与首次放电循环相比，后续放电循环是以少量单质硫和大量多硫化锂作为正极活性物质开始放电的。

其中，高电压放电平台总反应方程式为式（5-9），对应的 Nernst 方程为式（5-10）：

$$S_{8(l)} + 4e \Leftrightarrow 2S_4^{2-} \tag{5-9}$$

$$E_H = E_H^{\ominus} + \frac{RT}{n_H F} \ln \frac{[S_{8(l)}^0]}{[S_4^{2-}]^2} \tag{5-10}$$

在高电压放电平台阶段，电池是基于液相反应进行的。由于单质硫 S_8 在电解液中的溶解度很低，因此随着反应的进行，S_8 在电解液中的浓度基本不变，但是随着反应的进行，S_4^{2-} 的浓度逐渐增加，因此由 Nernst 方程式（5-10）可知，电池的高电压平台呈逐渐降低的趋势。

低电压放电平台总反应方程式为式（5-11），对应的 Nernst 方程为式（5-12）：

$$S_4^{2-} + 4e \Leftrightarrow 4S^{2-} \tag{5-11}$$

$$E_L = E_L^{\ominus} + \frac{RT}{n_L F} \ln \frac{[S_4^{2-}]}{[S^{2-}]^4} \tag{5-12}$$

在低电压平台阶段，电池是基于液固相反应或纯固相反应进行，因此电池电化学反应动力学十分缓慢。最终产物 Li_2S 为固相，不溶于电解液，因此相应的 S^{2-} 的浓度始终保持在饱和浓度值，而随着反应的进行，S_4^{2-} 的浓度逐渐降低，但是由于歧化反应和低电压放电动力学过程十分缓慢，因此，$d([S_4^{2-}])$ 随 dt 变化很小，所以放电电压曲线在较长时间内基本保持在 2.1～2.0V，直到 S_4^{2-} 的浓度降低到一定程度，电压才会出现急剧降低，到达反应终止[9]。

按照式（5-2）根据转移电子数，可计算得出 Li-S 电池不同放电阶段的放电比容量，结果见表 5-1。

表 5-1　Li-S 电池不同放电阶段的放电比容量

阶段	反应式	E/V	放电电量		公式
			电量	总放电电量	
Ⅰ	$S_{8(l)}+2e \rightarrow S_8^{2-}$	2.4～2.3	209.4	209.4	式(5-4)
Ⅱ	$\frac{3}{2}S_8^{2-}+e \rightarrow 2S_6^{2-}$ $S_6^{2-}+e \rightarrow \frac{3}{2}S_4^{2-}$	2.3～2.1	209.4	419	式(5-5) 式(5-6)
Ⅲ	$\frac{1}{2}S_4^{2-}+2Li^{+}+e \rightarrow Li_2S_2(s)$	2.1～2.0	418.8	837.6	式(5-7)
Ⅳ	$Li_2S_2+2Li^{+}+2e \rightarrow 2Li_2S(s)$	2.0～1.8	837.6	1675	式(5-8)

在高电压平台阶段，每个硫原子可获得 0.5 个原子，其对应的理论放电比容量 Q_H 约 419mA·h/g。在低电压平台阶段，每个硫原子可以获得 1.5 个电子，其对应的理论放电比容量为 1256mA·h/g。很容易得出高/低电压平台对应的比容量比为 1∶3，但是在实际测试中，高/低电压平台对应的比容量之比一般在 1∶2～1∶2.5。Mihaylik[9] 认为在电池低电压平台，一个硫原子只能获得一个电子，所以相对应的低电压平台较短，比容量在 838mA·h/g 左右。Kolosnitsyn 等[10] 也详细研究了这个问题，认为主要是反应式（5-8）难以彻底反应导致的。放电过程中生成的不可溶且电化学活性差的 Li_2S_2/Li_2S 会覆盖在电极表面，使得电池进一步放电变得更加困难，会有部分 Li_2S_2 难以被还原成 Li_2S，因此，锂硫电池的首次放电比容量一般远低于理论容量。

在通常的电化学测试中还发现，电池高电压放电平台和低电压放电平台之间的曲线有时呈“凹”状，即电池电压先降低后再有所提升，较多出现于载硫量较高的电池体系中。这是因为电池第一个放电平台结束时，电解液中 S_4^{2-} 的浓度达到最大值，造成电解液黏度太大，影响锂离子传导，导致极化增大，电压平台降低。而随着 S_4^{2-} 的不断消耗，S_4^{2-} 的浓度逐渐降低，电解液黏度逐渐变小，因此在接下来的低电压放电过程，黏度对电解液电导率的影响消失，电池放电平台回归到一个较高值。

实际上，在 Li-S 电池中，硫活性物质的转化过程并不是严格按照式（5-3）～式（5-8）逐步进行，具体反应更加复杂，这是由多硫离子本身特性所决定的。例如多硫化锂在放电过程中会发生歧化反应，如式（5-13）和式（5-14），而这些反应会影响电池活性物质的转化效率。

$$Li_2S_n+2e+2Li^{+} \rightarrow Li_2S\downarrow+Li_2S_{n-1} \tag{5-13}$$

$$xLi_2S_{n-1} \rightarrow Li_2S\downarrow + yLi_2S_n \tag{5-14}$$

在整个放电过程中，硫活性物质主要经历了固态→液态→固态两种形式，其中单质硫及放电终产物 Li_2S_2 和 Li_2S 是以固态存在于正极结构中，而电化学过程中间产物长链多硫化锂 Li_2S_x（$4\leqslant x\leqslant 8$）是以液相形态溶解在电解液中。该电池体系与发生插层化学的锂离子电池等电池体系不同，这也是锂硫电池商业化应用过程颇具挑战性的原因。锂硫电池放电平台的平均电压大约在 2.2V（vs. Li/Li），尽管这比采用传统正极材料的锂离子电池的工作电压低，但是硫较高的理论比容量弥补了这一点，仍使其成为高能量密度的固体正极材料。

5.1.1.2 锂硫电池体系的能量密度

（1）理论能量密度

理论能量密度指电池反应中每单位质量或体积的反应物所能产生的以瓦时为单位的能量。通过计算理论能量密度，能够了解到任何一种电化学体系所能达到的电能存储上限，并可据此筛选潜在的体系。一旦正负极电极材料被选定，任何电池的理论能量密度都可以利用热力学数据简便地计算出来。

任何包含两种不同反应物并且伴随电荷转移的化学反应都有可能被用于电化学储能体系。这样的反应可用式（5-15）表示：

$$\alpha A + \beta B = \gamma C + \delta D \tag{5-15}$$

在标准条件下，该反应的吉布斯自由能（$\delta_r G^\ominus$）可由反应物和产物生成的吉布斯自由能之和计算得出：

$$\Delta_r G^\ominus = \gamma\Delta_f G_C^\ominus + \delta\Delta_f G_D^\ominus - \alpha\Delta_f G_A^\ominus + \beta\Delta_f G_B^\ominus \tag{5-16}$$

如果 $\delta_r G^\ominus$ 为负值，则沿着式（5-16）方向的电化学反应可自发进行，并可作为电化学储能系统考虑。

电池的能量密度可表示为质量能量密度（W·h/kg）或者体积能量密度（W·h/L），分别可用式（5-17）和式（5-18）进行计算：

$$\varepsilon_M = -\Delta_r G^\ominus / \sum M \tag{5-17}$$

$$\varepsilon_V = -\Delta_r G^\ominus / \sum V_m \tag{5-18}$$

式中，$\sum M$ 和 $\sum V_m$ 分别为反应物的总摩尔质量与总摩尔体积。

根据式（5-15）～式（5-18）可知，当反应物的生成吉布斯自由能较高而产物具有较低的生成吉布斯自由能时，电化学体系将具有更高的能量密度。当反应物的生成吉布斯自由能以及密度可查时，电池的理论能量密度才能直接计算得到。然而，对于生成吉布斯自由能尚不清楚的物质，如果已知所有参与反应物质的晶体结构，则可通过基于密度泛函理论的第一性原理计算，计算出材料的生成吉布斯自由能，如果不知道晶体结构，也可以通过第一性原理计算先获得弛豫后的晶体结构，再计算获得反应物的生成吉布斯自由能。另外，对于具有插层反应机制的锂离子电池来说，多数材料脱嵌锂的热力学数据匮乏，此时可以利用平均开路电压和理论比容量来估算电池的能量密度。对于给定的电极材料，其充放电的理论比容量为

$$C = nF/3.6X \tag{5-19}$$

式中，n 为单位物质的量的电极材料在氧化或还原反应中转移电子的摩尔数，量纲为一；F 为法拉第常量，单位为 C/mol；X 为反应物的摩尔质量或摩尔体积，g/mol 或 L/mol。

对于锂硫电池来说，其总反应为

$$S_8 + 16Li \rightarrow 8Li_2S \tag{5-20}$$

查阅相关热力学数据手册可知：

$$\Delta_f G^{\ominus}_{S_8,\alpha} = 49.16 \text{kJ/mol}$$

$$\Delta_f G^{\ominus}_{Li,s} = 0$$

$$\Delta_f G^{\ominus}_{Li_2S,s} = -439.0 \text{ kJ/mol}$$

则反应式（5-20）的吉布斯自由能为

$$\begin{aligned}\Delta_r G^{\ominus} &= 8\Delta_f G^{\ominus}_{Li_2S,s} - \Delta_f G^{\ominus}_{S_8,\alpha} - 16\Delta_f G^{\ominus}_{Li,s} \\ &= 8\times(-439.0) - 49.16 - 16\times 0 \\ &= -3561.16(\text{kJ/mol})\end{aligned}$$

反应物 S_8 与锂的摩尔质量和密度分别为

$$M_{S_8,\alpha} = 256.48\text{g/mol}, \rho_{S_8,\alpha} = 2.07\text{g/cm}^3$$

$$M_{Li,s} = 6.941\text{g/mol}, \rho_{Li,s} = 0.534\text{g/cm}^3$$

则相应的摩尔体积分别为

$$V_{S_8,\alpha} = M_{S_8,\alpha}/\rho_{S_8,\alpha} = \frac{256.48}{2.07\times 1000} = 0.1239(\text{L/mol})$$

$$V_{Li,s} = M_{Li,s}/\rho_{Li,s} = \frac{6.941}{0.534\times 1000} = 0.0130(\text{L/mol})$$

故锂硫电池的理论质量能量密度为

$$\begin{aligned}\varepsilon_M &= -\Delta_r G^{\ominus}/\sum M \\ &= \frac{-(-3561.16)}{\frac{1\times 256.48 + 16\times 6.941}{1000}} \\ &= 9689.28(\text{kJ/kg}) \\ &= 2691.47(\text{W}\cdot\text{h/kg})\end{aligned}$$

$$\begin{aligned}\varepsilon_V &= -\Delta_r G^{\ominus}/\sum V_m \\ &= \frac{-(-3561.16)}{\frac{1\times 0.1239 + 16\times 0.0130}{1000}} \\ &= 10729.6(\text{kJ/L}) \\ &= 2980.45(\text{W}\cdot\text{h/L})\end{aligned}$$

（2）实际能量密度

储存化学能的活性物质的质量或体积仅仅是电池总质量或总体积的一部分，锂硫电池中还存在着多种非活性物质，如导电添加剂、黏结剂、集流体、隔膜、电解液、封装材料等。另外，正极较低的硫负载量和电极密度以及负极过量锂的使用会进一步降低锂硫电池的能量密度，故而电池实际的能量密度总是要比理论计算值低。鉴于众多的影响因素，我们可以利用电池放电时的实际工作电压以及比容量来计算锂硫电池的实际能量密度。另外，由于电池在放电过程中的电压和电流是不断变化的，须对电压和电流进行积分才可求得电能：

$$W=\int U \cdot I \mathrm{d}t \tag{5-21}$$

再除以电池总质量或总体积便可得到相应的实际能量密度。

目前，在软包电池水平，锂硫电池可以实现 350W·h/kg 的实际能量密度。一些像 Sion Power、Oxis Energy 等先进锂硫电池制造商已经能达到 500W·h/kg 的水平，几乎是常规锂离子电池质量能量密度的两倍，但体积能量密度却仅有 700W·h/L，这就严重阻碍了锂硫电池在电动车以及便携式电子设备上的实际应用。

5.1.1.3 锂硫电池存在的问题及解决思路

穿梭效应是锂硫电池存在的最主要问题，是电池循环性能差、库伦效率低、自放电严重等一系列问题的罪魁祸首，严重阻碍了锂硫电池的实际应用。在锂硫电池放电过程中，生成的长链多硫化锂溶解在电解液中，在浓度梯度作用以及电场作用下，会穿过隔膜迁移至负极，与负极发生一系列的腐蚀反应，生成链段长度相对较短的多硫化锂，这些链段较短的多硫化锂会继续与金属锂发生腐蚀反应，最终在金属锂表面沉积 Li_2S_2 和 Li_2S 钝化层。而以上这些反应，是在多硫离子迁移至负极后与金属锂直接发生的，因此并没有对外电路贡献电荷就直接转化成了 Li_2S_2 和 Li_2S，这也是造成活性物质的损失、容量的衰减的原因。而在金属锂表面沉积的 Li_2S_2 和 Li_2S 沉淀同时也会与后续扩散到负极表面的长链多硫化锂发生反应，生成链段长度相对较短的多硫化锂，其会继续与金属锂发生腐蚀反应。

在充电过程中，不溶的 Li_2S_2 和 Li_2S 沉淀开始向可溶性的多硫化锂以及 S_8 转化，但是多硫离子向 S_8 转化的动力学十分缓慢，而在负极区的多硫化锂与金属锂之间的腐蚀反应不断发生，因而长链的多硫离子很难被氧化成 S_8。在电池完成首次充电后，只有少数活性物质被完全氧化成 S_8，大部分的活性物质以多硫离子的形式存于电池中。这也就导致了电池无法完全充电，甚至穿梭效应严重的情况下，充电可以无限地进行下去。

综上所述，无论是在充电过程还是在放电过程，由电解液中多硫化锂的溶解和迁移所引起的穿梭效应都对活性物质的利用率、正负极结构的稳定性、电池的库伦效率等带来负面影响。而这些问题的根源在于多硫离子与锂负极表面发生的腐蚀反应。在电池性能上的最直接表现为：放电过程表现为高电压平台的缩短，充电过程表现为电池的充放电时间的延长，充电容量的增加。因此抑制多硫离子的溶解和扩散，或者对锂负极表面进行修饰以隔绝多硫离子与锂负极的直接接触可有效地抑制穿梭效应，提高锂硫电池的电化学性能。

除了穿梭效应以外，锂硫电池还具有以下的缺点。

（1）单质硫和放电产物（Li_2S_2 和 Li_2S）的绝缘性质

单质硫室温下的电导率为 5×10^{-30}S/cm，Li_2S 的室温电导率为 3.6×10^{-7}S/cm。单质硫和放电产物低的电导率，将增加电池的内部阻抗，导致电池低的比容量。同时，在充放电过程中这些不导电产物会沉积在电极颗粒表面，进一步降低离子和电子的传导速率，阻碍了硫的进一步还原，导致活性物质低的利用率。另外，电池放电产物 Li_2S_2 到 Li_2S 的反应为纯固相反应，而锂离子在固体硫化锂中的迁移速度非常慢，导致动力学过程慢，因此，Li_2S_2 到 Li_2S 的反应不能进行完全，造成电池不能完全放电，所以锂硫电池的首次放电比容量很难达到理论比容量。

（2）硫正极的体积应变

单质 S_8 和放电产物 Li_2S 的密度分别为 2.03g/cm^3 和 1.66g/cm^3，因此在充放电过程中，其体积膨胀达到 80%。活性硫在充放电过程中的体积效应会造成硫正极不断收缩和膨胀，从而使绝缘的活性硫与导电剂和集流体之间失去基本的电子传导，最终造成电极结构的破坏和容量的迅速衰减。

（3）锂负极安全性问题

从前面的探讨我们得知，首先，溶解的多硫离子会直接与锂负极发生反应，对锂负极造成严重的腐蚀，并且生成的不溶性硫化物 Li_2S_2 和 Li_2S 在锂负极表面的不断沉积，将严重阻碍 Li^+ 的传导，导致较差的倍率性能。其次，金属锂容易与电解液反应，生成 SEI 膜，起到保护锂负极的作用，但是由于穿梭效应的存在，SEI 膜会不断地经历生成、粉化、再生成的过程，使得可利用的金属锂不断减少。最后，充放电过程中，金属锂不断地溶解和沉积，但锂负极上不均匀的锂沉积将导致锂枝晶的生长、粉化或者出现明显的锂坑，引起严重的电池安全问题。

（4）电解液的匹配性

在 Li-S 电池中，电解液是非常重要的组成部分，选择合适的电解液体系将直接影响锂硫电池的电化学性能。目前锂硫电池常用的电解液是醚类电解液，即链状醚类与环状醚类的混合溶液。然而由于在这类电解液中多硫离子具有很高的溶解性，带来了严重的穿梭效应。此外这种电解液还会不断地与金属锂反应，并生成粉末化锂和电解液降解产物，而电解液的不断消耗最终至干涸将会严重降低锂硫电池的循环寿命。而锂离子电池常用的碳酸酯类电解液并不适合用于锂硫电池体系，主要是因为碳酸酯类电解液容易与多硫离子反应，造成硫的不完全还原。另外，离子液体或固态电解液可用于锂硫电池体系，其可以缓解穿梭效应的发生。不过这类电解液黏度高或者呈固态，因此 Li^+ 扩散速率缓慢，影响它们在锂硫电池体系中的使用。

锂硫电池是一个非常复杂的电池体系，因此，对锂硫电池的电化学性能的改善不能只从一方面着手，必须综合采用各种措施才能有望解决以上各种复杂的问题。

5.1.2 典型的硫正极复合材料

为了抑制成缓解多硫化物的溶解和穿梭，不同的低维导电材料作为硫的骨架被引入正极体系中，包括碳纳米材料（如碳纳米管、石墨烯、多孔碳和微孔膜等）、聚合物材料、金属复合物和其他多相复合材料。这些低维材料通过传导电荷、限制或吸附多硫化物，在初始循环中可以改善充放电性能，但并不能完全避免多硫化物的溶解和扩散行为。但是当小分子硫被限制在微孔碳中，受限的小分子具有较高的电化学活性和新的电化学行为，在放电过程中不会产生多硫化物。然而，硫含量的提高和较窄的微孔尺寸分布控制成为其实际应用所面临的关键。另外，高温条件下硫与不同的聚合物单体形成硫基高聚物，这种复合材料的碳骨架和硫之间具有强共价键，因此可以有效抑制多硫化物的溶解。本节从硫元素和不同基体材料（包括碳材料、聚合物材料和金属化合物等）复合的角度介绍正极体系的进展。

5.1.2.1 碳材料复合体系

在所有的导电材料中，碳材料具有轻质、导电性良好、比表面积大、孔结构丰富可调、来源广泛、价格低廉等特征，因此成为硫最理想的载体，碳/硫复合材料也是目前研究最多的一类正极材料。将硫负载在导电碳材料上不仅有助于提升电极的导电性；而且通过设计合适的孔结构能够对多硫化物起到物理限域作用，同时可有效缓解硫的体积膨胀。近年来研究较多的碳材料主要有多孔碳、碳纳米管、碳纤维、石墨烯等。

（1）多孔碳

多孔碳材料具有高度发达的孔隙结构，可以将进入孔道中的硫活性物质通过表面附着或者毛细吸附作用限制在一定区域中进行电化学反应，有效抑制中间产物多硫离子溶解到电解质体系中，阻止多硫离子在有机电解质中的溶解扩散，降低电极的容量损失。最具有代表性的就是 2009 年加拿大滑铁卢大学的 Nazar 课题组报道的介孔碳分子筛（CMK-3）[2]，如图 5-2 所示，在填硫 70%（质量百分数）时，相应的锂硫电池仍能表现出比较好的性能。这项工作具有非常重大的意义，它将锂硫电池正极材料的研究工作带进了一个新的时代，自此掀起了研究多孔碳/硫正极材料的热潮。根据孔径的大小，多孔碳分为微孔碳（$D<2$nm）、介孔碳（2nm$<D<$50nm）和大孔碳（$D>$2nm）。研究发现，材料中的微孔（小于 2nm）和介孔（2～50nm）结构可通过毛细作用"固定"多硫化锂，有效抑制多硫化锂向负极扩散。由于孔径越小，毛细作用越强，更利于吸附多硫化锂，因此就"固硫"效果而言，微孔碳大于介孔碳大于大孔碳；而有序结构相比无序结构更适合电解液的渗透，有利于锂离子传输，因此就硫的利用率和放电倍率而言，有序结构大于无序结构。

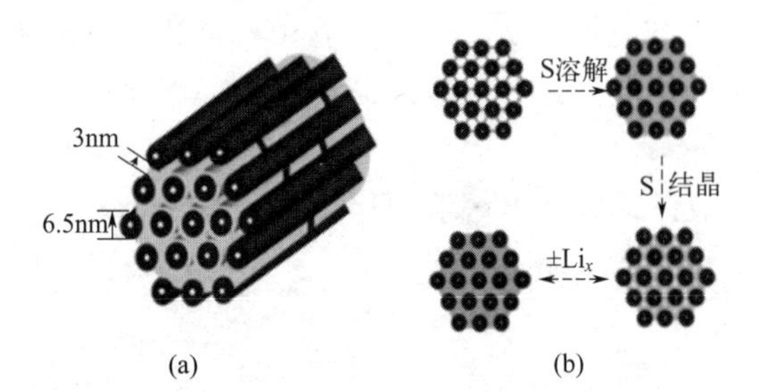

图 5-2 S/CMK-3 复合材料的结构模型

分级多孔碳材料也是一种性能优异的碳材料，主要指微孔、介孔和大孔相互贯通的碳材料，可同时发挥不同孔结构的优点。其中微孔可以吸附活性物质，减少活性物质的损失，提高电化学活性；大孔可以提高硫的负载量，并为电解液提供通道，保证硫与电解液直接接触参与反应；而介孔则可使材料在较高负载量的情况下，保证硫与碳的充分接触，使硫具有较高的利用率。Xi 等[11] 利用碳化的 MOFs 制备了具有分级结构的多孔碳，如图 5-3 所示，并以其作为硫的载体，研究了孔体积以及孔径分布对锂硫电池放电比容量和循环寿命的影响，研究发现，高介孔碳（2～50nm）制备的复合材料初始容量最高，而高微孔碳（小于 2nm）制备的复合材料的循环性能最好。

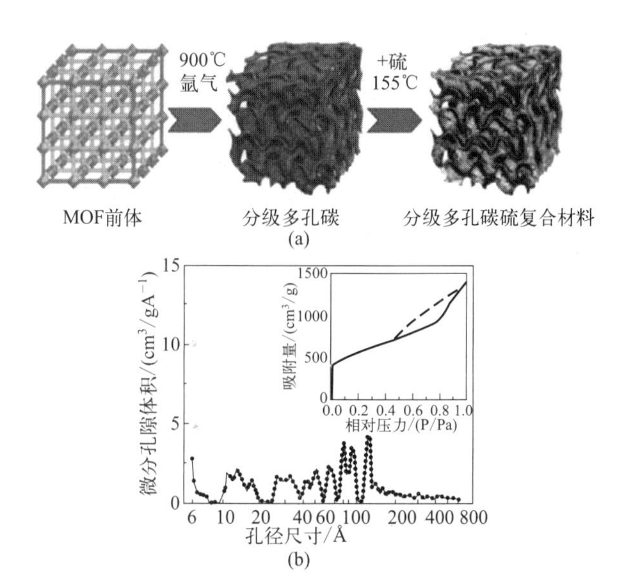

图 5-3 多孔碳

（a）分级多孔碳硫复合材料的结构模型；（b）多孔碳的氮气吸脱附曲线和孔径分布

虽然使用以上多孔碳材料制备的碳/硫复合材料表现出了优秀的电化学性能，但随着循环的进行，活性物质仍然会逐渐扩散到电极外表面，表现出较差的循环性能。为了进一步解决活性硫与碳材料脱离的问题，利用中空碳材料做活性硫载体是一个很好的方法。

首先，中空碳材料具有更大的孔径和空心体积，相比各种形貌的多孔碳材料，中空碳材料具有更大的内腔，可以容纳更多的单质硫和电解液；其次，使用中空碳材料时，硫与电解液的反应会被束缚在中空碳材料的空腔中，多硫化锂在电解液中的溶解和迁移得到有效抑制；再次，硫被束缚在中空结构中，更大的空心体积可以缓冲体积效应对电极结构的破坏；最后，中空碳粒径小，导电性好，容易在电极制备中均匀分散，有利于电极导电性的提高。Jayaprakash 等[12]制备了一种直径为 200～300nm 的空心碳胶囊，其外壁分布着大量的 3nm 左右的介孔。通过高温热蒸汽法，硫被填充到空心碳胶囊内部的空腔制得碳硫复合材料。当硫的填充量高达 70%时，该碳硫复合材料仍表现出非常好的性能，0.5C 倍率下，100 次循环下，电池的放电比容量仍旧高达 974mA・h/g，即使在高倍率下，电池仍表现出优秀的电化学性能。

（2）碳纳米管/碳纳米纤维

碳纳米管/碳纳米纤维具有独特的管状结构、大的长径比及优异的长程导电性，并且碳纳米管很容易构建三维的导电网格。其与硫复合后形成复合材料后，为硫的电化学反应提供了良好的电子和离子传输能力，从而提高硫的利用率及电化学活性，故其成为良好的载硫基体。清华大学张强课题组[13]报道了一种可在室温一步法大批次制备的碳纳米管阵列，如图 5-4 所示，这种碳纳米管阵列具有非常好的导电性。通过球磨与硫复合后，在硫含量高达 90%的情况下，锂硫电池仍能表现出优异的电化学性能。

不过，上述硫/碳纳米管复合材料中硫是裸露在载体表面，暴露在电解液中，因此虽然电池的初始活性物质利用率比较高，但是在充放电过程中，多硫离子的穿梭效应仍然无法避免，相应的锂硫电池的循环稳定性并不是很好。为了进一步提高锂硫电池的电化学性能，将

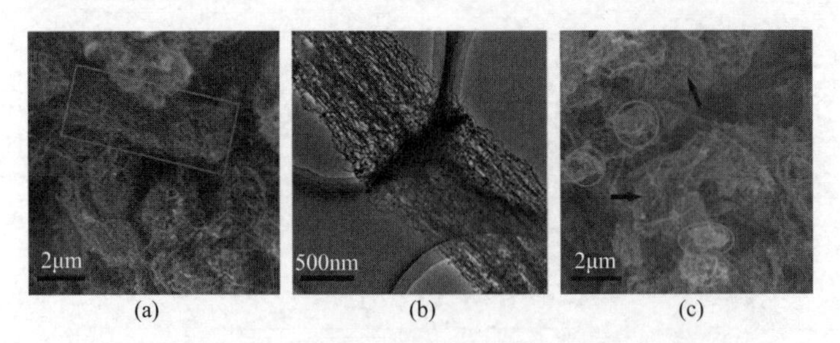

图 5-4 碳纳米管、碳纳米管/硫纤维复合材料的扫描电镜图

硫装载在碳纳米管的孔内，可以提高电极对硫和多硫化锂的束缚能力。Guo 等[14]以阳极氧化铝膜（AAO）为模板，制备得到无序的碳纳米管，然后在 500℃采用高温热处理的方法将硫填充在碳纳米管的孔道中，进入碳纳米管孔道中的硫在电池反应中不易流失，电池具有很好的循环稳定性。Miao 等[15]以旧棉纤维布料为原料，制备了结构规整的空心碳纤维布，然后通过热处理的方法可将硫与空心碳纤维布复合，制备了高负载的硫/碳复合材料，如图 5-5 所示。硫的极片负载量为 6.7mg/cm^2。电流密度为 0.3mA/cm^2 时，50 次循环后可逆容量可以保持在 1100mA·h/g，容量保持率为 96%，硫的利用率达到 67%，表现出非常好的电化学性能。

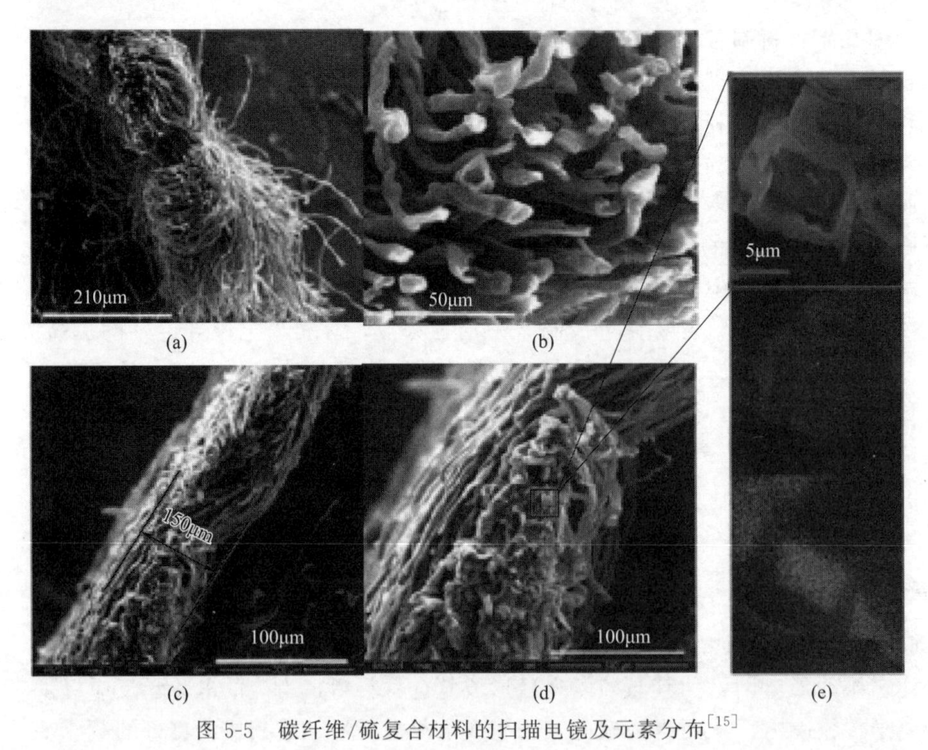

图 5-5 碳纤维/硫复合材料的扫描电镜及元素分布[15]

（3）石墨烯

石墨烯由以“蜂巢”晶格形式存在的碳原子层构成，其厚度只有一个或几个原子层厚，能够明显提高材料的导电性。石墨烯还具有超高的比表面积、优秀的化学稳定性以及强机械强度及柔韧性等特点，使其可广泛用于储能设备领域。当石墨烯（或氧化石墨烯）用于锂硫电池体系中作为活性材料的基底时，也可显著提高锂硫电池的放电比容量和倍率性能。石墨

烯（或氧化石墨烯）的二维导电结构可提高电极导电性，大的比表面积可以吸附多硫离子，减少多硫离子在电解液中的溶解和迁移，其柔性结构也可有效地缓冲硫的体积变化，从而维持电极的稳定性。另外石墨烯（或氧化石墨烯）还可以包覆在硫颗粒的表面，物理阻止多硫离子的穿梭效应，提高电池的电化学性能。最后，石墨烯（或氧化石墨烯）极易通过各种官能团修饰其表面，形成功能化石墨烯。这些官能团如羧基、羟基、巯基等，能够与多硫离子产生强烈的相互作用，从而提高对多硫离子的吸附能力。

实际上，前文介绍的各种碳材料如多孔碳、碳纳米管、碳纤维以及石墨烯等是可以相互结合使用的。综合以上几种碳材料的优势来设计3D立体复合碳结构作为硫的载体能够构建丰富的电化学反应界面，大幅度提高锂硫电池的电化学性能，具有明显的优势，如石墨烯－多孔碳、碳纳米管－介孔碳、石墨烯－纳米纤维等，典型代表是清华大学张强课题组制备的S /Graphene /CNT@Porouse Carbon复合材料[16]，如图5-6所示，由于形成了“点－线－面”相结合的三维导电网络，避免了碳纳米管的团聚和石墨烯的堆叠问题，促进电子在材料内的快速传导，材料表现出优异的倍率性能和循环稳定性。

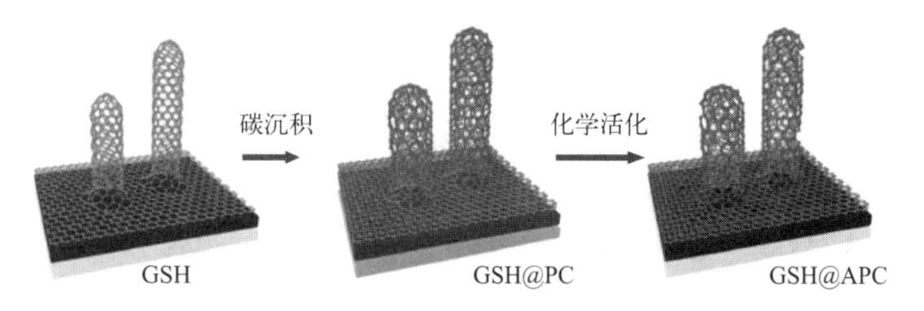

图5-6　石墨烯/碳纳米管/多孔碳复合纳米架构[16]

尽管以上导电碳材料与硫复合后在一定程度上改善了锂硫电池的性能，但是导电碳材料对活性硫的物理吸附能力有限，另外导电碳的疏水性使其难以和极性较强的多硫离子以及硫化锂形成较好的界面，不利于硫化锂的沉积，影响了碳硫复合正极材料性能的高效发挥。如果对碳材料进行杂原子如N、O、S、P、B等的掺杂，制得的杂原子掺杂的碳材料除了本身的物理吸附能力外，还具有一定的化学吸附能力，其可通过这些杂原子增强与高极性的多硫离子或者硫化锂的结合力，缓解了多硫离子的溶解、迁移和穿梭，减少了活性材料的流失，同时提供了利于硫化锂沉积的界面。能谱分析结合第一性原理计算表明，不同杂原子对应不同的固硫机制。N原子主要是以石墨型、吡啶型、吡咯型存在于碳材料上，这三种类型氮掺杂的碳更容易与多硫离子形成化学键S_xLi…N，从而起到固定活性硫的作用。而O原子则是以羰基、醚键和羟基等形式掺杂，O原子上的孤对电子易与多硫化锂中的Li^+成键从而起到固硫作用。氧化石墨烯GO、N－掺杂介孔碳、N－掺杂石墨烯、石墨化氮化碳g-C_3N_4、N和S双掺杂石墨烯和纳米碳纤维等均显示出对多硫离子良好的化学吸附能力，从而获得稳定的循环性能。其中不乏超长循环的数据，如张跃刚课题团队[17]制备的氮化石墨烯－硫复合材料S@NG在2C充放电倍率下循环2000周，容量的每周衰减

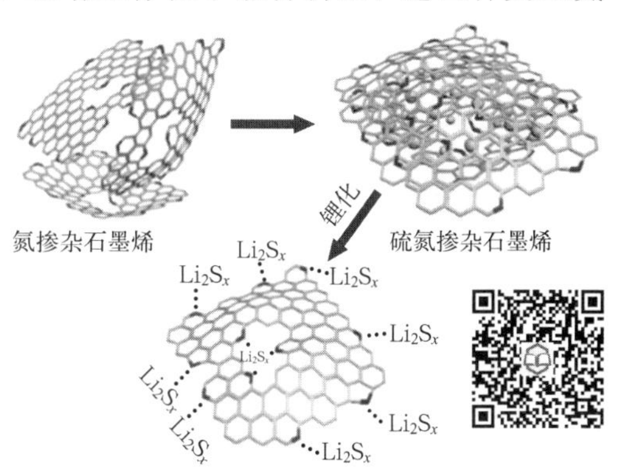

图5-7　S@NG正极材料制备以及含氮功能基团吸附多硫化锂

率仅为0.028%。S@NG正极材料制备以及含氮功能基团吸附多硫化锂示意图如图5-7所示。

总之，碳材料的导电性好且种类形貌众多，因而在硫正极中的应用得到广泛的研究。其中多孔碳具有丰富的微孔/介孔/大孔结构，因而对多硫离子有强的物理吸附能力；而碳纳米管、碳纤维等材料具有优秀的长程导电性，可构建三维导电网络进一步提高电极的导电性；以上碳材料也可设计成具有空心结构的碳材料，将硫填充在其中，可有效地防止多硫离子在电解液中的溶解和迁移，从而提高活性硫的利用率和电化学性能；具有高比表面和良好二维导电性的石墨烯材料也可以作为活性硫的载体，当对其进行杂原子掺杂改性或者与其他碳材料共同使用，可大幅度提高电池的电化学性能。

5.1.2.2 纳米金属化合物复合体系

为了进一步增加材料对多硫离子的化学吸附能力，以纳米金属化合物如纳米金属氧化物、金属硫化物、金属氮化物、金属碳化物及有机金属框架化合物（MOF）等用作硫化物的载体同样是一个有效措施[18]。相比于碳材料以及掺杂碳材料，纳米金属化合物对电化学过程中产生的多硫化锂具有更强的物理束缚能力，因而可以降低穿梭效应对电池性能的影响；另外，纳米金属化合物与多硫化锂之间有强的极性相互作用或路易斯酸碱作用，可将多硫离子限制在电极表面实现化学固硫，从而进一步增强对多硫化锂的束缚力；此外，这些纳米金属化合物（如Ti_4O_7、Ti_2C_4和Co_9S_8等）具有一定的导电能力，因而不会影响电池内部离子和电子的传递，可以保证电化学反应的顺利进行。最后，金属化合物的暴露表面和形貌更易通过化学或物理方法进行调控。因此，多种结构的金属化合物，如空心、多孔、层状结构等，可以有效地束缚多硫化物。

（1）金属氧化物体系

金属氧化物在极性金属一氧键中具有O^{2-}的氧阴离子，提供丰富的极性活性位点以吸附多硫化物。TiO_2作为用于硫正极的极性金属氧化物骨架，受到极为广泛的研究。斯坦福大学崔屹教授团队设计了一种S-TiO_2蛋黄/壳结构正极材料[19]。这种复合正极在0.5C倍率下可以提供1030mA·h/g的初始比容量，在1000次循环中每个循环的容量衰减率低至0.03%；蛋黄/壳结构还可以为硫的体积膨胀提供足够的空间，尽管该工作中没有直接指出多硫化物与极性TiO_2壳之间的化学相互作用，但研究者认为TiO_2具有亲水性Ti-O基团和表面羟基，使其能够与多硫化物具有强烈的相互作用。此后，多种纳米结构，如空心球、纳米线、纳米管、纳米纤维和纳米粒子TiO_2都被设计出来以负载硫元素。

Nb_2O_5是一种具有正交相结构的电子半导体，其电导率为3.4×10^{-6} S/cm。Kim等[20]发现了Nb_2O_5的锂离子嵌入赝电容行为，独特的Nb-O晶体结构可以为原子层之间的锂离子提供快速的二维传输路径，从而形成高导电的锂化合物。Tao等[21]通过DFT计算发现，Li_2S_6-Nb_2O_5系统中有四个Li—O键和四个Nb—S对，而Li_2S_6-C体系中只有一个Li—C对，因此与碳材料相比，Li_2S_6和Nb_2O_5之间具有强结合能。

Nazar教授课题组[22]首次使用MnO_2纳米片作为硫材料的极性骨架，制备了硫含量达75%的硫复合正极材料。原位可视化电化学实验证明在MnO_2的催化作用下，多硫离子首先部分转化生成不可溶的$S_2O_3^{2-}$，再与多硫离子反应并生成更低阶的多硫离子，完成电池的放电。这种全新的电池反应使得 $S_2O_3^{2-}$ 可以很好地将多硫离子铆接在 MnO_2 电极表面，因此该材料不但能够有效地抑制多硫化锂在电解液中的溶解和迁移，还能为 Li_2S 的沉积提供更好的界面，进而有效地改善电池的电化学性能。此种作用与过渡金属氧化物的氧化还原电位相关，过高或过低都无效，只有对 Li/Li^+ 在 2.40～3.05V 的 MnO_2 和 VO_2 有此作用。此外，MnO_2 的绝缘性仍然是性能提升的瓶颈，因此，更复杂的 MnO_2 与高导电碳材料的复合纳米结构被设计出来，以提高锂硫电池的电化学性能，如核壳型-MnO_2 复合材料、中空碳纳米纤维与 MnO_2 纳米片复合材料、聚吡咯-MnO_2 同轴纳米管骨架、MnO_2@中空碳纳米框架等。

此外，许多其他极性金属氧化物也作为硫载体被广泛研究，如 Ti_4O_7、Fe_3O_4、CeO_2、$NiFe_2O_4$、Si/SiO_2、Co_3O_4、V_2O_5 和 MoO_2 等，都显著改善了锂硫电池的电化学性能。由于金属氧化物固有的绝缘性，较高的内阻可能导致界面氧化还原反应速率缓慢、硫利用率低、倍率性能低等问题。因此，将极性金属氧化物与导电碳材料或聚合物复合使用可以增强电极导电性。另外，为了获得丰富的活性位点和可调节的暴露表面，通常需要设计具有复杂的纳米结构的极性金属氧化物骨架。

（2）金属硫化物体系

金属硫化物是另一类典型的极性无机化合物，可以用作容纳硫和吸附多硫化物的骨架。一般而言，金属硫化物的电导率相对于金属氧化物的电导率要高很多并且其中一些金属硫化物甚至具有半金属或金属相。研究者已经探索了诸多类似的具有高导电性的金属硫化物并用作硫正极材料。

黄铁矿型 CoS_2 晶体的电导率在 300K 时高达 6.7×10^3S/cm，清华大学张强课题组[23]将极性半金属 CoS_2 引入石墨烯/硫正极。基于 DFT 计算结果，CoS_2 和 Li_2S_4 的结合能高达 1.97eV（Li_2S_4 与石墨烯的结合能为 0.34 eV），表明 CoS_2 和多硫化物之间具有强相互作用。同时，CoS_2 与电解质之间的接触界面也为极性多硫化物提供了强吸附和活化位点，从而加速多硫化物的氧化还原反应过程。

TiS_2 具有高电子导率和极性，因此也被用来负载硫元素。斯坦福大学崔屹教授课题[24]组通过原位反应合成了 Li_2S@TiS_2 核壳纳米结构，并用作锂硫电池的正极。经过测量，Li_2S@TiS_2 结构的电导率为 5.1×10^{-3}S/cm，比纯 Li_2S（10^{-13}S/cm）高 10 个数量级，因此可以大大提高电极的电导率。另外，DFT 计算证明 TiS_2 涂层中的极性 Ti—S 基团可与多硫化物相互作用。Li_2S 与单层 TiS_2 之间的结合能为 2.99eV，而 Li_2S 与单层碳基石墨烯之间的结合能仅为 0.29eV。与纯 Li_2S 正极相比，Li_2S@TiS_2 复合正极在 0.2C 倍率下表现出优秀的循环稳定性。

各种其他金属硫化物，如 Co_9S_8、MoS_2、SnS_2、NiS_2、WS、MnS_2、CuS 和 FeS_2 等也被作为硫的极性骨架材料进行了研究。尽管金属硫化物的电导率远高于金属氧化物，但仍然需要引入碳基材料以进一步降低内阻并提高活性材料的利用率。此外，金属硫化物和多硫化物之间的多数吸附机制还不明晰，仍需要深入研究。

（3）金属碳化物体系

金属碳化物具有固有的高导电性和高活性的二维表面，通过金属-硫相互作用可以与多硫化物键合。

Naguib 等[25]首次报道的 MXene 相是一类过渡金属碳化物或碳氮化物，它们的体相具有高导电性，表面上具有丰富的官能团。MXene 是通过从层状 max 相（$m_{n+1}ax_n$，其中 m 是过渡金属，a 是ⅢA/ⅣA 族中的一种元素，x 是 C 或 N）中选择性地刻蚀 a 原子而产生的，随后使片层在极性溶剂中分层，得到分层的二维 MXene 相。目前已经有几种 Ti_xC_y 型 MXene 相被作为硫正极的极性载体材料。Nazar 教授课题组[26]通过刻蚀 Ti_2AlC 中的 Al 原子制备出 Ti_2C，并将其作为硫元素的载体材料。剥离和分层处理后的 Ti_2C 纳米片表面上 Ti 原子未被占据的轨道可以与—OH 或硫化物结合，通过 XPS 光谱分析也证明了 Ti_2C 表面上的—OH 被硫物种取代，从而使得 Ti_2C 与多硫化物之间的相互作用更强烈，提高了 Ti_2C/S 复合材料的电化学稳定性。

通过使用 TiC 负载硫元素，清华大学张强课题组[27]研究了极性骨架在硫正极氧化还原反应动力学中导电性的关键作用。锂硫体系中的界面化学动力学要由两个因素决定，包括氧化还原反应期间在液固边界上足够的结合能力和有效的电荷转移。作为非极性骨架，碳材料多为惰性且不能吸附多硫化物。例如，TiO_2 的极性绝缘体虽然与多硫化物的结合力足够强，但其低导电性阻碍了其表面上发生直接化学转化。因此，只有具有高导电性和极性的材料才能满足吸附和有效电荷传输的要求，从而可以增强电化学动力学。

其他的金属碳化物也被用来作为载硫材料，如 Fe_3C、W_2C、Mo_2C 等，所有这些过渡金属碳化物都表现出对多硫化物强烈的吸附性。

（4）金属氮化物体系

金属氮化物具有高导电性（高于金属氧化物和碳化物）的优点，并且容易形成氧化物钝化层，其优异的化学稳定性也使其成为载硫材料的良好选择。Goodenough 课题组[28]通过熔融扩散将硫封装进介孔 TiN 中，所得的介孔 TiN-S 正极比介孔 TiO_2-S 和 Vulcan C-S 正极具有更好的循环稳定性和倍率性能。TiN-S 正极优异的电化学性能可能归因于良好的导电性、坚固的 TiN 骨架以及 TiN 与多硫化物之间的强相互作用。

除上述工作外，其他金属氮化物，如 Mo_2N 等的开发也为锂硫电池改性提供了新的方向。金属氢氧化物、金属磷化物、不同金属化合物的复合结构等也被用来作为硫载体应用于锂硫电池。虽然难以预测哪种金属是最好的添加剂，但仍可以根据目前的研究和知识预测一些金属化合物的关键特性。首先，金属化合物与多硫化物具有强烈的相互作用。Nazar 课题组[29]曾对各种极性结构与多硫化锂之间的结合能大小进行了排序，如图 5-8 所示，大小顺序为金属有机框架化合物＞金属氧（硫）化物＞N、O、S 等杂原子掺杂碳＞含 N、O、S 等

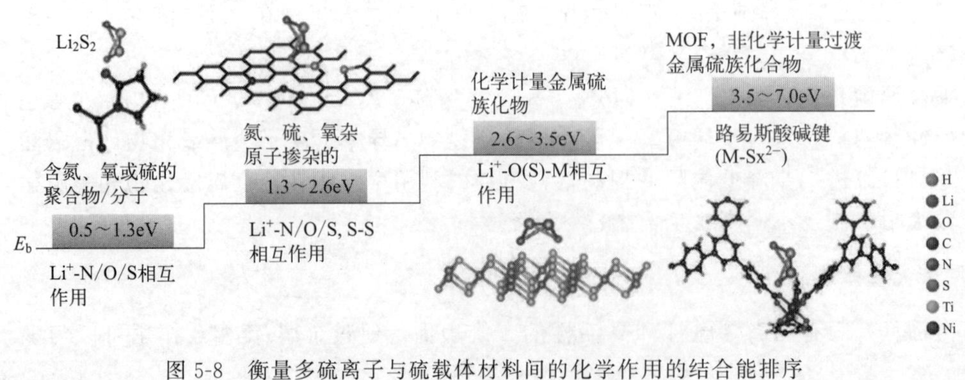

图 5-8　衡量多硫离子与硫载体材料间的化学作用的结合能排序

元素的聚合物，这些开创性工作拓展了人们对于硫正极电化学反应过程的认知，并为载硫正极材料的设计提供了理论基础。其次，当多硫化物固定在导电基底上时，它们应当更容易接受电子，从而加速反应速率。因此具有良好导电性的金属化合物是更好的选择，当然，通过与导电碳材料或聚合物复合也可以增强导电性。再次，极性金属化合物也可以作为电催化剂促进多硫化物氧化还原反应并提高活性材料的利用率。最后，金属化合物的纳米结构参数，即比表面积、孔径、孔体积以及粒径等也是影响锂硫电池性能的重要因素。

5.1.2.3 聚合物复合体系

聚合物尤其是导电聚合物具有导电性高、成膜性和柔韧性好、官能团丰富等优点，能够在一定程度上提高单质硫的电化学活性、缓解由于硫电极在充放电过程中体积变化所产生的结构应力，并通过聚合物上丰富的官能团和多硫离子形成氢键或化学键从而起到固硫的作用。另外，相对于碳材料，聚合物的制备温度低于硫的熔点，可以对硫进行原位修饰而不破坏其结构，可操作性强，因此聚合物也被广泛地应用于硫的载体。除用聚合物作为硫的载体之外，还可以通过硫与聚合物单体之间的聚合形成硫基高聚物，从而改变硫正极的充放电行为，避免多硫化物中间体的产生，从而可以很大程度上解决活性材料的损失和多硫化物的穿梭问题。

(1) 导电聚合物复合体系

由于导电聚合物复合材料具有非局域化的 π 电子共轭体系，通过将导电聚合物引入复合材料可以提高电极的性能。导电聚合物改善硫正极的电化学性能可归因于：①与纯硫正极相比，复合材料可以改善电极的导电性；②由于复合材料具有特殊的结构，如树枝状或多孔状，这些结构可以有效分散含硫物质，稳定电极结构并提高循环性能；③特殊的结构可以有效缓解多硫化物的穿梭效应，提高活性物质的利用率。此外，导电聚合物可作为活性材料的一部分提供额外的容量。常见的导电聚合物有聚吡咯（PPy）、聚苯胺（PANI）、聚噻吩（PTh）、聚丙烯腈（PAN）、聚（2,2-二硫代二苯胺）（PDTDA）、聚苯乙烯磺酸盐（PSS）、聚苯胺纳米管（PANI-NT）、聚（3,4-乙烯二氧噻吩）（PEDOT）和聚酰亚胺（PI）。

聚合物与硫的复合主要有两种形式：一种是形成“聚合物包硫”的核壳结构，如PTh/S、PPY/S、PVK/S、PVP/S、PANi/S等复合材料，主要是依靠聚合物壳层的物理限硫作用稳定正极，显示出较好的电化学稳定性，如图5-9所示[30]。其中导电聚合物包覆空心纳米硫（如PANi/S、PEDOT/S、PPY/S）的结构设计，更有效地解决了硫在充放电过程中因体积膨胀带来的结构破坏问题，获得了优异的循环性能。PEDOT/S中的O、S原子与多硫化锂之间能够形成较强的相互作用，因而固硫效果更好，循环性能更优。

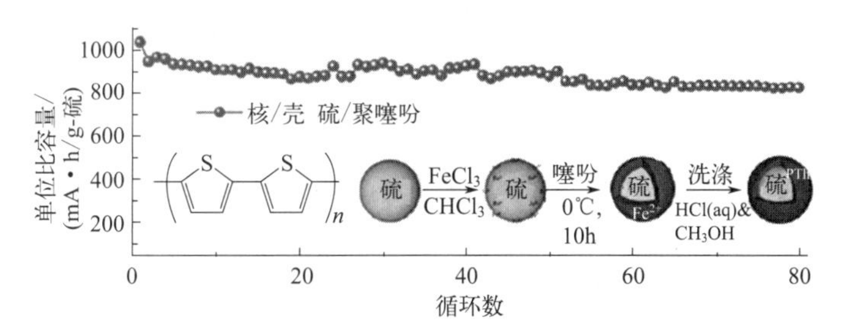

图5-9 聚噻吩/硫复合材料合成及电化学性能[30]

另一种是“硫包聚合物”的核壳结构，如将硫以熔融或化学沉积的方式复合到导电聚合基体表面，这类导电聚合物主要包括 PPY 纳米线、纳米管等形成的网络结构、PANi 纳米管及空心 PANi 球等，聚合物在复合材料中起到导电剂、分散剂、吸附剂以及缓冲体积变化的作用，并为硫的沉积提供更好的基体。如图 5-10 所示，Wang 等[31] 在乙炔黑表面接枝聚苯胺，在碳颗粒表面形成网络结构，然后将单质硫沉积在网络结构中，接着在 PVP 的作用下，又在复合材料表面包覆一层聚苯胺，形成了一种网络双核壳结构的 C-PANi-S@PANi 复合材料。聚苯胺网络和外壳以及乙炔黑内核在复合材料中可以形成发达的导电网络，有利于电子的传导。聚苯胺外壳具有一定的束缚作用，可通过物理作用将单质硫及反应过程中产生的多硫离子限制在一定区域，抑制穿梭效应并提高活性物质的利用率。并且聚苯胺包覆层内部的初级颗粒为核壳结构的纳米颗粒，这种纳米颗粒不仅能够增加电化学充放电过程中的化学反应活性点，而且有利于聚苯胺包覆层和纳米颗粒之间形成的“纳微”结构本身存在很多空隙，这些空隙能够缓解充放电过程中的体积膨胀，从而保证了极片结构的稳定。

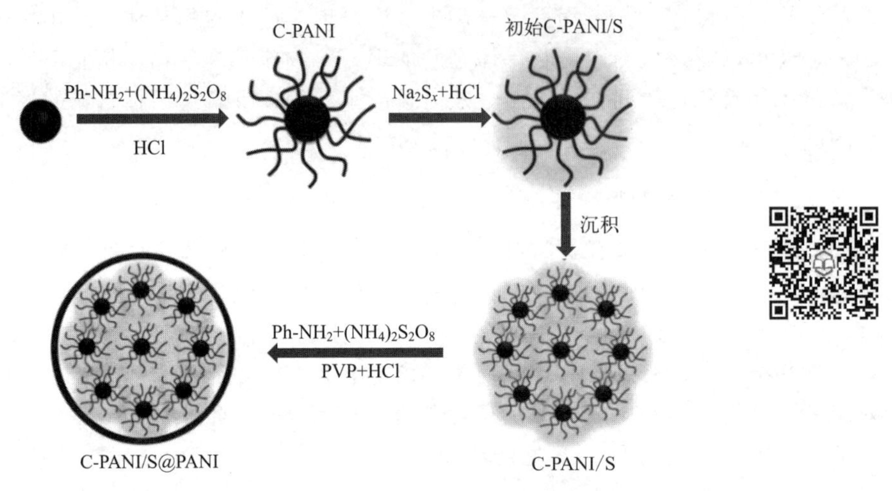

图 5-10　C-PANI-S@PANI 复合材料的制备[31]

总之，相对于碳材料而言，导电高分子虽然制备简单、易于成型，对多硫化锂的束缚能力更强，但是由于其导电性不够好，在电极制备时需要添加额外的碳作为导电剂，因此其不适宜单独用作硫的载体。而应充分发挥其能形成网络结构的优势及表面成膜性能与碳材料或金属化合物以某种形式复合作为硫的载体。

(2) 硫基高聚物体系

自从上海交通大学王久林教授团队首次提出分子级导电聚合物/硫复合材料并用作硫正极材料，共聚策略在锂硫体系得到越来越多的关注。硫元素加入聚合物材料中，其本身的结构和组成将会改变。在正常环境条件下，硫元素主要以具有 8 个硫原子的环状分子（S_8）的形式存在。一旦将 S_8 单体加热至开环温度（159℃）就得到具有双自由基链段的线型聚硫烷。随着加热温度的持续升高，通过聚合和解聚过程可以获得具有 8～35 个硫原子的聚合硫。通过与不同的聚合物单体（包括烯烃/炔烃、硫醇和腈）共聚，可以获得化学稳定的材料。碳骨架与硫之间的强共价键可以在一定程度上抑制多硫化物的溶解。当这种硫基高聚物用作正极材料时，可以有效地改善锂硫电池的性能[18]。

① 烯烃/炔烃衍生的硫基高聚物体系　其中元素硫与不含自由基的各种不饱和分子（如

烯烃/炔烃）之间的共聚合已经作为生成富硫共聚物的方法被广泛研究。Pyun 及其团队[32]直接将元素硫与乙烯基单体共聚合成具有高硫含量的聚合物材料。该类硫基高聚物的电化学行为与元素硫相似，在 2.3～2.4V 出现的充电电压平台代表长链有机硫单元和多硫化物的形成，放电过程中 2.0～2.1V 的平台对应完全放电产物有机硫产物、Li_2S_3 和 Li_2S_2。

防化研究院杨裕生院士[33]就以聚氯乙烯为前驱体，经高温脱氢得到长链碳炔后，通过与单质硫反应将—$(S\text{-}S)_n$—键以化合键的形式侧接于导电碳链上，制备了以硫化碳炔为代表的一系列多硫化碳新型正极材料，该材料的实际比容量达 400～600mA·h/g（以材料整体计），在碳酸酯类电解液和醚类电解液中均稳定循环。需要注意的是，该多硫化碳材料与前面单质硫复合材料的放电曲线不同，其放电曲线只有一个在 1.8V 左右的放电电压平台。而且，与多硫化碳材料匹配的电解液与单质硫复合材料也是不同的，典型的单质硫复合正极材料只能在醚类电解液中进行正常的电化学反应，而该多硫化碳材料在碳酸酯类电解液和醚类电解液中均具有稳定的循环性能。以上这些特征表明多硫化碳材料在电化学过程中的反应历程与单质硫在醚类电解液中的 $S \rightarrow Li_2S_6 \rightarrow Li_2S_4 \rightarrow Li_2S_2 \rightarrow Li_2S$ 反应历程存在差异。

② 硫醇衍生的硫基高聚物体系　除了不饱和烃之外，含巯基的有机化合物是合成富硫共聚物的另一种共聚单体。在高于 180℃的温度下，通过环状 S_8 的开环和聚合可以将线型聚硫烷键合在硫醇表面。这些有机分子本身不能聚合，但通过连接巯基和硫基可以轻易地与熔融硫形成共聚物。因此可以使硫均匀分布在聚合物基质中，通常认为硫醇衍生的有机硫聚合物的充放电行为与不饱和烃-硫共聚物类似。

Kim 等[34]首次通过将开环硫负载在多孔三聚硫氰酸（TTCA）骨架中提高了三维互连富硫聚合物（S-TTCA）的放电比容量和稳定性。S_8 与 TTCA 晶体中的硫醇基反应形成 S—S 键，拉曼光谱和热重实验都可以证明。S-TTCA 聚合物中总硫含量为 63wt%，得益于硫化聚合物中的多硫化物限制，TTCA 骨架在 450 次循环后仍可提供 850mA·h/g 的比容量，容量损失率小于 17%。

③ 腈衍生的硫基高聚物体系　硫作为一种脱氢试剂，通过在 280～300℃下氩气保护氛围中加热其和聚丙烯腈粉末的混合物，可以获得具有共轭电子的不饱和链的硫基聚丙烯腈复合材料（SPAN）。2003 年 Wang 等[35]发现 SPAN 纳米复合材料可以作为活性正极并且只有一个在 1.8V 左右的放电电压平台，但他们没有进行进一步分析。之后，SPAN 再次受到广泛关注，研究人员对该复合材料的电化学性能进行了大量研究。研究发现，该类材料在碳酸酯类电解液和醚类电解液中均可稳定循环。而且该材料在使用不溶解 Li_2S_x（$3 \leqslant x \leqslant 8$）的碳酸酯类电解液时，并不会出现传统锂硫电池的"穿梭现象"，可以达到接近 100%的库伦效率。更重要的是，该材料还具有首次放电比容量超出理论放电比容量的现象。以上种种现象说明该材料还可能存在不同于传统锂硫电池的储锂机制，如材料的空间结构不同，或存在其他储锂活性点。

最近几年，研究人员对该类材料的电化学反应机理也进行了一定的研究，但尚无完全符合实验结果的反应机理和材料结构模型提出。喻献国等[36]提出多硫化碳材料是由短链—S—S—键进行储锂的，但所提出的结构模型的理论容量远低于实际多硫化碳材料的放电比容量，如图 5-11（a）所示；Fanous 等[37]认为多硫化碳材料是由短链—S—S—键和长链—$(S—S)_n$—共同进行储锂的，但所提出的结构模型的理论容量也无法达到实际多硫化碳材料的放电比容量［见图 5-11（b）］；Zhang 认为[38]多硫化碳材料是由长链—$(S—S)_n$—进行储锂的，但在充放电过程中 C—S 键会断裂，这又与多硫化碳材料在醚类电解液中的放电曲线不相符［见图 5-11（c）和（d）］；何向明团队[39]提出含氮碳骨架中的氮元素也可能是储锂活性位点会对多硫化碳材料电化学过程中的电子转移产生影响，从而提高这类材料的放电容量，但没有进行更深一步的研究。郭玉国[40]、黄云辉等[41]团队对微孔碳/硫复合材料分别提出“小分子硫”的概念，主要是指制得的碳硫复合材料中的硫主要以小分子 S_{2-4} 的形式存在于微孔结构中，而不是以常见的环状 S_8 分子存在，在充放电过程中只在 1.9V 处有一个放电平台，对应着小分子 $S_{2-4}\rightarrow Li_2S$ 的固固反应过程。通过碳材料的微孔限制元素硫的尺寸，也能解释部分实验现象。多硫化碳材料首次放电比容量较高，以单质硫计算将远超过其理论比容量，我们认为多硫化碳材料除了—(S—S)$_n$—键储锂之外，还可能存在其他储锂机制，如材料的空间结构，或其他储锂活性点等，目前正在研究中。

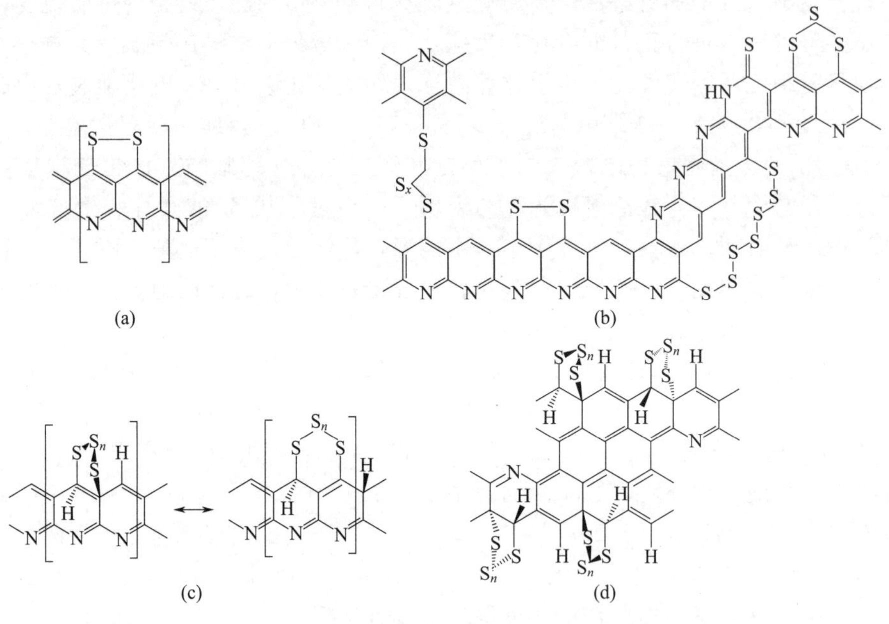

图 5-11　硫化聚丙烯腈材料的电化学反应机理

然而，硫基高聚物在实际应用中仍面临一些问题。多数研究中的硫基高聚物具有复合硫结构和较多的长链线型聚硫烷结构，锂化过程中将不可避免地产生可溶性多硫化物，这导致在长循环过程中的容量衰减。另外，一些研究中硫的负载量较低，当硫含量高达约 $5mg/cm^2$ 时，这些材料将表现出较差的倍率性能。因此，对于硫基高聚物，仍需：①设计更稳定和长度可控的聚硫链键合在聚合物中，使得在放电过程中直接形成短链多硫化物，从而抑制穿梭效应；②寻找合适的有机化合物单体以提高硫基高聚物的导电性；③开发具有良好机械性能的共聚物，以缓冲充放电过程中正极的体积变化。

综上所述，三类材料各有优缺点：碳性材料质轻、导电性好，但仅依靠多孔结构的物理吸附或包覆限硫的能力有限，且非极性的表面不利于极性 Li_2S 的有效沉积，为增加界面极性引入的杂原子过多又会影响材料的电子导电性；金属化合物表面极性位点丰富，理论上对多硫化锂具有较强的化学吸附作用，并可能催化 Li_2S 的电化学可逆转化，但由于化学吸附是单分子层吸附，吸附量有限，当材料硫含量较高时，大多数多硫离子还是容易在浓差作用下扩散进入电解液中，固硫作用受到影响；聚合物的成膜性好，其极性官能团构筑的电极界面亲硫性好，易于在硫颗粒表面包覆固硫，还易于形成有弹性的三维网络状结构稳定极片结构，但导电能力较弱。因此，如何扬长避短，综合上述三类材料的优势而避免其各自的劣势是设计新型正极材料的有效途径。

5.1.3 锂硫电池电解质

作为锂硫电池电解质，需要具备前文提到的锂离子电池电解质离子电导率高、电化学窗口宽、化学性质稳定、不导电子、使用温度范围广、廉价无毒环保、对电极亲和等基本特性外，由于硫正极的特殊性，还要求电解液对多硫离子的扩散迁移具有一定的阻隔作用。同样，现有的电解质体系按照其相态分类，主要包括液态电解质和固态电解质两大类。

5.1.3.1 液态电解质

目前实验室常用的锂硫电池电解质主要为液态有机电解质。液态有机电解质主要有两大类：一是碳酸酯类电解液，二是醚类电解液。常见的碳酸酯类电解液主要有碳酸乙烯酯（EC）、碳酸丙烯酯（PC）、碳酸二乙酯（DEC）等。通常碳酸酯类电解液离子具有电导率高、电化学稳定、沸点高、不易燃和价格低等优点，是锂离子电池常用的电解液，但是此类电解液除了个别特殊的硫正极材料外，并不适用于常规的单质硫复合材料，其相应的放电曲线一般只有一个放电平台，且硫的利用率较低。Zheng 等[42]认为锂硫电池放电中间产物多硫离子并不溶于碳酸酯类电解液，不利于进行液相反应；Gao[43]和 Yim 等[44]发现在碳酸酯类电解液中，多硫离子对碳酸酯电解液的羰基碳以及醚基碳会发生亲核攻击，生成硫醚类以及其他小分子化合物，如图 5-12 所示。电解液的分解以及活性物质的损耗将会使容量突然衰减，这也是碳酸酯类电解液不适用于锂硫电池的主要原因。

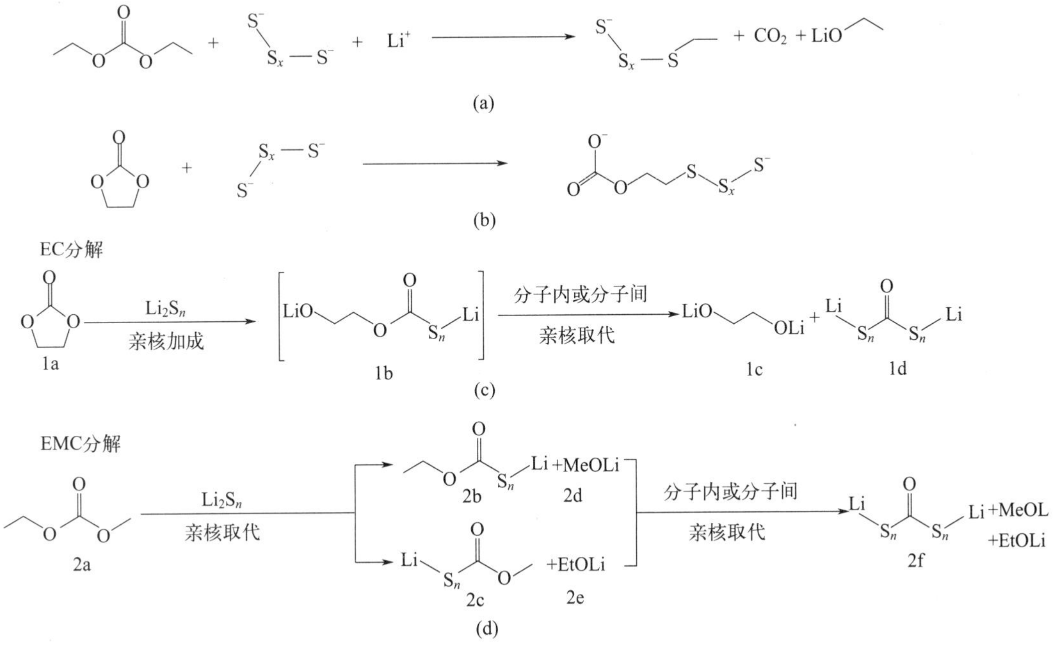

图 5-12　碳酸酯类电解液与多硫离子的发生的反应

虽然碳酸酯类电解液不适用于单质硫复合材料，但是却适用于部分硫基高聚物体系（硫化聚丙烯腈、硫化碳炔等材料），这也从侧面说明了此类硫基高聚物体系在充放电过程中的反应机理是不同于单质硫复合材料的。

对于单质硫复合材料来说，常用的电解液是醚类电解液。常见的醚类电解液主要包括链状醚如四甘醇二甲醚（TEGDME）、乙二醇二甲醚（DME）、二乙二醇二甲醚（DG）、四乙醇二甲醚（TG）和环状醚如1，3-二氧戊环（DOL）、四氢呋喃（THF）等。在绝大多数锂硫电池的文献报道中，使用的醚类电解液主要是体积比为1∶1的DOL/DME的混合双溶剂醚类电解液，它们能够保证硫的利用率、放电倍率、温度操作范围和锂负极循环能力。相对碳酸酯电解液来说，醚类电解液在多硫离子存在的情况下能够稳定存在，并且醚类电解液对多硫离子具有较好的溶解性。因此单质硫复合材料在醚类电解液中可正常充放电。但是醚类电解液沸点低，易燃，相对碳酸酯电解液安全性差。而且由于醚类电解液对多硫离子具有较强的溶解能力，溶解在电解液中的多硫离子在浓度梯度的驱动下会迁移至负极并与金属锂发生腐蚀反应，形成所谓的穿梭效应，而穿梭效应是锂硫电池最主要的缺点。除此之外，以色列学者Aurbach等[45]首先发现，随着循环的进行醚类电解液DOL与锂负极会有如图5-13所示的副反应发生，引起电解液的不断消耗和金属锂的严重腐蚀，最终导致电池坏掉，这也是锂硫电池循环寿命短的一个主要原因。

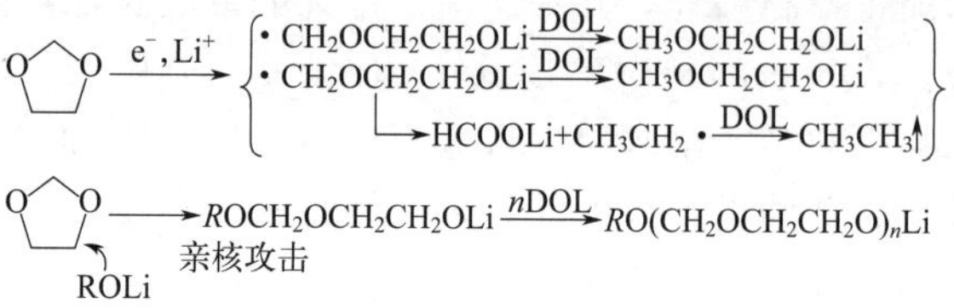

DOL $\xrightarrow{e^-,\ Li^+}$ { $\cdot CH_2OCH_2CH_2OLi \xrightarrow{DOL} CH_3OCH_2CH_2OLi$；$\cdot CH_2OCH_2CH_2OLi \xrightarrow{DOL} CH_3OCH_2CH_2OLi$，$\rightarrow HCOOLi + CH_3CH_2\cdot \xrightarrow{DOL} CH_3CH_3\uparrow$ }

DOL + ROLi（亲核攻击）$\longrightarrow ROCH_2OCH_2CH_2OLi \xrightarrow{nDOL} RO(CH_2OCH_2CH_2O)_nLi$

图5-13 醚类电解液与金属锂的副反应

Mikhaylik等[46]发现在Li-S二次电池DME和DOL电解液体系中，也会有如图5-14中所示的溶剂分解产物存在，并且认为以DME与金属锂发生的降解反应为主要反应，同时生成大量的短链ROLi，它们在电解液中有较高的溶解度，对电解液体系的影响较大。随着循环的进行，电解液不断被消耗，金属锂负极不断被腐蚀，体系中副产物ROLi和HCO_2Li等不断累积，电解液黏度不断增加，能够溶解的多硫离子逐渐减少，传质过程减慢，最终导致硫活性物质的利用率下降，电池性能恶化。

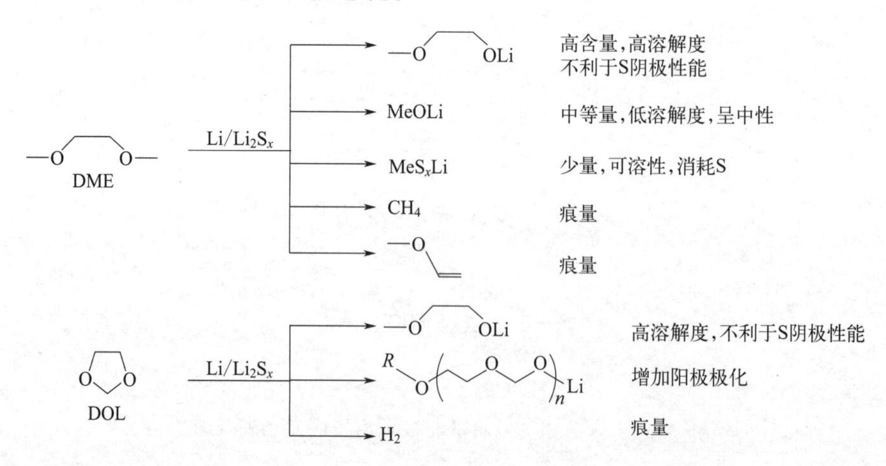

图5-14 Li-S电池中金属Li与电解液溶剂发生反应及产物

因此要得到长循环寿命的锂硫电池，除了致力于研究硫正极微结构来改善锂硫电池性能以外，还应该从调控电解液性能的角度出发，抑制多硫离子在电解液中的溶解和迁移，以减少多硫离子与锂负极之间发生的腐蚀反应；以及抑制电解液与金属锂、多硫离子之间的副反应，从而改善锂硫电池的电化学性能。

使用电解液添加剂是改善锂硫电池性能的一个常用的方法。Mikhaylik 等[47]发现在电解液中添加含 N—O 键的化合物能有效减少电池自放电并提高锂硫电池正极活性物质利用率，其中以 $LiNO_3$ 效果最好。Liang[48]和熊等[49]也分别证实了在电解液中添加 $LiNO_3$ 有助于改善锂硫电池的循环性能。Aurbach 等[45]发现在含有 $LiNO_3$ 添加剂的电解液中，$LiNO_3$ 能与电解液中的 DOL 以及多硫离子发生反应，在锂负极表面生成一层均匀而致密的钝化膜，钝化膜的主要成分如图 5-15 所示，主要是 RCOOLi 和 Li_xNO_y。该钝化膜可以隔绝锂负极与多硫离子及电解液组分的直接接触，不但防止腐蚀反应的发生，还减少了活性硫的损失。Zhang[50]通过研究采用含有 $LiNO_3$ 的电解液的锂硫电池的 CV、EIS 和电池充放电曲线，发现在较低的放电电压下 $LiNO_3$ 偏重于分解，稳定的 SEI 膜会被破坏，因此建议电池的放电电压不宜太低（1.8～3.0V）。Zhang[51]发现 NO_3^- 还有助于催化充电过程中长链多硫离子 S_n^{2-}（$4\leqslant n\leqslant 8$）向元素硫 S_8（$S_n^{2-}\rightarrow S_8$）转化。至今为止，$LiNO_3$ 仍然是锂硫电池有机电解液中最有效的添加剂。

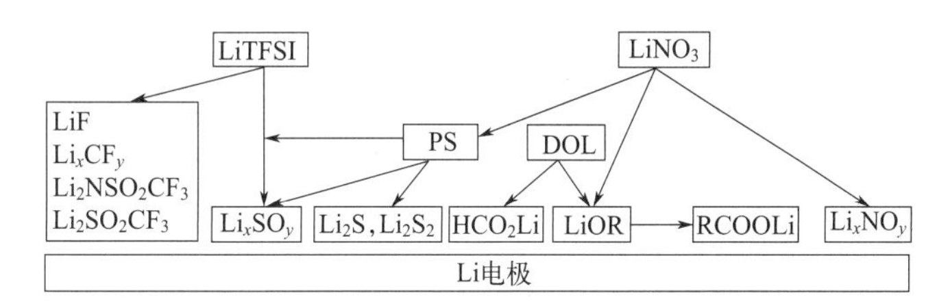

图 5-15　锂负极在 DOL/LiTFSI＋Li_2S_6＋$LiNO_3$ 溶液中主要成分

除 $LiNO_3$ 之外，还有其他不同类型的电解液添加剂被研究。多硫化锂也是最近研究得比较深入的一种添加剂。首先，由于同离子效应，电解液中大量多硫化锂的添加会抑制循环过程中的多硫离子的溶解，有利于电极中活性物质的保持。另外，电解液中的多硫化锂也可以贡献一部分的容量，提高电池整体的比容量。熊等[49]发现使用混合电解液体系［0.1M $LiNO_3$/0.1M Li_2S_6 DOL/DME（1∶1，v/v)］，多硫离子和硝酸锂会在锂负极表面生成致密完整且具有良好循环稳定性的界面钝化层。该界面钝化层中顶层和底层的成分是不同的，如图 5-16 所示，其上层主要由含氧硫酸盐组成，底层主要由 Li_xNO_y 以及多硫离子与锂负极反应生成的硫化锂组成。在界面钝化层形成的过程中，上层的含氧硫酸盐的沉积过程可逐渐修复底层块状产物中的裂纹，从而最终形成致密完整的界面膜。这种结构的界面钝化层可以阻断金属锂与电解液以及中间产物多硫离子的接触，不但可以抑制硝酸锂与锂负极的进一步反应，保持界面钝化层的稳定；还可以阻止多硫离子与锂负极的接触和反应，从而有效抑制了穿梭效应。

Lin 等[52]发现在电解液中添加 P_2S_5 也能显著改善锂硫电池的电化学性能。P_2S_5 的作用主要体现在：a. P_2S_5 能够提高 Li_2S 在电解液中的溶解度，从而减少因 Li_2S 沉淀而造成的活性物质的损失；b. P_2S_5 能够在金属锂负极表面形成一层钝化保护层，对负极起到保护作用，从而避免锂硫电池中的穿梭效应而带来的金属锂腐蚀问题。

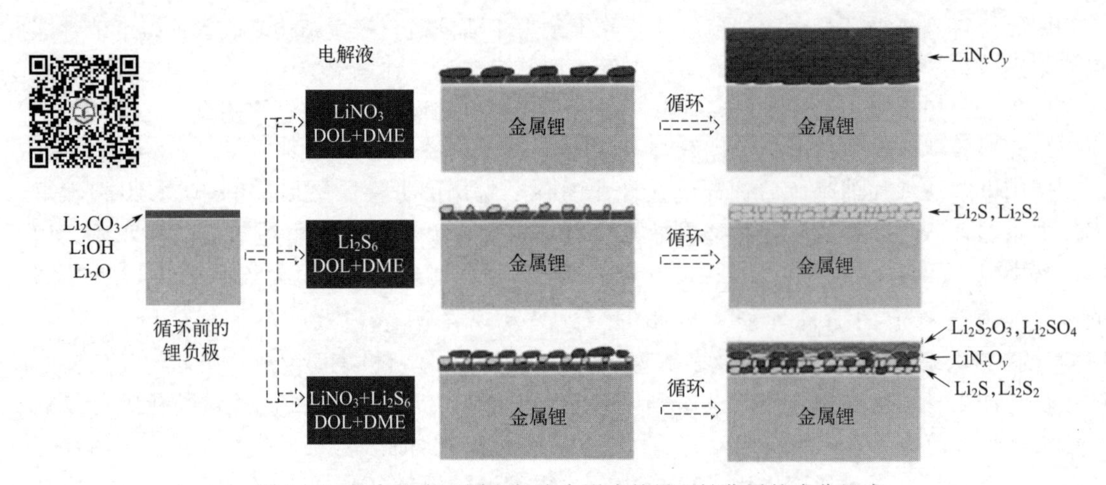

图 5-16　锂负极在不同电解液中形成的界面钝化层的成分组成

一些含多硫链的有机物同样可用作锂硫电池电解液添加剂。Trofimov 等[53]合成了一系列两端为有机基团的聚硫化合物，并在电解液中添加 5%（质量百分数）聚硫化合物。研究发现，电解液中使用了聚硫化合物添加剂的锂硫电池在 50 次循环后的放电比容量相较于未使用添加剂锂硫电池最高可提高 35%。他们认为电池容量提高的主要原因是该聚硫化合物能够与不溶于有机电解液的 Li_2S_2 和 Li_2S 发生反应，反应式如图 5-17 所示，从而促进了 Li_2S_2 和 Li_2S 溶解。

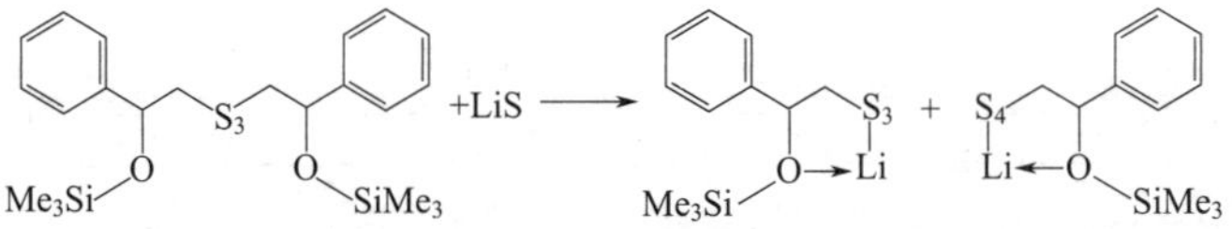

图 5-17　两端为有机基团的聚硫化合物与硫化锂反应式

从上述研究可以发现，锂硫电池电解液添加剂的主要作用是对锂负极进行原位保护，即在放电过程中添加剂与放电中间产物及锂负极反应，在锂负极表面形成一层稳定的钝化保护层，在一定程度上抑制了 Li_2S 的沉积，并避免电解液和多硫离子与金属锂的直接接触，最终提高电池的比容量和循环寿命。但是这种改善是有限的，尤其在循环寿命方面的改善，因为有的钝化层的形成过程仍会不断地消耗电解液。另外加入某些添加剂形成的钝化层仍是多孔的，并不能完全避免金属锂与电解液以及多硫离子间的反应，因而在长循环过程中，金属锂还是会不断与电解液反应，从而金属锂被腐蚀，电解液被消耗。

5.1.3.2　固态电解质

尽管目前锂硫电池常用的电解质仍然是有机液态电解质，但是其难以避免的多硫离子穿梭效应问题、电解液易燃问题以及锂枝晶问题，使得电池循环寿命短并且电池安全性能无法得到保证。在这种情况下，固态电解质被认为是解决这些问题并提高锂硫电池性能的有效手段。相较于传统的液态有机电解质体系，固态电解质一方面完全避免了多硫离子的溶解和迁移，阻止了穿梭效应的发生路径；另一方面高强度的固态电解质可以防止锂枝晶穿透，提高了电池的安全性。与锂离子电池相同，可用于锂硫电池体系的固态电解质同样主要有聚合物电解质（如聚氧化乙烯 PEO 及其衍生物电解质）、无机硫化物固态电解质和无机锂氧化物固态电解质（如钙钛矿型、石榴石型、LISICON 型和 LiPON 等）等。

但是需要注意的是，虽然固态电解质能够有效阻止多硫化锂的迁移，提高电池安全性能。但是，也正因为多硫化锂在电解液中的可溶性，锂硫电池中活性物质的利用率才会比较高。如果完全限制了多硫化锂在电解液中的溶解，反而会降低硫的利用率，影响电池的电化学性能。因此在固态锂硫电池中，需要电极和固态电解质之间能够良好接触，才能实现较好的电化学性能。如采取在电极的制备过程中加入电解质成分、界面润湿、凝胶电解质等措施，可更好地改善固态锂硫电池的性能。

5.1.4 锂硫电池负极

通常锂硫电池以金属锂为负极。金属锂具有较低的氧化还原电位 [-3.04V(vs. H^+/H_2)] 以及很高的理论容量（3860mA·h/g），与金属锂配套，才能使锂硫电池能量密度达到 2600W·h/kg，发挥其高能量密度的优势。但金属锂被用作锂硫电池负极时存在严重的问题，主要体现在以下方面。

① 金属锂的不稳定性　金属锂活性较强，与电解液之间接触会发生氧化还原反应，生成固态电解质中间层（SEI），造成金属锂和电解液的损耗，影响电池的库仑效率。

② 锂枝晶的生长　充放电过程中金属锂的不均匀沉积容易造成锂枝晶的生长，而锂枝晶生长到一定程度会穿透隔膜造成电池短路，引发安全隐患。

③ 穿梭效应造成锂负极的腐蚀　锂硫电池的穿梭效应也会对金属锂负极产生非常大的影响。充放电过程中生成的多硫离子会迁移至负极区，腐蚀金属锂，尤其是对锂枝晶的腐蚀更加明显，导致严重的锂粉化现象。这一现象在软包装锂硫电池中更为严重。金属锂的粉化造成电极集流困难，成为影响锂硫电池循环性能的主要原因之一。另外多硫离子与金属锂反应后会直接生成不可溶且绝缘的 Li_2S_2 和 Li_2S，造成活性物质的损失，导致电池容量的衰减；另外这些绝缘的 Li_2S_2 和 Li_2S 会沉积在金属锂的表面，严重影响电池性能。

④ 锂负极不安全性　粉化的金属锂具有很高的比表面活性，存在很大的安全隐患。

针对锂硫电池中金属锂负极的问题，近年来研究者们提出了多种策略，主要包括：a. 电解液添加剂原位构筑人工 SEI 膜保护金属锂；b. 在锂负极表面构筑人工 SEI 膜保护金属锂；c. 采用有机或无机固态电解质作为锂表面修饰层保护锂负极；d. 构筑纳米结构金属锂保护金属锂；e. 构筑纳米复合金属锂保护金属锂。

5.1.4.1 电解液添加剂保护金属锂

在电解液中添加添加剂，是锂负极保护常用的一种方法。电池体系中几乎所有锂盐和溶剂都可以与金属锂发生反应，因此成膜添加剂通常具有较低的 LUMO 轨道，以保证优先与金属锂发生反应，在金属锂表面形成一层稳定的 SEI 膜，通过这层 SEI 膜阻隔其他电解液成分与金属锂之间的反应，同时，锂负极的表面状态被改变，有助于金属锂的均匀沉积，防止锂枝晶的生长，最终起到对锂负极进行保护的作用，因而大部分的成膜添加剂都是牺牲性的。

目前文献报道的电解液添加剂除前面介绍的硝酸锂、多硫化锂、硫辛酸外，还有乙酸铜、P_2S_5、$CsNO_3$ 和 AlI_3 等。硝酸锂是锂硫电池醚基电解液（LiTFSI-DOL/DME）中最常见的添加剂，其他硝酸盐添加剂 RNO_3（R 为铯、镧、钾）也受到了研究关注，结果表明，稳定的 SEI 膜主要归因于 N—O 键的形成。此外，金属离子添加剂中的金属离子（如

Cu、Ag、Au）与硫的反应活性低于锂，能够降低 SEI 膜的长程结晶度，从而产生更多的晶界网。这些结构可以提高 Li^+ 电导率，从而形成更稳定的锂金属负极。

电解液添加剂通过与锂金属原位反应生成保护层以起到保护金属锂负极免受电解液侵蚀的作用。然而由于本身的强度较差，这种原位形成的界面层常常无法承受住枝晶生长所带来的应力变化而发生破裂，从而不能继续起到对负极的保护作用，甚至会引发更严重的枝晶生长及其副反应。因而，电解液添加剂可以与其他的抑制枝晶生长的方法结合使用。一方面可以通过原位反应获得一个高效的 SEI，促进界面离子传输，提高电池的库仑效率和倍率性能；另一方面则通过采用其他手段（如结构化负极）抑制枝晶生长，提高电池循环寿命和安全性。

5.1.4.2 人工固态电解质界面层保护金属锂

人工 SEI 膜修饰是通过非原位手段，在金属锂负极包覆一层低电子导率、高离子导率、高机械强度的薄膜，达到抑制枝晶生长的目的。电池在循环时人工 SEI 膜可以起到均匀分散锂离子，调节到达锂金属负极的离子分布，同时对锂沉积形成的枝晶进行机械阻挡的作用，从而延长电池寿命。

清华大学张强课题组[54]报道了采用一种可植入策略来有效维持多硫化物诱导的 SEI 膜的形成。在 $LiTFSI\text{-}LiNO_3\text{-}Li_2S_5$ 三元电解液中，通过电镀的方式在锂片表面形成一层 SEI 膜。所获得的具有植入性 SEI 膜保护的金属锂负极可以有效地匹配硫正极，而不需要任何其他添加剂。由可植入的 SEI 改性的金属锂负极组成的锂硫电池在 10℃下循环 600 次后具有 891mA・h/g 的高放电比容量、76％的容量保持率和 98.6％的库伦效率。Li 和 Zeng 等[55]曾以聚二甲基硅氧烷（PDMS）构筑锂负极的 SEI 膜，发现 PDMS 可与锂负极发生原位反应生成新的 SEI 膜，该 SEI 膜不但能够隔绝电解液和金属锂的接触，还可起到传导锂离子的作用，因此相应的锂电池和锂硫电池均表现出优秀的循环性能和高的库伦效率。Ma 等[56]在常温下用金属锂与氮气反应，在金属锂的表面原位生长一层 Li_3N 保护层。Li_3N 是一种优良的锂离子导体，不会阻碍锂离子在锂负极和电解液之间的传输，但可阻隔多硫化锂与锂负极的接触。有 Li_3N 保护的锂负极的稳定性得到很大提高，在其表面可以形成稳定的 SEI 膜，从而降低穿梭效应对金属锂负极的腐蚀。中国科学院化学所郭玉国团队[57]在锂负极表面包覆了一层约 50nm 的 Li_3PO_4 均匀人工保护层，如图 5-18 所示。该保护层具有高的锂离子电导率和杨氏模量，被修饰的锂负极在循环 200 次之后仍无枝晶出现。

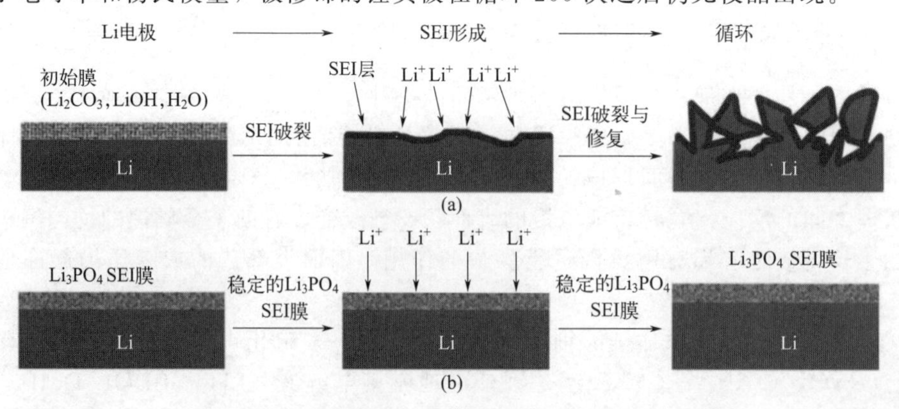

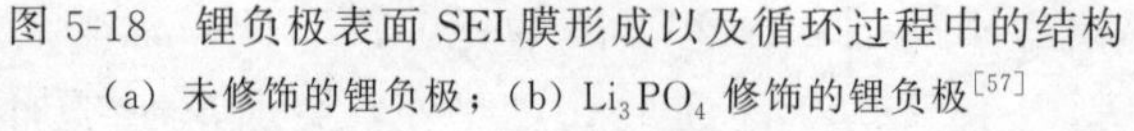
图 5-18 锂负极表面 SEI 膜形成以及循环过程中的结构

（a）未修饰的锂负极；（b）Li_3PO_4 修饰的锂负极[57]

这种人工界面层可以防止锂金属和多硫化物接触以避免发生副反应，并且强化电解液/锂金属界面以减轻锂沉积/脱出过程中的体积变化并减缓锂枝晶生长。但是，人工界面层必须薄且有较高的离子导电性。简而言之，这些预处理方法可以在电池循环之前保护锂金属，从而在锂硫电池的整个生命周期中产生保护锂金属的可能性。但到目前为止，这些研究大都还在实验室阶段，还没有比较成熟的保护层用于锂硫电池体系。

5.1.4.3 纳米结构金属锂

锂离子电池利用插层技术（锂离子嵌入石墨骨架）解决了体积膨胀的问题，但对锂硫电池而言，锂负极作为一种无基体电极，充放电过程中体积膨胀更为严重，导致了充放电过程中 SEI 的破裂以及低库仑效率。此外，根据 Sand's time 模型，降低电流密度能够延缓枝晶生长的时间，纯金属锂片由于只是二维平面，局部电流密度较大，枝晶生长严重。如果能将负极制成三维多孔结构，则不仅可以缓解体积膨胀，而且可以显著降低电流密度，抑制枝晶生长。根据负极初始形态是否含有金属锂，可以将骨架材料分为纳米结构负极和纳米复合负极。纳米结构负极通常认为骨架中不含金属锂，需要通过预沉积等方式补充金属锂；纳米复合负极是骨架材料和金属锂复合成一体，在电池循环过程先放电或充电均可。根据纳米结构骨架导电与否，又可以将纳米结构金属锂分为导电骨架和不导电的亲锂骨架[18]。

充电过程中，锂离子在纳米结构金属锂（无锂骨架）表面的电子被还原成金属锂；放电过程中，锂原子失电子溶解在电解液中。如果集流体是电子良导体，则会在放电过程中促进锂原子失去电子，同时可以减少死锂的产生。但在沉积过程中，导电骨架的表面会和骨架内部同时沉积锂，表面沉积的锂容易阻塞骨架通路，导致后续锂离子很难沉积在骨架内部。不导电的亲锂骨架是通过骨架的亲锂性促进充电过程中对锂离子的“吸附”还原。由于骨架不导电，锂会优先沉积在骨架底部（集流体一侧），不会发生导电骨架中的堵塞通路情况。但在锂脱出过程中，骨架底部靠近集流体的锂原子先脱出容易导致形成死锂，降低库仑效率。因此导电骨架和不导电的亲锂骨架各有优缺点。

碳骨架是应用广泛的一类导电锂金属/电解液界面，在减小体积变化和提高电极效率方面具有优越性，如图 5-19 所示。自支撑的多孔石墨烯骨架有很多晶格缺陷，可以作为亲核位点诱导锂沉积，循环 1000 次的库仑效率为 99%[58]。除碳骨架外，金属骨架也是一类良好的导电骨架。三维铜箔集流体具有高的活性表面积，循环 600h 而不短路，可以抑制枝晶生长。自支撑铜纳米线集流体的孔道可以容纳沉积的锂，抑制枝晶生长，循环 200 圈极化电压稳定在 40mV。

不导电骨架的表面结构对锂离子在沉积时的分布有很重要的调控作用。不导电骨架的表面往往有极性官能团，根据理论计算和实验结果，表面官能团对电解液中的锂离子有吸附作用，可以局部形成较高的锂离子浓度。在锂沉积过程中，不导电骨架表面吸附的锂离子可以脱附进入电解液主体相，从而减缓形成的浓度边界层。由于锂离子快的补给速度，锂沉积会更加均匀。此外，不导电骨架表面均匀分布的极性官能团会降低锂离子在表面扩散的表面能，有利于表面锂离子的快速补给。不导电骨架通过调控空间电荷分布和诱导锂离子沉积还可以抑制枝晶生长，但成分不直接参与电化学反应。为了实现高能量密度的锂金属电池，绝缘骨架的应用应该降低。此外，不导电骨架的表面化学是非常复杂的，可能会与电解液发生不利的相互作用，最终影响锂离子分布和沉积，因此，多孔骨架的界面设计需要更为深入的研究。

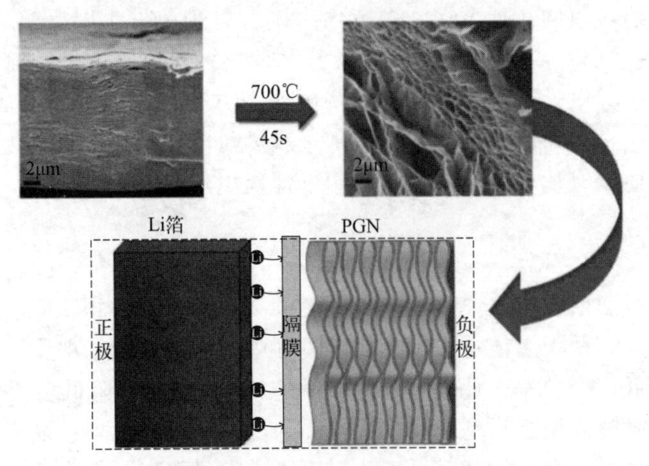

图 5-19　多孔石墨烯骨架的制备和作为锂电池负极的循环

5.1.4.4　纳米复合金属锂

上述这些纳米结构骨架是无锂骨架，主要的评测体系是金属锂负极半电池或常规含锂氧化物或磷酸盐电极的全电池，因此在实际应用中，如何将骨架复合金属锂制造成复合负极是非常重要的。目前纳米复合金属锂的实现方法主要包括熔融灌锂、电化学预沉积、复合锂合金等形式。

熔融灌锂对骨架材料的亲锂性和耐高温性能要求较高，崔屹团队[59]解决了骨架材料这两方面的性能要求。他们将熔融锂灌入还原氧化石墨烯中，制成了 Li-rGO 复合负极。rGO 表面具有丰富的羰基和烷氧基，与锂的结合能高于石墨烯，提高了亲锂性，使得熔融锂可以储存在骨架内。在循环过程中，Li-rGO 复合负极的体积变化率仅约为 20%，并且具有良好的机械强度。在多孔碳骨架表面包覆一层亲锂性的 Si 涂层也可以实现熔融灌锂，在循环过程中可以保持 2000mA・h/g 的高比容量。除了 Si 之类的无机涂层之外，利用部分金属的亲锂性也可以优化熔融灌锂过程。Ag 的亲锂性很强，在碳纤维（CF）表面镀上一层 Ag，可以减轻灌锂的阻力，实现复合负极的构造。需要注意的是，熔融灌锂过程是在高温下进行的，这对操作安全性要求很高。

另外，制造锂硫电池复合负极的方法是通过电化学方法将锂预沉积到骨架中，Jin 等[60]通过在超薄石墨泡沫上生长碳纳米管制备了一种共价连接的碳纳米结构（CNT-UGF），并将其作为硫正极和锂负极的集流体。使用 S/CNT-UGF（整个正极中硫含量为 47%，硫面载量为 $2.6mg/cm^2$）和 Li/CNT-UGF 负极（整个负极中锂含量为 20%）的锂硫电池在 12C（$52mA/cm^2$）倍率下循环 400 次后，比容量保持在 860mA・h/g，在 2.0 C（$8.7mA/cm^2$）倍率下，循环容量衰减率仅为 0.57%。电化学预沉积锂相对而言耗能较高，而且如何将锂电镀均匀也需要条件反复摸索。对于实际应用，还需要对复杂的电化学预沉积进行深入的工程化研究，以获得具有无枝晶沉积/脱出行为的复合锂负极。

复合锂合金是利用骨架和金属锂的合金化反应构造的复合负极，和熔融灌锂相比，该方法在动力学上更有形成复合负极的优势，但如何合理选择骨架材料需要深入研究。Duan[61]和 Zhang 等[62]通过锂和硼的高温合金化反应制得的锂硼（Li-B）合金（Li_7B_6），然后将金属锂填充进入网络状的 Li_7B_6 用作锂硫电池的负极。研究发现，在锂沉积过程中，当锂晶粒

的尺寸超过 Li_7B_6 的特征尺寸时，锂晶粒对锂离子的吸附能力将小于 Li_7B_6 对锂离子的吸附能力，这使得后续的锂离子趋于吸附在 Li_7B_6 晶粒表面而非锂晶粒上，由于 Li_7B_6 是微纳米级尺寸，锂沉积尺寸也在微纳米级，可有效地抑制枝晶形成。

虽然已经提出了许多新的骨架材料，并且其中部分能够在 $10mA/cm^2$ 以上电流密度下稳定运行，然而高效的复合锂负极仍然很少。对于高放电比容量、长寿命的锂硫电池而言，找到新型的具有高电化学性能的复合锂负极的制造方法无疑是非常重要的。

5.1.5 锂硫电池器件进展

随着对锂硫电池基础科学问题研究的不断深入，人们对锂硫电池体系的理解不断完善，锂硫电池器件的发展也取得了长足进步[6]。目前国际上具备锂硫电池 3A·h 级以上软包器件生成实力的有军事科学院防化研究院、中国科学院大连化学物理研究所、中国科学院化学研究所、清华大学、北京理工大学、国防科技大学、厦门大学、上海交通大学、中南大学等国内多家单位，美国的 Sion Pwer 公司、Polyplus 公司，英国 Oxis Energy 公司以及韩国三星公司、土耳其布泽科技大学等，其中，Sion Power 公司早在 2010 年就已经将锂硫电池与太阳能电池一起应用于无人机上（晚上供电，白天依靠太阳能充电），创造了连续飞行 14 天的记录。2011 年，该公司被德国 BASF 公司收购，开发电动车用锂硫电池。目前，该公司研制的锂硫电池能量密度达到 350W·h/kg。

美国的 PolyPlus 公司也对锂硫电池的实用化进行了积极的研发工作，该公司制备了能量密度达到 420W·h/kg 的 2.1A·h 锂硫电池，循环寿命超过 200 次。英国的 Oxis Energy 公司在 2013 年开发出了可循环 500 次、能量密度达 200W·h/kg 的软包装锂硫电池，并且在经过穿刺、挤压、震动、短路等各种破坏性测试之后，电池均没有发生严重的安全性问题，如图 5-20 所示。

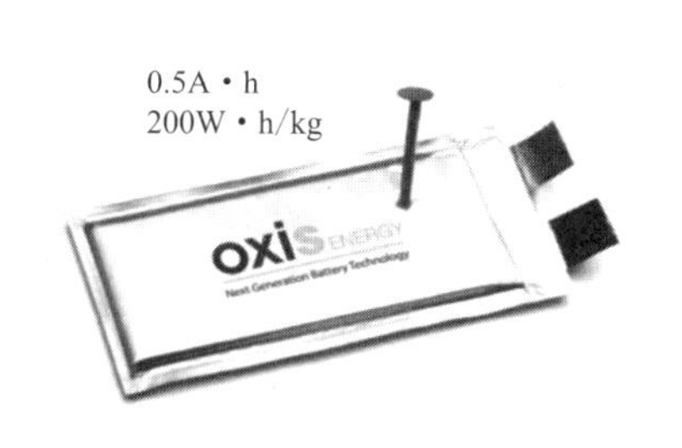

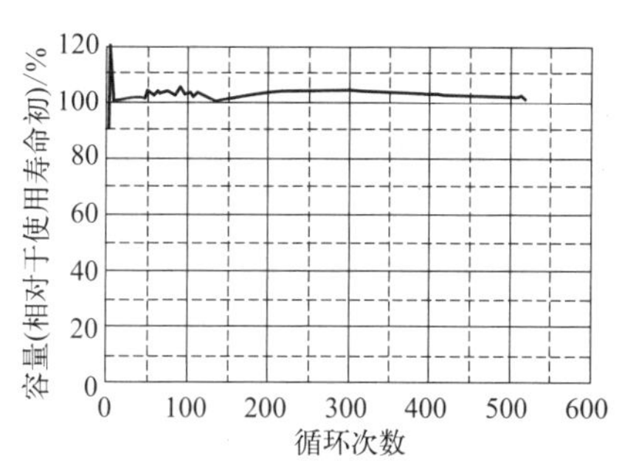

图 5-20 Oxis Energy 公司制备的 0.5A·h 软包装电池穿刺实验和循环性能

我国在锂硫电池实用化方面也做了大量的工作，在国家政策的大力支持下，我国也取得了非常丰硕的成果。如果仅从软包装电池组装和能量密度来看，我国的锂硫电池处于世界先进水平。其中，军事科学院防化研究院早在 2007 年就开发出了能量密度达 300W·h/kg 的锂硫电池。2012 年，该团队研制出能量密度高达 320W·h/kg 的 3A·h 软包装锂硫电池，并且 100%DOD 放电循环 100 次后，电池容量保持率接近 80%；2014 年防化研究院又成功开发出能量密度 330W·h/kg 的 595W·h 锂硫电池堆。2020 年，防化研究院又成功开发出一系列能量密度 500～600W·h/kg 的 3～10A·h 软包装锂硫电池，循环次数大于 50 次。国防科技大学于 2012 年开发出能量密度达到 320～350W·h/kg 的软包装锂硫电池，并且在 100%DOD 放电下，电池循环寿命达到 100 次。中国科学院大连化学物理研究所于 2014 年研发出了能量密度超过 430W・h/kg 的 15A・h 的锂硫电池。上海硅酸盐研究所 2012 年开始进行软包装锂硫电池的研发工作，并于 2014 年 11 月研制出 600W・h 锂硫电池组模块，模块首次放电比容量达到 326W・h/kg，但是电池的循环寿命还有待提升。中国科学院化学研究所 2015 年展出了 0.5～30A・h 容量级锂硫电池软包，其能量密度为 350～450W・h/kg，循环次数大于 50 次；中国科学院大连化学物理研究所 2016 年研究出 39A・h 容量级能量密度高达 616W・h/kg 的锂硫电池组，为当时全球范围内能量密度最高的锂硫二次电池；截至 2020 年，已有多家单位研制成功能量密度超过 300W・h/kg 的 3～5A・h 级锂硫软包电池，并取得 50 次以上循环寿命。

从锂硫电池器件推进的时间轴上看，其发展处于起步期，循环寿命、充电时间的限制也进一步制约着产品推向市场。令人欣喜的是，人们已经逐渐看到锂硫电池在储能领域的曙光。尤其在我国，在国家政策的大力支持下，我国锂硫电池的研究"百花齐放，百家争鸣"，能量密度的数据被屡屡刷新。从锂硫电池实用化角度来看，目前我国的锂硫软包电池的实用性开发研究方面达到了世界领先水平。我们也应该相信，在世界范围内众多行业科研工作者和企业工作者的奋发努力下，锂硫电池在未来不远的时间定能普及到千家万户。

5.2 锂空气电池

锂空气电池以金属锂为负极，以空气中的氧气为正极活性物质，正极主要发生氧化还原反应，又被称为锂氧电池，是介于燃料电池和锂离子电池之间的一种新型绿色二次电池。正极的活性物质氧气不需要存储于电池结构内部，可以从空气中源源不断地获得，由于金属锂的高比容量、相对标准氢电极－3.04V 的高电势以及低密度，使得锂空气电池的理论比能量高达 11 140W・h/kg（不计氧气的质量），是锂离子电池的 6～9 倍，甚至可以与汽油相媲美（13 000W・h/kg）。但是，锂空气电池的实际应用还面临很多问题和挑战，如正极材料催化活性低，负极锂枝晶的生长，电解液的挥发等，仍需进行大量的研究探索。

5.2.1 锂空气电池的发展历程

1976 年，Littauer 等首次提出水系锂空气电池这一概念，以金属锂作为负极，因锂极易与水反应，故进展缓慢；直到 1996 年，Abraham 等[63]首次将含有 $LiPF_6$ 的聚丙烯腈基凝胶聚合物作为电解质，并提出了锂空气电池的工作机理（$2Li+O_2 \rightleftharpoons Li_2O_2$）；2006 年 Ogasawara 等[64]在锂空气电池正极放电产物中成功检测到 Li_2O_2 的存在，验证了锂空气电池的可逆性；在 2004 年，美国 Polyplus 公司在金属锂表面引入一层保护性的玻璃—陶瓷层[LiSICON，$LiM_2(PO_4)_3$]，这一保护层使得金属锂在水中保持稳定、具有离子电导性并能阻止与水的剧烈反应，使用水溶液电解质成功制备了水系锂空气电池，其结构如图 5-21（b）所示[65]。2010 年 Kumar 等[66]首次提出全固态锂空气电池，采用由两种聚合物和玻璃纤维构成的三明治结构固态电解质代替液态电解质；Kitaura 等[67]进一步将其发展，采用热压技术将两者结合减小界面电阻使电池性能得到进一步优化，目前锂空气电池根据电解质的不同可以分为有水体系、有机体系、有机-水组合电解质体系、全固态电解质体系（见图 5-21）以及离子液体体系[68]。相较于其他体系，有机体系具有电池结构简单、便于操作、成本较低、可充电性好等特点，是目前研究最多的锂空气电池体系。

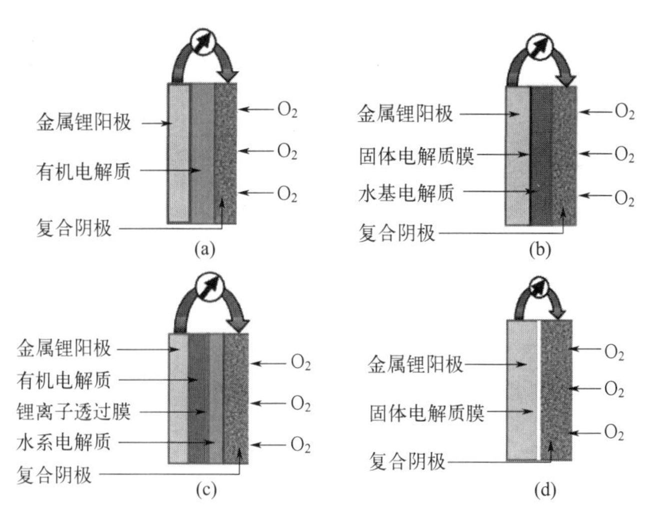

图 5-21　不同电解质体系锂空气电池结构
(a) 有机电解质；(b) 水基电解质；(c) 组合电解质；(d) 固体电解质

5.2.2　锂空气电池的工作原理

有机体系锂空气电池结构类似于传统的锂离子电池，如图 5-22 所示[69]，金属锂为负极，$LiClO_4$、$LiPF_6$、LiTFSI 等锂盐作为溶质溶于 DMSO、DME、TEGDME 等溶剂中作为电解液，正极与锂离子电池不同的是要以多孔导电材料为电极（氧气作为活性物质）。

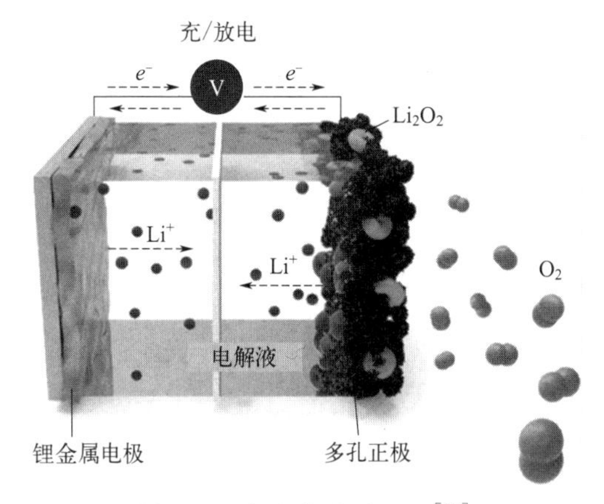

图 5-22　锂空气电池原理[69]

放电过程：负极锂析出，放出电子，正极发生氧还原（ORR）得到放电产物 Li_2O_2；充电过程：正极发生氧析出（OER），放出电子，负极发生锂沉积。Li_2O_2 的形成机理，取决于电极电位、溶剂性质以及正极的表面性质。如图 5-23 所示：a. LiO_2 通过式（5-22）～式（5-24）两种方式形成，然后 LiO_2 经过式（5-25）所示的表面化学过程生成 Li_2O_2，倾向于形成膜状 Li_2O_2 放电产物；b. O_2 在正极表面被还原成 O^{2-}，进入溶液中与 Li^+ 结合形成 LiO_2，在溶液中通过 4 电子还原或歧化反应生成 Li_2O_2，然后沉淀在正极表面，该过程倾向于生成环状 Li_2O_2 放电产物，整个形成过程如式（5-26）和式（5-27）所示。充电过程正极发生氧析出反应，与放电过程相反。该机理已经通过密度泛函理论进一步得到验证[70]。

表面过程：

$$O_2 + e^- \rightarrow O_2^{-*} \tag{5-22}$$

$$O_2^- + Li^+ \rightarrow LiO_2^* \tag{5-23}$$

$$O_2 + e^- + Li^+ \rightarrow LiO_2^* \tag{5-24}$$

$$LiO_2^* + Li^+ + e^- \rightarrow Li_2O_2^* \tag{5-25}$$

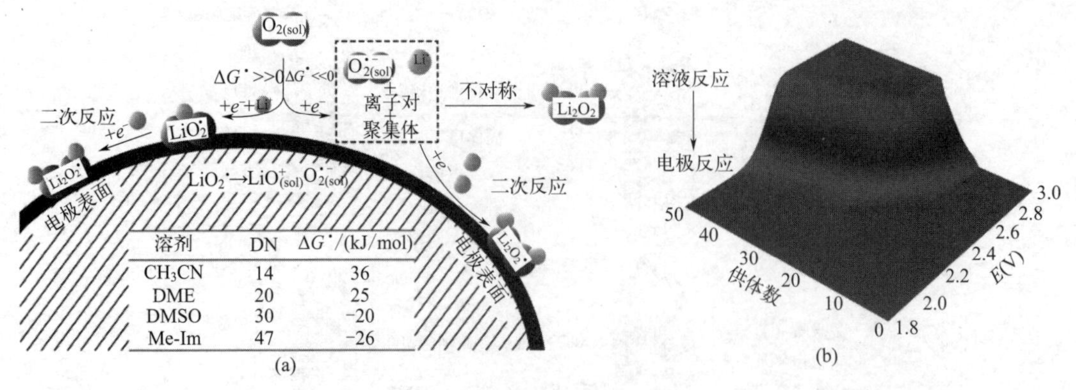

图 5-23　Li_2O_2 的形成机理[70]

溶液过程：

$$O_2+e^-\rightarrow O_2^{-*}\rightarrow O_{2(sol)}^{-*} \tag{5-26}$$

$$O_{2(sol)}^{-*}+Li^+\rightarrow LiO_{2(sol)}^{*}\rightarrow Li_2O_{2(sol)}^{*}\rightarrow Li_2O_2^{*} \tag{5-27}$$

放电过程中负极 Li 失电子变为 Li^+ 进入电解液中［如式（5-28）所示］，充电过程中电解液中的 Li^+ 得电子沉积在负极表面［如式（5-29）所示］。

$$Li-e^-\rightarrow Li^+ \tag{5-28}$$

$$Li^++e^-\rightarrow Li \tag{5-29}$$

金属锂非常活泼，与电解质接触立即反应生成一层 SEI 膜，通常由各种有机物和/或无机物等构成，能保护金属锂，不传导电子但是较好的锂离子导体。因此，Li^+ 能够穿过 SEI 进行沉积和析出。但是，SEI 结构复杂难以保证均匀性，在反复析出和沉积过程中锂离子会发生不均匀沉积产生锂枝晶。

在锂空气电池中，负极主要发生锂的溶解和沉积反应。放电过程中，锂从负极发生溶解穿过 SEI 层进入电解液中；充电过程中，锂离子在负极表面发生不均匀沉积，形成锂枝晶，不断破坏 SEI 膜，使金属锂失去保护。在沉积/溶解过程中伴随有体积的变化，使其表面的部分锂枝晶从根部断裂脱离锂负极，粉化形成“死锂”[71]；部分锂枝晶伴随着长度的增加可能会刺穿隔膜，使电池发生短路，造成热失控甚至爆炸；此外，正负极之间的交互作用严重腐蚀金属锂，具体表现为：氧还原过程中产生的高氧化性放电中间体（如 O^{2-}、LiO_2），氧析出过程中分解绝缘产物 Li_2O_2 导致的高电压，以及为促进 Li_2O_2 分解加入的氧化还原中间体（如 LiI、TEMPO、TTF）等，可能导致电解液、碳材料和黏结剂分解，生成 H_2O 等副产物，而普通多孔结构的隔膜不能阻止 O^{2-}、LiO_2、LiI、TEMPO、TTF 等透过隔膜，腐蚀金属锂[72]，从而加快负极锂的消耗速率，最终导致电池失效，如图 5-24 所示。

5.2.3　锂空气电池正极材料

基于锂空气电池的作用机理，空气正极应该具有良好的导电性、氧化还原性和大比表面积的多孔结构。主要通过以下方面进行改善。

① 采用大比表面积的多孔正极，为放电产物的沉积和氧气扩散提供通道，如多级孔功能化石墨烯、网状碳纳米管、功能化碳纤维[73]等作为空气正极，以提供较好的氧还原性能

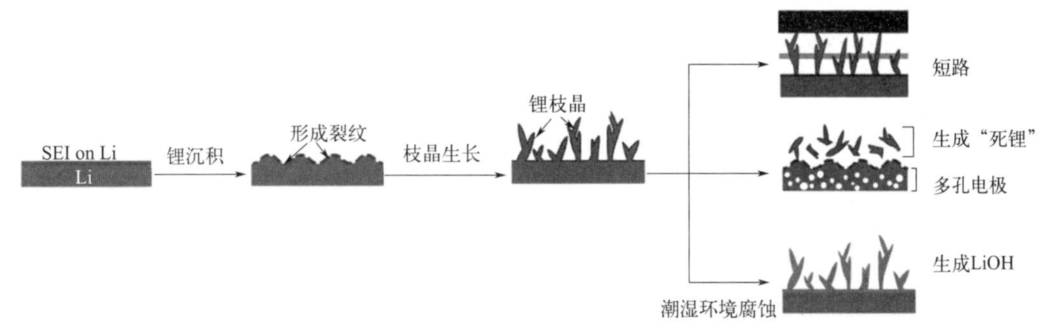

图 5-24　在充/放电过程中锂负极发生变化

以及高的放电比容量，缓解放电过程中的正极钝化。

② 在空气正极上引入催化活性较好的催化剂，促进反应动力学的提高，促进放电产物的分解，降低过电位，如贵金属（如 Au、Ag、Ru、Pt 等）、金属氧化物（如 Fe_2O_3、Co_3O_4、MnO_2、$NiCo_2O_4$、$MnCo_2O_4$ 等）、杂原子掺杂材料（如氮掺杂石墨烯、氮掺杂聚苯胺等）及多孔碳纳米管钙钛矿复合物等，不仅能够提供较多的催化活性位点，也可以调节正极的孔道结构促进传质。

③ 在电解液中加入液相催化剂或氧化还原中间体（RMs），促进正极放电产物及副产物的分解，降低过电位，缓解正极钝化，如加入 LiI、TTF 和 TEMPO 等促进正极放电产物及副产物的分解，但副作用是 RMs 可透过隔膜腐蚀负极金属锂。

5.2.4　锂空气电池电解液

随着充/放电的进行，过电位升高，在高电位下，产生的放电中间体会促进电解质分解产生副产物。使用耐 O^{2-} 或 LiO_2 的锂盐，如 $LiClO_4$，可提高溶质的稳定性；使用耐 O^{2-} 或 LiO_2 的溶剂，如 DMSO、离子液体和全甲基化的醚类分子 2,2,4,4,5,5-六甲基-1,3-二氧戊烷（HMD）等提高溶剂的稳定性；采用低亲核性溶剂，如 CH_3CN、DME 等，降低放电中间体 O^{2-} 或 LiO_2 在电解质中的溶解度；这些可以有效提高电解质的稳定性，减缓电解质分解，抑制 LiOH、Li_2CO_3 等难分解副产物的生成。

除此之外，采用具有较高机械模量和较好化学稳定性的固态电解质，如玻璃陶瓷和聚合物陶瓷材料制成的快离子导体、NASICON 结构的 $Li_{1.35}Al_{0.25}T_{1.75-}P_{2.7}Si_{0.3}O_{12}$（LATP）和 $Li_{1.575}Al_{0.5}Ge_{1.5}(PO_4)_3$（LAGP）固态电解质，可以有效解决电解液的分解以及锂枝晶问题。然而，固态电解质与正、负极之间的接触性不好，界面电阻大、常温下离子电导率低等问题限制了其发展。

5.2.5　锂负极

近些年研究发现，锂负极对于锂空气电池的循环性能起着至关重要的作用，对锂负极稍做保护就会使电池的性能得到明显改善。研究者们已经提出一些抑制锂枝晶和缓解锂腐蚀的策略，并用于锂金属（锂空气电池）电池中，取得了很好的效果，主要包括以下几个方面：

① 采用电解质修饰，调节 SEI 层的结构和性质；

② 采用结构性复合电极，增大比表面积，降低表面有效电流密度，促进锂离子均匀沉积，抑制锂枝晶生长；

③ 采用不渗透隔膜，防止负极锂的腐蚀；

④ 对负极锂进行预处理，抑制锂枝晶生长和缓解锂腐蚀。

5.2.6 锂空气电池的研究现状及面临挑战

近年来，科研工作者们一直致力于解决上述问题，目前，关于如何改善非水（有机）体系锂空气电池正极反应动力学迟缓、正极钝化、电解液分解、锂枝晶及锂腐蚀等问题，提高锂空气电池循环稳定性，主要有以下几方面措施。

① 开发具有较大比表面积的多孔新型正极材料，增加活性位点和堆积产物用地空间；开发具有高 ORR 和 OER 活性的催化剂，或加入氧化还原中间体（LiI、TTF 和 TEMPO 等）促进正极表面放电产物及副产物的分解。

② 开发更稳定的电解液，抑制充/放电过程中电解液的分解。

③ 对锂负极采取保护措施，抑制锂枝晶和死锂的形成，阻止来自放电中间体、氧化还原中间体、水分、CO_2 和 O_2 对负极的攻击与腐蚀等。

要想真正实现锂空气电池的实际应用，除了需要解决锂空气电池自身的技术难点，还需科研工作者继续努力，坚定信念不断突破技术难关，积累相关实际应用经验，共同推进锂空气电池的发展。

习题与思考题

1. 选择题

（1）以下关于锂硫电池说法错误的是（　　）。

A. 锂硫电池的工作原理与锂离子相同，也是脱嵌机制

B. 锂硫电池的正极是单质硫，负极是石墨

C. 硫正极在放电过程中经历“固→液→固”的过程

D. 锂硫电池的中间产物极易溶解在电解液中

E. 锂硫电池使用的电解液与锂离子电池相同，也是碳酸酯类电解液

（2）锂硫电池存在以下哪些问题（　　）?

A. 中间产物多硫化锂易溶解在电解液中，带来严重的穿梭效应问题

B. 硫正极中活性物质导电性较差

C. 硫正极在充放电过程中体积膨胀严重，高达 300%～400%

D. 电解液为醚类电解液，沸点低，易燃

（3）在锂—空气电池中，正极必须使用________来提供锂源。

A. 锂金属

B. 多孔碳和催化剂的复合负极

C. 固态电解质膜

（4）锂—空气电池是一种新型的二次电池，下列说法正确的是（　　）。

A. 电池放电时，正极的反应式为 $O_2+4e^-+4H^+=2H_2O$

B. 电池充电时，负极发生了氧化反应 $Li^++e^-=Li$

C. 电池中的有机电解液可以用稀盐酸代替

D. 正极区产生的 LiOH 可回收利用

（5）下列有关锂—空气电池的说法不正确的是（　　）。

A. 随着电极反应的不断进行，正极附近的电解液 pH 值不断升高

B. 若把碱性电解液换成固体氧化物电解质，则正极会因为生成 Li_2O 而引起碳孔堵塞，不利于正极空气的吸附

C. 放电时，当有 22.4molLiO_2（标准状况下）被还原时，溶液中有 4molLi^+ 从正极槽移动到负极槽

D. 锂—空气电池又称作“锂燃料电池”，其总反应方程式为 $4Li+O_2=2Li_2O$

2. 简答题

（1）简述锂硫电池工作原理。

（2）简述锂硫电池正极存在的难题？

（3）试着阐述锂硫电池实用化的最大障碍是什么。

（4）简述锂空气电池的结构组成与工作原理。

（5）试分析制约锂—空气电池实用化的主要问题。

参考文献

[1] Herbet D，Ulam J. Electric dry cells and storage batteries[P]. US Patent：US3043896，1962.

[2] Ji X，Lee K T，Nazar L F. A highly ordered nanostructured carbon-sulphur cathode for lithium-sulphur batteries[J]. Nature Materials，2009，8(6)，500-506.

[3] Rosenman A，Markevich E，Salitra G，et al. Review on Li-sulfur battery systems：an Integral perspective[J]. Advanced Energy Materials，2015，5(16)，1500212.

[4] Hagen M，Hanselmann D，A・hlbrecht K，et al. Lithium-sulfur cells：the gap between the state-of-the-art and the requirements for high energy batteryCells[J]. Advanced Energy Materials，2015，5(16)，1401986.

[5] Wild M，O′Neill L，Zhang T，et al. Lithium sulfur batteries，a mechanistic review[J]. Energy & Environmental Science，2015，8(12)，3477-3494.

[6] 曾芳磊. 构建高载硫高性能锂硫电池正极相关材料的研究[D]. 北京：北京理工大学，2017，6.

[7] 马国强. 高循环性能锂硫二次电池关键材料的研究[D]. 上海：中国科学院上海硅酸盐研究所，2016，6.

[8] 刁岩，谢凯，洪晓斌，等. Li-S 电池硫正极性能衰减机理分析及研究现状概述[J]. 化学学报，2013，71(04)，508-518.

[9] Mikhaylik Y V，Akridge J R. Polysulfide shuttle study in the Li/S battery system[J]. Journal of the Electrochemical Society，2004，151(11)，A1969～A1976.

[10] Kolosnitsyn V S，Kuzmina E V，Karaseva E V. On the reasons for low sulphur utilization in the lithium-sulphur batteries[J]. Journal of Power Sources，2015，274，203-210.

[11] Xi K，Cao S，Peng X，et al. Carbon with hierarchical pores from carbonized metal-organic frameworks for lithium sulphur batteries[J]. Chemical Communications，2013，49(22)，2192-2194.

[12] Jayaprakash N，Shen J，Moganty S S，et al. Porous hollow carbon@sulfur composites for high-power lithium-sulfur batteries[J]. Angewandte Chemie，2011，123(26)，6026-6030.

[13] Cheng X B，Huang J Q，Zhang Q，et al. Aligned carbon nanotube/sulfur composite cathodes with high

sulfur content for lithium-sulfur batteries[J]. Nano Energy, 2014, 4, 65-72.

[14] Guo J, Xu Y, Wang C. Sulfur-impregnated disordered carbon nanotubes cathode for lithium-sulfur batteries[J]. Nano Letters, 2011, 11(10), 4288-4294.

[15] Miao L, Wang W, Yuan K, et al. A lithium-sulfur cathode with high sulfur loading and high capacity per area: a binder-free carbon fiber cloth-sulfur material[J]. Chemical Communications, 2014, 50(87), 13231-13234.

[16] Peng H J, Huang J Q, Zhao M Q, et al. Nanoarchitectured graphene/CNT@ porous carbon with extraordinary electrical conductivity and interconnected micro/mesopores for lithium-sulfur batteries[J]. Advanced Functional Materials, 2014, 24(19), 2772-2781.

[17] Qiu Y, Li W, Zhao W, et al. High-rate, ultralong cycle-life lithium/sulfur batteries enabled by nitrogen-doped graphene[J]. Nano Letters, 2014, 14(8), 4821-4827.

[18] 张强，黄佳琦. 低维材料与锂硫电池[M]. 北京:科学出版社，2020, 5.

[19] She Z W, Li W, Cha J J, et al. Sulphur-TiO_2 yolk-shell nanoarchitecture with internal void space for long-cycle lithium-sulphur batteries[J]. Nature Communications, 2013, 4, 1331-1337.

[20] Kim J W, Augustyn V, Dunn B. The effect of crystallinity on the rapid pseudocapacitive response of Nb_2O_5[J]. Advanced Energy Materials, 2012, 2(1), 141-148.

[21] Tao Y, Wei Y, Liu Y, et al. Kinetically-enhanced polysulfide redox reactions by Nb_2O_5 nanocrystals for high-rate lithium-sulfur battery[J]. Energy & Environmental Science, 2016, 9(10), 3230-3239.

[22] Liang X, Hart C, Pang Q, et al. A highly efficient polysulfide mediator for lithium-sulfur batteries[J]. Nature Communications, 2015, 6(1), 1-8.

[23] Yuan Z, Peng H J, Hou T Z, et al. Powering lithium-sulfur battery performance by propelling polysulfide redox at sulfiphilic hosts[J]. Nano Letters, 2016, 16(1), 519-527.

[24] Seh Z W, Yu J H, Li W, et al. Two-dimensional layered transition metal disulphides for effective encapsulation of high-capacity lithium sulphide cathodes[J]. Nature Communications, 2014, 5(1), 5017-5025.

[25] Naguib M, Kurtoglu M, Presser V, et al. Two-dimensional nanocrystals produced by exfoliation of Ti3AlC2[J]. Advanced Materials, 2011, 23(37), 4248-4253.

[26] Liang X, Garsuch A, Nazar L F. Sulfur cathodes based on conductive MXene nanosheets for high-performance lithium-sulfur batteries[J]. Angewandte Chemie, 2015, 127(13), 3979-3983.

[27] Peng H J, Zhang G, Chen X, et al. Enhanced electrochemical kinetics on conductive polar mediators for lithium-sulfur batteries[J]. Angewandte Chemie International Edition, 2016, 55(42), 12990-12995.

[28] Cui Z, Zu C, Zhou W, et al. Mesoporous titanium nitride-enabled highly stable lithium-sulfur batteries[J]. Advanced Materials, 2016, 28(32), 6926-6931.

[29] Pang Q, Liang X, Kwok C Y, et al. Advances in lithium-sulfur batteries based on multifunctional cathodes and electrolytes[J]. Nature Energy, 2016, 1, 16132.

[30] Wu F, Chen J, Chen R, et al. Sulfur/polythiophene with a core/shell structure: synthesis and electrochemical properties of the cathode for rechargeable lithium batteries[J]. The Journal of Physical Chemistry C, 2011, 115(13), 6057-6063.

[31] Wang M J, Wang W K, Wang A B, et al. A multi-core-shell structured composite cathode material with a conductive polymer network for Li-S batteries[J]. Chemical Communications, 2013, 49, 10263-10265.

[32] Chung W J, Griebel J J, Kim E T, et al. The use of elemental sulfur as an alternative feedstock for polymeric materials[J]. Nature Chemistry, 2013, 5(6), 518-524.

[33] Duan B C, Wang W K, Wang A B, et al. Carbyne polysulfide as novel cathode material for lithium/sulfur battery[J]. Journal of Materials Chemistry A, 2013, 1, 13261-13267.
[34] Kim H, Lee J, Ahn H, et al. Synthesis of three-dimensionally interconnected sulfur-rich polymers for cathode materials of high-rate lithium-sulfur batteries[J]. Nature Communications, 2015, 6(1), 7278-7288.
[35] Wang J, Yang J, Wan C, et al. Sulfur composite cathode materials for rechargeable lithium batteries [J]. Advanced Functional Materials, 2003, 13(6), 487-492.
[36] Yu X, Xie J, Yang J, et al. Lithium storage in conductive sulfur-containing polymers[J]. Journal of Electroanalytical Chemistry, 2004, 573(1), 121-128.
[37] Fanous J, Wegner M, Grimminger J, et al. Structure-related electrochemistry of sulfur-poly (acrylonitrile) composite cathode materials for rechargeable lithium batteries [J]. Chemistry of Materials, 2011, 23(22), 5024-5028.
[38] Zhang S S. Understanding of sulfurized polyacrylonitrile for superior performance lithium/sulfur battery [J]. Energies, 2014, 7, 4588-4600.
[39] Wang L, He X M, Sun W T, et al. Organic polymer material with a multi-electron process redox reaction: towards ultra-high reversible lithium storage capacity [J]. RSC Advances, 2013, 3, 3227-3231.
[40] Xin S, Gu L, Zhao N H, et al. Smaller sulfur molecules promise better lithium-sulfur batteries[J]. Journal of the American Chemical Society, 2012, 134(45), 18510-18513.
[41] Li Z, Yuan L, Yi Z, et al. Insight into the electrode mechanism in lithium-sulfur batteries with ordered microporous carbonconfined sulfur as the cathode [J]. Advanced Energy Materials, 2014, 4 (7), 1301473.
[42] Zheng W, Liu Y W, Hu X G, et al. Novel nanosized adsorbing sulfur composite cathode materials for the advanced secondary lithium batteries[J]. Electrochimica Acta, 2006, 51(7), 1330-1335.
[43] Gao J, Lowe M A, Kiya Y, et al. Effects of liquid electrolytes on the charge-discharge performance of rechargeable lithium/sulfur batteries: electrochemical and in-situ X-ray absorption spectroscopic studies [J]. The Journal of Physical Chemistry C, 2011, 115(50), 25132-25137.
[44] Yim T, Park M S, Yu J S, et al. Effect of chemical reactivity of polysulfide toward carbonate-based electrolyte on the electrochemical performance of Li-S batteries[J]. Electrochimica Acta, 2013, 107, 454-460.
[45] Aurbach D, Pollak E, Elazari R, et al. On the surface chemical aspects of very high energy density, rechargeable Li-sulfur batteries [J]. Journal of The Electrochemical Society, 2009, 156 (8), A694-A702.
[46] Mikhaylik Y V, Kovalev I, Schock R, et al. High energy rechargeable Li-S cells for EV application: status, remaining problems and solutions[J]. Ecs Transactions, 2010, 25(35), 23-34.
[47] Mikhaylik Y, Tucson A Z. Electrolyte for lithium sulfur battery[P]. US patent: US20140335399, 2009.
[48] Liang X, Wen Z, Liu Y, et al. Improved cycling performances of lithium sulfur batteries with $LiNO_3$-modified electrolyte[J]. Journal of Power Sources, 2011, 196(22), 9839-9843.
[49] 熊仕昭. 锂硫电池用新型电解质及锂电极兼容性研究[D]. 长沙：国防科技大学，2015，6.
[50] Zhang S S. Role of $LiNO_3$ in rechargeable lithium/sulfur battery[J]. Electrochimica Acta, 2012, 70, 344-348.
[51] Zhang S S. A new finding on the role of $LiNO_3$ in lithium-sulfur battery[J]. Journal of Power Sources, 2016, 322, 99-105.

[52] Lin Z, Liu Z, Fu W, et al. Phosphorous pentasulfide as a novel additive for high-performance lithium-sulfur batteries[J]. Advanced Functional Materials, 2013, 23(8), 1064-1069.

[53] Trofimov B A, Markova M V, Morozova L V, et al. Protected bis (hydroxyorganyl) polysulfides as modifiers of Li/S battery electrolyte[J]. Electrochimica Acta, 2011, 56(5), 2458-2463.

[54] Cheng X B, Yan C, Chen X, et al. Implantable solid electrolyte interphase in lithium-metal batteries [J]. Chem, 2017, 2(2), 258-270.

[55] Li Q, Zeng F L, Guan Y P, et al. Poly (dimethylsiloxane) modified lithium anode for enhanced performance of lithium-sulfur batteries[J]. Energy Storage Materials, 2018, 13, 151-159.

[56] Ma G, Wen Z, Wu M, et al. A lithium anode protection guided highly-stable lithium-sulfur battery [J]. Chemical Communications, 2014, 50(91), 14209-14212.

[57] Li N W, Yin Y X, Yang C P, et al. An artificial solid electrolyte interphase layer for stable lithium metal anodes[J]. Advanced Materials, 2016,28, 1853-1858.

[58] Mukherjee R, Thomas A V, Datta D, et al. Defect-induced plating of lithium metal within porous graphene networks[J]. Nature Communications, 2014, 5(1), 1-10.

[59] Lin D, Liu Y, Liang Z, et al. Layered reduced graphene oxide with nanoscale interlayer gaps as a stable host for lithium metal anodes[J]. Nature Nanotechnology, 2016, 11(7), 626-632.

[60] Jin S, Xin S, Wang L, et al. Covalently connected carbon nanostructures for current collectors in both the cathode and anode of Li-S batteries[J]. Advanced Materials, 2016, 28(41), 9094-9102.

[61] Duan B, Wang W, Zhao H, et al. Li-B alloy as anode material for lithium/sulfur battery[J]. ECS Electrochemistry Letters, 2013, 2(6), A47-A51.

[62] Zhang X, Wang W, Wang A, et al. Improved cycle stability and high security of Li-B alloy anode for lithium-sulfur battery[J]. Journal of Materials Chemistry A, 2014, 2(30), 11660-11665.

[63] Abraham K M, Jiang Z. A polymer electrolyte-based rechargeable lithium/oxygen battery[J]. Journal of the Electrochemical Society, 1996, 143(1), 1.

[64] Ogasawara T, Debart A, Holzapfel M, et al. Rechargeable Li_2O_2 electrode for lithium batteries[J]. Journal of the American Chemical Society, 2006, 128(4): 1390-1393.

[65] Visco S J. Protected Li anodes for use in Conventional & Aggressive Electrolytes[C] Advanced Anode Workshop. Berkeley, CA: Lawrence Berkeley National Laboratory, 2004.

[66] Kumar B, Kumar J, Leese R, et al. A solid-state, rechargeable, long cycle life lithium-air battery[J]. Journal of The Electrochemical Society, 2009, 157(1), A50.

[67] Kitaura H, Zhou H. Electrochemical performance of solid-state lithium-air batteries using carbon nanotube catalyst in the air electrode[J]. Advanced Energy Materials, 2012, 2(7): 889-894.

[68] 罗志虹，赵玉振，郭珺，等. 正极材料与催化剂对锂空气电池性能的影响及相关研究进展[J]. 材料导报，2015，20-26.

[69] 顾大明，王余，顾硕，等. 锂空气电池非水基电解液的优化与研究进展[J]. 化学学报，2013，71，1354-1364.

[70] Lyu Z, Yin Z, Dai W, et al. Recent advances in understanding of the mechanism and control of Li_2O_2 formation in aprotic Li-O_2 batteries[J]. Chemical Society reviews, 2017, 46(19), 6046.

[71] Lin D, Liu Y, Cui Y. Reviving the lithium metal anode for high-energy batteries[J]. Nat Nanotechnol, 2017, 12, 194-206.

[72] Kim B G, Kim J S, Min J, et al. A moisture-and oxygen-impermeable separator foraprotic Li-O_2 batteries[J]. Advanced Functional Materials, 2016, 26(11), 1747-1756.

[73] Xiao J, Mei D H, Li X L, et al. Hierarchically porous graphene as a lithium-air battery electrode[J]. Nano Letters, 2011, 11, 5071-5078.

第 6 章

其他新型储能电池体系

6.1 钠离子电池

6.1.1 钠离子电池简介

随着人类社会的发展，石油、天然气和煤炭等化石能源逐渐成为我们日常生活不可或缺的资源。然而，这类不可再生资源的大量开采和利用造成了严重的环境问题，如二氧化碳等温室气体的排放加剧全球变暖问题。因此，当今社会所面临的能源与环境问题日益严峻，而调整能源结构，促进产业结构升级，发展绿色可再生的能源技术已刻不容缓。为减少对化石能源的依赖，生物质能、核能、风能、潮汐能等可再生能源逐渐受到国际社会的关注，如我国在第十一个五年规划纲要中提出《可再生能源中长期发展规划》以指导我国可再生能源发展和项目建设。但是，这些可再生能源对自然条件有很大的依赖性，且具有随机性和时效性，很难有效直接作为生产生活的能源供给。因此开发大规模高效便捷的二次储能技术成为关键。自 1991 年索尼公司首次将锂离子电池商业化后，锂离子电池以其能量密度高、循环寿命长、工作电压高等优点，成功占据了便捷式电子和动力汽车等市场份额。由于锂资源在地壳中储能有限且分布不均，随着新兴市场中锂资源日益消耗，将进一步加快其成本的提高。有限的锂资源严重限制锂离子电池在大规模储能领域的应用。近年来，与锂离子电池具有相同工作原理和类似电池结构的钠离子电池，因其储量丰富、价格低廉逐渐进入人们的视野。随着国内外在钠离子电池的核心材料体系（正极、负极、电解液）等研究中取得一系列进展，进一步为钠离子电池在商业化应用上奠定了坚实基础。

研究人员深入研究钠离子电池后，发现将钠替代锂后，发展的钠离子电池有以下优势：

① 钠资源在地球的储量非常丰富，是地壳中存量最多的几种元素之一，含量为 2.3%，是锂元素的 1370 倍；

② 原材料分布均匀，提纯方便，价格也非常低廉；

③ 钠与锂同族，有着与锂元素相似的电化学性能；

④ 钠离子的溶剂化能较锂离子低，具有更优界面去溶剂化能力；

⑤ 钠离子的稳定性比锂离子高，安全性好，在安全性测试中不爆炸；

⑥ 电池体系中钠不与铝发生电化学合金化反应，可采用更廉价的铝箔作为负极集流体，有效避免过放电引起的集流体氧化问题，降低成本的同时又提高了电池的安全性。

6.1.1.1 钠离子电池的发展历程

钠离子电池的研究可以追溯到 20 世纪 70 年代，甚至早于锂离子电池。1976 年，Whittingham[1] 研究 TiS_2 发现其具有嵌锂行为，迅速开展了该材料嵌钠机制的研究。随后，法国的 Armand 在 1979 年提出"摇椅式电池"概念，由此开启了钠离子电池的研究热潮。1981 年，法国的 Delmas[2] 等首次报道了 Na_xCoO_2 层状氧化物正极材料，并以碱金属配位环境将其命名为 O 型或 P 型。同一时期，研究人员接连报道了含钠过渡金属氧化物 $Na_x m O_2$（m=Ni、Ti、Cr、Nb、Mn）。Delmas[3] 报道了 NASICON 结构的 $Na_3m_2(PO_4)_3$（m=Ti、V、Cr、Fe）。然而，在 20 世纪 80 年代末期，可能受到锂离子电池商业化的影响或在锂离子电池负极成功应用的石墨在碳酸酯类电解质中不具备嵌钠行为，钠离子电池的研究进入停滞阶段。直到 2000 年，钠离子电池的研究才出现了转机。

加拿大的 Stevens 和 DAhn 首次通过热解葡萄糖得到了用于钠离子电池硬碳负极材料，其展示出的 300mA·h/g 的放电比容量，即使放到现在，仍然是最具有商业化应用前景的负极材料。随后，日本的 Okada 等报道了 $LiFeO_2$ 正极材料，其中 Fe^{4+}/Fe^{3+} 氧化还原电对可以实现晶体结构的可逆转变。2007 年，Nazar 等报道的 Na_2FePO_4F 聚阴离子型材料，钠离子从材料中脱出嵌入行为只对材料表现出 3.7%的体积形变。这些重要的发现，使科研人员重新重视起钠离子电池的相关研究。至今，研究人员相继报道了钠离子电池的正极、负极和电解液等。正极材料主要有层状和隧道型过渡金属氧化物、聚阴离子化合物、普鲁士蓝类化合物等。负极材料主要有碳材料、钛基氧化物、过渡金属氧化物、过渡金属磷化物等。

近年来，钠离子电池在国内的发展稳步迈进。2014 年，我国的胡勇胜等成功设计出 Cu 基正极材料。两年后，胡勇胜等又提出关键的无定型碳负极材料。基于此，在 2017 年国内首家专注于钠离子电池开发与制造的企业中科海钠科技有限责任公司注册成立。该公司在 2018 年和 2019 年又分别推出首辆钠离子电池低速电动车和首座钠离子电池储能电站，从此钠离子电池商业化进程得以加速。

6.1.1.2 钠离子电池的组成和工作原理

钠离子电池内部结构如图 6-1 所示，包括正极、负极、电解液、隔膜以及用于正/负极的集流体（铝箔或铜箔）。其中，正负极由活性物质、导电剂和黏结剂构成。

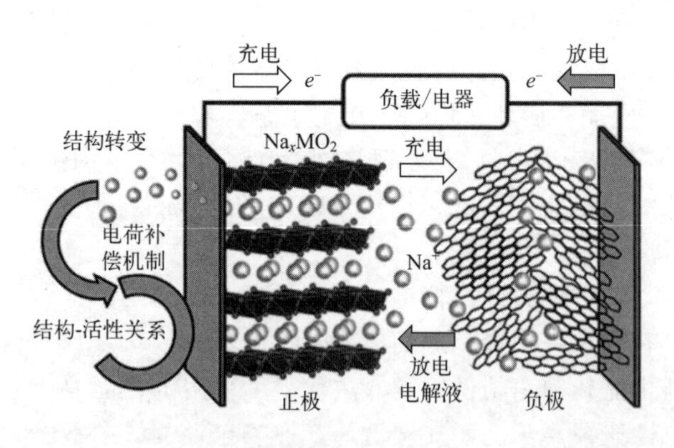

图 6-1 钠离子电池内部结构

活性物质主要参与电化学反应，因而是最主要的部分。对于正极活性物质通常希望其具有较高的氧化还原电位，较好的结构稳定性以及优异的离子/电子传输能力。而对于负极活性物质，具有相对较低的氧化还原电位、高效的离子和电子运输能力以及长循环寿命等特点的材料易受到关注。在电极的制备过程中需要加入导电剂如 Super P 以进一步提升材料的导电性，而黏结剂主要使用聚偏氟乙烯（PVDF），用于将电极材料和集流体连接在一起。电解液由高氯酸钠、六氟磷酸钠等钠盐溶解在有机溶液中获得。电解液可以吸附在隔膜中，以确保正负极间的钠离子传输。电解液的选择除了考虑其高的离子电导率，还应考虑适配于正负极的电压窗口和在充放电过程中的热稳定性。隔膜主要用于隔离正负极，避免其直接接触造成电池内部短路。目前常用的隔膜材料主要是玻璃纤维（glass fiber）和PP。集流体主要起到捕获和传输电子的功能，一般情况下，正极材料选用铝箔，而负极材料选用铜箔。

钠离子电池有着和锂离子电池相似的工作原理，在电化学反应的过程中按照“摇椅式”的嵌入和脱出反应，钠离子在正极与负极间穿梭。以层状氧化物 $NaMO_2$、碳基负极为例，其电极和电池反应式可分别表示如下。

$$\begin{aligned}&\text{正极反应：}Na_xMO_2 \rightarrow Na_{x-y}MO_2 + yNa^+ + ye^-\\&\text{负极反应：}nC + yNa^+ + ye^- \rightarrow Na_yC_n\\&\text{电池反应：}Na_xMO_2 + C \leftrightarrow Na_{x-y}MO_2 + Na_yC\end{aligned} \tag{6-1}$$

其中，正反应为充电态，逆反应为放电态。在电池充电过程中，钠离子从正极脱出，进入电解液并穿过隔膜嵌入负极的晶格中发生反应。放电过程则是钠离子从负极转移至正极的过程。为保持电荷平衡，有数量相同的电子经外部电路流入正负极，以形成与钠离子传输的回路。因此，钠离子电池在充电过程中可以将电能转换为化学能，而放电过程再由化学能转换成电能。

6.1.2 钠离子电池正极材料

自20世纪70年代末研究人员发现 Na_xCoO_2 能够实现钠离子的可逆脱出和嵌入，钠离子电池正极材料的研究逐渐增多。钠离子电池正极材料一般需要较高的嵌钠电位，目前钠离子电池正极材料主要有层状结构和隧道型结构氧化物类、聚阴离子类、普鲁士蓝类等。

层状氧化物正极材料具有高电压、高比容量以及制备简便的优势，成为钠离子电池正极材料的首选。然而，层状材料不能暴露在空气中，长期吸水和与空气反应将影响材料的稳定性和电化学性能。

隧道型氧化物正极材料的晶体结构中具有独特的S型三维隧道结构，且对水和空气的耐受能力强。但是，较低的首周充电比容量影响其发展。

聚阴离子型正极材料具有开放的三维骨架、较好的倍率性能和循环性能。但是这类材料存在低电导率的缺陷，为了提高电子电导率和离子电导率，往往需要对该材料进行掺杂和包覆处理。

普鲁士蓝类正极材料具有利于 Na^+ 快速迁移的开放性三维通道。相对于聚阴离子化合物，较小分子质量的普鲁士蓝类化合物可以进一步提升其质量比容量至110～160mA·h/g。然而，普鲁士蓝类化合物通常需要水溶液法合成，致使晶体结构中存在一定量难以去除的结晶水，这会影响材料的实际应用。

图6-2比较了这几类正极材料的工作电压、质量比容量和能量密度等参数[4]。

因此对于正极材料的选择，通常会考虑到以下特点：a.更高的氧化还原电位，进一步提高电池的能量密度；b.与电解液接触有更好的稳定性，保证更长的循环寿命；c.较高的电子/离子电导率，可以降低电池内阻和提高钠离子扩散速率；d.更好的空气稳定性；e.成本低，制备简单，安全无毒，可以大批量工业生产。

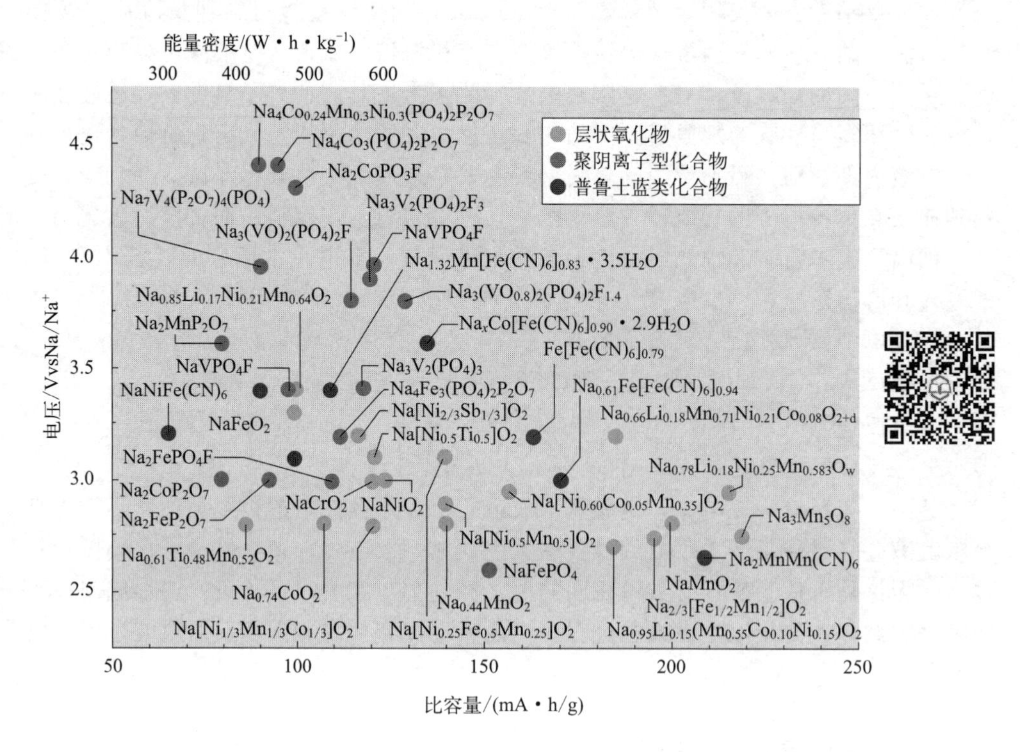

图 6-2 钠离子电池中常用正极材料的工作电压和比容量对比[4]

6.1.2.1 氧化物类正极材料

层状结构氧化物是研究最早的一类化合物，结构通式为 Na_xMO_2（M 为过渡金属元素中的一种或多种）。通常 Na 离子位于过渡金属元素与周围六个氧形成的 MO_6 八面体的过渡金属层之间，MO_6 过渡层与 NaO_6 碱金属层交替排列形成了 Na_xMO_2 层状结构。Delmas 等根据层状氧化物堆垛形式的不同，将层状氧化物分为 O3、O2、P3 和 P2 等不同结构。如图 6-3 所示，其中大写英文字母指代钠离子的配位构型（O 是 Octahedral，八面体；P 是 Prismatic，三棱柱），而数字代表氧最少重复单元的堆垛层数（2 对应 ABBA…，3 对应 ABCABC…）。氧化物类正极材料存在诸多科学问题，如 Jahn-Teller 效应，过渡金属离子迁移与溶解，晶格结构演变等。

（1）层状氧化物

① O3 层状氧化物　在 O3 结构中，过渡金属 MO_6 八面体与一个 Na 离子连接形成 NaO_6 八面体，由［NaO_6］八面体层和［MO_6］八面体以共边形式堆叠构成的 O3 相结构在钠离子电池中报道最多。

Na_xCoO_2 最早由 Delmas 等[5]报道，几乎与 $LiCoO_2$ 在同一时期被发现。然而，由于 Na^+ 离子半径较大，Na_xCoO_2 仅有 70～100mA・h/g 的实际容量。若改变前驱体中 Na 和 Co 的化学计量比，通过高温固相法可选择性合成 Na_xCoO_2 的各种相。在 x 值分别为 0.83～1.0 和 0.67～0.80 时可形成具有电活性的 O3 和 P2 相。而 O3 相显示出比 P2 相更高的离子扩散系数。但是由于 CoO_2 层在钠离子脱嵌过程中多次滑移，充放电曲线因此出现多个平台。

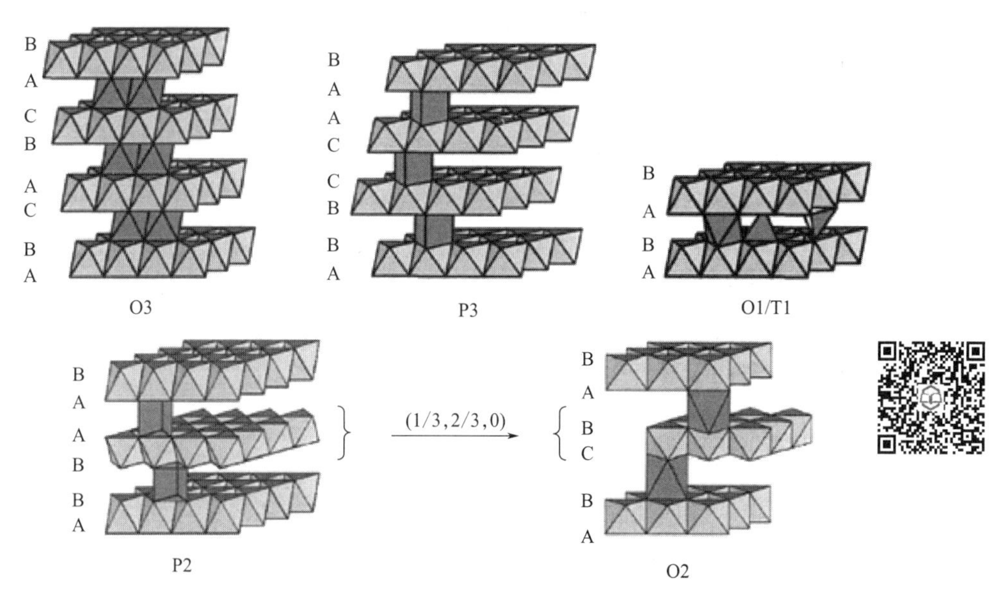

图 6-3 层状氧化物的晶体结构

Na_xMnO_2 具有低成本和高稳定性的特点，但受到材料应变的影响，Na_xMnO_2 在充放电过程中容易结构坍塌，从而影响循环稳定性。

O3-$NaFeO_2$ 也是常见的层状结构材料。相比没有电化学活性的 $LiFeO_2$，O3-$NaFeO_2$ 在 2.5～3.5V 可以实现 80mA・h/g 的可逆比容量。但当截止电压提高至 3.5V 时，原位 XRD 表明 O3- $NaFeO_2$ 发生了不可逆相变（Fe 从过渡金属层迁移到 Na 层），从而破坏 Na 离子的传输路径，如图 6-4 所示[6]。

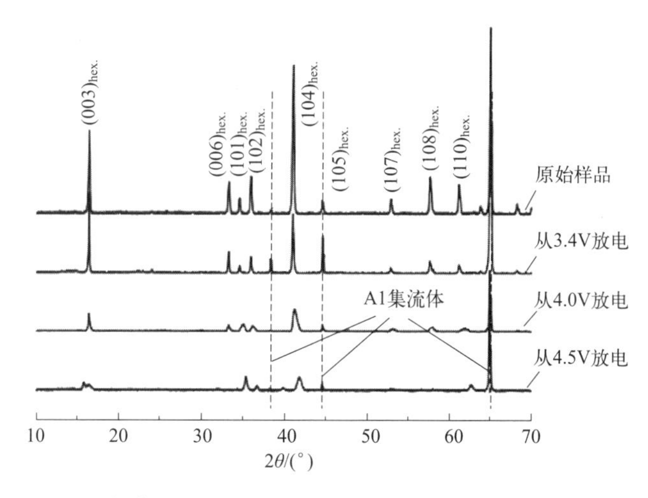

图 6-4 $Na_{1-x}FeO_2$ 复合电极在不同截止电压下首次充放电循环前后的 XRD 图谱[6]

除了上述层状氧化物外，还有一些其他的层状氧化物，如 $NaCrO_2$、$NaNiO_2$ 和 $NaVO_2$。而研究人员发现这三类层状氧化物在充放电过程中会发生与 $NaFeO_2$ 类似的不可逆相变，进而影响循环稳定性。由于一元材料存在复杂相变和过渡金属离子迁移的问题，结合多种过渡金属元素的特点，合成多金属氧化物也是一种有效的方法。

② P2层状氧化物　目前发现只有Co、Mn和V可以合成P2结构的一元层状氧化物材料。如Caballero等制备的P2-$Na_{0.7}CoO_{1.96}$在2～3.5V具有90mA·h/g的容量。P2-$Na_{0.6}MnO_2$在2～3.8V的可逆比容量约为150mA·h/g，但是循环性能较差[7]。Yabuuchi等[8]报道了P2-$Na_{2/3}[Fe_{1/2}Mn_{1/2}]O_2$，能量密度高达530mW·h/g，在1.5～4.3V可逆比容量可达190mA·h/g。该材料中Mn部分替代Fe以提高P2型结构的稳定性，对Fe在过渡层的迁移起到了一定抑制作用。但是P2-$Na_{2/3}[Fe_{1/2}Mn_{1/2}]O_2$存在明显的电压滞后现象，可能是与充电态部分Fe不可逆迁移有关。通过对P2-$Na_{2/3}[Fe_{1/2}Mn_{1/2}]O_2$掺杂Ni可以抑制Fe的迁移并减小电压滞后。

(2) 隧道型氧化物正极材料

隧道型氧化物具有独特S形通道，优异的空气稳定性以及较高的电化学稳定性。1971年，Parant等[9]基于新型隧道结构的$Na_4Mn_4Ti_5O_{12}$首次合成出相似结构的$Na_{0.44}MnO_2$氧化物，该结构由MnO_5四角锥和MnO_6正八面体组成，空间群为*Pbam*，如图6-5(a)所示。这种结构的特殊性使之具有沿*c*轴的两个便捷Na离子迁移通道[见图6-5(b)]。$Na_{0.44}MnO_2$氧化物虽然可以通过各种方法制得，然而Mn^{4+}/Mn^{3+}转换时存在的JA·hn-Teller畸变，造成了晶体结构中不对称变化。为了缓解JA·hn-Teller畸变对材料性能的影响，可通过优化材料的形态和离子掺杂提高$Na_{0.44}MnO_2$的电化学性能，如使用反相微乳液法合成的单晶$Na_{0.44}MnO_2$纳米棒或利用Ti^{4+}部分取代Mn^{4+}，均能有效地提升$Na_{0.44}MnO_2$的电化学性能。

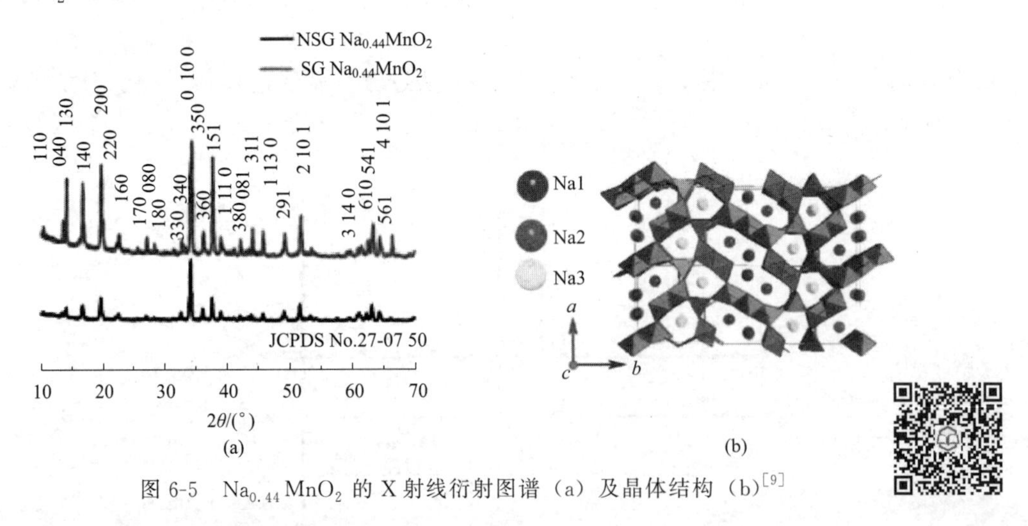

图6-5　$Na_{0.44}MnO_2$的X射线衍射图谱(a)及晶体结构(b)[9]

6.1.2.2　聚阴离子型正极材料

聚阴离子型化合物的化学式为$Na_xm_y(x_aO_b)_zz_w$(m=Ti、V、Cr、Mn等；x=Si、S、P、As等；z=F、OH等)，由聚阴离子基团和过渡金属多面体通过公角或共边的方式连接。常见的聚阴离子类正极材料主要包括磷酸盐、焦磷酸盐、硫酸盐、混合聚阴离子等，代表性聚阴离子正极材料的晶体结构如图6-6所示[10]。与层状氧化物相比，聚阴离子类正极材料有着以下优势：a.聚阴离子能够支撑材料的晶体结构，从而提高热稳定性和电化学稳定性；b.聚阴离子和过渡金属离子的不同组合可以实现不同种类的聚阴离子类化合物，针对性条件氧化还原电势；c. M—O—X 由于 X 的高电负性，形成的诱导效应可以削弱 M—O 共价特性，进而提升氧化还原电势。然而，聚阴离子型化合物普遍具有低电子电导率的问题。

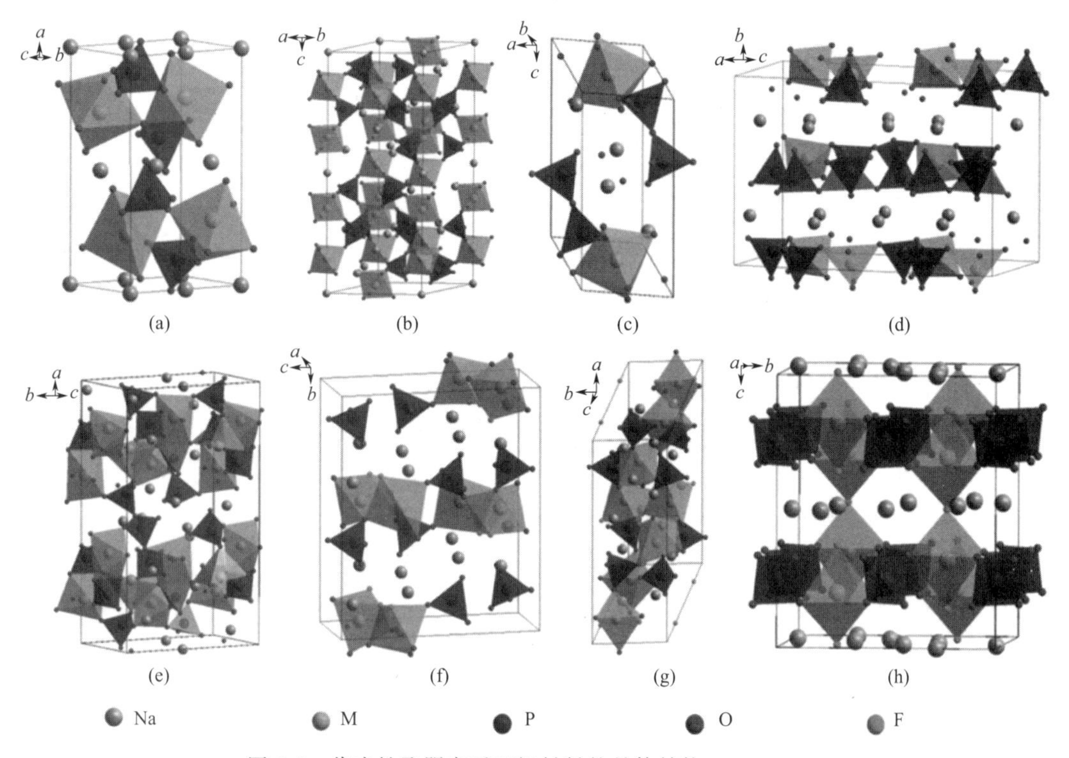

图 6-6　代表性聚阴离子正极材料的晶体结构

(a) 橄榄石型 $NamO_4$；(b) NASICON 型 $Na_3V_2(PO_4)_3$；(c) 三斜晶系 $Na_2mP_2O_7$；(d) 正交晶系 $Na_2mP_2O_7$；(e) 正交晶系 $Na_4m_3(PO_4)_2P_2O_7$；(f) 正交晶系 Na_2mPO_4F；(g) 单斜晶系 Na_2mPO_4F；(h) 四方晶系 $Na_3m_2(PO_4)_2F_3$ (其中 m 为过渡金属元素)[10]

(1) 磷酸盐

① 橄榄石结构 $NaFePO_4$　橄榄石型的 $NaFePO_4$ 是最早被研究的聚阴离子类化合物，它的出现是受 $LiFePO_4$ 受启发而来。根据结构类型的不同，它分为磷铁钠矿相 (maricitie phase，m-$NaFePO_4$) 和磷铁锂矿相 (triphylite phase，t-$NaFePO_4$)。t-$NaFePO_4$ 是由 FeO_6 八面体和 PO_4 四面体共边构成的空间骨架，具有沿 b 轴的钠离子输运通道。而在 m-$NaFePO_4$ 的结构中，Na^+ 和 Fe^{2+} 的位置与 t-$NaFePO_4$ 相反，结果没有钠离子的输运通道。因此通常认为磷铁钠矿相不具有电化学活性。

Kim 等[11]采用量子力学计算结合实验首次证明了 m-$NaFePO_4$ 也显示出较好的电化学活性。该材料具有 142mA・h/g 的首次放电比容量，且经 200 次循环后容量保持率仍有 92%。第一性原理结果表明，纳米级的 m-$NaFePO_4$ 在钠离子脱出时转变为无定形 α-$FePO_4$，大大减小钠离子的传输势垒，进而提高电化学性能。

② NASICON 型 $Na_3V_2(PO4)_3$　$Na_3V_2(PO_4)_3$ 由 VO_6 八面体和 PO_4 四面体组成的三维骨架，是一种具有代表性的 NASICON 结构材料。而 V^{4+}/V^{3+} 氧化还原电对和三维离

子迁移通道给予了两个 Na 离子在该结构中可逆脱出和嵌入。原位 XRD 技术研究证明 $Na_3V_2(PO_4)_3$ 是一种高度可逆的两相反应。当充电至 3.7V 时，$Na_3V_2(PO_4)_3$ 衍射峰完全消失，只存在 $NaV_2(PO_4)_3$ 的衍射峰。放电结束后又恢复成 $Na_3V_2(PO_4)_3$ 相结构。

尽管 $Na_3V_2(PO_4)_3$ 具有高工作电压、高稳定性等优点，但是低电子电导率限制了其发展。目前可以通过碳负载、碳涂层或碳嵌入技术提高导电性。研究发现含碳量对 $Na_3V_2(PO_4)_3$ 的电化学性能有重要影响，当含碳量过低时，无法有效提高材料的电化学性能，而含碳量过高，则阻碍电极材料与电解液间的离子迁移。

(2) 焦磷酸盐

$Na_2mP_2O_7$ (m=Fe、Co、Mn) 是由磷酸盐 (PO_4^{3-}) 在高温下脱氧分解而成，具有较高的热稳定性。根据过渡金属类型可以将 $Na_2MP_2O_7$ 的晶体结构划分为三斜晶系、四方晶系、正交晶系等。

在上述化合物中，$Na_2FeP_2O_7$ 是由共角 FeO_6 八面体形成二聚体 [Fe_2O_{11}] 与 PO_4 四面体共角或共边连接而成的晶体结构。Barpanda 等[12]率先报道 $Na_2FeP_2O_7$ 材料的电化学性能。该材料在 2～4V 展现出 82mA·h/g 的可逆比容量。随后，Kim 等[13]深入研究了 $Na_2FeP_2O_7$ 材料的结构，热力学性能和电化学性能。DFT 计算结果显示，晶胞中包含 8 个 Na 位点，而沿 [011] 方向迁移的 Na1 位点的能量低于 Na2～Na8 位点，因此在充电过程中，Na1 位点是最容易脱嵌的钠原子位点。原位高温 XRD 结果显示，该材料高度脱钠态只有在 550℃ 发生峰转移现象，表明 $Na_2FeP_2O_7$ 材料具有更好的热稳定性。

(3) 硫酸盐

除了磷酸盐外，硫酸盐因其高的电压而备受关注。硫酸盐的结构通式可以写成 $Na_2m(SO_4)_3$ (m 为过渡金属元素)，它具有由共边 Fe_2O_{10} 二聚物与 SO_4 共角连接形成容纳 Na 原子的三维独立框架结构。由于 SO_4^{2-} 基团热稳定性差，该材料只能使用低于 400℃ 的低温固相法合成。根据感应效应原理，多个带负电阴离子基团可以实现更高的氧化还原电势。如通过将 Na_2SO_4 和 $FeSO_4$ 原料混合低温煅烧制备的 $Na_2Fe(SO_4)_3$ 新型正极材料，在 2～4.5V 具有 102mA·h/g 的可逆比容量，其中 3.8V 的 Fe^{3+}/Fe^{2+} 氧化还原电对是所有铁基化合物中最高的。

(4) 混合聚阴离子正极材料

① 氟磷酸钒钠　由于氟离子的电负性较强，磷酸根和氟离子结合可以形成工作电压更高的氟化磷酸盐化合物。$Na_3V_2(PO_4)_2F_3$ 属于四方晶系，空间群为 $P4_2/mnm$，由 [$V_2O_8F_3$] 双八面体与 [PO_4] 四面体共顶点链接形成的三维网状结构，从而形成了沿 [110] 和 [1-10] 方向利于 Na^+ 嵌入和脱出的传输通道。尽管 $Na_3V_2(PO_4)_2F_3$ 高电压致使它的理论能量密度达到了 507W·h/kg，但是 $Na_3V_2(PO_4)_2F_3$ 由于 F 离子插入并部分取代磷酸基团，降低了该材料的导电性。

早期 $Na_3V_2(PO_4)_2F_3$ 由于优异的储锂性能，被用于锂离子电池正极材料。2012 年 Shakoor 等[14]首次结合理论计算研究了 $Na_3V_2(PO_4)_2F_3$ 的储钠机理。非原位 XRD 表现出该材料在充放电过程中只存在单相反应。而 2017 年，Broux 等[15]结合固体核磁共振和原位 XRD 技术发现在充放电过程中至少存在四个中间相，且晶体结构中存在 V^{3+} 和 V^{5+} 两种不同类型的钒的位置。

为提高该材料的导电性，主要的改性工作有：Cai 等[16]通过调节 pH 的低温水热路线，合成许多纳米片组装而成的特殊纳米花状的微结构，表现出优异的循环稳定性，在 0.2C 倍率下，经 500 次循环后容量保持率为 94.5%。Liu 等[17]制备了 Y 掺杂的 $Na_3V_{2-x}Y_x(PO_4)_2F_3$/C，研究发现适量 Y 掺杂的 $Na_3V_2(PO_4)_2F_3$ 样品有较低的带隙，有效提高材料的本征电子电导率，同时有较大原子半径的 Y 部分取代 V 位点充当 $Na_3V_2(PO_4)_2F_3$ 晶体结构中的支柱，为钠离子在充放电过程中的嵌入和脱出提供了更大的间隙空间，因此显示出优异的电化学性能。Ma 等[18]制备了碳和氧化铝共涂覆的 $Na_3V_2(PO_4)_2F_3$ 正极材料，在 1C 倍率下有 122.8mA·h/g 的放电容量，经 100 次循环后，容量保持率高达 95.6%。$Na_3V_2(PO_4)_2F_3$ 颗粒表面包覆的碳和氧化铝混合涂层可以有效保护 $Na_3V_2(PO_4)_2F_3$ 避免直接与电解质接触改善它的循环性能，同时，该混合涂层可以有效地形成电子/离子导电网络并提高其倍率性能。众所周知，3D 分层结构不仅具有良好的结构稳定性，还可以减少电子/离子扩散路径。常州大学任玉荣课题组[19]通过溶剂热法合成了碳包覆的分层介孔微球。受益于分层微/纳米结构，NVPF-H@cPAN 正极材料在 0.2 C 下的放电比容量为 116.2mA·h/g，非原位 XRD 进一步揭示了 NVPF-H@cPAN 在充放电过程中脱出/嵌入 Na 的机理，结果表明该材料具有良好的结构稳定性。

② 磷酸根和焦磷酸根混合聚阴离子化合物　研究发现，将磷酸根和焦磷酸根混合得到的 $Na_4m_3(PO_4)_2P_2O_7$（m = Co、Mn、Ni）框架结构能够稳定存在。其中，$Na_4Fe_3(PO_4)_2P_2O_7$ 是首个含 Fe 离子的混合磷酸盐化合物，它是正交晶系，属于 $Pn2_1a$ 空间群。沿 a 轴方向排列的 P_2O_7 基团通过与 FeO_6 八面体沿 b-c 平面形成的层状单元 $[Fe_3P_2O_{13}]$ 连接，构成利于具有沿 a、b、c 轴三个不同方向的钠离子迁移通道的三维框架结构。原位高温 XRD 结果显示，$Na_4Fe_3(PO_4)_2P_2O_7$ 材料高度脱钠态在 530℃以下只有 4%的重量损失，有着与橄榄石 $LiFePO_4$ 和焦磷酸盐 $LiFeP_2O_7$ 相当的热稳定性。

$Na_4Mn_3(PO_4)_2P_2O_7$ 是含 Mn 离子的混合磷酸盐化合物，其有高达 3.84V 的脱嵌电位，与已报道的钠离子锰基正极材料相比，该材料不会因 Jahn-Teller 畸变引起的结构变化而阻碍钠离子迁移。相反，由于 Mn^{3+} 的加入，独特 Jahn-Teller 畸变打开了 Na 迁移通道，从而使材料稳定性得以提升。

6.1.2.3 普鲁士蓝类正极材料

普鲁士蓝类化合物的化学式为 $A_xm_1[m_2(CN)_6]_{1-y}\cdot\square_{1-y}\cdot nH_2O$（$0\leqslant x\leqslant 2$；$0\leqslant y\leqslant 1$），其中 a = 碱金属离子（如 Na^+，K^+ 等），m_1、m_2 = 不同配位过渡金属离子，$\square$ = $[m_2(CN)_6]$空位。铁氰化物 $a_xm[(CN)_6]_{1-y}\cdot\square_{1-y}\cdot nH_2O$ 具有结构稳定、易合成的优势，因此受到众多研究人员的关注。这类材料具有面心立方结构，空间群为 $Fm\bar{3}m$，晶格中金属 m 与铁氰根按 Fe—C≡N—M 排列形成三维骨架，金属 Fe 和 m 分别位于立方体顶点，C≡N 位于连接顶点的棱上，a 离子和晶格水则位于立方体的空隙中，晶体结构如图 6-7 所示[20]。这类材料具有以下优势：a. M^{3+}/M^{2+} 和 Fe^{3+}/Fe^{2+} 氧化还原电对可以实现两个 Na^+ 在晶格中脱嵌；b. 普鲁士蓝类化合物开放式的三维骨架利于 Na^+ 快速脱出/嵌入结构；c. 普鲁士蓝类化合物中过渡金属合成简便、制作成本低且具有安全环保特点；d. 由于 Fe-CN 的配位稳定常数较高，因此普鲁士蓝类化合物具有较高的结构稳定性，利于 Na^+ 在该结构中穿梭。尽管普鲁士蓝类化合物具有以上优点，但是 $Fe(CN)_6$ 空位和结晶水分子严重影响了该材料的电化学性能。

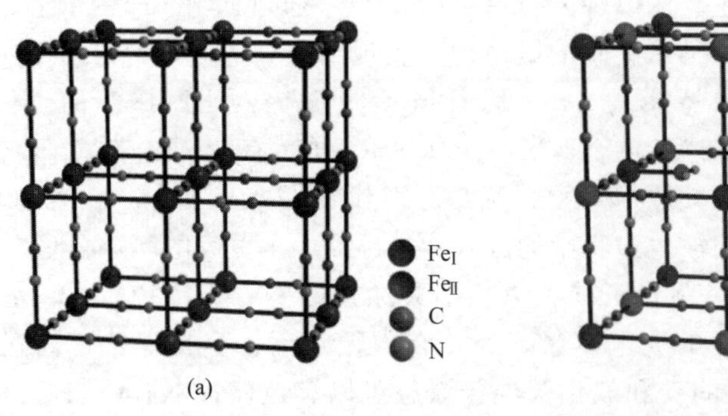

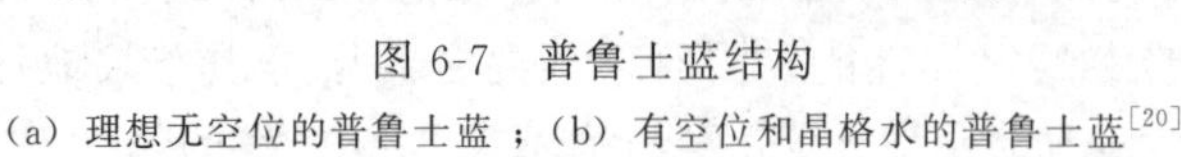

图 6-7　普鲁士蓝结构

（a）理想无空位的普鲁士蓝；（b）有空位和晶格水的普鲁士蓝[20]

（1）$Na_xFe[Fe(CN)_6]$框架化合物

在普鲁士蓝类化合物中，具有两个电化学活性 Fe^{2+} 的理论容量为 170mA・h/g。2021 年 Goodenough 等[21]采用化学沉淀法制备 $NaFe[Fe(CN)_6]$材料，首周放电比容量为 120mA・h/g，然而长循环极度不稳定，可能是因为在晶体框架中含有大量的 $Fe(CN)_6$ 空位和配位水，高电压下分解所致。郭玉国等[22]采用单一铁源制备法成功合成了低结晶水和少量空位的 $Na_{0.61}Fe[Fe(CN)_6]_{0.94}\cdot\square_{0.06}$ 材料。实验结果表明，该材料具有首次放电比容量 170mA・h/g 的和接近 98%的库伦效率，且经 150 次循环容量没有明显衰减。但该材料在 600mA/g 下的容量却只有 70mA・h/g，因此需要提高一下材料的导电性。

（2）$Na_xMn[Fe(CN)_6]$框架化合物

Goodenough 等[23]报道了两种 Na 含量类型的正极材料，分别是 $Na_{1.72}Mn[Fe(CN)_6]_{0.99}$ 和 $Na_{1.4}Mn[Fe(CN)_6]_{0.97}$。研究发现，在 $Na_xMn[Fe(CN)_6]$材料中，当 $x<1$ 时，晶体结构为面心立方；当 $x=1.72$ 时，晶体结构为斜方六面体；而当 $1<x<1.72$ 时，存在面心立方和斜方六面体结构的转变过程。

（3）其他框架化合物

除了 $Na_xFe[Fe(CN)_6]$和 $Na_xMn[Fe(CN)_6]$框架以外，还有其他框架化合物被报道，如 $Na_xCo[Fe(CN)_6]$、$Na_xNi[Fe(CN)_6]$和 $Na_xCu[Fe(CN)_6]$等。杨汉西等[24]采用共沉淀法合成具有统一形貌、高结晶度的 $Na_{1.85}Co[Fe(CN)_6]_{0.99}\cdot 1.92H_2O$ 正极材料。该材料的晶格水含量为 10%，而两个钠离子脱嵌电压平台提供了 150mA・h/g 的高放电比容量。

除了应用于非水系钠离子电池，由于普鲁士蓝具有较低的溶度积常数，可有效避免在水溶液体系中发生溶解的问题，因此也可用于水系钠离子电池。

6.1.2.4　有机类正极材料

有机化合物由于具有资源丰富、可回收性和环境友好等优势，成为绿色可充电电池的重要发展方向。目前主要有共轭碳基类化合物和聚合物用于钠离子电池，聚合物的电池反应机理不同于阳离子嵌入反应，它分为 P 型反应和 N 型反应，如式（6-2）所示：

P 型反应：$P+A^- \leftrightarrow P^+A^- + e^-$（P：P 型掺杂有机物；$A^-$：$ClO_4^-$、$PF_6^-$等）

N 型反应：$N+M^+ + e^- \leftrightarrow M^+N^-$（N：N 型掺杂有机物；$M^+$：$Li^+$、$Na^+$等）（6-2）

电池反应：$P+N+A^- + M^+ \leftrightarrow P^+A^- + M^+N^-$

具体原理为：充电过程中，P 型掺杂有机物失去电子，电解质中的阴离子嵌入聚合物链段维持电极电中性；而 N 型掺杂有机物得到电子，电解质中的阳离子迁移进入聚合物中达到电荷平衡，放电与之相反。

（1）共轭碳基类化合物

Chihara 等[25]制备的 $Na_2C_6O_6$ 材料在 1.5～2.9V 没有添加导电剂的情况下可展现出 250mA·h/g 的放电比容量。然而由于该材料在 1M $NaClO_4$/PC 电解质中易溶解的缘故，在 40 次循环后，容量降低至 150mA·h/g。Wang 等[26]采用一步法制备了 2,5-二烃基对苯二甲酸有机四钠盐（$Na_4C_8H_2O_6$），该材料作为正极在 1.6～2.8V 具有 183mA·h/g 的放电比容量，而作为负极在 0.1～1.8V 能展现出 213mA·h/g 的容量。

（2）聚合物类化合物

聚合物类化合物通常有相对较高的工作电位，如 $NaPF_6$/EC-DEC-DMC 电解质中的苯胺-硝基苯胺共聚物［P(AN-NA)］具有 3.2V 的工作电压，180mA·h/g 的放电比容量以及 96%的容量保持率（经 50 次循环）[27]。

6.1.3 钠离子电池负极材料

负极材料也是钠离子电池中的重要部件。20 世纪 90 年代，在锂离子电池中使用石墨作为负极材料促进了锂离子电池的发展。由于 Na^+ 的离子半径较大（约为锂离子半径的 1.5 倍），商用的石墨负极目前无法实现储钠机制，而如果使用金属钠作为对电极，容易出现钠枝晶刺穿隔膜造成内部短路的安全隐患，因此寻求一种新型低成本、高性能的负极材料有着重要的意义。目前钠离子电池负极材料主要有碳基负极材料、钛基负极材料、有机类负极材料、合金类负极材料、过渡金属氧化物、硫化物和氮化物类负极材料。

① 碳基负极材料又可以分为石墨类碳材料、无定形碳材料以及纳米碳材料。其中，无定形碳材料是一种非常有应用前景的材料，其具有较高的储钠容量和较长的循环寿命。纳米碳材料较差的首次库伦效率和循环稳定性限制了其发展。

② 钛基负极材料中的 Ti^{4+} 在空气中能够稳定存在，不同结构的钛基负极又有着不同的储钠电位，受到研究者的关注。

③ 有机类负极材料具有来源丰富、制备简便、灵活结构的优点，但是大部分有机类负极材料存在本征电子电导率低和在电解液中的溶解度较高问题。

④ 合金类负极材料具有高理论比容量和低的储钠电位等特点。但是，由于 Na^+ 的离子半径较大，负极材料会随着充放电过程的进行发生体积膨胀，随后造成粉化、脱落等现象，进而影响电化学性能。

过渡金属氧化物、硫化物和氮化物类负极材料存在导电性差、易团聚等缺陷。

图 6-8 比较了这几类负极材料的工作电压、质量比容量和能量密度等参数。

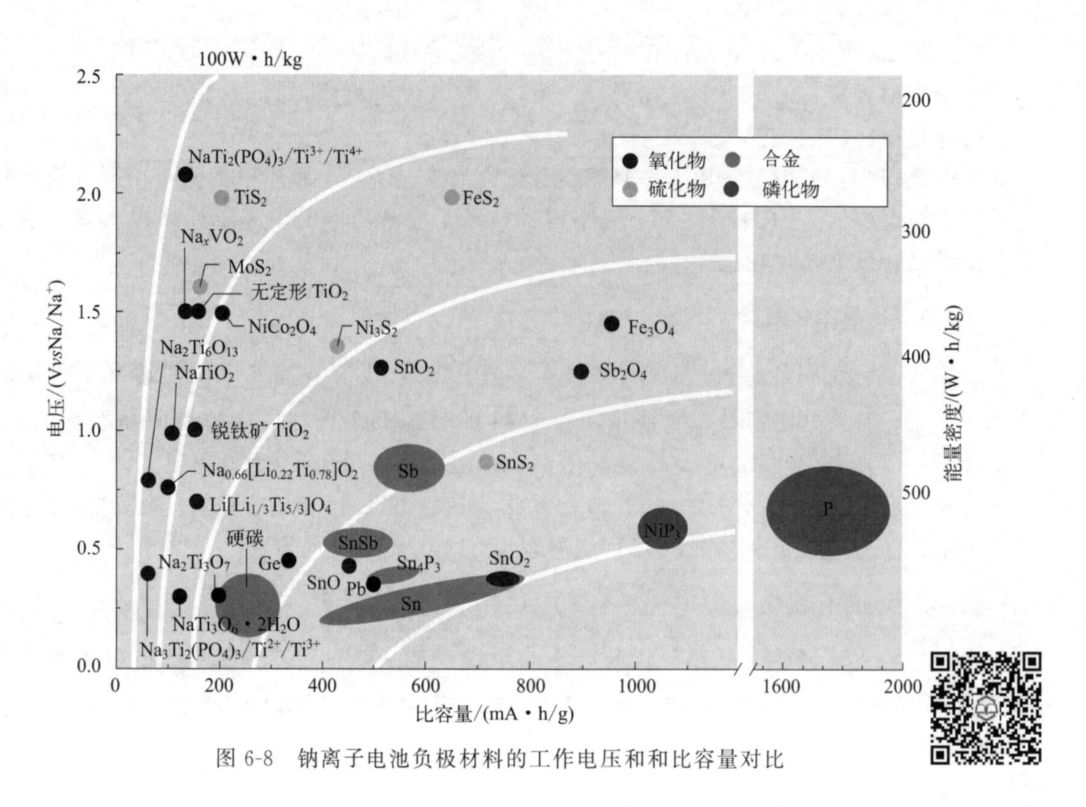

图 6-8　钠离子电池负极材料的工作电压和和比容量对比

因此对于负极材料的选择，通常会考虑到以下特点：a. 更低的氧化还原电位的同时高于钠的沉积电位以提高电池的能量密度；b. 与电解液形成稳定的 SEI 膜，保证更长的循环寿命；c. 较高的电子/离子电导率，可以降低电池内阻和提高钠离子扩散速率；d. 循环过程中结构不会或很少发生变化；e. 储钠位点多，可以提高负极的比容量；f. 成本低，制备简单，安全无毒，可以大批量工业生产。

6.1.3.1　碳基负极材料

碳在宇宙大爆发时期就已形成，在漫长的历史演化过程中，它逐渐以多种形式广泛存在于我们生活的环境中。当人类学会使用火以后，就与碳产生了密不可分的联系。在石器时代，人类主要燃烧木材、柴草等，利用碳取暖和烹饪。从 18 世纪开始，人类首先利用焦炭炼铁，然后以电极、炭黑等形式应用于冶金、橡胶轮胎和电动机械等传统工业领域，之后碳材料又以等静压石墨、热解石墨等形式用于精密加热器、核反应堆等。可以说碳材料的发展史就是人类文明的进步史。

碳材料根据碳原子中电子之间不同轨道的杂化方式可以分为 sp、sp^2 和 sp^3 类型。在钠离子电池中，碳基负极材料主要是 sp^2 杂化类型，其中就包括石墨类碳材料、无定形碳材料和纳米碳材料。在它们的结构中，由于碳层排列顺序的不同，也有着不同的物理或化学性质。

（1）石墨类碳材料

石墨是一种由碳原子组成的六元环，它们相互连接成片状二维网络结构并堆叠成层状三维结构的晶体。其中同一层内每个碳原子与其他三个碳原子以共价键的形式连接，它们的距离相等，而碳层与碳层之间则以分子键相连，晶体结构如图 6-9 所示。它储量丰富，价格低廉，目前是商业锂离子电池的负极材料，但用于传统碳酸酯电解质的储钠电化学活性极低。而石墨类碳材料主要分为天然石墨、人造石墨和改性石墨。天然石墨可以通过简单加工处理得到；人造石墨是将石墨高温化处理得到；改性石墨是经物理或化学方法处理后其表面结构得到改善的一类材料。

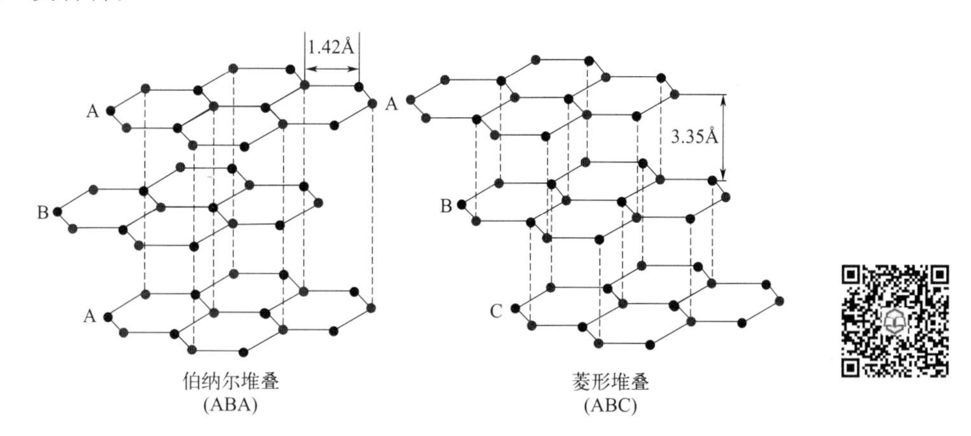

图 6-9 石墨晶体结构

天然石墨在锂离子电池中可以达到 372mA·h/g 的理论比容量，尽管钠与锂的理化性质相似，但石墨的储钠容量极低。1958 年，Asher 等[28]采用气相法制备了 NaC_{64}，结果表明只有少量的 Na 能嵌入石墨中。在充放电过程中，石墨负极与醚类电解液的表面并没有 SEI 膜的生成，Na^+ 可以和醚基电解质形成非极性的溶剂化 Na 离子（Na-DEGDME），这促进了 Na 迁移到石墨晶格中。Kim 等[29]研究发现长链型醚基电解质与 Na^+ 有更好的亲和力，从而促进 Na^+ 的迁移。因此使用醚基电解质，可以提高石墨负极的储钠能力。以二甘醇二甲醚作溶剂为例，储钠机制如下：

$$Na^+(DEGDME)_n + xC + e^- \leftrightarrow Na(DEGDME)_n C_x \ (n=1 \text{ 或 } 2; x=16\sim22) \qquad (6\text{-}3)$$

当 $x=20$ 时，石墨负极的理论比容量达到 111.7mA·h/g。因此使用醚基电解质可以辅助石墨成为具有潜力的钠离子电池负极材料。

（2）无定形碳材料

由于石墨存在储钠比容量低的问题，具有无序结构，且存在缺陷的无定形碳材料逐渐受到研究人员的关注。在碳材料领域，通常以石墨化难易程度区分软碳与硬碳。软碳是指在 2800℃以上可以石墨化的碳材料，而硬碳在 2800℃以上难以被石墨化。

软碳是一种有高电子电导率的碳材料，与硬碳相比，它的石墨烯层弯曲度较小且十分齐整。Doeff 等[30]首次证明石油焦软碳可以提供 90mA·h/g 的容量。硬碳由于其高度无序的结构，能够容纳更多的 Na^+。2000 年，Stevens 等[31]率先通过葡萄糖热解得到了硬碳负极材料，发现硬碳材料在 0～2V 具有 300mA·h/g 的可逆比容量，但是硬碳负极表面形成的 SEI 膜不稳定，使得硬碳材料出现明显的容量衰减。若将硬碳材料设计为具有微/纳米结构的碳材料如多孔碳纤维、碳纳米片、中空碳纳米球等，可以缩短钠离子的迁移路径，有效提高硬碳的储钠性能。

（3）纳米碳材料

除了以上碳材料以外，纳米碳负极材料（石墨烯、碳纳米管等）也受到热门的广泛研究。石墨烯是一种具有较大的比表面积、优良电子电导率、良好柔韧性特点的三维碳材料，其表面存在的大量缺陷可以提供更多的 Na^+ 吸附活性位点。但是石墨烯和碳纳米管等材料普遍存在首周库伦效率低、成本昂贵等缺点，因此难以成为钠离子电池负极材料的理想材料。

6.1.3.2 钛基负极材料

目前，各种钛基化合物因其具有低成本、无毒等优点，已成为钠离子电池负极材料的潜在发展对象，如 $Li_4Ti_5O_{12}$、$Na_2Ti_3O_7$ 等。然而该类材料普遍存在扩散动力学慢的缺点，阻碍了其在大储能领域的应用。

（1）$Li_4Ti_5O_{12}$

尖晶石结构的 $Li_4Ti_5O_{12}$ 是立方结构，属于 $Fd3m$ 空间群。在锂离子电池中，是一种经两相反应脱出/嵌入锂的负极材料，由于在循环过程中体积形变小，有着更快的锂离子迁移速度而表现出较好的倍率性能。Zhao 等[32]首次发现尖晶石结构的 $Li_4Ti_5O_{12}$ 具备储钠能力，在 0.5～3.0V 具有 150mA・h/g 的可逆比容量，且具有低于储锂电位的平均储钠电位（约 0.8V）。第一性原理计算和原位 XRD 结果表明，$Li_4Ti_5O_{12}$ 在嵌钠过程会发生三相反应，进一步证明了 $Li_4Ti_5O_{12}$ 具有三个 Na^+ 脱嵌的能力，三项反应机制如下：

$$2Li_4Ti_5O_{12}+6Na^++6e^- \leftrightarrow Li_7Ti_5O_{12}+Na_6[LiTi_5]O_{12} \tag{6-4}$$

目前主要以构建各种纳米结构以改善 $Li_4Ti_5O_{12}$ 的 Na^+ 扩散能力。Xu 等[33]采用简单的组装技术将 MoS_2 量子点固定在 $Li_4Ti_5O_{12}$ 纳米片上，该复合材料的 0D/2D 异质结构有效提高了材料的储钠性能，在 5 C 倍率下具有 91mA・h/g 的可逆比容量，在 2 C 倍率下经 200 次循环后仍有 101mA・h/g 的容量。

（2）$Na_2Ti_3O_7$

$Na_2Ti_3O_7$ 具有单斜层状结构，空间群为 $P2_1/m$。三个共边的 TiO_6 组成一个大的结构单元，这个单元通过共边形式与其他单元构成一个整体，Na 离子占据在层间处，在循环过程中在层间进行迁移。$Na_2Ti_3O_7$ 嵌钠电位低至 0.3V，对应的理论比容量为 200mA・h/g。然而该材料的导电性较差，第一性原理计算结果表明，$Na_2Ti_3O_7$ 的直接带隙仅为 2.75V[34]。同时，低能垒的 $Na_2Ti_3O_7$ 也不利于 Na^+ 在材料中进行脱出/嵌入行为。目前主要通过设计纳米结构或者直接在金属衬底上生长纳米材料来提高材料的性能。如 Ni 等[35]首次在 Ti 基板上合成硫化的纳米管阵列，与未硫化的纳米阵列相比，它具有 221mA・h/g 的放电比容量，以及在 10C 下超过 10 000 次循环仍有 78mA・h/g 的容量。

（3）$NaTi_2(PO_4)_3$

作为聚阴离子型钛基负极材料最典型的代表，$NaTi_2(PO_4)_3$ 具有 3D 离子传输通道的 NASICON 结构，可以实现快速的离子扩散。$NaTi_2(PO_4)_3$ 的结构由 2 个 TiO_6 八面体和 3 个 PO_4 四面体共顶角构成，其中分别有两种不同钠离子位置，充放电时，处于 M2 位置的钠离子可以在材料中自由脱出/嵌入，对应着 133mA・h/g 的理论比容量。

$NaTi_2(PO_4)_3$ 负极材料在水溶液中非常稳定，因此该材料也广泛应用于水性钠离子电池。然而与有机电解质相比，$NaTi_2(PO_4)_3$ 负极材料与水性电解质发生许多副反应，将造成容量衰减。

6.1.3.3 有机类负极材料

有机类负极材料具有来源丰富、制备简便、灵活结构的优点，但是大部分有机类负极材料存在本征电子电导率低和在电解液中的溶解度较高问题。有机类负极材料主要分为羰基化合物、有机自由基化合物、席夫碱化合物和有机硫化物。

在羰基化合物中，共轭羰基化合物因其具有超过 200mA·h/g 的理论比容量而受到研究人员的关注。它又可以分为对苯二甲酸二钠和对醌类化合物。前者报道较多，而后者一般电压高于 1V，会降低全电池的输出电压。它们的嵌钠机理如图 6-10 所示[36]。

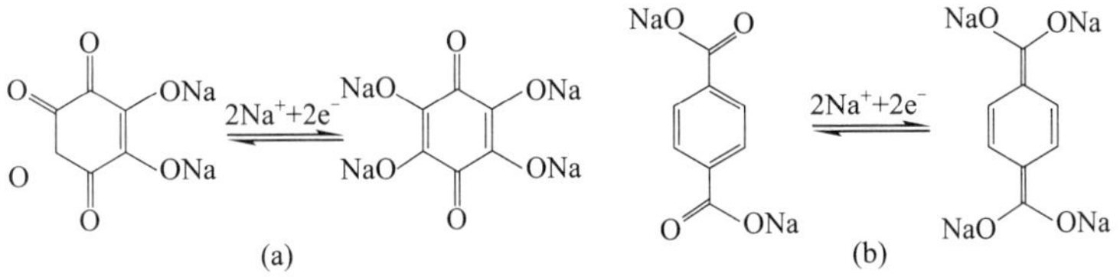

图 6-10 $Na_2C_6H_2O_4$ 和 $Na_2C_8H_4O_4$ 的嵌钠机理[36]

(a) $Na_2C_6H_2O_4$；(b) $Na_2C_8H_4O_4$

(1) 对苯二甲酸二钠

对苯二甲酸二钠（$Na_2C_8H_4O_4$）是第一个被提出用于钠离子电池的有机负极材料，该材料为正交结构，所属 $Pbc2_1$ 空间群，且在 0.1～2V，0.1 C 倍率下能够实现两个 Na 离子的脱嵌，具有 250mA·h/g 的可逆比容量。

(2) 对醌类化合物

利用 2,5-羟基-1,4-苯醌（$C_6H_4O_4$）和 NaOH 可制备对醌类化合物 $Na_2C_6H_2O_4$，其在 0.1 C 倍率下的首次放电比容量为 288mA·h/g，首次库伦效率为 91%。该材料在循环过程中的副反应少，但是低本征电子电导率造成其循环稳定性较差。

6.1.3.4 合金类负极材料

碳基和钛基负极材料由于有限的储钠位点，因此可逆比容量极低。而金属作为一类活泼金属，可以与许多金属形成合金相，产生更高的容量，反应式如下：

$$M_a + bNa^+ + be^- \leftrightarrow Na_bM_a \tag{6-5}$$

其中 M 包括 In、Si、Sn、Pb、P、As、Sb、Bi。不同元素可以与 Na 形成不同化学计量比的合金相。目前，研究最广泛的三类合金化合物是 $Na_{15}Sn_{14}$、Na_3Sb 和 Na_3P，它们分别具有 847、660mA·h/g 和 2596mA·h/g 的理论比容量。尽管 In 与 Na 形成的 Na_2In 合金化合物具有 467mA·h/g 的理论比容量，但是较低的钠离子扩散动力学使之实际比容量只有 100mA·h/g。Si 作为锂离子电池负极材料应用十分广泛，然而 Si 与 Na 组成的合金相嵌 Na 电位极低，难以在实验中观察到 Na-Si 合金化过程。Pb 是一类对环境有害的重金属，也受到研究人员的极少关注。因此，目前研究的主流元素是 Sn、Sb 和 P。

合金类负极材料虽然具有高的储钠容量，但是它们也存在很大缺点。在合金化反应中体积膨胀率极大，导致活性材料颗粒粉化，或从集流体上脱落后失去电接触，最终降低材料的电化学性能。为了缓解体积膨胀带来的负面效果，目前主要有三种解决方案：a. 降低颗粒尺寸及设计微纳结构；b. 引入缓冲基体材料；c. 优化电解液添加剂。

(1) Sn

由于 Na-Sn 合金化过程存在多组中间相，因此 Na-Sn 合金化的研究远比 Li-Sn 合金更为复杂。晶态 Sn 在最初的嵌钠过程中先形成缺钠的非晶 Na_xSn（x～0.5）合金，随着 Na^+ 进一步嵌入，形成富钠的 Na_9Sn_4 和 Na_3Sn_4，最后通过单相机制形成 $Na_{15}Sn_4$ 结晶，在放电过程中的体积膨胀率高达 420%。为缓解体积膨胀，研究人员做了大量尝试，如：Nam 等[37]采用电沉积法制备了 Sn 纳米纤维，其在 0.001～0.65V 具有 808mA·h/g 的可逆比容量；Liu 等[38]通过静电纺丝技术制备 N 掺杂碳纳米纤维包覆的 Sn 纳米颗粒，这种多孔材料在 10 000mA/g 的倍率下 1300 次循环后具有 450mA·h/g 的容量。

(2) Sb

Sb 也是合金类负极材料的一个重要代表，原位 XRD 揭示了 Sb 在 Na 化过程的结构变化。首先形成无定形 Na_xSb 合金，接着与 Na 进一步结合形成六方 Na_3Sb，其中体积膨胀率为 293%。针对体积膨胀问题，较小尺寸的 Sn 纳米颗粒可以有效缓解体积膨胀并缩短钠离子扩散路径，如 Wu 等[39]采用静电纺丝技术将 Sb 纳米粒子（～20nm）封装在碳纳米纤维中，在 40mA·h/g 倍率下具有 631mA·h/g 的可逆比容量。

(3) P

P 是一种最具有潜力的钠离子电池负极材料，红磷与 Na 形成的合金化合物，其理论比容量高达 2594mA·h/g。但是红磷极差的导电性和充放电过程中的体积膨胀严重阻碍了 P 在钠离子电池负极材料的应用。因此，磷化物应运而生。它有着比红磷材料更复杂的储钠机制，但是晶格中引入的金属元素提高了磷化物的导电性。

锡基磷化物包括 SnP、SnP_3 和 Sn_4P_3，它们的理论比容量都超过了 1000mA·h/g。其中，具有 1132mA·h/g 比容量和 0.3V 工作电位的 Sn_4P_3 受到广泛研究，Sn_4P_3 磷化物在循环过程中存在多相，随着钠离子的嵌入，Sn_4P_3 中的 Sn—P 键会断裂并形成 Na_3P，而部分 Na 离子与 Sn 合金化，生成了 $Sn_{15}P_4$。但是该材料存在体积膨胀和 Sn 纳米颗粒易聚集的问题，而通过碳包覆、构建 3D 导电网络并调整多孔形貌可以有效解决此类问题。Liu 等[40]设计了一种蛋黄－壳结构的 Sn_4P_3 负极材料。蛋黄由 Sn_4P_3 纳米粒子组成，外部一层薄的碳层起到保护效果，蛋黄与壳之间的空隙准许 Sn_4P_3 膨胀而不会破坏碳壳。这种特殊的结构表现出优异的电化学性能，在 0.01～2V 具有 790mA·h/g 的可逆比容量。

6.1.3.5 其他负极材料

除了合金类材料，转换反应型的过渡金属氧化物（MnO_2、Fe_3O_4、NiO 和 CuO_2）、硫化物（TMDC）和氮化物（TMNs）等也是一种高比容量的负极材料。最早由 Alcantara 等在 2002 年提出在过渡金属氧化物中可以与钠发生转换反应[41]。以过渡金属氧化物为例，储钠机理可以表达为

$$MX_m + nNa^+ + ne^- \longleftrightarrow nNaX_{m/n} + M \tag{6-6}$$

其中，M＝In、Si、Sn、As、Ge 等；X＝O、S、N、Se 等。由于生成的金属 M 能与 Na 进一步发生合金化反应，因此该材料同时具有转换反应和合金化反应，其理论比容量明显高于合金类材料。与合金类材料相比，许多转换反应型材料（如 Fe_3O_4、MnO_2）以天然形式存在，因此成本较低。除此之外，与低嵌钠电势的石墨负极相比，该类材料的反应电位相对较高，可以避免枝晶的形成，从而提高电池安全性。然而转换反应型材料普遍存在着低电导率、体积膨胀、低首次库伦效率和电压滞后的缺点。

目前的研究工作主要采用设计微纳结构和碳包覆用来改善其电化学性能。优化形貌后的电极材料在循环过程中可以充分释放应力以维持结构的稳定；碳包覆后的电极材料具有更大的比表面积、更高的导电性和更快的载流子传输速率。

6.1.4 钠离子电池电解液

电解液是 Na^+ 在正负极之间传递的介质，是电池的重要组成部分。其黏度、离子电导率、热稳定性、电压窗口等理化性质和钠离子电池的电化学性能、安全性能密切相关。钠离子电池电解质又分为液体电解质和固态电解质，其中液体电解质由溶质、溶剂和添加剂构成，共同决定了电解液的性质。

在溶质方面，常用钠盐包括无机钠盐和有机钠盐。无机钠盐应用最广，但是它存在氧化性强、易分解的问题；有机钠盐热稳定性好，但成本较高。

在溶剂方面，钠离子电池电解液中主要以酯类溶剂和醚类溶剂为主。酯类溶剂中最常用的是环状碳酸酯和链状碳酸酯，环状碳酸酯由于其高离子电导率和介电常数以及抗氧化性等特点在电解液中应用广泛，但其黏度较高。醚类电解质介电常数低于环状碳酸酯，高于链状碳酸酯且黏度较低，但其极差的抗氧化性在高压下易分解的缺点限制了其应用。目前，有机电解质体系中，常见的溶质有 $NaClO_4$、$NaPF_6$ 和 $NaSO_3CF_3$，而溶剂主要有碳酸丙烯酯（PC）、碳酸乙烯酯（EC）、碳酸二甲酯（DMC）和碳酸二乙酯（DEC）等。

在添加剂方面，少量的添加剂可以起到成膜、阻燃、过充保护的效果。因此可以用于弥补溶剂或钠盐存在的缺点。

通常，电解液中含有大量高可燃性的有机溶剂是一种安全隐患。除了添加阻燃添加剂以外，还有一类新型电解液体系，包括水性电解液、高盐浓度电解液以及离子液体电解液等。水性电解液的成本相对较低，但电化学窗口较低，溶质通常为 Na_2SO_4，溶剂为 H_2O。高盐浓度电解液的成膜性更好，离子液体电解液电化学窗口较宽，但它们的成本较高。

因此对于电解液的选择，通常会考虑到以下特点：a. 离子电导率高；b. 电化学稳定性好；c. 热稳定性好；d. 成本低，环境友好。

6.1.4.1 电解质盐

电解质钠盐分为无机钠盐和有机钠盐。其中，高氯酸钠（$NaClO_4$）是最常用的一类无机钠盐。它溶解后电导率比较高，具有低成本和抗氧化能力强的优势。同时，与碳基负极有着不错的兼容性。但是 Cl 在其中是最高氧化态，具有极强的氧化性，因此存在安全隐患。六氟砷酸钠（$NaAsF_6$）的电化学稳定性高，但是 As 元素被还原后会生成剧毒物质，因此难以应用于实际生活中。$NaPF_6$ 可溶解于醚、腈、醇等，随着极性的增加，其溶解度增加，电导率也随之增加，但是其高温下易分解以及极差的热稳定会影响电池的整体性能。

$NaSO_3CF_3$ 是一类有机钠盐，它与 $NaPF_6$ 的电化学性能相近，但是由于 $NaSO_3CF_3$ 在有机溶剂中容易形成离子对，阻碍了钠离子的传输。双氟代磺酰基亚胺钠（NaFSI）和双三氟甲基磺酰亚胺钠（NaTFSI）是另一类常用的氟磺酰亚胺类钠盐。NaFSI 的电化学窗口较窄，在约 3.8V 就开始腐蚀铝箔。而 NaTFSI 由于具有更高的电导率和热稳定性特性，在电解液中应用和研究范围更广。

6.1.4.2 有机溶剂

钠离子电池非水系溶剂主要分为碳酸酯类和醚类溶剂。

（1）碳酸酯类

碳酸酯类溶剂主要有环状碳酸酯和链状碳酸酯。而在环状碳酸酯中，EC 和 PC 最为常见，它们都具有较高的介电常数。除此之外，PC 还具有一定的吸湿性。链状碳酸酯主要有 DMC、DEC 和 EMC。由于链状碳酸酯相比于环状碳酸酯有更低的黏度，一般情况下两种类型的碳酸酯可以混合使用来增加离子电导率。Ponrouch 等[42]研究了不同的钠盐（$NaClO_4$、$NaPF_6$ 和 NaTFSA）、溶剂（PC、EC、DMC、DME、DEC 和 THF）和混合溶剂（EC/DMC、EC/DME、EC/PC）的电化学性能，结果表明 $NaClO_4$ 溶解在环状碳酸酯 EC 和 PC 下有着最佳的循环性能。

（2）醚类

醚类溶剂也可分为环状醚和链状醚。环状醚主要包括四氢呋喃（THF）和 1,3-二氧杂环戊烷（DOL），它们都具有提高电解液电导率和增强钠盐溶解度的能力。链状醚主要有乙二醇二甲醚（DME）、二乙二醇二甲醚（DEGDME）和四乙二醇二甲醚（TEGDME）。Kim 等[43]研究了不同钠盐、溶剂（DME、DEGDME 和 TEGDME）在石墨负极的储钠机理，结果表明电解质溶剂种类对嵌钠电位和倍率性能起着重要作用，增加电解液中 DME 的分子量可以提高石墨的嵌钠能力，但降低了材料的倍率性能；而选择 $NaPF_6$ 和 DEGDME 分别作为溶质和溶剂，以 $Na_{1.5}VPO_{4.8}F_{0.7}$ 正极和石墨负极组装的全电池可以实现 120W·h/kg 的能量密度。

6.1.4.3 添加剂

添加剂一般指在电解液中含量较少（少于 5%）的组分，在不改变生产工艺的条件下，明显提升电池的某一方面的性能。根据功能的不同，添加剂又可以分为阻燃剂、过充保护添加剂和成膜添加剂等。

（1）阻燃添加剂

阻燃添加剂可以降低电解液的可燃性。在添加剂中有机磷系阻燃剂研究最多，它包括甲基膦酸二甲酯（DMMP）、三(2,2,2-三氟乙基)亚磷酸盐（TFEP）、乙氧基（五氟）环三磷腈（EFPN）等。它们在常温下以液态存在，且能与有机溶剂互溶。在 $NaPF_6$ 的 EC+DEC 电解液中添加 5%的 EFPN 可以变成不可燃的电解液，同时改善了 $Na_{0.44}MnO_2$ 正极和乙炔黑负极组装电池的循环稳定性[44]。

(2) 过充保护添加剂

过充保护添加剂可以防止电池在过充的情况下发生爆炸、起火等。联苯（BP）是一种目前被报道的过充保护添加剂，BP 可以在 4.3V 下发生电化学聚合，这种电化学聚合保护机制可以耐受 800%的过充量，有效保护电池安全[45]。

(3) 成膜添加剂

成膜添加剂则是用于增强 SEI 膜和 CEI 膜的稳定性。氟代碳酸乙烯酯（FEC）是一种具有代表性的添加剂。由于其卤素原子的吸电子效应，提高了中心原子的得电子能力，较高电势下能够在负极形成稳定的 SEI 膜，如 Komaba 等[46]研究发现在 1 mol/L $NaClO_4$ 的 PC 电解液中添加 2 vol % FEC 可以有效改善硬碳负极表面成膜和循环稳定性。而无 FEC 添加剂的电极材料表面存在 PC 分解的可溶性产物，引发不可逆的副反应，从而缩短了整体体系的循环寿命。

6.1.4.4 新型电解液体系

在钠离子电池电解液的研究中，有机溶剂的界面稳定性和安全性问题一直难以得到解决，因此以水为溶剂的水系电解液，提升电解质浓度的高盐浓度电解液以及可流动阴、阳离子组成的离子液体电解液逐渐发展起来。

(1) 水系电解液

水是一种低成本、安全性好，绿色环保的溶剂，使得水性钠离子电池极具吸引力。然而水系电解液的电压窗口较窄，在正电势下会析氧，在负电势下会析氢，严重影响其发展。Whitacre 等[47]首次报道了以 λ-MnO_2 为阴极，活性炭为阳极，1M Na_2SO_4 为水性电解质组成的 2.4kW·h 的水系钠离子电池，此后水性电解液逐渐应用于各类材料中。

(2) 高盐浓度电解液

高盐浓度电解液是指电解液中电解质盐浓度高于 2 mol/L，溶液黏度增加但离子电导率明显降低的一个体系，最早由胡勇胜等提出[48]。胡勇胜等[49]通过增加盐浓度报道了“盐包水” $NaSO_3CF_3$ 电解质，应用于 $Na_{0.66}[Mn_{0.66}Ti_{0.34}]O_2$ 正极和 $NaTi_2(PO_4)_3$ 负极组成的钠离子电池，电压窗口由原来的 1.23V 提高到 2.5V 并实现 31W·h/kg 的能量密度。通过提高电解质盐浓度，溶液中缺乏与 Na^+ 形成溶剂化壳层的水分子，使得 $SO_3CF_3^-$ 与 Na^+ 的距离缩短，从而提高阴离子的还原电势。而负极表面在电解液析氢前就形成了良好的 SEI 膜，因此可以达到拓宽电解液电化学窗口的效果。

(3) 离子液体电解液

离子液体是由阴阳离子组成的流体，由于不存在溶剂分子，因此作为电解质其本身就具有一定的电导率，此外还具有不可燃、较宽的工作温度区间和电化学窗口以及更好的热力学稳定性等特点。尽管离子液体电解液的高温性质好，但由于离子间强的相互作用力，增大了电解液的黏度，进而降低离子电导率。

离子液体电解液的通式可以写成：钠盐/阳离子 [WCA]。其中，钠盐为溶于离子液体的钠盐；阳离子表示烷基甲基咪唑鎓（alkylmethylpyrrolidinium）、烷基甲基吡咯烷鎓

(alkylmethylpyrrolidinium) 等阳离子基团；WCA (weakly coordinaating anions) 表示 $[FSI]^-$、$[TFSI]^-$、$[PF_6]^-$ 等阴离子基团。在2010年，Plashnitsa 等[50]报道了将1-乙基-3-甲基咪唑鎓四氟硼酸盐 ($EMIMBF_4$) $NaBF_4$ 应用于 $Na_3V_2(PO_4)_3$ 作为阴阳极的全电池中有良好的热稳定性。此后通过改变钠盐和阴阳离子，获得热稳定性更好、更高离子电导率的研究逐步开展起来。而 Ding 等[51]首次报道了将不同摩尔比 NaFSA-C_1C_3pyrFSA 应用于钠离子电池具有106mA·h/g的可逆比容量，随着Na盐浓度的增加，电解液的离子电导率反而降低，在摩尔比为2∶8的NaFSA-C_1C_3pyrFSA的黏度和离子电导率分别为16.7 cP和15.6 mS/cm。

6.2 铝离子电池

金属铝元素在地壳中含量位列各种金属元素首位，以铝金属为负极的锂离子电池储能体系具有较高的理论体积比容量 ($8046mA·h/cm^3$)、理论质量比容量 (2980mA·h/g)。而且铝金属资源丰富、成本低、安全性高、环境友好，这些优点决定了铝离子电池在储能电池领域中具有广阔的应用前景。

6.2.1 铝离子电池发展历史及原理

6.2.1.1 铝离子电池发展历史

铝在储能体系的应用可追溯到1855年，铝金属首次被用作 Zn (Hg) /H_2SO_4/Al 电池体系的阴极。1857年，铝金属首次被用作 Al/HNO_3/C 电池体系的阳极。20世纪50年代，Leclanche型干电池 (Al/MnO_2) 铝一次电池被研制出来。1972年，Holleck[52]使用 NaCl-KCl-$AlCl_3$ 熔盐作为电解质实现了 Al/Cl_2 电池的可逆反应，但由于电解质需要较高的温度，因此该电池难以实用化。1984年，室温离子液体成功在铝离子电池中得到使用，解决了铝金属表面氧化层问题并成功实现铝的沉积和溶解。2011年，Jayaprakash 等[53]使用 $AlCl_3$/氯化1-甲基-3-乙基咪唑($AlCl_3$/[EMIM]Cl) 离子液体作为电解液，V_2O_5 作为电池正极，铝箔作为电池负极组装了可实现20圈的铝离子二次电池。2015年 Lin 等[54]以热解石墨和气相沉积制备的石墨烯等作为正极，在 $AlCl_3$/[EMIM]Cl 电解液体系中实现了铝-石墨电池的稳定，代表了铝离子电池领域的一个重大突破。近年来，电池能量密度、循环稳定性得到很大提高。

6.2.1.2 铝离子电池反应机理

铝离子电池常用咪唑基氯铝酸盐离子液体作为电解液，Al^{3+} 的三电子氧化还原特性赋予铝离子电池非常高的理论容量。但是，正极材料是影响铝离子电池放电比容量的主要因素，不同的正极材料的储能机理也不相同，主要分为插层反应、转化反应两类。

(1) 插层反应

常规的咪唑基氯铝酸盐离子液体电解液体系中发生插层反应，由于 Al^{3+} 与 Cl^- 之间强库伦作用力以及 Al^{3+} 极高的表面电荷密度，在氯铝酸盐离子液体电解液中 Al (Ⅲ) 不以游

离 Al^{3+} 形式存在，而是以 $AlCl_4^-$ 的形式存在。以石墨为正极时，通过 $AlCl_4^-$ 插入其层间来实现储能，反应机理如下。

正极反应：

$$C_n[AlCl_4^-]+e^- \leftrightarrow C_n+AlCl_4^- \tag{6-7}$$

负极反应：

$$Al+7AlCl_4^- \leftrightarrow 4Al_2Cl_7^- +3e^- \tag{6-8}$$

式中，n 为碳原子与正极中插入的阴离子的摩尔比。

放电过程中，负极侧金属 Al 失去三个电子，与 $AlCl_4^-$ 反应生成 $Al_2Cl_7^-$；$AlCl_4^-$ 在正极主体材料层中脱出，主体材料被还原。在充电过程中，则发生相反的反应。所以，铝离子电池插层反应中 $AlCl_4^-$ 的嵌入/脱出效率会导致电池容量和其他特性产生差异。

正极材料中嵌入活性离子为 Al^{3+} 时，需要先破坏 $AlCl_4^-$ 的四个 Al—Cl 极性键产生孤立 Al^{3+}。但由于石墨材料的非极性层不会与极性 Al—Cl 键作用使其断裂，所以，要想实现 Al^{3+} 嵌入，电池正极材料必须是具有极性键的材料，如过渡金属氧化物或者硫化物。Al^{3+} 插层反应机理如下。

正极反应：

$$M+4nAl_2Cl_7^- +3ne^- \leftrightarrow Al_nM+7nAlCl_4^- \tag{6-9}$$

式 6-9 中，M 代表正极材料。

负极反应：

$$Al+7AlCl_4^- \leftrightarrow 4Al_2Cl_7^- +3e^- \tag{6-10}$$

Al^{3+} 插层电极的负极反应与 $AlCl_4^-$ 阴离子插层的负极反应相似，都是在放电过程中，Al 与 $AlCl_4^-$ 络合阴离子反应可逆生成 $Al_2Cl_7^-$ 阴离子；在正极侧，Al^{3+} 阳离子自由地插入正极中形成新的铝化物。在充电过程中，发生相反的反应。

（2）转化反应

转化反应机制可能涉及一种或多种化合价之间的可逆转化，铝离子电池的转化机制如下：

$$mnAl^{3+} +m_nx_m +3mne^- \leftrightarrow ma_nx +nm^0 \tag{6-11}$$

式中，m 为过渡金属阳离子（$m=Fe^{3+}$、Cu^{2+}、V^{3+} 和 Ni^{2+} 等）；x 为部分阴离子（$x=Cl^-$、S^{2-} 等）；m^0 为形成的过渡金属。

尽管转化型反应材料涉及多电子氧化还原反应，可为铝离子电池提供较高理论比容量，但由于正极材料固有的低电导率以及反应过程中产生的体积膨胀，导致过渡金属氧化物和硫化物在发生转化反应过程中受阻，严重影响电池的电化学性能，特别是循环稳定性能。

6.2.2 铝离子电池正极材料

由于铝离子电池充放电过程中，嵌入和脱嵌的离子过大导致正极材料结构分解和体积膨胀，导致目前正极材料电化学性能较差，限制了高密度铝离子电池的实用性和商业化。现在常用的正极材料包括碳基材料、过渡金属氧化物、过渡金属硫化物、过渡金属硒化物、硫等。

(1) 碳基材料

常用正极碳材料包括碳纳米管、石墨烯、富勒烯等，具有成本低、稳定性好、导电率高等特点，是理想的电极材料，其中石墨已广泛用于锂离子电池负极材料。使用碳材料与离子液体电解液的铝离子电池相关研究工作也接连被报道，主要通过调节碳材料的各种性质以提高电池比容量及倍率性能[55]。

目前，提高碳基材料铝离子电池比容量常用的方法包括提高碳材料的比表面积、掺杂非金属元素、降低石墨材料的插层阶数等。高比表面积、高电导率下，非法拉第反应过程起到了非常大的作用，可有效提高电池比容量。采用高比表面积结构是提高碳材料的铝离子电池性能的重要策略之一。高比表面积碳材料使得铝离子电池电化学曲线放电平台不明显，这表明电容贡献了部分比容量，这也是提高正极材料表面积可有效提高电池比容量的原因。除此之外，碳材料非金属元素掺杂也是一种提高比容量的有效办法。

对于碳基材料倍率性能的提高，常用的方法有使用三维结构的石墨材料、降低石墨材料的缺陷、提高石墨材料的层间距等。具有垂直通道的三维正极材料更有利于 $AlCl_4^-$ 的快速嵌入和脱出。

(2) 过渡金属氧化物

过渡金属氧化物具有较高初始比容量，但是可使用的过渡金属氧化物种类比较少，主要以钒氧化物为主。首圈放电时，Al^{3+} 嵌入正交晶系的 V_2O_5 中使其晶格遭到破坏，并在表面形成一层无定型的 $Al_xV_2O_5$，当 Al^{3+} 在脱嵌时无定型化合物依然保留。正是因为这个不可逆过程，在充放电过程中 V_2O_5 的容量会逐渐衰减。除了 V_2O_5 之外，其他氧化物，包括 TiO_2、CuO、Co_3O_4、SnO_2 和 WO_3 也可以作为铝离子电池正极材料。

(3) 过渡金属硫、硒化物

与氧化物相比，由于 Al^{3+} 具有很强的静电作用。Al—S 键存在下，Al^{3+} 的可逆性比 Al—O 键更好。从已报道的使用硫化物材料的铝离子电池工作来看，虽然都具有较高的首圈比容量，但衰减依然比较快。因此，大部分的硫化物都可以与碳材料进行复合，提高正极材料的离子和电子传输速率，同时也能缓解硫化物在反应过程中溶解到电解液中的问题，从而改善其循环稳定性。

金属硒化物材料也是常见的铝离子电池正极材料，相对于硫化物其主要优势是放电平台比较高。有序的大孔碳框架可以提供规律连通的大孔通道，这不仅可以有效提高 Al^{3+} 这种较大尺寸的团簇离子的扩散，也可提高材料与电解液的接触面积，从而暴露出较多的活性位点。这些特性都能够提高材料的电化学性能。

(4) 硫正极材料

与锂硫电池类似，硫单质也可以作为铝离子电池的电极材料，其理论比容量高达 1672mA·h/g，并且成本低，是一种非常具有应用前景的铝离子电池正极材料[56]。使用溴化 1-甲基-3-乙基咪唑 [EMIM]Br 替代 [EMIM]Cl，与 $AlCl_3$ 形成离子液体作为铝-硫电池电解液时，电解液中存在 $Al_2Cl_6Br^-$，$Al_2Cl_6Br^-$ 比 $Al_2Cl_7^-$ 的解离活化能更低，可以改善电解液的动力学。虽然，铝-硫电池比容量大多都能够达到 1200mA·h/g 以上，但其稳定性都比较差，大多只能循环几十圈。而且，所用到的电解液基本都是咪唑盐类离子液体，成本较高。

6.2.3 铝离子电池负极材料

目前，大部分铝离子电池的工作都集中在正极材料的研究上，而金属铝负极的研究却比较少。但金属铝负极对铝离子电池性能起到了至关重要的作用，在充放电电位平台，循环稳定性等方面都有较大的影响。在锂离子电池中，锂枝晶的存在是一个关键问题，但对于铝负极是否会产生铝枝晶，目前科学界还没有明确的答案。

使用抛光后的铝作为铝-石墨电池的负极，在循环后可明显看到有枝晶的存在，通过元素能谱分布测试可得到枝晶的主要元素为 Al、Cl、O 和 C，普通铝组装的电池的比容量在 15 000 圈之后逐渐变小直到电池损坏。然而，使用未经过抛光的铝片作为负极的铝-石墨电池可循环 40 000 圈以上，未经过抛光的铝片中间形成了三明治结构，铝表面的氧化层抑制了铝枝晶的生长，使得电池能够继续工作。然而，使用电化学抛光的方法，可在金属铝表面形成超薄的氧化膜。电池循环初期，电池具有较一致的容量，而未经处理的铝负极组装的电池前几圈的比容量较低，在后面的循环中才逐渐增大至与电化学抛光铝组装的电池相当的比容量[57]。这是由于未处理的铝片表面较厚的氧化膜在离子液体的腐蚀下，具有活性的金属铝的面积逐渐增大，从而使比容量变大。而电化学抛光的铝片由于具有更薄的氧化层，暴露出更多的铝，其初始比容量就比较高。在测试电池前先将铝片在离子液体中进行浸泡处理，铝片表面的氧化层被破坏并形成一层 SEI 膜保护了铝负极使其拥有更好的循环稳定性。对比不锈钢、石墨与普通铝片为铝离子电池的负极集流体，发现碳基材料作为负极集流体是最优的选择。并且，具有三维结构的基底最适合作为铝离子电池的负极或负极集流体。

6.2.4 铝离子电池电解液体系

铝离子电池电解液主要以 $AlCl_3$ 与咪唑盐形成离子液体为主，在该类离子液体中，铝以 $AlCl_4^-$ 和 $Al_2Cl_7^-$ 的形式存在。当 $AlCl_3$ 与咪唑盐的摩尔比超过 1 时，离子液体主要呈现路易斯酸性，这有利于消除铝负极表面氧化铝层，实现铝的沉积与溶解。然而，该类离子液体目前还存在三大问题，一是成本比高不利于铝离子电池规模化应用；二是正极材料反应动力学较差；三是离子液体对氧气与水较为敏感，对不锈钢器件产生腐蚀。

(1) 低成本铝离子电池电解液

室温下，尿素（urea）可与 $AlCl_3$ 形成共晶盐溶液。与咪唑盐相比，尿素的成本更低，对人体和环境的影响更小。使用 $AlCl_3$ 与尿素物质的量比为 1.3∶1.0 的室温共晶盐溶液作为铝—石墨电池的电解液，电池的氧化峰主要在 1.60～1.90V 和 1.99～2.14V 之间，而还原峰在 1.60～1.30V 和 1.97～1.77V 之间，在 50、100、200mA/g 电流密度下电池约有 75、73、64mA·h/g 的比容量。在前 10 圈循环中，库伦效率只有 90%，而在后续的循环中库伦效率逐渐提高到 99.7%以上，说明了该电解液运用于铝离子电池具有较好的可逆性，该电解液中主要存在 $AlCl_4^-$ 和 $[AlCl_2\cdot(urea)_n]^+$[58]。该电解液成本非常低，是一种具有实用价值的铝离子电池电解液。

虽然，使用尿素与 $AlCl_3$ 形成的共晶盐电解液组装的铝离子电池具有不错的比容量，但其倍率性能相对较差，这主要是因为其离子导电率较差。三乙胺盐酸盐与 $AlCl_3$ 形成的离子液体也是一种低成本铝离子电池电解液[59]，这种电解液的离子电导率比 $AlCl_3$/尿素共晶盐溶液高，并且其成本也比咪唑盐类离子液体的成本低。在 5.0A/g 的电流密度下该电池具有 112mA·h/g 的比容量，库伦效率达到 98%，3000 圈后依然保留 84%的比容量。这表明三乙胺盐酸盐与 $AlCl_3$ 形成的离子液体可以作为低成本的铝离子电池电解液。该类电解液中主要存在有 $[Et_3NH]^+$、$AlCl_4^-$、$Al_2Cl_7^-$ 等离子，使用该电解液的铝－石墨电池的电化学反应机理与离子液体的类似，主要涉及 $AlCl_4^-$ 的嵌入脱出反应。

(2) 离子液体中卤素元素的替换

在离子液体体系的电解液中，Al^{3+} 与 Cl^- 容易形成团簇离子，这说明了阴离子的种类对离子液体的电化学性能具有很大的影响。而使用其他阴离子对 Cl^- 进行取代也是一种有效的电解液改性方法。使用三氟甲磺酸根离子取代 Cl^-，即采用 1-丁基-3-甲基咪唑的三氟甲磺酸盐（[BMIM]OTF）与三氟甲磺酸铝 [Al（OTF）$_3$]形成的离子液体作为铝离子电池的电解液。该类电解液具有非常高的电化学反应窗口，在 3.25V（vs. Al^{3+}/Al）依然不会分解，并且该电解液并不会腐蚀金属器件[60]。但该电解液组装的铝离子电池测试之前需要先用 $AlCl_3$/[BMIM]Cl 离子液体对金属铝负极进行处理，将铝负极表面的 Al_2O_3 薄膜除去，并暴露出新鲜的铝。此外，人们也对其他卤素元素进行了研究，如 Br^- 取代 Cl^-。

(3) 无机熔盐电解液

相比于离子液体，无机熔盐电解液的主要优势是原料为无机金属氯化物，成本低，安全性高，稳定性好。但是单一组分的熔盐熔点非常高，而二元或者三元熔盐可大幅度降低熔点温度，尤其是三元的熔盐电解液，其熔点只有 100℃左右。常用无机熔盐电解液包括 $AlCl_3$-KCl-NaCl、$NaAlCl_4$ 熔盐电解液、$AlCl_3$-NaCl 熔盐电解液、$AlCl_3$-NaCl-KCl 三元熔盐电解液、$AlCl_3$-NaCl-KCl 熔盐电解液、$AlCl_3$-LiCl-KCl 熔盐体系等。

(4) 水系电解液

鉴于早期的水系铝离子电池大多数是基于三电极体系的，主要用于研究水系铝离子电池的电化学反应机理，并不具备实用性。$AlCl_3$/[EMIM]Cl 离子液体处理过的铝金属作为负极，二氧化锰作为正极，三氟甲磺酸水溶液作为电解液组装了水系铝离子电池，处理过的铝片表面非常平整，截面表面可以看出铝表面生成了一层含有 Al、Cl 和 N 元素的 SEI 膜[61]。由于这层 SEI 膜的存在，铝负极在三氟甲磺酸铝溶液的双铝极化曲线比未处理的铝片的极化要小得多。该类水系铝离子电池的放电平台都较可观，在 1.2～1.5V，放电比容量都在 350mA·h/g 以上，具有优异的电化学性能。但其缺点也非常明显，该类电池的循环性能较差，还有待改善。同时对于水系铝离子电池中的铝负极可逆沉积溶解反应效率需要进一步开展深入研究。

6.2.5 铝离子电池应用进展及挑战

虽然，铝离子电池具有较高的理论比容量，但研究还处于初期阶段。目前，大多数研究都集中在正极反应，特别是针对碳基材料及过渡金属硫化物。虽然，正极材料的比容量及循环稳定性已有所突破，但依然无法满足商业化的需求。这要求该电池体系同时具有较高的工作电压、比容量和较好的循环性能。为了实现这些目标，仍然需要寻找新型的电池材料或者对已有的材料进行各种改性修饰。储能器件不仅需要具有优异的电化学性能，而且在安全性以及成本方面也需要进行考虑，常用的咪唑类离子液体并不能满足这一要求，因此开发低成本、环境友好的电解液是铝离子电池的一个重要研究方向。直接使用金属铝作为铝离子电池负极是最佳的选择，但铝负极仍然需要进一步地优化，例如表界面的修饰以及体相多孔化等。总之，铝离子电池依然具有很大的发展空间，这需要对电池的各个部分进行优化才能够使其可以与锂离子电池竞争。

6.3 锌离子电池

6.3.1 简介

锌离子电池（zinc-ion battery，ZIB）是一种水系二次电池系统，可以在空气中装配。金属锌（Zn）在地壳中储量丰富，是地壳中含量仅次于铜的金属元素，锌单质在空气环境和水中具有很好的稳定性并且它的电阻率仅为～5.9μΩ·cm[62]。锌原子在氧化还原反应中失去两个电子，比锂离子、钠离子等在其二次电池体系中的单电子反应能携带更多的电荷，从而能比其他电池体系获得更高的电池功率密度和能量密度[62,63]。此外，锌离子电池具有可以大电流充放电、能量密度高、功率密度高等一系列优点，有望在汽车的动力电池和大型储能中应用。金属 Zn 作为锌离子电池的负极，具有低氧化还原电位（相对于标准氢电极为－0.76V），锌离子电解液中的 Zn^{2+} 在负极上反复地沉积与溶解产生电荷的转移（理论比容量高达 820mA·h/g）。金属锌作为锌-锰、锌-银和锌-空气电池的负极材料已经投入商用，其中碱性的锌-锰干电池（一次电池）在电池市场中占据着主导地位[63]。但是，一次电池对环境造成巨大的损失，近年来，研究学者们在碱性锌-锰干电池的基础上进一步研发可充的二次锌锰电池。需要注意的是，与锂金属电池类似，锌离子二次电池中的锌金属负极同样极易在充放电过程中形成锌枝晶或者钝化层，导致锌离子二次电池容量衰减和循环不稳定等问题[64,65]。

6.3.1.1 锌离子电池的原理

近年来，锌离子电池作为高安全性，环境友好，高性能的新型水系二次电池体系被研究学者认为是替代锂离子电池的最佳选择，具有很大的发展和应用潜力。Xu 等[66]提出了一种在 α-MnO_2 的隧道结构中的多价态离子存储理论，在一种新型二次电池——锌离子电池中，电解液中的 Zn^{2+} 作为能量存储介质，在锌离子电池正极材料 α-MnO_2 隧道结构中可逆地嵌入/脱出，在锌箔负极上进行可逆的溶解/沉积的电化学反应来储存和释放能量。图 6-11 是锌离子电池的结构原理图和正负极循环伏安图。锌离子电池的正极为二氧化锰，负极是金属锌箔，电解液是一种几乎中性的含有 Zn^{2+} 的水溶液。锌离子电池在工作时，其负极和正极上分别发生了如下反应：在负极上，金属 Zn 溶液中 Zn^{2+} 通过电化学反应在锌箔上可逆地溶解和沉积，同时，在正极上，溶液中 Zn^{2+} 也可以可逆地在 MnO_2 的隧道结构中嵌入和脱出。

锌离子电池在充放电的过程中发生的反应可以用下面的化学反应方程式来描述。

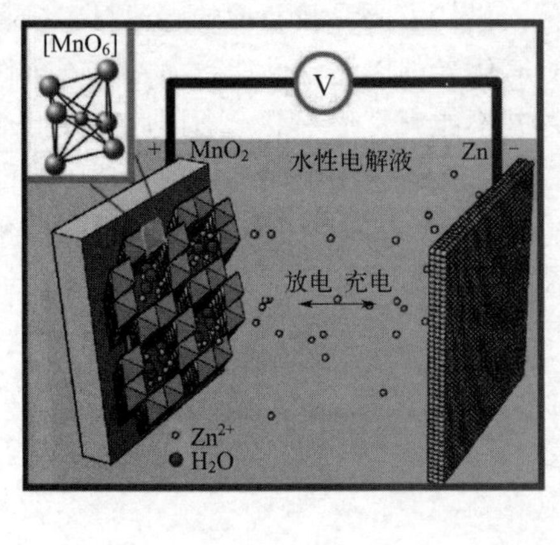

(a)

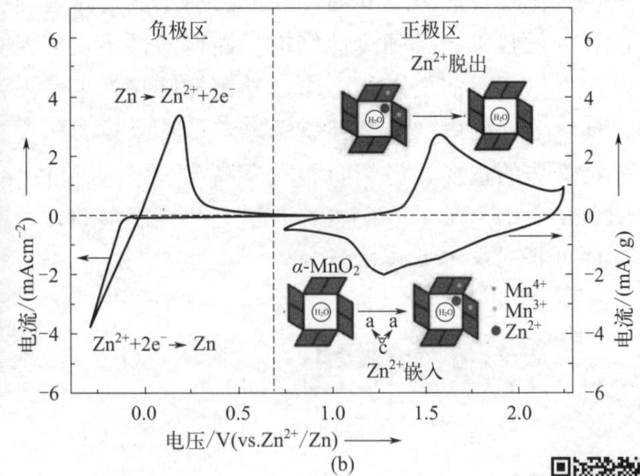

(b)

图 6-11　锌离子电池

(a) 锌离子电池化学原理；(b) 在 $ZnSO_4$ 中正负极的循环伏安曲线[66]

负极发生的反应如式（6-12）所示：

$$Zn \rightleftharpoons Zn^{2+} + 2e^- \tag{6-12}$$

正极发生的反应如式（6-13）所示：

$$2MnO_2 + Zn^{2+} + 2e^- \rightleftharpoons ZnMn_2O_4 \tag{6-13}$$

电池发生的总反应可以用式（6-14）来表示：

$$2Zn + 2MnO_2 \rightleftharpoons ZnMn_2O_4 \tag{6-14}$$

通过反应式得知，锌离子电池通过 Zn^{2+} 在正极材料的嵌入和脱出和在锌负极上的溶解和沉积来储存和释放能量。

6.3.1.2　锌离子电池的特点

目前，研究比较透彻的储能器件主要有电池和超级电容器。电池中的锂离子电池因其能量密度大、循环性能优越、平均输出电压高、可实现快速充放电等优势而成为现代高性能电池的代表，但是由于受正极材料和电解液的限制，锂离子电池的容量会慢慢衰退和不耐受过充/放导致其性能不稳定。而超级电容器能突破锂离子电池储电的瓶颈问题，它具有较高的比功率、快速存储/释放能量、较宽的工作温度范围等优点，但它的劣势在于能量密度较低，难以存储较大的容量。相比之下，锌离子电池因具有较高的比容量，所以可以在不同倍率下实现正常的充放电[66]，如图 6-12 所示的锌离子电池在不同的电流密度下的性能测试结果，发现在低倍率（0.5 C）下，锌离子电池的可逆容量高达 210mA・h/g，同时在超大倍率下（126 C），它可以瞬间完成充电和放电使其可逆容量

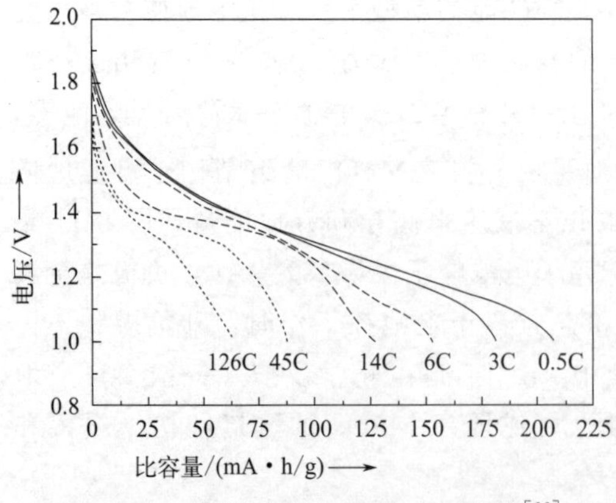

图 6-12　不同倍率的比容量-电压曲线[66]

变为 68mA·h/g（27s 内）。此外锌离子电池在具备安全环保的同时还具有较高的能量密度和功率密度，在极端条件下其能量密度高达 320W·h/kg，其功率密度同样高达 12kW/kg[67]。

此外，锌离子电池还具有很多锂离子电池无可比拟的优点，如其制备工艺简单易操作，处理成本低，在自然环境中就能进行装配，没有爆炸或着火的危险。同时锌离子电池的正负极材料（二氧化锰和金属锌）都具有丰富的储量、安全、环境友好、无毒无害、成本低等优点，因此锌离子被认为是替代安全系数低、易爆炸的锂离子电池最有希望的候选材料之一。

6.3.2 锌离子电池正极材料

在致力于开发商业化应用的水系锌离子电池中，正极材料的选择始终是一大难点问题，正极材料必须满足在 Zn^{2+} 储存过程中可以为其提供尽可能高的容量和结构稳定性[68]。当前最有应用价值的正极材料如下：锰基和钒基材料以及普鲁士蓝类似物等，这些正极材料的电压与比容量关系如图 6-13 所示。

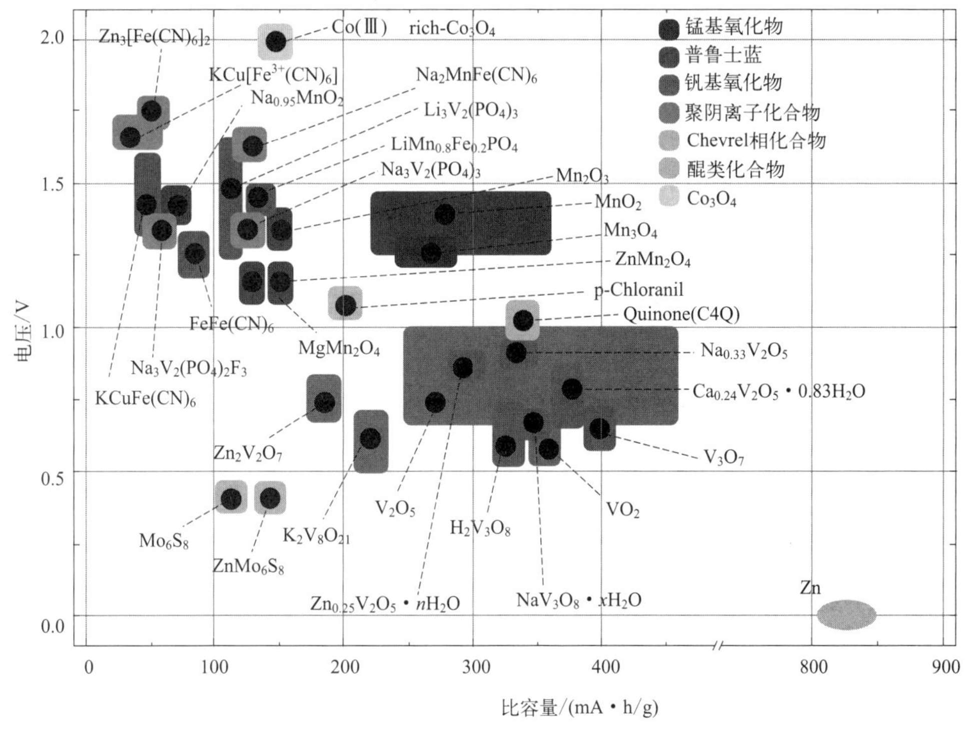

图 6-13　水系锌离子电池各种正极材料工作电压与比容量关系[68]

（1）锰基材料

锰基氧化物因资源丰富，无毒环保，生产成本低以及离子价态多样性的优势，已经成为 21 世纪最具发展价值的能量储存材料。通常，具有不同晶体结构的锰基氧化物（如 MnO_2、Mn_2O_3、Mn_3O_4、$ZnMn_2O_4$ 等）已经广泛应用于水系锌离子的正极材料。

锰（Mn）由三种氧化态（即+2、+3 和+4）组成，丰富的价态使其成为 ZIBs 的正极材料。在+4 的最高氧化态下，MnO_2 形成不同的多晶型物，并具有各自的晶体结构。

MnO_2 可以大致分为隧道和多层晶型物。根据隧道结构多晶型物的横截面，MnO_2 可以分为 2×2 隧道的 α-MnO_2、1×1 隧道的 β-MnO_2、1×2 隧道的 R-MnO_2、1×1 和 1×2 隧道的 γ-MnO_2、2×3 隧道的 Romanechite-MnO_2 和 3×3 隧道的 Todorokite-MnO_2。另一方面，对于层状 MnO_2 多晶型物，仅存在 δ-MnO_2。其他 Mn 基材料如 Mn_2O_3 和 MnO，其 Mn 氧化态分别为 +3 价和 +2 价，而 Mn_3O_4 具有 +3 价和 +2 价的混合 Mn 氧化态。八面体 MnO_6 是所有 MnO_2 多晶型物的基本构建单元。所有隧道结构的多晶型物之间的差异均沿垂直于其横截面平面的方向。它只能是边缘共享的单链、双链和三链，也可以是这三种链的组合。β-MnO_2 仅包含单链；R-MnO_2 包含双链，其中一条双链的长度平行于另一条双链的长度；γ-MnO_2 是单链和双链的组合；α-MnO_2 包含一条双链，一条双链的长度垂直于另一条双链的长度；Romanechite-MnO_2 是双链和三链的组合；最后，Todorokite-MnO_2 仅包含三链。对于唯一的层结构多晶型物 δ-MnO_2，它仅包含 MnO_6 单元的边缘共享[69]。

目前 ZIBs 的正极材料 MnO_2 多晶型物受到高度重视并得到了广泛研究，几乎所有类型的 MnO_2 多晶型物已被研究。此外，在提高 ZIBs 的电化学性能方面，已经探索了诸如离子或聚合物插入（M_xMnO_2）形式的 δ-MnO_2、有缺陷的 MnO_2 和 MnO_2 纳米复合材料的策略。其他锰氧化物 Mn_3O_4、Mn_2O_3 和 MnO 也是可行的 ZIBs 的正极材料。

(2) 钒基材料

如今，基于钒氧化物的 ZIBs 正极材料也引起了人们极大的兴趣，因为它们比 MnO_2 正极材料具有更高的稳定性和更大的结构多样性。与采用 MnO_6 八面体配位的 MnO_2 基结构相反，根据钒的氧化态，钒氧化物可以呈现不同的 V-O 配位（四面体、三棱锥、方锥、扭曲和规则八面体）。V-O 配位的多样性允许构建不同的钒氧化物骨架，这样为可逆的 Zn^{2+} 嵌入/脱嵌反应提供了便利[70]。

最简单的氧化钒 V_2O_5[71] 由于其层状结构而成为潜在的 Zn^{2+} 存储候选材料，引起了人们的特别关注。分层的 V_2O_5 结构由于具有较大的层间间距而能够插入较大的多价金属离子，其在 ZIBs 中已经有了大量研究。此外，如 $Zn_3V_2O_7(OH)_2 \cdot 2H_2O$、$Ca_{0.25}V_2O_5 \cdot nH_2O$、$Na_2V_6O_{16} \cdot 1.63H_2O$、$K_2V_8O_{21}$ 和 $Li_xV_2O_5 \cdot nH_2O$ 等钒酸盐也被认为是 ZIBs 的正极材料。

(3) 普鲁士蓝类似物

普鲁士蓝类似物（PBA）具有大的开放框架结构，通式为 $A_xM[M'(CN)_6]_y \cdot nH_2O$（$A$=金属离子；$M$=Fe、Ni、Mn、V、Mo、Cu、Co；$M'$=Fe、Co、Cr、Ru）。它们属于具有面心立方结构的 $Fm\bar{3}m$ 空间群，两个金属离子（M 和 M'）通过氰化物（CN）配体连接在一起。由于无毒、便宜、易于合成和开放框架结构的特性，PBA 也已被证明是单价金属离子电池（Li^+、Na^+ 和 K^+）的良好电极材料[72-74] 和多价金属离子电池（Mg^{2+}、Al^{3+} 和 Zn^{2+}）的良好电极材料[75,76]。目前，由于锌的高容量和储量丰富的优点，PBA 作为 ZIBs 的正极材料已引起了极大的关注。由于正极材料在允许 Zn^{2+} 可逆地插入水性电解质中存在局限性，因此大大阻碍了水性 ZIBs 的发展。

(4) 其他正极材料

金属硫化物材料也可被用作 ZIBs 的正极材料。层状金属二硫化物，如 VS_2[77] 和

MoS_2[78]，作为能量存储和转换的电极材料引起了极大的关注。在这些材料中，通过弱范德华力结合的独特分层结构促进了各种电荷载流子的质量传输，并且还可以适应离子嵌入过程中的体积变化。Chevrel 相 $M_xMo_6T_8$（M＝金属，T＝S、Se 或 Te）由于具有独特的晶体结构也是 ZIBs 很有前途的正极材料[79]。Chevrel 相化合物可以容纳各种阳离子，如单价（Li^+、Na^+）和二价（Zn^{2+}、Cd^{2+}、Co^{2+}、Mg^{2+}），并具有出色的性能。

6.3.3 锌离子电池负极材料

在水性电池负极材料中，锌金属被认为是最有前途的候选材料，因为锌金属在水性电解质中具有可充电性，还具有比容量高、与水兼容性良好和地球上储量丰富等优点。研究表明，与碱性电解质相比，锌金属负极在温和的水性电解质中通常表现出更好的可逆性[68,80]。然而，水系 ZIBs 锌负极上锌枝晶形成和副反应（腐蚀和阴极氢放出）的发生严重影响了电池性能。具体而言，锌树枝状晶体可能会穿透电池隔板并导致电池短路，而且锌枝晶很容易从电极上脱落造成锌损耗，这将降低电池的可逆性和循环性能。另外，锌负极腐蚀和锌负极上氢放出副反应会不可逆地消耗电解质并产生不溶性副产物和氢气。电解质和副产物的消耗会增加电极极化，不利于电池的性能；气体的产生可能会升高电池内部压力并引发安全隐患。总之，锌枝晶、锌金属负极的腐蚀和氢放出共同导致了电池性能下降甚至失效。

6.3.4 水性电解液

近年来所研究的锌离子电池电解液主要是含 Zn^{2+} 的水溶液，如 0.5M $Zn(CH_3COO)_2$、0.05M $MnSO_4$＋1M $ZnSO_4$、0.5M Li_2SO_4＋1M $ZnSO_4$、1M $ZnSO_4$、2M $ZnSO_4$ 和 3M $Zn(CF_3SO_3)_2$。锌锰二次电池在反应时，正极材料锰氧化物的 Mn 离子在电解液中会发生溶解，导致正极材料的结构崩塌，导致电池循环性能差，相应的研究者们在电解液中加入适量锰盐平衡这个问题。

水性电解液中离子的电导率较在有机电解液中高，因而解决了电池倍率性能差的问题，然而水系二次电池的工作电压都不高于 2V，这是因为水的理论分解电压较低（1.23V）[66]，这些缺点都限制了水系电池的发展。

6.3.5 隔膜

电池隔膜一般是由聚乙烯和聚丙烯材料制备而成的，其是影响电池性能的关键配件。它主要从两方面来直接影响电池在使用过程的性能和寿命，一方面体现在：它可以起到隔离正/负极的作用，从而使得电池内的自由电子不能自如地来回流动，避免电池短路引起爆炸；另一方面体现在：它可以让电解液中的离子在正负极之间自由通过，提高离子传导能力从而提高电池的容量。目前已商业化应用的锌离子电池隔膜主要包括玻璃纤维、滤纸、气流成网纸膜、吸收性玻璃材料和无纺布等。

6.3.6 总结与展望

水系锌离子电池体系具有安全性高、成本低、易于装配、环境友好等突出优势，在大规模储能体系中具有广阔的应用前景。随着水系锌离子电池体系研究的不断深入，仍然存在很多问题需要本领域的研究人员进一步开发和解决。

高性能 ZIBs 开发的进一步研究方向和观点如下：a. 锌离子与其周围的电解质和电极材

料之间较大的静电相互作用导致极慢的离子迁移动力学。纳米级电极材料是解决此问题的一种有效方法。由于传输距离短，纳米级电极本质上有利于离子的快速扩散，并通过在畴边界处的滑动更好地适应结构应变。b. 为电极材料晶体取向也是一种有效的策略，因为特定的晶体结构平面的暴露促进了其暴露表面上的离子迁移，从而实现了高放电容量和高倍率性能。c. 设计金属阳离子缺陷材料也可以开辟更多的途径，使多价态的金属离子更容易迁移。d. 柔性可穿戴 ZIBs 的出现为可穿戴设备中的应用提供了新的机会。开发新型胶体/凝胶固态电解质可以有效降低活性水对电池体系的影响，是解决水系锌离子电池的正极溶解、锌腐蚀、钝化和枝晶生长的一种有效的途径，并能够更好地推动水系锌离子电池在柔性和可穿戴设备中的应用。

水系锌离子电池发展需要进一步系统地科学研究，对新型正极、负极材料和电解质的持续探索和优化具有重要意义，尤其是探索更多新型的具有高电压、高容量和长寿命的正极材料。相信具有低成本、环境友好和高安全性等独特优点的水系可充锌离子电池能够在不久的将来获得应用。

习题与思考题

1. 简述开发钠离子电池有什么意义。
2. 简述钠离子电池的结构组成和工作原理。
3. 简述钠离子电池正极材料的种类和特点。
4. 简述钠离子电池负极材料的种类和特点。
5. 简述铝离子电池的结构组成和工作原理。
6. 简述铝离子电池正极材料的分类和特点。
7. 简述铝离子电池面临的挑战是什么。
8. 简述锌离子电池的结构组成和工作原理。
9. 简述锌离子电池正极材料的分类和特点。
10. 简述锌离子电池面临的挑战。

参考文献

[1] Whittingham M S. Electrical energy storage and intercalation chemistry[J]. Science，1976，192(4244)：1126-1127.

[2] Delmas C，Braconnier J J，Fouassier C，et al. Electrochemical intercalation of sodium in Na_xCoO_2 bronzes [J]. Solid State Ionics，1981，3：165-169.

[3] Delmas C. Sodium and sodium-ion batteries：50 years of research [J]. Advanced Energy Materials，2018，8(17)：1703137.

[4] Choi J W，Aurbach D. Promise and reality of post-lithium-ion batteries with high energy densities [J]. Nature Reviews Materials，2016，1(4)：1-16.

[5] Braconnier J J，Delmas C，Fouassier C，et al. Comportement electrochimique des phases Na_xCoO_2[J]. Materials Research Bulletin，1980，15(12)：1797-1804.

[6] Yabuuchi N, Yoshida H, Komaba S. Crystal structures and electrode performance of alpha-$NaFeO_2$ for rechargeable sodium batteries [J]. Electrochemistry, 2012, 80(10): 716-719.

[7] Caballero A, Hernan L, Morales J, et al. Synthesis and characterization of high-temperature hexagonal P_2-$Na_{0.6}MnO_2$ and its electrochemical behaviour as cathode in sodium cells [J]. Journal of Materials Chemistry, 2002, 12(4): 1142-1147.

[8] Yabuuchi N, Kajiyama M, Iwatate J, et al. P2-type $Na_x[Fe_{1/2}Mn_{1/2}]O_2$ made from earth-abundant elements for rechargeable Na batteries [J]. Nature Materials, 2012, 11(6): 512-517.

[9] Parant J P, Olazcuaga R, Devalette M, et al. Sur quelques nouvelles phases de formule Na_xMnO_2 ($x \leqslant 1$) [J]. Journal of Solid State Chemistry, 1971, 3(1): 1-11.

[10] Xiang X, Zhang K, Chen J. Recent advances and prospects of cathode materials for sodium-ion batteries [J]. Advanced Materials, 2015, 27(36): 5343-5364.

[11] Kim J, Seo D H, Kim H, et al. Unexpected discovery of low-cost maricite $NaFePO_4$ as a high-performance electrode for Na-ion batteries [J]. Energy & Environmental Science, 2015, 8(2): 540-545.

[12] Barpanda P, Ye T, Nishimura S, et al. Sodium iron pyrophosphate: A novel 3.0V iron-based cathode for sodium-ion batteries [J]. Electrochemistry Communications, 2012, 24: 116-119.

[13] Kim H, Shakoor R A, Park C, et al. $Na_2FeP_2O_7$ as a promising iron-based pyrophosphate cathode for sodium rechargeable batteries: a combined experimental and theoretical study [J]. Advanced Functional Materials, 2013, 23(9): 1147-1155.

[14] Shakoor R A, Seo D H, Kim H, et al. A combined first principles and experimental study on $Na_3V_2(PO_4)_2F_3$ for rechargeable Na batteries [J]. Journal of Materials Chemistry, 2012, 22(38): 20535.

[15] Broux T, Bamine T, Simonelli L, et al. V^{IV} disproportionation upon sodium extraction from $Na_3V_2(PO_4)_2F_3$ observed by operando X-ray absorption spectroscopy and solid-state NMR [J]. The Journal of Physical Chemistry C, 2017, 121(8): 4103-4111.

[16] Cai Y, Cao X, Luo Z, et al. Caging $Na_3V_2(PO_4)_2F_3$ microcubes in cross-linked graphene enabling ultrafast sodium storage and long-term cycling [J]. Advanced Science, 2018, 5(9): 1800680.

[17] Liu W, Yi H, Zheng Q, et al. Y-Doped $Na_3V_2(PO_4)_2F_3$ compounds for sodium ion battery cathodes: electrochemical performance and analysis of kinetic properties [J]. Journal of Materials Chemistry A, 2017, 5(22): 10928-10935.

[18] Ma D, Zhang L L, Li T, et al. Enhanced electrochemical performance of carbon and aluminum oxide co-coated $Na_3V_2(PO_4)_2F_3$ cathode material for sodium ion batteries [J]. Electrochimica Acta, 2018, 283: 1441-1449.

[19] Liang K, Wang S, Zhao H, et al. A facile strategy for developing uniform hierarchical $Na_3V_2(PO_4)_2F_3$@carbonized polyacrylonitrile multi-clustered hollow microspheres for high-energy-density sodium-ion batteries [J]. Chemical Engineering Journal, 2022, 428: 131780.

[20] Wu X, Shao M, Wu C, et al. Low defect $FeFe(CN)_6$ framework as stable host material for high performance Li-ion batteries [J]. ACS Applied Materials &Interfaces, 2016, 8(36): 23706-23712.

[21] Lu Y, Wang L, Cheng J, et al. Prussian blue: a new framework of electrode materials for sodium batteries [J]. Chemical Communications, 2012, 48(52): 6544-6546.

[22] You Y, Wu X L, Yin Y X, et al. High-quality Prussian blue crystals as superior cathode materials for room-temperature sodium-ion batteries [J]. Energy & Environmental Science, 2014, 7(5): 1643-1647.

[23] Wang L, Lu Y, Liu J, et al. A superior low-cost cathode for a Na-ion battery[J]. Angewandte Chemie, 2013, 125(7): 2018-2021.

[24] Wu X Y, Wu C H, et al. Highly crystallized Na_2CoFeC_6 with suppressed lattice defects as superior cathode material for sodium-ion batteries [J]. ACS Applied Materials & Interfaces, 2016, 8(8): 5393-5399.

[25] Chihara K, Chujo N, Kitajou A, et al. Cathode properties of $Na_2C_6O_6$ for sodium-ion batteries [J]. Electrochimica Acta, 2013, 110: 240-246.

[26] Wang S, Wang L, Zhu Z, et al. All organic sodium-ion batteries with $Na_4C_8H_2O_6$ [J]. Angewandte Chemie International Edition, 2014, 53(23): 5892-5896.

[27] Zhao R R, Zhu L M and Cao Y L. An aniline-nitroaniline copolymer as a high capacity cathode for Na-ion batteries [J]. Electrochemistry Communications, 2012, 21: 36-38.

[28] Asher R C, Wilson S A. Lamellar compound of sodium with graphite [J]. Nature, 1958, 181(4606): 409-410.

[29] Kim H, Hong J, Yoon G, et al. Sodium intercalation chemistry in graphite [J]. Energy & Environmental Science, 2015, 8(10): 2963-2969.

[30] Doeff M M, Ma Y, Visco S J, et al. Electrochemical insertion of sodium into carbon [J]. Journal of The Electrochemical Society, 1993, 140(12): L169.

[31] Stevens D A, DA • hn J R. The mechanisms of lithium and sodium insertion in carbon materials[J]. Journal of The Electrochemical Society, 2001, 148(8): A803.

[32] Zhao L, Pan H L, Hu Y S, et al. Spinel lithium titanate ($Li_4Ti_5O_{12}$) as novel anode material for room-temperature sodium-ion battery[J]. Chinese Physics B, 2012, 21(2): 028201.

[33] Xu G, Yang L, Wei X, et al. MoS_2-quantum-dot-interspersed $Li_4Ti_5O_n$ anosheets with enhanced performance for Li-and Na-Ion batteries [J]. Advanced Functional Materials, 2016, 26(19): 3349-3358.

[34] Pan H, Lu X, Yu X, et al. Sodium storage and transport properties in layered $Na_2Ti_3O_7$ for room-temperature sodium-ion batteries[J]. Advanced Energy Materials, 2013, 3(9): 1186-1194.

[35] Ni J, Fu S, Wu C, et al. Superior sodium storage in $Na_2Ti_3O_7$ nanotube arrays through surface engineering[J]. Advanced Energy Materials, 2016, 6(11): 1502568.

[36] Yabuuchi N, Kubota K, Dahbi M, et al. Research development on sodium-ion batteries[J]. Chemical Reviews, 2014, 114(23): 11636-11682.

[37] Nam D H, Kim T H, Hong K S, et al. Template-free electrochemical synthesis of Sn nanofibers as high-performance anode materials for Na-ion batteries[J]. ACS Nano, 2014, 8(11): 11824-11835.

[38] Liu Y, Zhang N, Jiao L, et al. Tin nanodots encapsulated in porous nitrogen-doped carbon nanofibers as a free-standing anode for advanced sodium-ion batteries [J]. Advanced Materials, 2015, 27(42): 6702-6707.

[39] Wu L, Hu X, Qian J, et al. Sb-C nanofibers with long cycle life as an anode material for high-performance sodium-ion batteries[J]. Energy & Environmental Science, 2014, 7(1): 323-328.

[40] Liu J, Kopold P, Wu C, et al. Uniform yolk-shell Sn_4P_3@C nanospheres as high-capacity and cycle-stable anode materials for sodium-ion batteries[J]. Energy & Environmental Science, 2015, 8(12): 3531-3538.

[41] Alcántara R, Jaraba M, Lavela P, et al. $NiCo_2O_4$ spinel: first report on a transition metal oxide for the negative electrode of sodium-ion batteries [J]. Chemistry of Materials, 2002, 14(7): 2847-2848.

[42] Ponrouch A, Marchante E, Courty M, et al. In search of an optimized electrolyte for Na-ion batteries [J]. Energy & Environmental Science, 2012, 5(9): 8572-8583. 8583.

[43] Kim H, Hong J, Park Y U, et al. Sodium storage behavior in natural graphite using ether-based electrolyte systems [J]. Advanced Functional Materials, 2015, 25(4): 534-541.

[44] Feng J, An Y, Ci L, et al. Nonflammable electrolyte for safer non-aqueous sodium batteries[J]. Journal of Materials Chemistry A, 2015, 3(28): 14539-14544.

[45] Feng J K, Ci L J, et al. Biphenyl as overcharge protection additive for nonaqueous sodium batteries [J]. RSC Advances, 2015, 5(117): 96649-96652.

[46] Komaba S, Ishikawa T, Yabuuchi N, et al. Fluorinated ethylene carbonate as electrolyte additive for rechargeable Na batteries [J]. ACS Applied Materials &Interfaces, 2011, 3(11): 4165-4168.

[47] Whitacre J F, Wiley T, Shanbhag S, et al. An aqueous electrolyte, sodium ion functional, large format energy storage device for stationary applications[J]. Journal of Power Sources, 2012, 213: 255-264.

[48] Suo L, Hu Y S, Li H, et al. A new class of Solvent-in-Salt electrolyte for high-energy rechargeable metallic lithium batteries [J]. Nature Communications, 2013, 4(1481): 1481.

[49] Suo L, Borodin O, Wang Y, et al. "Water-in-salt" electrolyte makes aqueous sodium-ion battery safe, green, and long-lasting [J]. Advanced Energy Materials, 2017, 7(21): 1701189.

[50] Plashnitsa L S, Kobayashi E, Noguchi Y, et al. Performance of NASICON symmetric cell with ionic liquid electrolyte[J]. Journal of the Electrochemical Society, 2010, 157(4): A536.

[51] Ding C, Nohira T, Kuroda K, et al. NaFSA-C_1C_3pyrFSA ionic liquids for sodium secondary battery operating over a wide temperature range [J]. Journal of Power Sources, 2013, 238: 296-300.

[52] Holleck G L. The Reduction of Chlorine on Carbon in $AlCl_3$-KCl-NaCl Melts[J]. Journal of the Electrochemical Society, 1972, 119(9): 1158.

[53] Jayaprakash N, Das S K, Archer L A. The rechargeable aluminum-ion battery [J]. Chemical Communations, 2011, 47, 12610-12612.

[54] Lin M C, Gong M, Lu B, et al. An ultrafast rechargeable aluminium-ion battery[J]. Nature, 2015, 520(7547): 324-328.

[55] Ali H M, Janjua M M, Sajjad U, et al. A critical review on heat transfer augmentation of phase change materials embedded with porous materials/foams[J]. International Journal of Heat and Mass Transfer, 2019, 135, 649-673.

[56] Elia G A, Kravchyk K V, Kovalenko M V, et al. An overview and prospective on Al and Al-ion battery technologies[J]. Journal of Power Sources, 2021, 481: 228870.

[57] Wang L, Song X, Hu Y, et al. Initial-anode-free aluminum ion batteries: in-depth monitoring and mechanism studies[J]. Energy Storage Materials, 2022, 44, 461-468.

[58] Angell M, Pan C J, Rong Y, et al. High Coulombic efficiency aluminum-ion battery using an AlCl3-urea ionic liquid analog electrolyte[J]. Proceedings of the National Academy of Sciences, 2017, 114 (5): 834-839.

[59] Ng K L, Dong T, Anawati J, et al. High-performance aluminum ion battery using cost-effective $AlCl_3$-trimethylamine hydrochloride ionic liquid electrolyte[J]. Advanced Sustainable Systems, 2020, 4 (8): 2000074.

[60] Wang H, Gu S, Bai Y, et al. High-voltage and noncorrosive ionic liquid electrolyte used in rechargeable aluminum battery[J]. ACS applied materials & interfaces, 2016, 8(41): 27444-27448.

[61] Rastabi S A, Razaz G, Hummelgard M, et al. Metallurgical investigation of aluminum anode behavior in water-in-salt electrolyte for aqueous aluminum batteries [J]. Journal of Power Sources, 2022, 523, 231066.

[62] 陈丽能，晏梦雨，梅志文，等. 水系锌离子电池的研究进展[J]. 2017, 32(3), 225-234.

[63] Li Y, Dai H. Recent advances in zinc-air batteries[J]. Chemical Society Reviews, 2014, 43(15): 5257-5275.

[64] Zhang X, Hu J P, Fu N, et al. Comprehensive review on zinc-ion battery anode: Challenges and

strategies[J]. InfoMat, 2022, 4(7): e12306.

[65] Wang T, Li C, Xie X, et al. Anode materials for aqueous zinc ion batteries: mechanisms, properties, and perspectives[J]. Acs Nano, 2020, 14(12): 16321-16347.

[66] Xu C J, Li B H, Du H D, et al. Energetic zinc ion chemistry: the rechargeable zinc ion battery[J]. Angewandte Chemie, 2012, 51 (4), 933-935.

[67] Winter M, Brodd R J. What are batteries, fuel cells, and supercapacitors? [J]. Chemical Reviews 2004, 104 (10), 4245-4269.

[68] Fang G Z, Zhou J, Pan A Q, et al. Recent advances in aqueous Zinc-ion batteries[J]. ACS Energy Letters 2018, 3 (10), 2480-2501.

[69] Alfaruqi M H, Islam S, Gim J, et al. A high surface area tunnel-type α-MnO_2 nanorod cathode by a simple solvent-free synthesis for rechargeable aqueous zinc-ion batteries[J]. Chemical Physics Letters, 2016, 650, 64-68.

[70] Li Y, Huang Z, Kalambate P K, et al. V_2O_5 nanopaper as a cathode material with high capacity and long cycle life for rechargeable aqueous zinc-ion battery[J]. Nano Energy 2019, 60, 752-759.

[71] Senguttuvan P, Han S D, Kim S, et al. A high power rechargeable nonaqueous multivalent Zn/V_2O_5 battery[J]. Advanced Energy Materials, 2016, 6(24): 1600826.

[72] Deng C, Wang D W. Functional electrocatalysts derived from prussian blue and its analogues for metal-air batteries: progress and prospects [J]. Batteries & Supercaps, 2019, 2(4): 290-310.

[73] Nai J, Lou X W. Hollow structures based on prussian blue and its analogs for electrochemical energy storage and conversion [J]. Advanced Materials, 2019, 31(38): 1706825.

[74] Seok J, Yu S H, Abruna H D. Operando synchrotron-based X-ray study ofprussian blue and its analogue as cathode materials for sodium-ion batteries [J]. Journal of Physical Chemistry C, 2020, 124 (30): 16332-16337.

[75] Wang L P, Wang P F, Wang T S, et al. Prussian blue nanocubes as cathode materials for aqueous Na-Zn hybrid batteries [J]. Journal of Power Sources, 2017, 355: 18-22.

[76] Kasiri G, Trocoli R, Hashemi A B, et al. An electrochemical investigation of the aging of copper hexacyanoferrate during the operation in zinc-ion batteries [J]. Electrochimica Acta, 2016, 222: 74-83.

[77] Chen T, Zhu X, Chen X, et al. VS_2 nanosheets vertically grown on graphene as high-performance cathodes for aqueous zinc-ion batteries [J]. Journal of Power Sources, 2020, 477: 228652.

[78] Li S, Liu Y, Zhao X, et al. Sandwich-like heterostructures of MoS_2/graphene with enlarged interlayer spacing and enhanced hydrophilicity as high-performance cathodes for aqueous zinc-ion batteries [J]. Advanced Materials, 2021, 33(12): 2007480.

[79] Chae M S, Heo J W, Lim S C, et al. Electrochemical Zinc-Ion intercalation properties and crystal structures of $ZnMo_6S_8$ and $Zn_2Mo_6S_8$ chevrel phases in aqueous electrolytes[J]. Inorganic Chemistry 2016, 55 (7), 3294-3301.

[80] Pan H, Shao Y, Yan P, et al. Reversible aqueous zinc/manganese oxide energy storage from conversion reactions[J]. Nature Energy, 2016, 1(5), 1-7.

[81] Tafur J P, Abad J, Román E, et al. Charge storage mechanism of MnO_2 cathodes in Zn/MnO_2 batteries using ionic liquid-based gel polymer electrolytes[J]. Electrochemistry Communications, 2015, 60, 190-194.

[82] Laska C A, Auinger M, Biedermann P U, et al. Effect of hydrogen carbonate and chloride on zinc corrosion investigated by a scanning flow cell system[J]. Electrochimica Acta, 2015, 159, 198-209.

第 7 章 超级电容器

7.1 概述

随着人类社会、科学技术和全球经济日益发展，人类对能源的需求越来越大，传统能源难以满足人类需求，能源短缺问题越来越严重。因此，寻求环境友好、可持续使用的新能源（太阳能、风能、氢能等）显得尤为重要。如何高效地转换与存储新能源成为新能源使用过程中亟待解决的问题。目前，新型电化学储能器件（如电池、超级电容器等）的开发正在被研究人员和企业高度重视与关注。二次电池（铅酸、锂离子电池等）在相对小的体积和质量下，具有储存容量大的优点，成为最常见的电能源存储器件，被广泛应用于人类日常生活、工业、军事等众多领域。如图 7-1 所示，锂离子电池虽然能够达到 180W・h/kg 的高能量密度，但是供电速度慢，功率密度低[1]。同时，锂离子电池的寿命较短，废弃后处理不合理会造成环境的污染。因此，锂离子电池的使用受到了限制，而发展快速充放电、绿色环保的储能器件迫在眉睫。

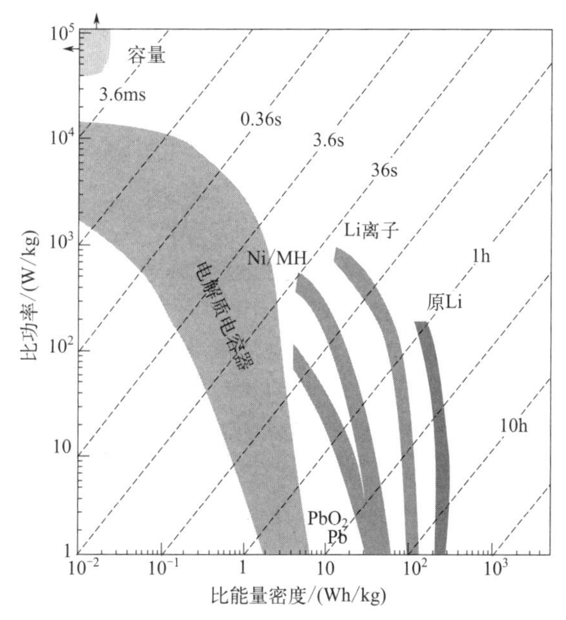

图 7-1　各种电能源存储系统的比功率－比能量密度对比[1]

与普通传统电池相比，超级电容器（supercapacitors or ultracapacitors）因其充放电速率快、能量转换效率高、循环使用寿命长以及环境友好等优点，已经成为大家深入研究的储能器件之一。它是一种介于蓄电池和传统电容器之间的新型储能装置，已经成功应用到众多领域。如图 7-2 所示，它既可用作车辆快速启动电源，也可用作起重装置的电力平衡电源；既可用作混合电动汽车、内燃机、无轨车辆的牵引能源，还可作为其他设备的电源。

图 7-2 大容量的电容器的应用实例

(a) 短程但快速（1 min）充电的电动公交车（亚星新能源脐橙公司，中国）；(b) 混合动力节能叉车（斯蒂尔，德国）；(c) 可提高可靠性和效率的离岸变速风力涡轮机；(d) ～(e) 混合动力节能的自动堆垛机和港口起重机（哥特瓦尔德，德国）；(f) 快速充电和低振动操作的电动波轮（STX 欧洲，韩国）

7.1.1 发展历史

最早的电容器可以追溯至 1746 年荷兰莱顿大学的教授 Pieter Van Musschen-broek 发明的“莱顿”瓶，而超级电容器是一种介于化学电池与普通传统电容之间，同时又兼具两者特点的新型储能器件。

1853 年，德国物理学家亥姆霍兹（Helmholtz）提出界面双电层理论模型，规定电压作用下，电极材料与电解质溶液接触的界面上会生成数量相同、电反的两层电荷，从而形成双电层[2]。1957 年，美国通用公司的贝克尔（Becker）基于上述双电层电容理论，制备出了一种能量密度大小与电池相近的多孔碳材料电极的小型电容器，并命名为“超级电容器”，并于 1969 年由 SOHIO 公司开发推向市场。该项技术随后转让给日本 NEC 公司并生产出商业化的水系大容量电容器，将其应用于电动汽车的电池启动系统。从此，超级电容器便引起了众多国家的关注，并开展了全面性研究。1971 年，二氧化钌（RuO_2）被发现具有突出性能的电容性，自此，各国掀起了基于金属氧化物为电极材料的赝电容电容器的研究热潮。20 世纪 90 年代后，一系列廉价的过渡族金属（锰、镍、钴、钒等）氧化物、导电聚合物等电极材料也得到了广泛的研究。

7.1.2 工作原理及分类

如图 7-3 所示，超级电容器的结构主要由阴极、阳极、电解液和隔膜构成。根据储能机理的不同，可以将超级电容器分为三类[3]：一种是双电层超级电容器（electrical double layer capacitor，EDLC）［见图 7-3（a）］，一种是赝电容超级电容器［见图 7-3（b）］，还有一种是混合型的超级电容器［见图 7-3（c）］。

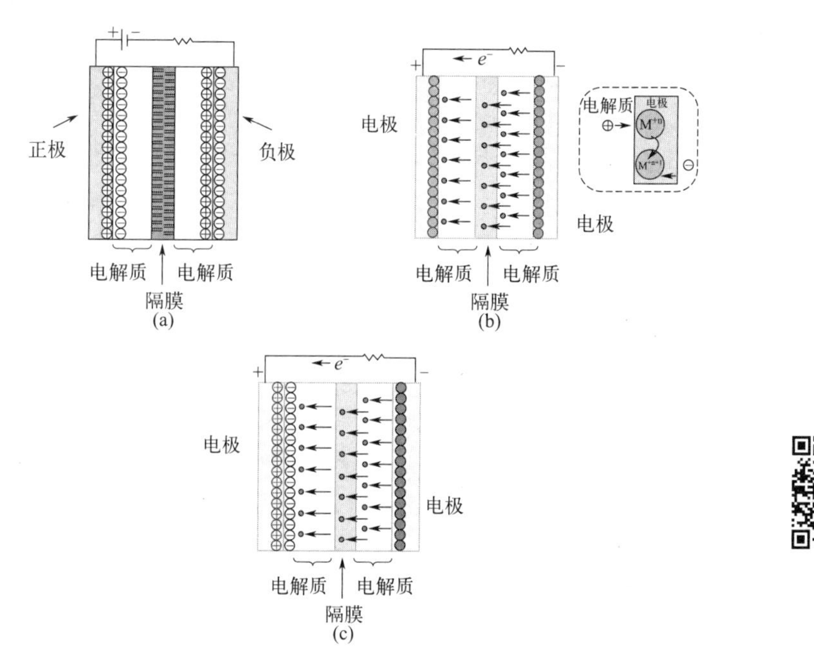

图 7-3 超级电容器的类型[3]

(a) EDLC；(b) 赝电容电容器；(c) 混合型电容器

(1) 双电层超级电容器

双电层电容器的工作原理如图 7-4 所示。

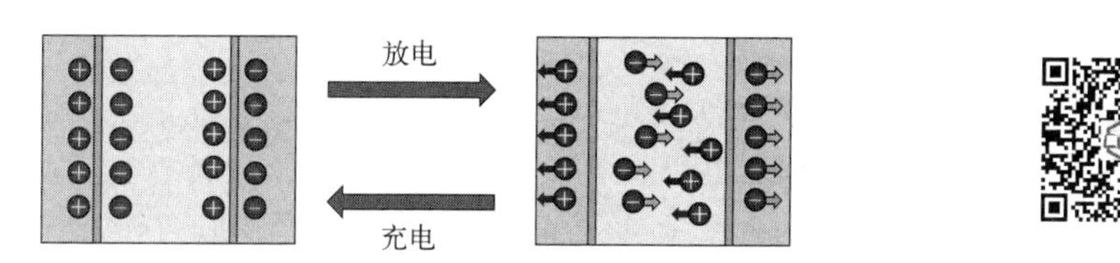

图 7-4 双电层超级电容器充放电

在电场作用下，超级电容器电解液中数量相当的阴阳离子分别向电极的正负极移动，形成电势差，从而在电极材料与电解液间形成双电层：撤离该电场后，由于电荷异性相吸作用，该双电层可以稳定存在并稳住电压。在超级电容器接入导体后，两极上吸附的带电离子将发生定向移动并在外电路形成电流，直到电解液重新变回电中性。如此往复，可多次充放电使用。如图 7-4 所示，如果电容器由两个电极组成，那么两个电容值分别为 C_1 和 C_2，总的电容器电容量为 C_T，表达式为

$$\frac{1}{C_T}=\frac{1}{C_1}+\frac{1}{C_2} \tag{7-1}$$

该双电层理论最早是在 1853 年，由亥姆霍兹提出，电容度的大小由式（7-2）决定。

$$C=\frac{\varepsilon_r\varepsilon_0}{d}A \tag{7-2}$$

式中，C 为电容值；ε_r 为电解质介电常数；ε_0 为真空介电常数；d 为双层的有效厚度（电荷分离距离）；A 为电极材料的比表面积。

亥姆霍兹双电层模型考虑的因素相对单一［见图 7-5（a）］，后来由 Gouy 和 Chapman 等进一步优化，考虑了热动力下电解液阴阳离子在电解液中的连续分布，提出了扩散层，即 Gouy-chapman 模型［见图 7-5（b）］[4]。然后 Stern 进一步改进，结合 Gouy-chapman 模型，认为在电极－电解液界面存在两个离子分布区域，分别为扩散层［见图 7-5（b）］和致密层［Stern 层，见图 7-5（c）］。在扩散层，电解质离子在热运动作用下产生电容 C_{diff}。致密层由特殊的吸附离子（在大多数情况下，它们都是阴离子，而不考虑电极的电荷性质）和非特别吸附的反离子组成[4,5]。在内层致密区域，离子吸附在电极表面，产生的电容用 C_H 表示。因此，整个双电层电容 C_{dl} 与致密层电容和扩散层电容关系如式（7-3）所示：

$$\frac{1}{C_{dl}}=\frac{1}{C_H}+\frac{1}{C_{diff}} \tag{7-3}$$

式中，C_{dl} 为整个电极体系双电层电容，C_H 为致密层的电容，C_{diff} 为扩散层的电容。

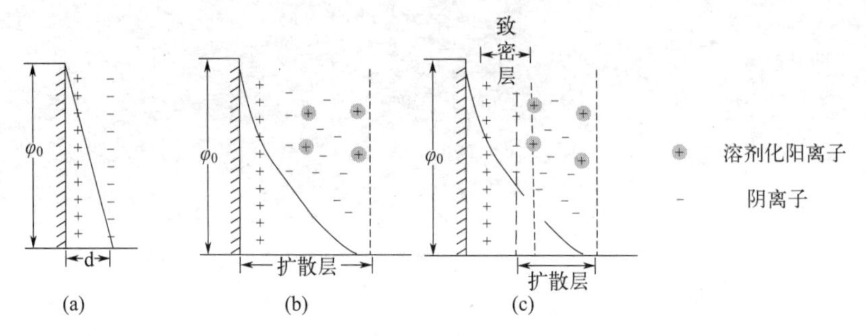

图 7-5　双电层理论模型

（a）Helmholtz 模型；（b）Gouy-Chapman 模型；（c）Stern 模型[4]

从双电层电容器工作原理来看，其充放电过程没有涉及化学反应，只是有离子在电极材料表面脱吸附的物理过程，电极材料没有发生相变，所以具有良好的循环使用寿命，但是比电容值比较低。DHLC 的电容值从式（7-1）和式（7-2）以及最近的研究得出，其电容值与电容器的电极材料的活性比表面积、孔隙度、电极表面与电解液的可接触性以及电解液的酸碱性等因素有关[4,6]。目前，适用于双电层电容器的电极材料最多的是具有优异导电性能的碳材料（石墨烯、多孔碳、碳纳米管、二维层状碳材料等）。

Stern 模型包括内部亥姆霍兹层（IHP）和外部亥姆霍兹层（OHP）。IHP 是指特定吸附离子（通常为阴离子）最接近的距离，OHP 是指非特异性吸附离子的距离。OHP 也是漫射层开始的平面。d 表示亥姆霍兹模型描述的双层距离。φ_0 和 φ 分别是电极表面和电极/电解质界面处的电势。

（2）赝电容超级电容器

赝电容超级电容器的工作原理是：在具有电化学活性的电极材料的表面或体相中的二维或准二维空间里进行欠电位沉积，发生高度可逆的化学吸脱附或氧化还原反应，产生与电极充电电位有关的电容，从而进行能源存储［见图 7-3（b）和图 7-6］[7]。其充放电反应过程在水系电解液中如下。

电解液为酸性时：$MO_x+H+e^- \leftrightarrow MO_{x-1}(OH)$

电解液为碱性时：$MO_x+OH^- -e^- \leftrightarrow MO_x(OH)$

另外，通过在电解液中加入具有氧化还原反应活性的离子，也可以增加赝电容效应。因此，一般情况下，赝电容电容器往往要比双电层电容器具有更优异的电容量和能量密度。但是伴随着氧化还原反应的发生，尤其是表面的赝电容效应，电极材料体相会发生变化或电解液组分发生改变，因此，赝电容超级电容器的电化学稳定性不如双电层超级电容器，其循环使用寿命不如双电层电容器的长。

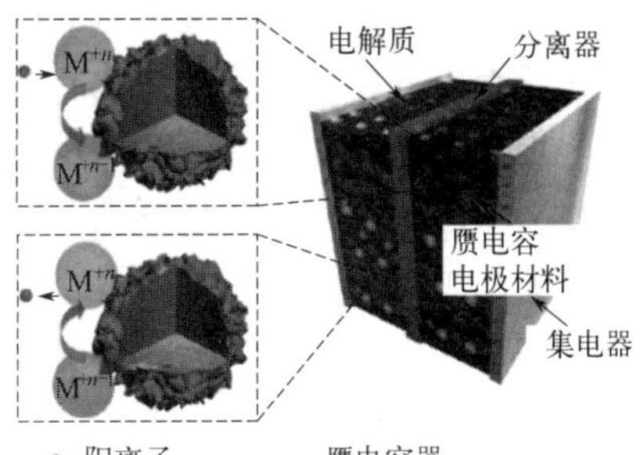

图 7-6 赝电容超级电容器的工作[7]

目前，赝电容超级电容器的电极材料有导电型高分子、过渡金属氧化物/氢氧化物/化合物和氮/氧/硼等杂原子掺杂的炭材料等。

(3) 混合型超级电容器

混合型超级电容器结合了超级电容器电极材料内部发生的快速充放电反应和电池内部发生插层反应的工作原理特点，既拥有超级电容器的高功率密度又具有电池的高能量密度的特点。应用于电池中的多级纳米孔材料具有高的电子传输性能和大的比表面积特性，从而有利于电子的传输，降低电解液的传输路径和抑制相转变，因而常被作为混合型超级电容器的一方电极。而另一方电极常为双电层超级电容器的碳材料。电解液是含有锂离子或钠离子的电池用电解液。

根据电解液的不同，又可将超级电容器分为水系超级电容器、有机系超级电容器，离子液体型超级电容器以及全固态电解质超级电容器。

最早开发的双电层电容器是水系电容器。水系电解液具有电导率较高和电解质离子尺寸较小的优点。电解质离子易进入电极材料微孔结构里，从而有效利用了材料大的比表面积。水系电解液主要分为以下三类：酸性、碱性和中性电解液。最常用的酸性电解液、碱性电解液和中性电解液分别为 H_2SO_4 溶液、KOH 溶液和碱金属盐水溶液（如 Na_2SO_4 溶液）。强酸、强碱溶液水系电解液相比中性电解液具有更高的电导率、更低的内阻等优点，但是却有更强的腐蚀性，导致组成的超级电容器结构不稳定，从而引起电解液泄漏和环境污染。而中性水溶液虽然电导率不及强酸和强碱电解液，但腐蚀性更小，安全性更高。水系电解液，由于水的电稳定性只有 1.23V，若电压窗口过大，易发生析氢反应（HER）和析氧反应（OER）导致水电解液的分解。因此，要拓展水系电解液的电压范围，最有效的方法是在电极的稳定状态下增强水系电解液 HER 和 OER 的过电压窗口。

有机体系超级电容器由于有机电解液具有较高的分解电压（2～4V），因此其工作电化学窗口更大，同时相比水系超级电容器有耐腐蚀、电化学稳定性高、工作环境湿度范围宽等优点。但是，有机体系电解液由于低的电导率，较大的内阻，且电解液中的离子半径较大，因此对电极材料孔径要求更大。当较高电压充电后期和高电流密度下，导致有机电解液中的导电离子浓度较低，易出现“离子匮乏效应”。目前常用的超级电容器有机电解质盐主要为三甲基-乙基铵、四甲基铵或四乙基铵等季铵盐阳离子和高氯酸阴离子、四氟硼酸阴离子和六氟磷酸阴离子等阴离子；有机溶剂主要有碳酸丙烯酯、乙腈、γ-丁内酯和碳酸乙烯酯等。对于有机电解液的研究主要是从提高电解液的电导率、降低黏度等角度出发，研发和优化新型电解质盐和有机电解质，使电解液在高电压和低温的工作条件下，仍具有优异的电化学性能。

离子液体电解质超级电容器中的电解液，是在室温或者附近温度下呈现液态的仅有阴、阳离子存在的盐。它是由特定有机阳离子和无机或有机阴离子构成。离子电解液具有良好的热性能和电化学稳定性，可忽略的波动性和不可燃性（取决于阳离子和阴离子的组合），种类多，阴阳离子可以多样调整等优点。因此，在超级电容器中应用时，人们可以有效调控和优化离子电解液来满足超级电容器的使用工作电压窗口、工作温度范围和低内阻等。但是由于离子液体的高黏度、低的离子传导率和高成本限制了离子电解液在超级电容器中的使用。当用大的电流密度充放电时，由于离子电解液黏度比有机和水系电解液还要高，导致其性能不佳。目前常使用的离子电解液有咪唑盐、吡咯、铵、亚硫酸氢铵、磷酸氢铵等。离子电解液超级电容器的性能可以从两方面改进：一是可以研究与分散剂结构相似的阳离子，旨在防止阳离子的团聚，从而提高电解液的离子传导率和离子电导率，二是从电极表面与电解液的浸润性、电极材料的孔结构等方面优化。

近些年，随着可穿戴、微电子、可打印的电子器件的发展，特别是柔性电子能源存储器件的应运而生，全固态超级电容器越来越受到关注。全固态电解液不仅充当了离子传输介质，而且也可以作为电极隔膜。它的最大优点是器件组装工艺简单，无电解液泄漏的问题。目前可作为全固态电解液的多是聚合物电解质和极个别可用的无机盐（如陶瓷电解质）。如图 7-7 所示，这类聚合物电解质又分为固态聚合物（如 PEO/Li^{+}）、凝胶聚合物和聚电解质[7]。固态聚合物电解质的离子是在无水状态下，在聚合物中传输。凝胶聚合物是由聚合物主体（如 PVA）和含水电解质（如 H_2SO_4）或溶解在溶剂中的导电盐组成。在聚电解质中，离子电导率由带电荷的聚合物链提供。在这三种聚合物电解质中，凝胶电解质得益于其较高的电子传导率，在全固态超级电容器中使用得最多。然而它也存在一定的局限性，如其机械性能较弱，易导致电池内部短路，同时，水的存在又将导致工作电压范围窄。因此，目前对于它的改性在于如何提高聚合物电解质的机械性能、电化学稳定性及热性能。

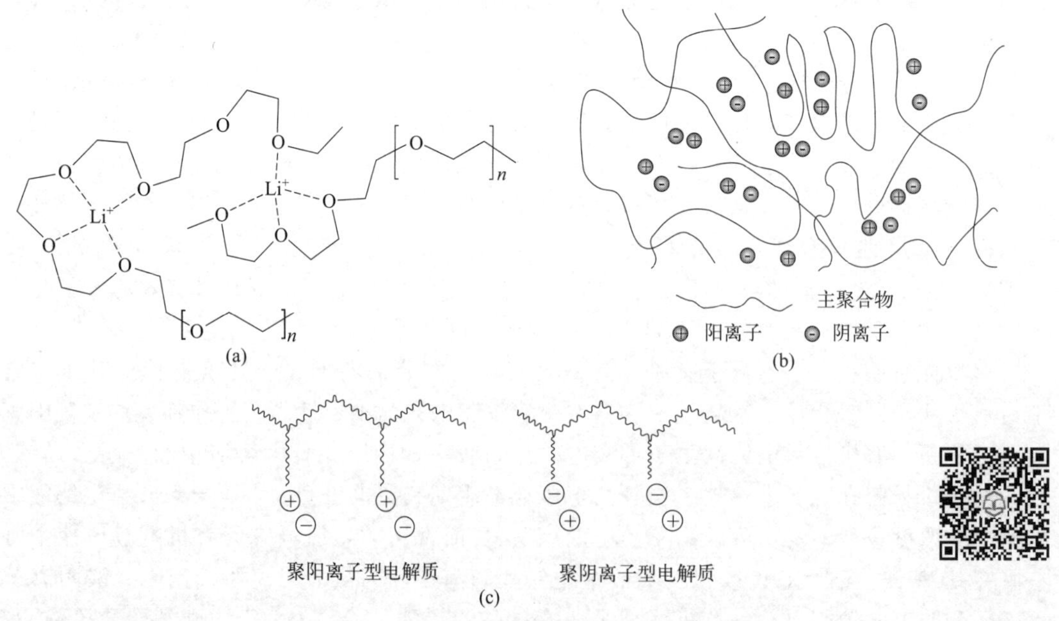

图 7-7 聚合物电解质

(a) 干燥固态聚合物电解质（如 PEO/Li^{+}）示意；(b) 凝胶聚合物电解质示意；(c) 聚电解质示意[7]

根据正负极电极材料是否一致，可以将超级电容器分为对称型超级电容器、非对称型超级电容器［杂化型超级电容器，见图 7-3（c）］。

非对称超级电容器的正负极材料不同，利用双电层（EDL）和法拉第（Faradaic）电容机制或者锂离子电池机制来存储电荷。非对称超级电容器利用两种不同类型的电极材料，大幅度拓宽了超级电容器的工作电位窗口，提高了能量密度。目前非对称超级电容器主要分为三类，第一类是电极分别为双电层的碳材料和具有赝电容的电极材料；第二类是电极分别为双电层的碳材料和含锂离子的电池型材料（见图 7-8）；第三类是受上述两种超级电容器电容值低的双电层碳材料制约，后面发展出来的两极都具有赝电容性能的非对称超级电容器。

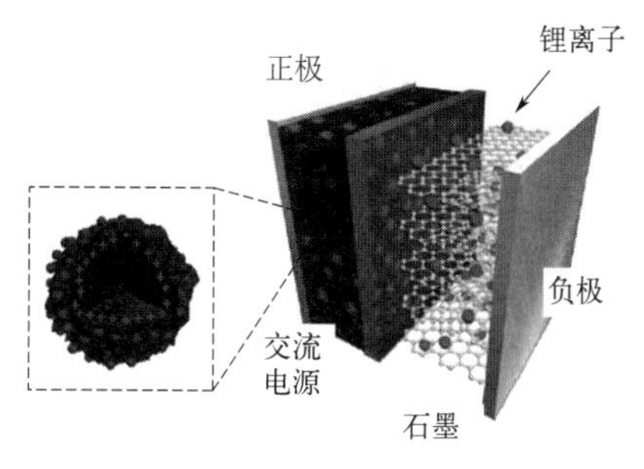

图 7-8　非对称超级电容器

7.1.3　超级电容器的主要特点

① 电容量大，超级电容器采用活性炭粉与活性炭纤维作为可极化电极，与电解液接触的面积大大增加。一般双电层电容器容量很容易超过 1 F，是普通电容器的 1 000～10 000 倍，目前单体超级电容器的最大电容量可达 5000F。

② 循环使用寿命长，深度充放电循环使用次数可达 50 万次，或 90 000h，没有记忆效应。

③ 充电速度快，充电 10s～10min 可达到其额定容量的 95%以上。普通蓄电池在如此短的时间内充满电将是极危险的或几乎不可能的。

④ 大电流放电能力超强，如 2700F 的超级电容器额定放电电流不低于 950A，放电峰值电流可达 1680A，能量转换效率高，过程损失小，大电流能量循环效率不小于 90%。

⑤ 功率密度高，可达 300～5000W/kg，相当于电池的 5～10 倍。

⑥ 可以在很宽的温度范围（－40～70℃）内正常工作，而蓄电池很难在高温特别是低温环境下工作。

⑦ 产品原材料构成、生产、使用、储存以及拆解过程均没有污染，是理想的绿色环保电源，而铅酸蓄电池、镍镉电池均具有毒性。

7.2　双电层超级电容器电极材料

基于双电层储能原理，合成高比表面积和微孔孔径（大于 2nm）可控的电极材料是提高电容器储存能量的重要途径。可控微孔孔径的提出，主要是因为通常 2nm 及以上的空间才能形成双电层，才能进行有效的能量储存，而微孔小于 2nm 的材料比表面积的利用率往往不高。

碳材料是研究最早和技术最成熟的电化学超级电容器电极材料，将具有高比表面积的活性炭涂覆在金属基底上，然后浸渍在 H_2SO_4 溶液中，借助在活性炭孔道界面形成的双电层结构来储存电能。目前常用的碳材料主要有石墨烯、碳纳米管、玻璃碳高密度石墨和热解聚合物基体得到的泡沫。其中，碳纳米管和碳气凝胶是前景较好的新型碳材料。

作为超级电容器电极材料，碳材料具有如下不可比拟的优势。

① 化学情性，不发生电极反应，易于形成稳定的双电层。

② 可控的孔结构，较高的比表面积，以增大电容量。

③ 纯度高，导电性好，较少漏电流。

④ 易于处理，在复合材料中与其他材料的相容性好。

⑤ 价格相对较便宜。

7.2.1 活性炭

活性炭材料由于其低成本、大的比表面积（大于 $1000m^2/g$）和优异的电性能，是最早被广泛应用于超级电容器的活性物质。它一般是通过由富碳的有效前驱体通过在惰性气氛（N_2、Ar）下的热处理（碳化）和活化生成孔隙结构而获得，这些前驱体可以是天然可再生资源，如椰子壳、木材、化石燃料及生物肥料等，和它们的衍生物如沥青、煤或焦炭，也可以是自合成前驱体如共价聚合物。活化步骤包括物理活化、化学活化和微波诱导法三种方法。物理活化法通常使用 CO_2 或者水蒸气等气氛，活化温度为 600～1200℃。它分为两步，前驱体首先在惰性气体中 400～900℃下热解，然后在 350～1000℃的氧化气氛中氧化，产生孔隙率和比表面积。化学活化法只有一步，采用前驱体与碱金属化合物（KOH、NaOH等)、碳酸盐（K_2CO_3 等)、氯化物（$ZnCl_2$、$FeCl_2$ 等)、强酸（H_3PO_4、H_2SO_4 等）等化学试剂混合处理，经 400～900℃高温活化制得碳材料。微波诱导法是通过对前驱体微波加热，使物质内部发生偶极旋转和离子传导，生成碳材料。三种活化方法各有优缺点。化学活化法的活化温度比物理方法要低，而且活化周期要短，产物具有更高的比表面积和孔隙率，更利于做超级电容器电极材料。在活化后的产物处理问题上，物理方法一般无须再处理，但是化学活化时使用的化学试剂具有一定的危险性，需要清洗掉残留的活化产物。在众多的化学活化剂中，KOH 能够为碳材料提供多级孔结构，更高的孔容（以微孔居多）以及超高的比表面积（$3000m^2/g$），因此，近年来在能源存储领域得到广泛应用。微波诱导法可以避免物理、化学活化时加热处理带来的缺陷。第一个明显的问题就是加热梯度。因为前两种方法的热度来源是前驱体外部，热是从碳材料前驱体的表面到内部的，所以存在温度梯度，导致所制备的活性炭存在不定形和不均匀的微观结构。而微波加热法产生的热梯度是相反的顺序，它是从碳材料的内部到表面。这种方法可以实现内部加热和容积式加热，能量传递代替热量传递，启动和关闭及时，具有加热快速、安全性高、设备可小型自动化和提高效率等特点。

在实际研发中，需要扬长避短，结合多种活化方法。活性炭的化学和物理性能很大程度上受前驱体的成分、活化温度和活化时间等因素影响。经过活化，碳材料能够得到高的孔隙率，以及不同化学表面性能（如氮、氧元素含量和组成)。随着活化时间和温度的提高，孔隙率会更大，但是也会拓宽材料的孔径分布。Kierzek 等[8]制备出由 KOH 活化，在 H_2SO_4 电解质中具有优异性能的活性炭。这些活性炭是用各种煤和沥青衍生物做碳前驱体，然后与 KOH 以质量比为 1∶4 在 800℃下活化 5h 制备而成。得到的这些活性炭基本上都具有微孔结构，比表面积为 $1900\sim3200m^2/g$，孔容为 $1.05\sim1.61cm^3/g$，比电容值为 200～320F/g，有些甚至比商业化的活性炭 PX21 的比电容值（240F/g）还要高。

鉴于材料成本是超级电容器工业化的一项重要考虑因素，用生物质为活化前驱体原材料的研究层出不穷。Hou 等[9]以米糠为碳前驱体，经 KOH 高温活化得到高比表面积（2475

m^2/g）的三维结构的活性炭，该材料当电流密度为 10A/g 时，电容值仍可达 265F/g（电解液 6 mol/L KOH）。以此活性炭为电极材料制备的超级电容器当能量密度为 1223W/kg 时，功率密度可达 70W·h/kg。Gao 等[10]以多孔的稻壳为前驱体，经过碳化后得到大比表面积（3145 m^2/g）的多孔碳材料；通过进一步调控 KOH 化学活化，得到了具有优异电化学性能的多孔碳材料。数据表明，当以 800℃为 KOH 活化温度时，该活性炭材料的比电容在水系电解液 6 mol/L KOH 和有机系电解液 1.5 mol/L 四乙基铵四氟硼酸盐中分别为 367F/g 和 174F/g，并且该材料有优异的电化学稳定性。

7.2.2 碳纳米管

图 7-9 是不同类型的碳纳米管的示意图。据文献报道，超级电容器的所有阻抗决定了其功率密度的大小。而碳纳米管由于具有独特的孔结构、优异的电性能和良好的机械性和热稳定性能，被广泛应用于超级电容器领域。碳纳米管分为单壁碳纳米管（SWCNTS）和多壁碳纳米管（MWCNTs）两类。虽然碳纳米管具有较大的比表面积和高的导电率，但是由于其中有利于电荷传输的微孔较少，因此，比电容仅有 20～80F/g。对于多壁碳纳米管而言，可以通过活化程序，增加微孔体积，但是改性后的电容性能依旧不如活性炭。也有人用强酸对碳纳米管进行表面功能化处理，引入赝电容来增大其电容性。

碳纳米管由于具有良好的机械性能，也被广泛用于柔性超级电容器。为了解决纯碳纳米管内阻高的问题和利用其特殊的柔韧机械性能，Hong 等[11]制备了在 CNTs 网络上电镀一层沿同一方向生长排列的镍金属，并且引入蛇纹石设计的电极进一步提高了导电性和可变形性（见图 7-10）。这种方法大大提高了可拉伸器件的导电性和柔韧性。

碳纳米管由于具有优异的机械性能，高的电导性，还常被用作支撑基底材料，然后再在上面长双电层或赝电容电极材料，可制备出性能优异的二维、三维柔性超级电容器。

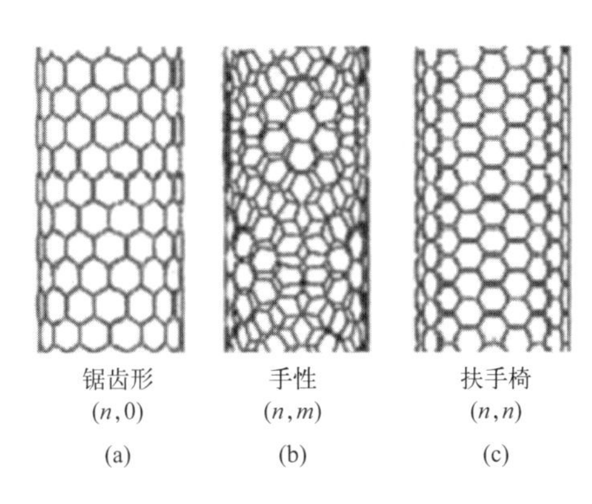

图 7-9　碳纳米管的原子结构

（a）锯齿形（n，0）；（b）手性（n，m）；（c）扶手椅（n，n）

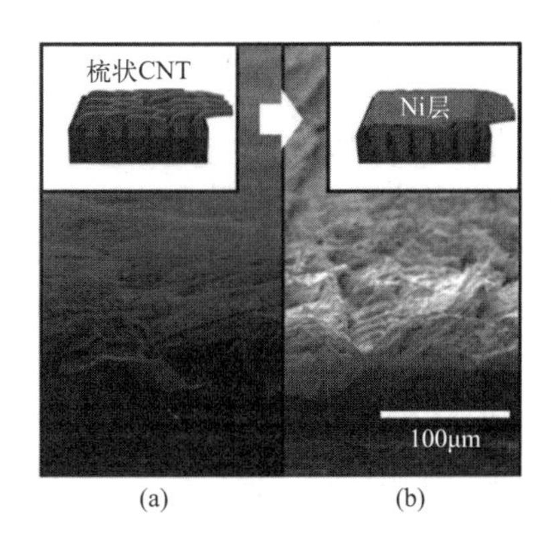

图 7-10　碳纳米管电镀镍前后的形貌

（a）之前；（b）之后

Shi 等[12]成功地将无定形 MnO_2 均匀长在多壁碳纳米管上，制备了结构稳定的无定形 MnO_2@MWCNTs 纤维（见图 7-11），并应用到超级电容器上。该 MnO_2@MWCNTs 纤维电极材料具有优异的比电容和倍率性能。基于该材料的固态超级电容器表现出了高的比电容和功率密度、优异的循环稳定性和机械性能。这归功于该纳米纤维的优异设计：①尺寸比较小的无定形二氧化锰为赝电容反应，提供了更多的阳离子活性位点，缩短了电子和离子传输

路径，因此即使在高扫速下依旧能够充分发挥二氧化锰良好的性能；②无定形二氧化锰的分布能够防止碳纳米管的堆叠，有利于离子传输；③MWCNTs 的网络结构也为纤维材料提供了高的电子传输性能。

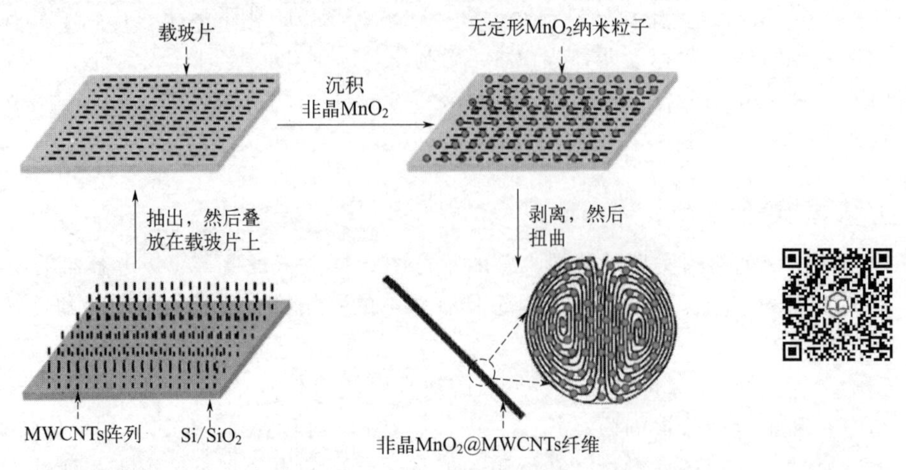

图 7-11 非晶 MnO_2@MWCNTs 纤维的制造[13]

为了充分利用双电层电容材料的优异电传导性，Simotwo 等[13]在聚苯胺（PANI）电纺丝原料中加入 12% CNT 和聚（环氧乙烷）（PEO），提高 PANI 的电纺丝电极材料的导电性，制得 PANI-CNT 电极材料。与纯 PANI 电极材料的 308F/g（0.5A/g 时）相比，PANI-CNT 具有更高的电容性能（385F/g）。

7.2.3 石墨烯

继 2004 年英国科学家 K. S. Novoselov 和 A. K. Geim 利用机械剥离法成功地从石墨中剥离出石墨烯后[14]，石墨烯由于具有优异的电化学性能、热稳定性、机械性能、高的电子迁移率［理论值为 1×10^6 $cm^2/(V\cdot s)$，是硅的 100 倍］、大的比表面积（2630m^2/g）受到各个领域科学家的广泛关注。石墨烯是由 sp^2 杂化的单层碳原子以蜂窝状排列结构组成的一种二维平面结构材料。用于制备石墨烯的方法有很多，有机械剥离法、化学气相沉积（chemical vapour deposition，CVD）、液相剥离法、化学还原氧化法、电化学还原法、电弧放电法、外延生长法等。

由于 π—π 键的存在，石墨烯容易堆叠，降低比表面积，影响电子的传输，因此，科学工作者采用各种方法来调控石墨烯形貌结构、组成成分或者与赝电容电极材料复合，以此来提高基于石墨烯电极材料的电容性能。

为避免石墨烯片层的堆叠，有研究者采用单壁碳纳米管与石墨烯复合，以增加石墨烯片层之间的距离[15]。改性后的复合材料在 $BMIMBF_4$ 电解液中的比电容可达 222F/g，比原始的单壁碳纳米管（66F/g）和还原氧化石墨烯（6F/g）要高得多。同样是 CNT 与 rGo（还原氧化石墨烯）复合，Pham 等[16]通过库仑相互作用将接枝了阳离子表面活性剂的 CNT 与呈负电荷的石墨烯片复合，并用 KOH 活化（见图 7-12）。得到的复合膜具有自支撑性和柔韧性，具有高的电子传导率 39 400S/m 和可观的质量密度 1.06g/cm^3，测得的最大能量密度为 117.2W·h/L，最大功率密度为 110.6W/kg。

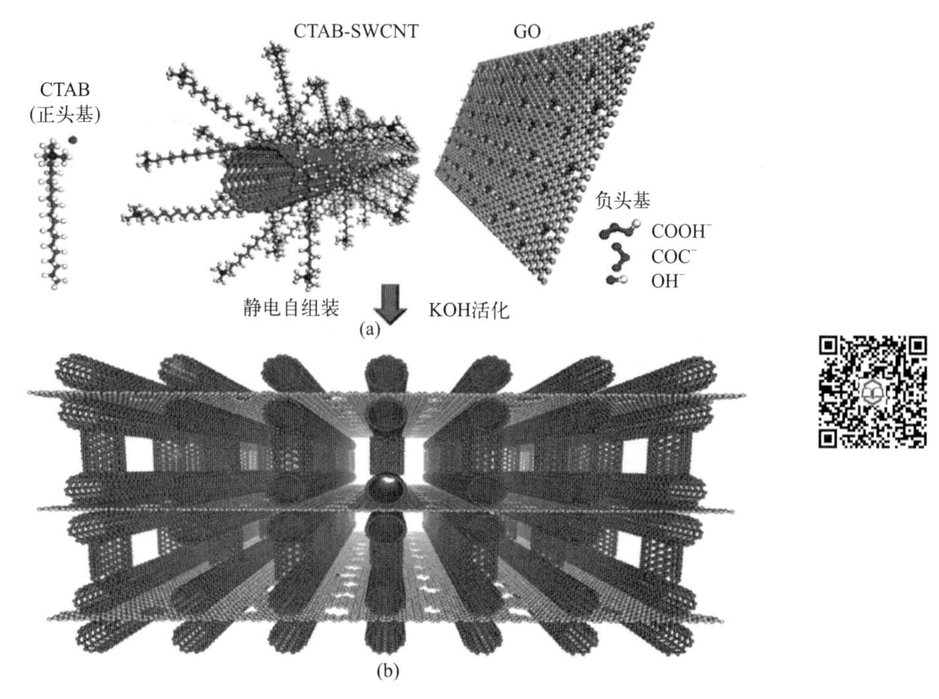

图 7-12　还原氧化石墨烯/单壁碳纳米管混合纳米结构[16]

（a）带正电荷的 CTAB 接枝的 SWCNT，带负电荷的氧化石墨烯层；
（b）3D SWCNT 与石墨烯片层相互作用组装

石墨烯作为大比表面积的二维材料，还常被用作复合赝电容材料生长的基底材料，形成二维复合电极材料，或者利用其优良的循环稳定性和高的电子传输性能，用石墨烯包裹赝电容材料形成核壳结构复合电极材料，提高赝电容电极材料的导电性。还有一些研究者通过在其他共混物上引入官能团，让复合物之间发生共价反应，加固两者的结合，从而提高最终电极材料的循环使用寿命。

Cao 等[17]采用多孔 Mo-MOFs 前驱体和氧化石墨烯复合制备了多孔 rGO/MoO_3 复合物并制备了柔性超级电容器（见图 7-13），该复合物的制备方法简单，受益于 Mo-MOFs 的多孔结构，制备的复合物保持了多孔纳米结构，这不仅缩短了电解液离子传输路程，还为赝电容反应提供了更多的活性面积，从而提高了电化学性能，同时还可以防止 MoO_3 和石墨烯的聚集。

石墨烯氧化物的水溶性和溶剂可分散性的特点，扩展了石墨烯基超级电容器的应用。高超课题组利用氧化石墨烯的溶剂可分散性，深入研究了通过湿法纺丝法制备石墨烯纤维，以应用于超级电容器领域[18,19]。该课题组近期还采用三维（3D）打印技术制备了三维立体结构的氧化石墨烯气凝胶，采用该材料制备的超级电容器在 0.5A/g 的充放电电流密度下，比电容可达 213F/g[20]。也有人利用氧化石墨烯的溶剂可分散性，将石墨烯水溶液抽滤成膜，再还原去除氧化官能团制得自支撑柔性器件或多孔纳米结构材料[21]。采用这种抽滤的方法制备的自支撑电极材料，无须添加黏结剂，且制备工艺简单，易实现工业化生产。或者采用该大比表面积的石墨烯膜作为集流体，赋予超级电容器质轻和耐弯折特性，做成柔性器件。

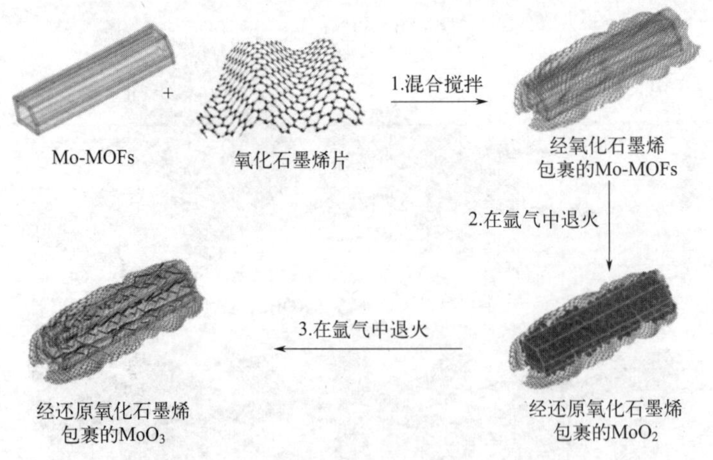

图 7-13 通过使用 Mo-MoFs 作为前驱体制备 rGO/MoO_3 复合物[17]

7.2.4 炭气凝胶

炭气凝胶是以间苯二酚和甲醛的缩合反应产物为前驱体，通过溶胶-凝胶法，在惰性气氛中经高温分解制备出具有多孔结构的炭气凝胶。它不仅具有可控的孔结构，也表现出较高的导电性。受益于炭气凝胶的三维多孔结构，当它作为超级电容器电极材料时通常具有较好的倍率性能。但是由于其比表面积相对小（400～900m^2/g），导致炭气凝胶的比电容较低，能量密度不高。

总结上述各碳材料在双电层电极材料中的应用，研究者主要从提高材料的比表面积、孔结构、杂元素掺杂等方面开展研究，从而提高碳材料的比电容和双电层超级电容器的性能。

7.3 赝电容超级电容器电极材料

赝电容器过渡金属化合物主要有过渡金属氧化物/氢氧化物、过渡金属硫化物、过渡金属硒化物、过渡金属磷化物、二维层状过渡金属碳（氮）化物（*M*Xene）等。制备过渡金属化合物的常用方法有水热法、球磨煅烧法、电化学沉积法、CVD 法等。

7.3.1 过渡金属氧化物

贵金属氧化物氧化钌是最早被研究应用在国防和航空航天领域的超级电容器赝电容电极材料，它具有高的比电容值和优异的功率密度，是目前金属氧化物在超级电容器中性能最优的电极材料。然而，氧化钌是贵金属氧化物，成本高，毒性较大，且需要在强酸（H_2SO_4）电解液中使用，限制了其民用化使用。因此，一些价格低廉、环境友好的过渡金属氧化物电极材料（氧化锰、氧化钴、氧化镍、氧化铁等）应运而生。过渡金属氧化物/氢氧化物在进行插层反应时具有高的理论赝电容活性和相对高的工作电压。但是由于氧化物的低电子传输性能，在实际应用时只是利用了活性物质的外表面活性位点，并且随着充放电循环次数的增加，活性物质氧化还原反应的次数增加，其晶格结构不是那么稳定，导致其循环稳定性不佳。目前，通过调控纳米结构、与具有优异电子传输性能的材料复合、调控过渡金属氧化物/氢氧化物的元素组成等方法来提高它们的性能。

二氧化锰在众多绿色过渡金属氧化物中，以其成本低、环境友好、资源丰富、理论电容值高（1370F/g）等特点，近年来引起了科学家们的广泛关注。为了提升过渡金属氧化物实际应用的电容值，Zhu 等[22]设计合成了一种以 β-MnO_2 为核，高度有序排列的“水钠锰矿型”MnO_2 纳米片层为壳的杂化金属氧化物（见图 7-14）。这种复合物外壳的平行有序排列结构为电解液中的离子提供了有效的传输通道，同时内核 β-MnO_2 有高电容性能。在三电极测试体系中，电解液为硫酸钠时，在 1.2V 的工作窗口下，该电极材料表现出 306F/g 的比电容。基于该电极材料制备的不对称超级电容器，在 1 mol/L 硫酸钠电解液体系中，功率密度为 40.4kW/kg 时，具有 17.6W·h/kg 的大能量密度。

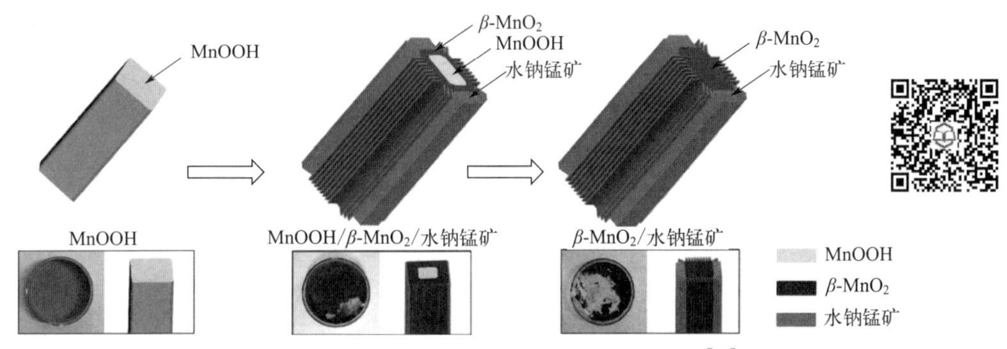

图 7-14　β-MnO_2/平行排列水钠锰矿的核/壳纳米棒[22]

7.3.2　过渡金属硫、磷、硒化物

过渡金属氧化物的低导电性制约了它们在大电流工作情况下的倍率性能和能量密度。通过阴离子交换将过渡金属氧化物中的氧变成 S、P 和 Se 元素，可以赋予过渡金属化合物更小的带隙，从而大大提高过渡金属化合物的电导率。因此一系列过渡金属硫化物、过渡金属磷化物和过渡金属硒化物（如 CuS、MoS_2、NiS、Co_9O_8、$NiCo_xS_y$、NiCoP、硫掺杂 NiP 等）被开发应用到超级电容器领域。

过渡金属硫化物的初始电容值比较高，但是经过第一次充放电后，电容值剧烈下降。当循环次数限制在可逆嵌入反应的范围内时，基于过渡金属硫化物的电极表现出更好的循环稳定性，只是容量值有所降低。值得一提的是，表现出相对较高电导率的金属硫化物大多呈现半导体相。目前，研究比较热门的过渡金属硫化物是复合 MCo_2S_4（M=Ni、Zn、Cu），它既具有多组分的氧化态，又具有更快的电子传输性能，因此比单一的过渡金属硫化物的电化学活性和比电容高。

Yu 等[23]采用两步水热法制备了石墨烯薄层包裹 $NiCo_2S_4$ 的核壳结构材料（$NiCo_2S_4$@G）（见图 7-15）。由于 $NiCo_2S_4$@G 的核壳结构使该材料要比金属化合物直接长在石墨烯片层上具有更好的接触性能和热稳定性，因此，该电极材料在 1A/g 时能有 1432F/g 的比电容。基于 $NiCo_2S_4$@G 和多孔负极碳的电极材料，电解液为 2 mol/L KOH 的非对称超级电容器表现出优异的循环稳定性，5000 次充放电后，该器件依旧保持了 83.4%初始电容量。

过渡金属磷化物除了具有良好的导电性外，还具有高的电催化反应活性，但作为超级电容器电极材料的相关研究才刚刚起步。研究表明，复合过渡金属磷化物 $Ni_xCo_{3-x}P_y$（x、y 可调）如同复合过渡金属硫化物，结合了 Ni_2P 优异的电容性和 Co_2P 良好的循环稳定性，表现出优异的电化学性能。而且，过渡金属和 P 的多价态也促进了电荷在法拉第氧化还原反应的储存。

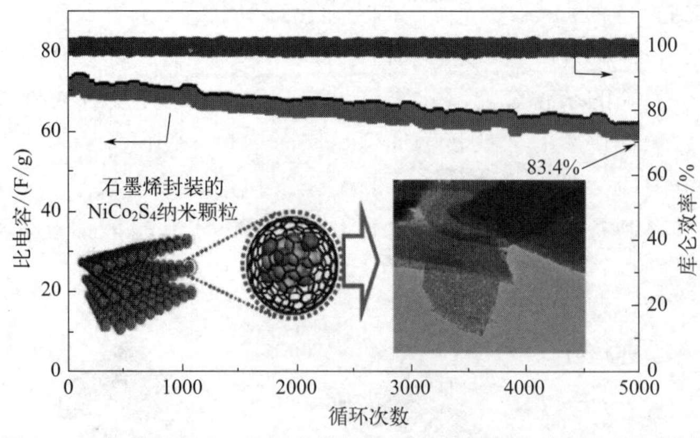

图 7-15　基于 $NiCo_2S_4$@G 电极材料不对称超级电容器的循环性能（内嵌图为石墨烯包裹 $NiCo_2S_4$ 透射电子显微镜图）[23]

7.3.3　过渡金属碳（氮）化物

自 2011 年 Gogotsi 课题组用氢氟酸和超声法制备了二维层状 Ti_3AlC_2 片层之后[24]，发展了一系列新型的二维过渡金属碳化物/过渡金属碳氮化物（transition metal carbides/carbonitrides，MXenes）并被应用到能源存储领域。MXenes 具体指的是 $M_{n+1}AX_n$，其中 M 表示早期过渡金属，A 表示ⅢA 或者ⅣA 族元素，X 表示 C 和/或 N，$n=1$、2 或者 3[25]（见图 7-16）。MXenes 结合了过渡金属碳化物的金属导电性和它们的羟基或氧封端表面的亲水性质。在本质上，它们表现为“导电黏土”。

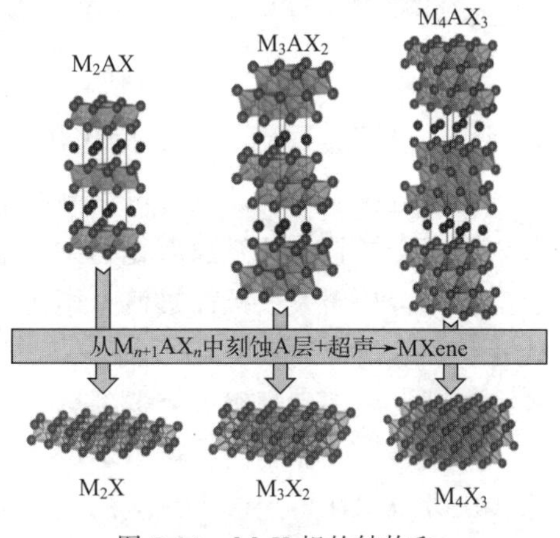

图 7-16　MaX 相的结构和相应的 MXenes[25]

MXenes 具有高的电导性和机械柔性，可以存储大量的电荷。但是它的电化学性能很大程度上受制备方法和表面化学性能影响。目前研究的关键在于，发展控制它们表面性能的方法来减小电容的不可逆。

Zhang 等[26] 利用 MXene 优异的二维机械性能，采用盖章式方法制备了柔性的基于 MXene 材料的微型超级电容器。这种微器件结合任意形状的 3D 打印邮戳和二维碳化钛或碳氮化物墨水，具有结构可控性（见图 7-17）。同时，它具有高的面积比电容性能，当 $25\mu A/cm^2$ 时电容达到 $61mF/cm^2$，当电流密度增加 32 倍时，电容值可达 $50mF/cm^2$。

7.3.4　导电聚合物

导电聚合物（conductive polymers）是一类主链由单键和双键交替的 π—π 共轭组成的聚合物，该体系通过掺杂 π—π 共轭键导电。常见的导电聚合物有聚苯胺（PANI）、聚吡咯（PPy）、聚噻吩（PTH）和聚对亚苯基乙烯（PPV）等，其结构式见图 7-18。导电聚合物材料具有成本低、导电率高、环境友好等优点，在多个领域得到应用。当导电聚合物被用作超级电容器电极材料时，具有电压窗口宽、可逆性优良、电化学活性可控和理论比电容值高等优点。其中，聚苯胺、聚吡咯和聚噻吩及其衍生物是被应用最多的赝电容电极材料。

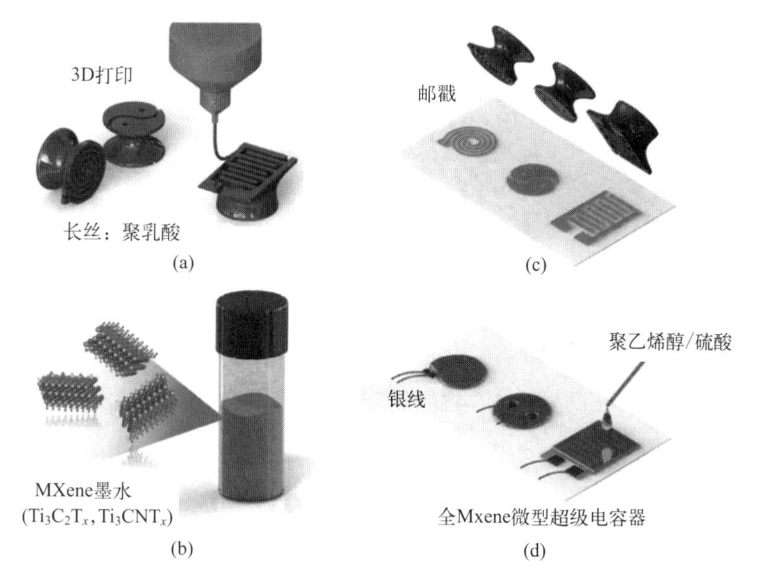

图 7-17　使用盖章方式制备的全 Mxene 型微型超级电容器[26]

PANI　PPy　PA

PTH　PPV

图 7-18　几类典型的导电聚合物的结构式

导电聚合物主要是通过材料本身的电子与电解质中的离子交换，发生氧化还原反应，存储电荷。它因为优异的微孔结构、与电解液接触较好的特点，所以，相比过渡金属化合物赝电容材料，导电聚合物导电性的需求要低些。但是相比双电层电极材料，在参加电化学反应时，整个导电聚合物电极内部都发生电化学反应，因此，提高它的导电性能仍然很有必要。同时，导电聚合物在充放电过程中虽未发生类似金属化合物的相变，但是随着电子在材料内部发生嵌入和脱出，体积容易发生溶胀和收缩，导致电化学循环寿命不长。为了解决这个问题，目前常采用的方法有：改善导电聚合物的形貌结构（制备纳米结构居多），从而增大材料比表面积，缩短电子传输途径；与纳米碳材料和赝电容金属化合物复合，降低聚合物形变概率，提高其导电性，进而提高复合材料的比电容；利用非对称型电容器的特点，采用双电层电容材料做负极，导电聚合物做正极，从而延长器件循环使用寿命。

7.3.4.1　聚苯胺

聚苯胺是苯式一醌式结构单元交替连接的结构，其聚合物重复结构单元见图 7-19。其中，y 表示聚苯胺的氧化还原程度（见图 7-20）当 y 为 0 或 0.5 或 1 时，呈现的是典型的三种形态的聚苯胺（LEB、EB、PNB），它们都是绝缘体。但是可以通过质子酸（HCl、高氯酸等）掺杂、碘掺杂、光助氧化掺杂、离子注入掺杂等掺杂方式使聚苯胺（$0<y<1$）变为导体。不同的 y 对应于不同的结构和电导率。

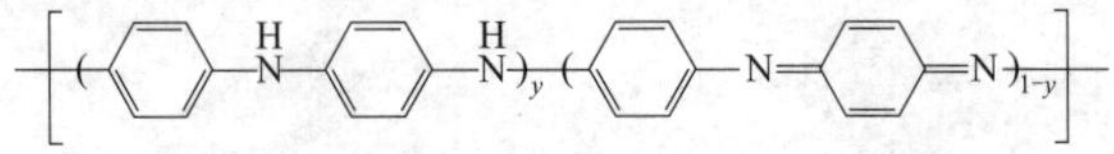

图 7-19　聚苯胺的分子结构式

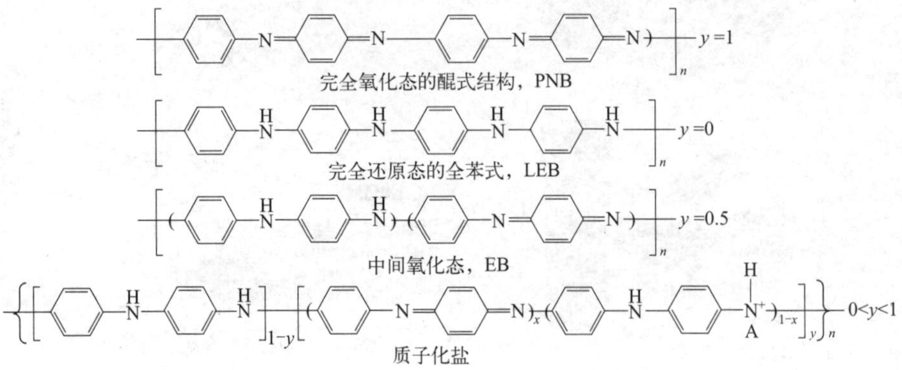

$y=1$

完全氧化态的醌式结构，PNB

$y=0$

完全还原态的全苯式，LEB

$y=0.5$

中间氧化态，EB

$0<y<1$

质子化盐

图 7-20　不同形态的聚苯胺结构式

聚苯胺的合成工艺简便，成本低，在赝电容电极材料里面研究得比较多。纯聚苯胺被用作电容器电极使用时，工作电压窗口一般为 0.7V；若超过了 0.7V，电极材料更加容易分解成类小分子物质[27]。研究者为了提高聚苯胺赝电容材料的循环使用寿命，常用的方法有：调控材料的形貌结构，与其他材料复合制备成非对称型超级电容器。

为了提高聚苯胺与电解液的有效接触和稳定性，可通过结构设计，制备纳米级聚苯胺（如聚苯胺纳米线阵列、聚苯胺纳米管等），提高聚苯胺的比表面积。

利用碳材料、金属化合物或者其他导电聚合物的优点，采用复合的方法，制备出不同形貌结构的聚苯胺/（碳材料、金属化合物或者其他导电聚合物）复合材料，也是一种提高聚苯胺电容性能的方法。Meng 和他的合作者[28]以多孔石墨烯为模板，在其表面生长聚苯胺纳米线阵列，制备了三维还原氧化石墨烯/聚苯胺（3D-rGO/PANI）的复合膜（见图 7-21）。

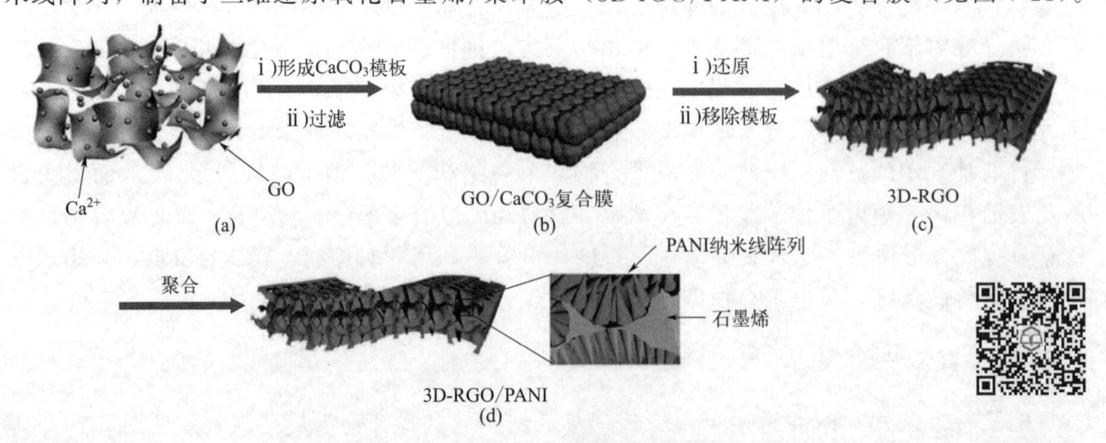

图 7-21　3D-rGO 和 3D-rGO/PANI 膜制备

利用石墨烯优异的电化学性能和多孔模板，以及聚苯胺良好的赝电容性能，3D-rGO/PANI膜表现出良好的倍率性能。经过5000次循环后，电容保持率为88%。此外，利用具有大比表面积的二维片层结构电极材料与聚苯胺复合也为复合电容器材料提供了不错的选择[29,30]。Cong等[30]在尺寸可控的微孔结构石墨烯纸上，用电沉积方法生长聚苯胺片层。制备出的石墨烯一聚苯胺复合膜具有良好的电导率（15Ω/sq）和低的密度（0.2g/cm^3）。经过1000次循环充放电后，电容值保持率保持在64.2%，而单纯的PANI膜只有53.8%的保持率。

7.3.4.2 聚吡咯

聚吡咯结构式见图7-18，是一种p型掺杂的导电聚合物。它具有多孔结构、高离子导电率、快速的充/放电速率、价格低廉、良好的环境稳定性和高的能量密度等优点，因而展现了优异的法拉第赝电容。与聚苯胺一样，聚吡咯的电化学性能与它的合成方法密切相关。此外，改善聚吡咯电极材料性能的方法，也与上述改善聚苯胺电极的方法相一致。例如：改变聚吡咯的形貌结构；与其他电极材料复合；被应用组装成非对称型超级电容器。

7.3.4.3 聚噻吩及其衍生物

聚噻吩是一种p型聚合物，但是其衍生物既能作n型也能作p型聚合物。虽然聚噻吩的导电性差，但是p型聚噻吩在空气中稳定性高、耐湿度强。基于聚噻吩的电容性能虽然比聚苯胺和聚吡咯要低，但是它具有更高的电压工作窗口（1.2V）。这为聚噻吩基非对称超级电容器提供了更大的工作窗口。在聚噻吩衍生物中，聚(3,4-亚乙基二氧噻吩)（PEDOT）、聚[3-(4-氯苯基)噻吩](PFPT)、聚(3-甲基噻吩)(PMeT) 和聚(二蒽基-3,4-b:3′,4′d) 噻吩(PDTT) 被成功应用于超级电容器，其电容值为70～200F/g。

7.4 其他新型电极材料

随着对能源存储器件的大力发展，多种新型的具有优异电化学性能的电极材料应运而生：金属有机骨架材料（metal organic frameworks，MOFs)、黑磷、共价有机骨架材料(covalent organic frameworks，COFs）以及前面提到的*M*Xene材料等。

7.4.1 金属有机骨架材料

MOFs是一类有机配体和金属离子或团簇通过配位键自组装形成的具有分子内孔隙的有机一无机杂化材料。相比其他传统的多孔材料，MOFs材料具有多种多样的骨架结构、可控的孔径大小、大的比表面积和大量的活性位点。目前，MOFs被广泛应用到气体吸附和分离、催化、药物输送、成像和传感器领域。近年来，MOFs及其衍生物也慢慢被应用于电化学能量存储领域，如锂离子电池、燃料电池和超级电容器中。但是，由于MOFs是通过配体和金属中心之间的配位键构成的有序网络晶型结构，因此，MOFs的骨架结构不稳定并且导电性通常不如常用的碳质电极材料。为此，寻求稳定性良好和电导率高的MOFs及其衍生物，以应用于超级电容器，显得尤为重要。

MOFs应用于超级电容器中，主要有以下几方面。

7.4.1.1 双金属氧化物

前面有提及过渡金属氧化物在超级电容器中有广泛的研究和应用。相对单金属过渡氧化物，双金属过渡氧化物具有更好的性能，例如：有更优异的导电性，提供相对低的活化能，从而更利于电子的传递，混合过渡金属阳离子使其具有更丰富的氧化还原活性位点。与制备双金属过渡氧化物的传统方法相比，由混合 MOF 材料制备双金属过渡氧化物的方法具有易调控不同金属组成和材料形貌可控的特点。

7.4.1.2 碳复合材料

(1) MOFs 衍生的碳金属氧化物复合材料

过渡金属氧化物的能量密度和倍率性能受到其材料内在的低电导率的限制，可以通过碳掺杂来提高。将碳材料与过渡金属氧化物混合，可以有效减小电化学反应过程中的电荷转移电阻，并且碳材料的加入可以增加一定的双电层电容效应 MOFs 作为碳/过渡金属氧化物复合物的前驱体，通过在惰性气体氛围下高温碳化后，可直接得到金属氧化物分散均匀的碳/金属氧化物复合物。Zhang 等[31]通过在泡沫镍基底上面水热生长 Co-MOFs，然后在氩气氛下高温碳化，最后直接得到 Co_3O_4/C 纳米线阵列。应用于超级电容器中，在 $1mA/cm^2$ 的电流密度下，具有 1.32 F/cm^2 的比电容。

(2) 石墨烯 MOFs 衍生的金属化合物

利用石墨烯大的比表面积、突出的电传导性能和优异的弹性，研究者们通过常温原位或者水热法在石墨烯上生长 MOFs 前驱体，再通过高温作用，制得石墨烯 MOFs 衍生金属化合物复合材料以应用于超级电容器中。

7.4.1.3 MOFs 衍生的金属氧化物复合物

由 MOFs 衍生制备的金属氧化物复合物不仅汇合了单金属氧化物的优点，并且具有更加多样的结构和形貌。另外这种复合物增强了材料的导电性，增加了活性位点。可以借鉴双金属有机框架化合物从而直接获得金属氧化物混合物。

7.4.1.4 高导电性 MOFs

MOFs 作为超级电容器电极材料的问题在于：孔隙度越高，导电性一般越差。Sheberla 等[32]报告了一种高导电性的 MOFs——六亚氨基三苯镍化合物 [$Ni_3(HITP)_2$] 作为电极材料（见图 7-22），成功构建了一种稳定的超级电容器。该超级电容器具有良好的循环稳定性，在循环 10 000 次后，比电容仍然可以保持在初始的 90%。

7.4.2 共价有机骨架材料

还有一种新型超级电容器电极材料是 COFs。该材料的出现最早可追溯到 2005 年，Yaghi 和合作者设计合成了第一个由共价键连接的共价有机骨架材料。在 COFs 里，连接单元有 B—O、C—N、B—N 和 B—O—Si 等。与 MOFs 相似的是，COFs 也有高的比表面积、孔径大小可控和高的分子可设计性，因此也被应用到有机合成和能量存储领域。根据 COFs

的组成成分，它既可以做双电层电容材料也可以做赝电容电极材料。尽管如此，不溶性及较差的储电能力一直阻碍其在超级电容器上的应用。Halder 等[33]成功合成出了一种拥有层间氢键的 COFs，该材料在酸碱性溶液中均具有良好的稳定性。将该材料用于超级电容器，展现出优良的性质，面积电容可达 1600mF/cm^2，循环稳定性可达 10 000 以上。通过与石墨烯复合，借助于石墨烯的高电性，石墨烯/COFs 在储能领域中崭露头角。目前所报道的关于石墨烯 COFs 的制备方式有将 COFs 片层沉积在石墨烯上，或将 COFs 膜平行排列在基底上。然而这种平行堆叠的方式并不能使 COFs 的孔结构得到充分利用，进而阻碍了材料离子传输性能。

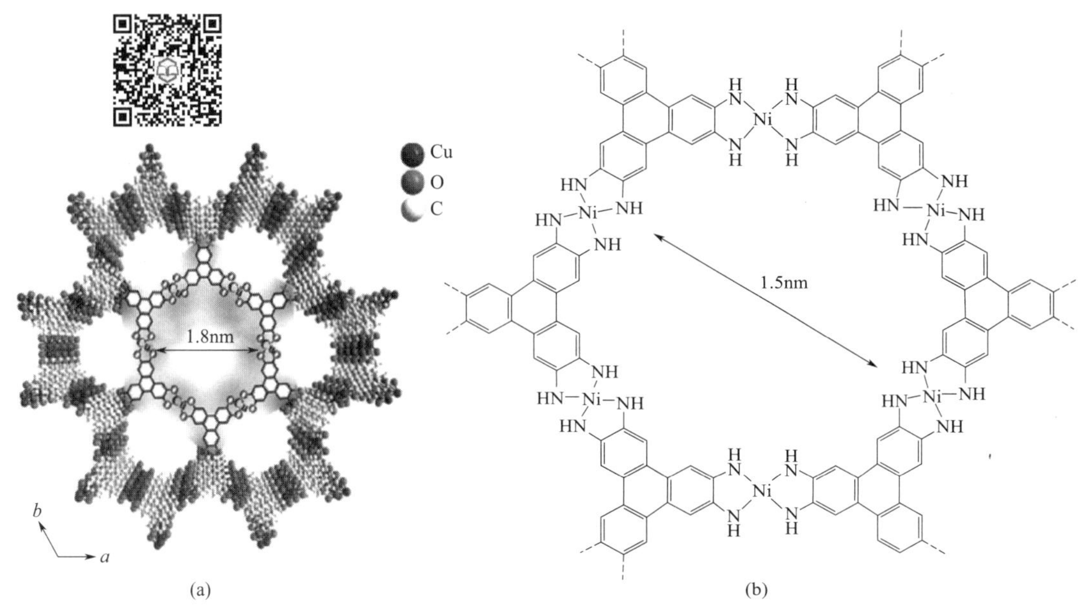

图 7-22　沿 c 轴观察到的 Cu-CAT 和 Ni_3（HITP)$_2$ 的结构

(a) Cu-CAT；(b) Ni_3(HITP)$_2$

7.4.3　黑磷

黑磷早在 1914 年就已经合成出来，2014 年作为二维纳米材料的一员被大家重新认识。由于其强的层内 P—P 键和弱的层间范德华力形成了独特的 P 原子波纹平面。通过断裂层间范德华力，可以将原始的黑磷剥离成多片层甚至单片层黑磷纳米片。可将黑磷片层定义为亚磷。目前，制备亚磷的方法有：高能机械球磨红磷，高压下加热有毒的白磷或红磷或液态金属中的白磷转化。当前使用最多的是在有机溶剂（如丙酮和 N-甲基-2-吡咯烷酮）中的液体剥离方法[34]。亚磷应用于超级电容器材料还处于起始阶段，目前研究得还不是很多。有人通过液体剥离法剥离出黑磷纳米片层，制备成以 PVA/H_3PO_4 为凝胶电解质的全固态柔性超级电容器[35]。在循环伏安测试中，扫速为 0.005、0.01V/s 和 0.09V/s 时，电容分别为 17.78 F/cm^3（59.3F/g)、13.75 F/cm^3（48.5F/g）和 4.25 F/cm^3（14.2F/g)。在循环了 3000 次后，电容保持率为 71.8%。随着黑磷纳米片层的研究，也有研究者尝试将与磷同一主族的砷剥离成纳米片层，作超级电容器的电极材料，其在 14A/g 电流密度下，电容高达 1578F/g[36]。

7.5 微型结构超级电容器器件结构与性能

为更好地满足可穿戴电子产品的抗拉伸、可修复的需求，亟须开发与之相匹配的可拉伸微型超级电容器。国内的复旦大学、同济大学、中国科学院苏州纳米技术与纳米仿生研究所、清华大学、香港城市大学、上海交通大学、吉林大学等以及国外的爱尔兰都柏林三一学院、美国德雷塞尔大学、韩国浦项科技大学、新加坡南洋理工大学等高等院校和科研机构在微型超级电容器（micro-supercapacl，MSC）领域相继开展有关研究并做出了较为突出的贡献。

MSC 一般可分为两类（见图 7-23）：一类是一维纤维状 MSC，它有同轴结构和扭曲结构，这类 MSC 具有质量轻，可以被编织进衣物、织物等优点；另一类是二维平面 MSC，主要有平行柱、同心圆和交叉指电极型，这类 MSC 体积小、质量轻、功率密度高，在弯折条件下具有可拉伸、可自愈特性。

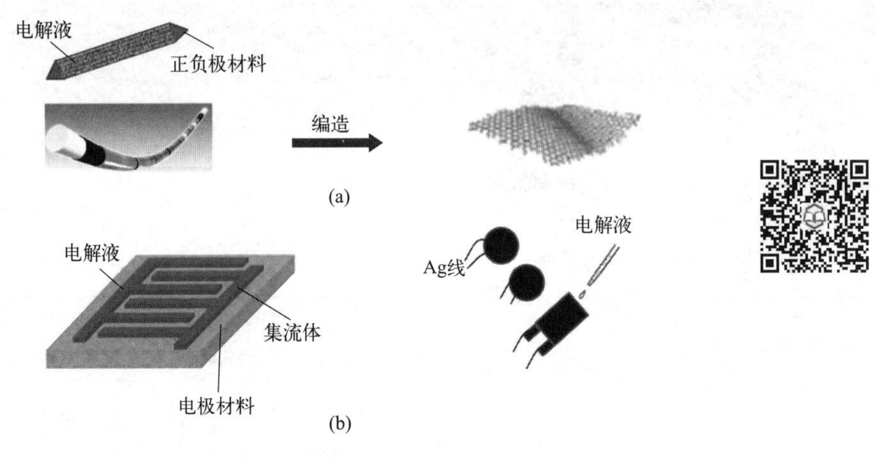

图 7-23 微型超级电容器

（a）一维纤维状 MSC；（b）二维平面交叉指电极型 MSC

7.5.1 一维纤维状 MSC

一维纤维状 MSC 主要有两种结构：缠绕式与同轴式。这两种结构的电容器的制备方法也有所不同。

（1）缠绕式 MSC 的制备

缠绕式 MSC 是在线型的柔性基底如碳布上，通过在上面生长电极材料，最终将涂有固态电解质的碳纤维以一定的角度缠绕，实现一维纤维状 MSC 的组装。例如，有研究者通过这种方法制备了以 $CoNiO_2$ 为正极和活性炭为负极的非对称 MSC[37]。该线性 MSC 可有 1m 以上的长度，电压窗口可达 1.8V，长度比电容可达 1.68mF/cm，能量密度为 0.95mW·h/cm^2。为降低制备纤维状 MSC 的成本，复旦大学彭慧胜教授[38]设计了一种旋转平移法，可有效结合高分子的弹性与碳纳米管的优异电学性能和机械性能，制备出可拉伸的线状 MSC。这种电容器可弯曲、折叠和拉伸，且在拉伸 75%的情况下能 100%保持电容器的各项性能。这种纤维状 MSC 可进一步编织成各种形状的织物，并可集成于各种微型电子器件上，从而满足未来对于微型能源的需求。

（2）同轴式 MSC 的制备

同轴式 MSC 是通过首先在一根弹性绳上均匀地裹上一层固态电解质，紧接着继续裹上一层 CNT 薄膜电极材料，之后重复裹上一层固态电解质和一层 CNT 薄膜电极材料，最后涂上最外层的固态电解质材料来完成器件的组装[38]。与缠绕式电容器相比，同轴式电容器的制备方法对材料的要求更高，并不是一种具有普适性的器件组装方法。但是同轴电容器与缠绕式电容器相比，正负极的间距更短，对电极材料的利用率更高。已经有实验证明，在电极材料相同的条件下，同轴电容器的比电容远高于缠绕式电容器。因此，继续完善和优化同轴式线状超级电容器具有重要的意义。

7.5.2 二维平面 MSC

相对一维纤维状 MSC 而言，二维平面 MSC 对电极材料的力学性能和器件各组分的黏结性要求更低，工作电压窗口也更易通过器件的串并联调节。并且二维平面 MSC 的电极间距可为几微米甚至更小，能够结合不同功能的集成多功能电子器件使用，为多功能集成可穿戴电子奠定了坚实的基础。为了满足可穿戴电子产品的抗拉伸、可修复的需求，二维平面超级电容器必须具有可拉伸性能、高的能量密度和功率密度以便适配供能。但目前大多数二维平面超级电容器电极材料本质上是非柔性材料，存在着面/体比电容小和拉伸强度低的问题，制约了可拉伸二维平面 MSC 的应用。为了提升二维平面 MSC 的实际应用性，必须解决电极材料的比电容低和柔韧性问题。目前研究的 MSC 电极材料主要集中在碳类材料（石墨烯、碳的衍生物、洋葱状碳、活性炭等），这类器件主要是依靠双电层原理充放电。另外一种是赝电容类材料，如导电聚合物材料、过渡金属氧化物/氢氧化物、过渡金属硫化物和氮化物以及金属碳/氮化物（MXene）。这类器件主要依赖于快速的氧化还原反应存储电能。在众多电极材料中，二维材料（石墨烯、MXene、过渡金属硫化物）具有大的比表面积和稳定的物理化学性能，为电荷传输提供了良好的通道和电化学性能的稳定性，利于其在二维平面 MSC 的应用。理想的石墨烯与多数极性分子、溶剂介质等相互作用较弱。对石墨烯进行化学功能化，可有效调变其化学反应活性与界面性质但同时破坏其二维共轭结构，从根源上限制了复合材料电化学性能的提高。MXene 是一类具有类石墨烯结构与新颖性质的新型二维晶体化合物，MXene 在具有类金属导电性的同时，表面丰富的—F、—OH 等官能团也赋予其优良的化学反应活性与亲水性，有望作为构筑纳米复合结构的理想基质材料。但由于高比例金属原子在表面的暴露，MXene 在氧化性气氛中容易相变为 TiO_2 半导体并伴随二维结构的坍塌，这不仅限制了 MXene 自身的应用，同时也对基于 MXene 的复合材料创新提出了巨大挑战。

为了在柔性器件中进一步应用性能优异的电极材料，必须在整个系统中采用机械坚固的基底，如具有可弯曲性能的聚对苯二甲酸乙二醇酯（PET）薄膜、聚酰亚胺（PI）薄膜以及具有自愈性能的硅胶（PDMS），并且要考虑电极材料与基底材料的黏结性。通过对基底材料引入可交联基团，使得它与电极材料发生交联作用，提升两者的黏结性，从而提高器件的可拉伸性能。另外，目前制备二维平面 MSC 的方法有化学（激光）刻蚀法、激光直写化学气相沉法、电镀溅射法、喷墨打印法和掩模板抽滤法。刻蚀法、激光直写化学气相沉积法、电镀溅射法、喷墨打印法等方法，需要激光刻蚀、激光加工或离子溅射等工艺以及相关的大型仪器，成本较高，耗材耗时。研究者可根据电极材料的特性，结合不同工艺的优点，制备出性能优异的超级电容器。

7.6 超级电容器的应用

目前，美国、日本、瑞士、俄罗斯等国家都在加紧研发超级电容器，并研究超级电容器在电动车驱动和制动系统中的应用。2011 年美国 Nesscap Energy 公司与世界级的铁路车辆制造商 CAF 达成协议，为西班牙主要城市的有轨电车提供超级电容，成为世界上最大的有轨机车用超级电容器供应商。基于超级电容的储能系统可以使轻轨车辆在脱离输电线路电力供应时保持运行。当机车停止时，超级电容储能系统将在 25s 内实现满负荷充电。2012 年日本贵弥功于东京举行的“第三届国际充电电池展”上展出了 DXE 系列双电层电容器，静电容量有 400、800、1200F 三种，内部电阻最低只有 0.8 mΩ。该公司还研发出了可采用铝电解电容制造技术的圆筒薄膜电容器，最大可支持 1500V 的电压，它除了车载用途外，还可用于光伏发电的功率调节器以及各种逆变器。2012 年。松下电子开发出了可用于 30～40kW 的电动机、容量为 581μF、电压为 450V 和可用于 80kW 的电动机、容量为 1000μF、电压为 450V 的超级电容器。

我国对超级电容器的研究起步较晚。近年来，清华大学、上海交通大学、北京科技大学、哈尔滨工程大学、电子科技大学等都开展了超级电容的基础研究和器件研制，其中，电子科技大学研制的基于碳纳米管—聚苯胺纳米复合物超级电容器，能量密度达到了 6.97W·h/kg，并具有良好的功率特性。在产业化方面，大庆华隆电子有限公司是首家实现超级电容器产业化的公司，其产品包括 3.5、5.5、11V 等系列。北京金正平、石家庄高达、北京集星、江苏双登、锦州锦容和上海奥威等公司都开展了超级电容器的批量生产，并已在内燃机的电子启动系统、高压开关设备、电子脉冲设备、电动汽车等领域得到了应用。目前通过自主研发，我国成功研发出了 3000F 超级电容器，经国家权威机构检测，静电容量 3224.1F，内阻 0.256mΩ，性能达到国际先进水平。

7.6.1 超级电容器在可再生能源领域的应用

超级电容器用于风力发电变桨距控制系统通过为变桨系统提供动力实现调整桨距。平时，由风电机组产生的电能输入充电机，充电机为超级电容器储能电源充电，直至超级电容器储能电源达到额定电压。当需要为风电机组变桨时，控制系统发出指令，超级电容器储能系统放电，驱动变桨系统工作。这样即使在高风速下也可以改变桨距角以减少功角，从而减小在叶片上的气动力，保证叶轮输出功率不超过发电机的额定功率，延长发电机的寿命。

超级电容器在光伏发电系统中应用。超级电容器作为辅助存储装置主要为了实现两方面作用：首先，作为能源储存装置，在白天是储存光伏电池提供的能量，在夜间或阴雨天光伏电池不能发电时向负载供电，可实现稳定、连续地向外供电，同时起到平滑功率的作用；其次，与光伏电池及控制器相配合，实现最大功率点跟踪（maximum power point tracking, MPPT）控制。Thounthong 等研究了光伏发电—超级电容器相结合的能源系统。通过增加超级电容器，光伏发电可以输出更为平稳的电能。

7.6.2 超级电容器在工业领域的应用

① 超级电容器可以应用于叉车、起重机、电梯、港口机械设备、各种后备电源、电网电力存储等方面。叉车、起重机方面的应用是当叉车或起重机启动时超级电容器存储的能量会及时提供其升降所需的瞬时大功率，同时储存在超级电容器中的电能可以辅助起重、吊装，从而减少油的消耗及排放，并可满足其他必要的电气功能。如结合了超级电容器的柴油发动机混合动力中，超级电容器能够提供所需的脉冲功率，可大大提高发动机的节油量。应用了超级电容器的轮胎式集装箱起重机利用大容量超级电容器，在启动时能迅速进行大电流放电，下降时能迅速进行大电流充电，将能量吸收，起到节能环保的作用。

② 在重要的数据中心、通信中心、网络系统等对电源可靠性要求较高的领域，均需采用 UPS 装置解决供电电网出现的断电、浪涌、频率震荡等问题。用于 UPS 装置中的储能部件通常可采用铅酸蓄电池、飞轮储能和燃料电池等。在电源出现故障的一瞬间，以上的储能装置中只有电池可以实现瞬时放电，其他储能装置需要长达 1min 的启动才可达到正常的输出功率。但电池的寿命远不及超级电容器，且电池的使用过程中需要消耗大量人力、物力对其进行维修维护。所以超级电容器用于 UPS 储能的优势显而易见。Chlodnicki 等[39]将超级电容器用于在线式 UPS 储能部件，当供电电源发生故障时可以保证试验系统继续运行。

③ 超级电容器在微电网方面的应用也十分广泛。超级电容器储能系统作为微电网必要的能量缓冲环节，可以提供有效的备用容量改善电力品质，改善系统的可靠度、稳定度。超级电容器储能系统应用中，三相交流电经整流器变为直流电，再通过逆变器将直流电逆变成可控的三相交流电。正常工作时，超级电容器将整流器直接提供的直流能量储存起来，当系统出现故障或者负荷功率波动较大时，再通过逆变器将电能释放出来，准确快速补偿系统所需的有功和无功，从而实现电能的平衡与稳定控制。

7.6.3 超级电容器在交通领域的应用

超级电容器在交通领域中的应用包括汽车、大巴、轨道车辆的再生制动系统、起停技术，卡车、重型运输车等车辆在寒冷地区的低温起动，以及新能源汽车领域。

地铁车辆在运行过程中，由于站间距离较短，列车起动、制动频繁，可利用超级电容器将制动产生的能量储存起来，该能量一般为输入牵引能量的 30%甚至更多。在国外，超级电容器已经实际应用于轨道交通再生制动能量回收存储系统中。加拿大的庞巴迪公司推出了基于超级电容器的能量回收系统 MITRIC，并在其国内投入使用。正是由于超级电容器可以存储非常高的能量并且可以在短时间内释放出，从而可以将轨道车辆在制动时产生的电能存储起来，在列车再次起动时，这部分能量可再次被利用，使得列车运行能耗得到明显降低。

卡车等重型运输车辆在寒冷地区起动时，蓄电池性能大大下降，很难保证正常启动。超级电容器工作温度范围是−40～65℃，在低温环境下有较好的放电能力。当汽车处于低温环境时，蓄电池放电能力下降，通过超级电容器与蓄电池并联可辅助汽车启动，确保起动时提供足够的起动电流和起动次数，保障汽车的正常启动，同时避免了蓄电池的过度放电现象，对蓄电池起到极大的保护作用，延长了铅酸蓄电池的寿命。

在新能源汽车领域，超级电容器可与二次电池配合使用，实现储能并保护电池的作用。通常超级电容器与锂离子电池配合使用，两者完美结合形成了性能稳定、节能环保的动力汽车电源，可用于混合动力汽车及纯电动汽车。锂离子电池负责解决汽车充电储能和为汽车提供持久动力的问题，超级电容器则为汽车启动、加速时提供大功率辅助动力，在汽车制动或怠速运行时收集并储存能量。超级电容器在汽车减速、下坡、刹车时可快速回收并存储能量，将汽车在运行时产生的多余的不规则的动力安全地转化为电池的充电能源，保护电池的安全稳定运行。

习题与思考题

1. 简述超级电容器的结构组成和工作原理。
2. 双电层电容器与赝电容器在电荷储能上的差别和各自的特点是什么？

参考文献

[1] 曾蓉，张爽，邹淑芬，等. 新型电化学能源材料[M]. 北京：化学工业出版社，2019.

[2] Nguyen T. Exploring driving forces and liquid properties for electrokinetic energy[J]. Annalen der Physik，1853，165(6)：211-233.

[3] Vangari M，Pryor T，Jiang L. Supercapacitors：review of materials and fabrication methods[J]. Journal of Energy Engineering，2013，139(2)：72-79.

[4] Zhang L L，Zhao X S. Carbon-based materials as supercapacitor electrodes[J]. Chemical Society Reviews，2009，38(9)：2520-2531.

[5] Kostyuk P G，Mironov S L，Doroshenko P A，et al. Surface charges on the outer side of mollusc neuron membrane[J]. The Journal of Membrane Biology，1982，70(3)：171-179.

[6] Wang F，Wu X，Yuan X，et al. Latest advances in supercapacitors：from new electrode materials to novel device designs[J]. Chemical Society Reviews，2017，46(22)：6816-6854.

[7] Zhong C，Deng Y，Hu W，et al. A review of electrolyte materials and compositions for electrochemical supercapacitors[J]. Chemical Society Reviews，2015，44(21)：7484-7539.

[8] Kierzek K，Frackowiak E，Lota G，et al. Electrochemical capacitors based on highly porous carbons prepared by KOH activation[J]. Electrochimica Acta，2004，49(4)：515-523.

[9] Hou J，Cao C，Ma X，et al. From rice bran to high energy density supercapacitors：a new route to control porous structure of 3D carbon[J]. Scientific reports，2014，4(1)：1-6.

[10] Gao Y，Li L，Jin Y，et al. Porous carbon made from rice husk as electrode material for electrochemical double layer capacitor[J]. Applied Energy，2015，153：41-47.

[11] Hong S，Lee J，Do K，et al. Stretchable electrode based on laterally combed carbon nanotubes for wearable energy harvesting and storage devices[J]. Advanced Functional Materials，2017，27(48)：1704353.

[12] Shi P，Li L，Hua L，et al. Design of amorphous manganese oxide@ multiwalled carbon nanotube fiber for robust solid-state supercapacitor[J]. ACS nano，2017，11(1)：444-452.

[13] Simotwo S K，DelRe C，Kalra V. Supercapacitor electrodes based on high-purity electrospun polyaniline and polyaniline-carbon nanotube nanofibers[J]. ACS applied materials & interfaces，2016，8(33)：21261-21269.

[14] Novoselov K S, Geim A K, Morozov S V, et al. Electric field effect in atomically thin carbon films[J]. science, 2004, 306(5696): 666-669.
[15] Jha N, Ramesh P, Bekyarova E, et al. High energy density supercapacitor based on a hybrid carbon nanotube-reduced graphite oxide architecture[J]. Advanced Energy Materials, 2012, 2(4): 438-444.
[16] Pham D T, Lee T H, Luong D H, et al. Carbon nanotube-bridged graphene 3D building blocks for ultrafast compact supercapacitors[J]. ACS nano, 2015, 9(2): 2018-2027.
[17] Cao X, Zheng B, Shi W, et al. Reduced graphene oxide-wrapped MoO_3 composites prepared by using metal-organic frameworks as precursor for all-solid-state flexible supercapacitors [J]. Advanced Materials, 2015, 27(32): 4695-4701.
[18] Zhao X, Zheng B, Huang T, et al. Graphene-based single fiber supercapacitor with a coaxial structure [J]. Nanoscale, 2015, 7(21): 9399-9404.
[19] Zheng B, Huang T, Kou L, et al. Graphene fiber-based asymmetric micro-supercapacitors[J]. Journal of Materials Chemistry A, 2014, 2(25): 9736-9743.
[20] Peng L, Xu Z, Liu Z, et al. UltrA • high thermal conductive yet superflexible graphene films[J]. Advanced Materials, 2017, 29(27): 1700589.
[21] Mao S, Lu G, Chen J. Three-dimensional graphene-based composites for energy applications[J]. Nanoscale, 2015, 7(16): 6924-6943.
[22] Zhu S, Li L, Liu J, et al. Structural directed growth of ultrathin parallel birnessite on β-MnO_2 for high-performance asymmetric supercapacitors[J]. ACS nano, 2018, 12(2): 1033-1042.
[23] Yu F, Chang Z, Yuan X, et al. Ultrathin $NiCo_2S_4$ @ graphene with a core-shell structure as a high performance positive electrode for hybrid supercapacitors[J]. Journal of Materials Chemistry A, 2018, 6(14): 5856-5861.
[24] Naguib M, Kurtoglu M, Presser V, et al. Two-dimensional nanocrystals produced by exfoliation of Ti_3AlC_2[J]. Advanced materials, 2011, 23(37): 4248-4253.
[25] Naguib M, Mashtalir O, Carle J, et al. Two-dimensional transition metal carbides[J]. ACS nano, 2012, 6(2): 1322-1331.
[26] Zhang C, Kremer M P, Seral-Ascaso A, et al. Stamping of flexible, coplanar micro-supercapacitors using MXene inks[J]. Advanced Functional Materials, 2018, 28(9): 1705506.
[27] Wang J, Wu J, Bai H. Degradation-induced capacitance: a new insight into the superior capacitive performance of polyaniline/graphene composites[J]. Energy & Environmental Science, 2017, 10(11): 2372-2382.
[28] Meng Y, Wang K, Zhang Y, et al. Hierarchical porous graphene/polyaniline composite film with superior rate performance for flexible supercapacitors [J]. Advanced Materials, 2013, 25 (48): 6985-6990.
[29] Zhu J, Sun W, Yang D, et al. Multifunctional Architectures Constructing of PANI nanoneedle arrays on MoS2 thin nanosheets for high-energy supercapacitors[J]. Small, 2015, 11(33): 4123-4129.
[30] Cong H P, Ren X C, Wang P, et al. Flexible graphene-polyaniline composite paper for high-performance supercapacitor[J]. Energy&Environmental Science, 2013, 6(4): 1185-1191.
[31] Zhang C, Xiao J, Lv X, et al. Hierarchically porous Co_3O_4/C nanowire arrays derived from a metal-organic framework for high performance supercapacitors and the oxygen evolution reaction[J]. Journal of Materials Chemistry A, 2016, 4(42): 16516-16523.
[32] Sheberla D, Bachman J C, Elias J S, et al. Conductive MOF electrodes for stable supercapacitors with high areal capacitance[J]. Nature materials, 2017, 16(2): 220-224.
[33] Halder A, Ghosh M, Khayum M A, et al. Interlayer hydrogen-bonded covalent organic frameworks as

high-performance supercapacitors[J]. Journal of the American Chemical Society, 2018, 140(35): 10941-10945.

[34] Wu S, Hui K S, Hui K N. 2D black phosphorus: from preparation to applications for electrochemical energy storage[J]. Advanced Science, 2018, 5(5): 1700491.

[35] Hao C, Yang B, Wen F, et al. Flexible all-solid-state supercapacitors based on liquid-exfoliated black-phosphorus nanoflakes[J]. Advanced Materials, 2016, 28(16): 3194-3201.

[36] Martínez-Periñán E, Down M P, Gibaja C, et al. Antimonene: a novel 2D nanomaterial for supercapacitor applications[J]. Advanced Energy Materials, 2018, 8(11): 1702606.

[37] Zhu G, Chen J, Zhang Z, et al. NiO nanowall-assisted growth of thick carbon nanofiber layers on metal wires for fiber supercapacitors[J]. Chemical Communications, 2016, 52(13): 2721-2724.

[38] Yang Z, Deng J, Chen X, et al. A highly stretchable, fiber-shaped supercapacitor[J]. Angewandte Chemie, 2013, 125(50): 13695-13699.

[39] Chlodnicki Z, Koczara W. Hybrid UPS based on supercapacitor energy storage and adjustable speed generator[J]. Compatibility in Power Electronics, 2007, 7, 1-10.

第 8 章

相变储能材料

能源是人类生产生活中必不可少的一部分，然而，化石能源的大量使用不仅会导致能源危机，也会带来环境问题，威胁人类赖以生存的生态环境。随着被称为“人类拯救地球的最后机会”的哥本哈根世界气候大会的召开，人类对于限制二氧化碳排放量的意识不断觉醒。目前，随着“双碳”战略目标的提出，人们更加注重提高能源使用率，并致力于开发可再生能源，储能技术应运而生。储热是一种重要的储能方式，储热技术是提高能源利用率的重要方法之一。

相变储能材料在感应到环境温度变化后产生相变，通过在相变过程中吸收或释放热量，有效调控其内部温度处于一个相对稳定的范围。当环境温度上升时，相变材料从周围环境中吸收并存储热量，阻碍环境温度上升；当环境温度下降时，相变材料向周围环境释放热量，以热量补偿的形式阻碍环境温度下降。相变储能材料通过存储或释放热量来调整、控制工作热源或材料周围的环境温度，减轻能源损耗，缓解能源在时间和空间上的供给不平衡的问题。相变储热材料在吸/放热过程中自身温度变化较小，体积变化小，且储热密度高，可有效提高能源利用率，实现能源优化，因此成为现阶段的研究热点之一。由此可见，相变储能方式是一种具有实际发展潜力和前景的储能方式，相变储能技术也是亟需深入研究和快速发展的能源储存技术。

8.1 相变储能方式

储热材料通过内能的改变实现热量的储存与释放，这类材料的热储存方式可以分为显热储存、化学反应热储存和潜热储存三种形式[1]。

显热储存是基于材料自身的比热容对热能进行储存或释放，在进行热能的储存或释放时会发生温度变化，这类材料主要有水、油、熔融盐、铸铁、混凝土、岩石等。储热材料的比热容越大，则存储的能量（Q）越多，如式（8-1）所示：

$$Q=\int_{T_i}^{T_f} mC_p \mathrm{d}T \tag{8-1}$$

式中，T_i 为物质吸收热量前的温度，T_f 为物质在吸收热量后的温度，C_p 为物质的比热容。

在众多显热材料中，水的比热容大，为 4.2×10^3 J/(kg·℃)，价格低廉，方便易得，因此是一种应用较广泛的显热储能材料。由于水在达到 100℃后会发生汽化，因此在使用温度较高的情况下，显热储能材料主要采用油、熔融盐或熔融金属。然而，显热储能材料在使用过程中，其自身的温度会随着热量的吸收和释放而不断变化，无法实现精准有效的控制。因此，显热储能材料应用范围有限。

化学反应热储存技术主要基于可逆的化学反应，利用化学反应热来实现热储存，其本质是热能与化学能在可逆化学反应中的相互转换[2]。化学反应热存储技术的储能密度与材料的种类、反应焓和化学反应的进行程度有关，基于化学反应热储存技术的储热材料储热密度大，往往比显热储能和相变储能的储能密度高出 2～10 倍。然而，化学反应热储存技术复杂，条件苛刻，如化学反应具有较好的可逆性，无明显复杂的副反应，正反应和逆反应效率高，反应产物易于分离、稳定储存、无毒、无腐蚀性、无可燃性等，难以大规模应用。

潜热储存，又称为相变储存。潜热储存技术主要是利用相变材料（phase change materials，PCM）产生相变（固-液相变、气-液相变、固-气相变或固-固相变）时吸收或放出热量来实现热量的储蓄和释放，因此这类材料也称为相变储能材料[3]。在相变过程中，材料温度保持恒定，可以有效实现控温的目的。潜热储存技术具有储能密度大、温度恒定可控、原材料廉价易得等优点，是一种极具发展潜力的储能技术。

8.2 相变储能材料的相变形式

物质有三态，即固态、液态和气态。物质从一种状态转变为另一种状态的过程称为相变。相变的形式有以下四种：固-液、液-气、固-气、固-固。

8.2.1 固-液相变

相变材料在吸收热量后，会从固态转变为液态，在释放热量后，会从液态转变为固态。从固态转变为液态的过程也称为熔解，从液态转变为固态的过程则称为凝固。

晶体会在温度达到某一点后从固态转变为液态，这一温度称作晶体的熔点。晶体的熔点与晶体的种类有关，而对于同一种晶体而言，熔点与其所处环境的压强有关。晶体在固态转变为液态的过程中需要吸收热量，但其自身温度则保持不变，直至该晶体全部熔解为止。大部分晶体在熔解过程中体积会增大，但对于少数晶体，在熔解过程中体积会变小，如冰在吸收热量后转变为液态水的相变过程。物质发生相变，从固态转变为液态的过程需要吸收热量，单位质量的物质所吸收的热量即为物质的熔解热（λ），质量为 m 的物质通过吸热而全部熔解所需的热量（Q）满足方程式（8-2）：

$$Q=\lambda m \tag{8-2}$$

物质通过释放热量从液态转变为固态的凝固过程，也可以称为结晶。在结晶过程中，物质内部无规则排列的粒子排入空间点阵的晶格中。物质在凝固过程中，固、液两态平衡共存，温度不变。在此期间，单位质量的物质释放的热量称为凝固热，与同一温度下该物质的熔解热相同。

8.2.2 液-气相变

物质通过吸收热量从液态直接转变为气态的相变过程称为汽化，汽化有蒸发和沸腾两种形式。其中，蒸发是在任意环境温度下发生在液体表面的相变过程，而沸腾则是在物质沸点温度下发生在整个液体中的相变过程。在蒸发过程中，若外界不再向环境提供热量，在液体蒸发过程中，环境温度会下降，称为蒸发制冷。在沸腾过程中，外界需要向液体源源不断地提供热量，才能保证液体处于沸腾状态，液体表面和内部才能发生剧烈的汽化现象。

某一环境温度下，单位质量的液体通过吸热转变为气态的过程中所吸收的热量称为蒸发热。蒸发热可采用里德尔式计算：

$$Q=1.093RT(\ln P_c-1)/(0.93-T_{br}) \tag{8-3}$$

$$T_{br}=\frac{T_b}{T_c} \tag{8-4}$$

式中，Q 为在一个标准大气压下（101.325kPa）液体沸点温度下的蒸发热；R 为摩尔气体常数；T_b 和 T_c 分别为标准大气压下液体的沸点温度和临界温度，T 为被测定的温度；P_c 为临界压力（kg/cm^2）。

物质通过释放热量从气态转变为液态的过程称为凝结。单位质量的气体在凝结过程中释放的热量称为凝结热，在数值上等于在同一环境温度下的汽化热。

8.2.3 固-气相变

物质吸收热量从固态直接转变为气态的过程称为升华，反之，物质释放热量从气态直接转变为固态的过程称为凝华。在常温常压下，一些物质会出现升华现象，如干冰、硫和磷等。水蒸气在环境气压低于 46 mmHg，温度低于 0℃时，会出现凝华现象。单位质量的物质在升华过程中需要吸收的热量称为升华热，升华热（$L_{升}$）等于汽化热（$L_{汽}$）和熔解热（$L_{熔}$）的加和，即满足公式（8-5）：

$$L_{升}=L_{汽}+L_{熔} \tag{8-5}$$

物质在升华过程中，其内部的粒子从点阵结构直接转变为气体分子，不仅要克服粒子间的相互作用力，还要克服外界的压强。物质在凝华过程中，单位质量的物质释放的热量称为凝华热，凝华热与同一温度下该物质的升华热相同。

8.2.4 固-固相变

物质在某一热力学条件（如压力、温度、磁场、电场等）发生变化后转变为不稳定状态，其内部的原子或电子组态会发生变化并重构成为更为稳定的状态，这一过程即为固一固相变过程，也称为固体相变。固体相变过程中，物质的晶相、热力学相和动力学相均有可能发生变化，如无机物晶型的转变、高聚物晶态与非晶态的转变。固态相变在相变过程中不会产生液体，储能密度大，体积变化小，在能源的开发利用和循环存储等方面具有独特的优势。

8.3 相变储能材料的分类

相变储能材料常见的分类方法有两种：a. 按材料的化学组成分类；b. 按材料相态变化分类。按照材料的化学组成分类，可以将相变材料分为有机相变材料、无机相变材料和共晶相变材料三类，如图 8-1 所示。按照材料的相态变化方式分类，可以将相变材料分为固-液相变材料、液-气相变材料、固-气相变材料和固-固相变材料。其中，液-气相变材料

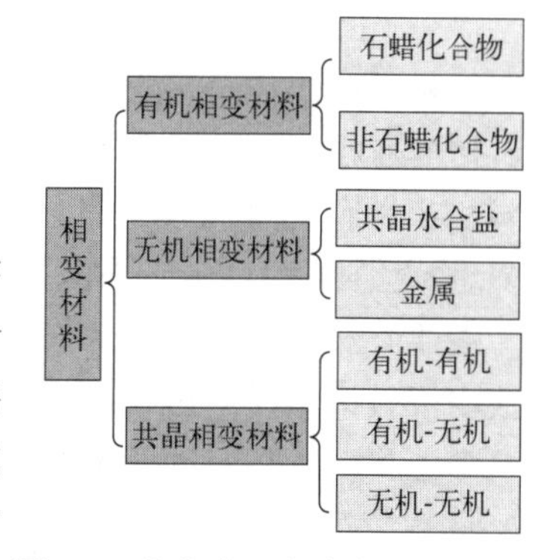

图 8-1 按化学组成分类的相变材料

和固-气相变材料在相变过程中会产生气体，气体占据的体积较大，对空间要求高，在实际使用过程中受限。依据目前相变材料的研究现状和发展趋势，本节内容主要介绍固-液相变材料和固-固相变材料。

8.3.1 固-液相变材料

固-液相变材料（solid-liquid PCM）按照化学组成，可以进一步分为无机固-液相变材料和有机固-液相变材料，以下作详细介绍。

（1）无机固－液相变材料

无机固－液相变材料可以分为结晶水合盐、熔融盐、金属合金等。其中，熔融盐和金属合金的相变温度较高，应用较少。结晶水合盐是无机固-液相变材料中使用较多的类型，其相变温度大多保持在 0～150℃，熔解热值高，相变温度稳定，导热系数大，储热密度大，相变体积小，价廉无毒，以上诸多优点使其在中、低温相变材料领域应用广泛[4]。结晶水合盐类无机相变材料可以认为是无机盐和水形成的 $AB \cdot nH_2O$ 晶体，其相变过程可以认为是该晶体中水分子的脱去与络合过程，如式（8-6）和式（8-7）所示：

$$AB \cdot nH_2O \longrightarrow AB \cdot mH_2O + (n-m)H_2O \tag{8-6}$$

$$AB \cdot nH_2O \longrightarrow AB + nH_2O \tag{8-7}$$

结晶水合盐虽然应用广泛，但是在使用过程中会出现过冷现象和相分离，这也是限制该类无机相变材料广泛应用的两个问题。为解决过冷现象这一问题，提高结晶水合盐类的结晶效率，可以采用以下两种方法：a. 加入成核剂，成核剂作为结晶生成中心，增加结晶位点，使物质在达到凝固点时顺利结晶，减少或避免过冷现象发生。b. 冷指法，保持冷区，使结晶水合盐中一部分物质保持未融化的结晶状态，这部分晶体可以作为成核剂促进结晶顺利进行。

相分离现象即在加热条件下，结晶水合物生成无机盐和水，但是生成的水分子不能完全溶解无机盐，导致无机盐由于密度大而沉于底部，在冷却放热过程中也不再与水分子结合，产生不均一的分层现象，造成储能密度大幅度下降。针对相分离问题，可采用以下几种方法解决：a. 加入增稠剂；b. 加入晶体结构改变剂；c. 采用机械搅拌；d. 应用微胶囊封装技术；e. 加入过量的自由水；f. 采用具有薄层结构的容器。

（2）有机固－液相变材料

石蜡是应用最广泛的有机固-液相变材料，因此，这类材料通常分为石蜡类和非石蜡类，非石蜡类有机固-液相变材料通常可以包含羧酸、脂肪酸、酯、多元醇等。与无机固-液相变材料相比，有机固-液相变材料不会出现过冷和相分离的现象，性能稳定，且可以通过不同相变材料之间的混合复配来灵活地调节材料的相变温度。

石蜡类有机相变材料由不同碳原子数的直链烷烃构成。在结晶过程中，直链烷烃分子链释放出大量的相变潜热。石蜡类相变材料原料易得，价格低廉，化学活性低，无毒，无腐蚀性，高温稳定，相变过程体积变化小，循环性能好，是应用广泛且极具发展潜力的一类有机相变材料。石蜡类相变材料的相变温度范围广，碳原子数越多，相变温度越高，相变焓越高。因此，将不同的石蜡混合复配即可制得具有不同相变温度的相变材料。

非石蜡类相变材料主要包含脂肪酸、酯、芳香烃类、芳香酮类、氟利昂类以及酰胺类等。此外，高分子类聚合物也属于非石蜡类相变材料，如聚多元醇类、聚烯酸类、聚酰胺类以及聚烯醇类等。非石蜡类有机相变材料的熔化焓较高，导热率低，易燃，闪点低，高温不稳定，易挥发降解，且具有不同程度的毒性。在有机固-液相变材料中，硬脂酸［$CH_3(CH_2)_{2n}COOH$］的相变潜热高，循环性能好，不会出现过冷度和相分离现象，是一种非常理想的相变材料。但是，硬脂酸的价格更加昂贵，其价格是工业石蜡的 2～2.5 倍，较高的成本也限制了硬脂酸的广泛应用。

诸如石蜡、硬脂酸等有机固-液相变材料在吸收热量后，会从固态转变为液态，当其转变为液态后，具有一定的流动性，在实际使用过程中造成不便捷性。为解决这一问题，常采用具有一定承载束缚作用的固态基材与相变材料复配，如聚乙烯、聚丙烯、聚苯乙烯等聚合物。

8.3.2 固-固相变材料

固-固相变材料（Solid-Solid PCM）利用其内部结构的有序-无序可逆转变实现能量的存储与释放。固-固相变材料是一种较为理想的储能材料，其在相变过程中不会产生液体，不会造成相变材料泄漏，具有较小的相变体积变化，无腐蚀性，循环性能较好。固-固相变材料主要包括多元醇、高分子聚合物、层状钙钛矿以及无机盐类等。

（1）多元醇

多元醇利用晶型之间的转变来实现热量的存储与释放，其相变温度种类较多，相变焓较高，相变过程中体积变化较小，不易出现过冷现象，无腐蚀性，导热效率高，循环性能好，是一种极具潜力的相变材料[5]。目前，常采用的多元醇包含季戊四醇、三羟甲基氨基甲烷、新戊二醇、三羟甲基乙烷、3-丙二醇、三甲醇丙烷等。依据多元醇的物质组成和结构不同，其呈现的相变温度和相变焓不同[6,7]。将两种或多种多元醇复配分别可以得到二元体系或多元体系的“合金”多元醇。“合金”多元醇体系的相变温度往往低于单组分多元醇的相变温度，且通过改变体系中不同组分的占比，可以进一步获得具有不同相变温度的一系列多元醇体系相变材料。

表 8-1 列出了季戊四醇-新戊二醇二元体系组分与相变温度的变化，表 8-2 列出了三羟甲基氨基甲烷-新戊二醇二元体系组分与相变温度的变化。由表 8-1 和表 8-2 可知，将新戊二醇与其他相变材料按不同比例复配后，复配得到的二元体系的相变温度和相变焓也会随之改变。季戊四醇组分含量越高，二元体系的相变温度越低，潜热值越低。类似地，当二元体系中的三羟甲基氨基甲烷组分含量越高时，相变温度越低，潜热值越低。

表 8-1　季戊四醇-新戊二醇二元体系组分与相变温度

季戊四醇/%(质量分数)	潜热值/(J/g)	相转变温度/℃	
		起始温度	终止温度
0	116.5	37.0	44.0
20	57.7	33.5	41.0
30	13.4	33.0	41.0
40	13.0	35.0	39.5
60	10.7	32.0	38.5

表 8-2　三羟甲基氨基甲烷—新戊二醇二元体系组分与相变温度

三羟甲基氨基甲烷/(wt%)	相变温度/℃	潜热值/(J/g)
0	44.1	116.5
20	37.9	95.2
50	38.5	38.5
80	39.5	6.3

作为相变材料应用时，多元醇存在以下缺点：a. 成本较高，限制其广泛应用；b. 会出现一定程度的过冷现象，造成储热效能下降，多元醇较结晶水合盐已不易出现严重的过冷度，在多元醇中添加成核剂可缓解过冷度；c. 多元醇在吸收热量发生相变的过程中，由晶态固体转变为塑晶，由于塑晶的固体饱和蒸汽压较高，多元醇在温度较高时易升华为气体逸出，导致在多次循环后该相变体系失效。

(2) 高分子聚合物

高分子聚合物作为固—固相变材料使用时，具有较大的储热容量，且易加工制备得到具有不同形状的结构器件材料，因此是一类具有较大市场需求和发展潜力的相变储热材料。用于制备固-固相变材料的高分子材料主要是交联型结晶聚合物，例如交联聚烯烃类聚合物、交联聚缩醛类聚合物等。高密度聚乙烯（HDPE）的熔点（T_m）为 135℃，相变潜热为 240J/g。当 HDPE 的相对分子质量较高时，其分子链之间物理缠结点多，内摩擦阻力大，在更高的温度下才能实现分子间的相对滑移，黏流态温度（T_f）高于熔点温度，在 HDPE 内部的结晶熔融后无液相产生，价格低廉，原材料易得，便于加工成型，因此该类材料是应用较多的聚烯烃类固-固相变材料[8, 9]。

当温度达到结晶高分子聚合物的熔点以上之后，聚合物吸收热量，晶体结构从结晶态转变为非晶态，可以实现完全可逆的相变过程，其在吸放热过程中存储的能量较其他热量存储系统高出数十倍，且自身温度基本保持不变。此外，该类聚合物型固—固相变材料在有序到无序的相转变过程中不会产生液体，无泄漏现象，应用成本低，循环性能好，体积变化小，加工性能优异，可以直接作为器件材料[10]。

(3) 层状钙钛矿

层状钙钛矿［$(n\text{-}C_xH_{2x+1}NH_3)MY_4$］相变材料属于有机金属化合物，其内部的夹层状晶体结构与钙钛矿石 $CaTiO_3$ 的结构类似，因而将其称为层状钙钛矿[11-13]。层状钙钛矿的化学组成中，M 代表二价金属，如 Mn、Cu、Fe、Co、Zn、Hg 等；Y 代表卤素，如 Cl、Br、I 等；碳原子数 x 保持在 8～18。层状钙钛矿材料具有类似“三明治”状的晶体结构，该材料内部层与层之间的物质为较薄的无机物层和较厚的有机物层。无机物层由［MCl_4^{2-}］构成，当 M 为 Cd、Cu、Fe(Ⅱ)、Hg、Mn 的化合物时，［MCl_4^{2-}］是缔合成骨架的八面体，当 M 为 Co、Zn 的化合物时，［MCl_4^{2-}］则是以离子的形式存在的四面体。有机物层由含有 N-烷基铵基的直链烷烃构成，有机层与无机层之间以离子键的形式结合。经研究发现，该类固—固相变材料的相变过程是通过有机层中分子链的有序-无序转变来实现的，在较低温度下，有机层中的分子链排入晶格，呈现长程有序堆叠结构，在较高温度下，链段无规则运动加剧，分子链呈现无序排列状，但在整个相变过程中，无机物层的晶体结构保持不变[12,13]。

大部分层状钙钛矿相变材料可用于低、中温度环境条件中（0～120℃）。由于层状钙钛矿材料的相变过程是利用有机物层中烷烃链的有序-无序转变，因此，该固－固相变过程是完全可逆的，且该类相变材料的相变焓高，相变温度调控范围宽，循环性能好，经研究发现，10 000 次热循环后该材料的相变过程依然完全可逆[14]。但是，该类相变材料在温度高于 200℃的环境温度中，有机物层会逐步发生分解，易导致热循环相变过程逐步失效。此外，该类相变材料呈易碎的粉末状，难以直接应用。针对上述问题，常将层状钙钛矿材料与聚合物基材共混使用。

（4）无机盐类

无机盐类固—固相变储热材料在固体状态下，利用晶型转变可以实现相变过程，从而实现对热量的吸收和释放，相变温度高，适合在较高的温度环境下使用。该类固－固相变材料的种类较少，主要包括 Na_2MoO_4、KHF_2、Na_2CrO_4 等[15,16]。

8.4 相变储能材料的制备方法

就固－液相变储能材料和固－固相变材料而言，无论是无机类相变材料还是有机类相变材料，均有各自的材料特性，在实际使用过程中均有优点和缺点存在。无机类固－液相变储能材料的热导性好、储能密度高、价格低廉，但在使用过程中有液体生成，且会出现存在过冷和相分离现象，应用受限。有机类固－液相变储热材料的热导性差、储能密度低，易挥发、老化、降解甚至燃烧，且在相变过程中也会生成液体，应用也受限。对于固－固相变储能材料而言，在实际使用过程中不会产生液体，不需要容器盛装。然而，多元醇类物质在相转变过程中，其晶体结构由晶态转变为塑晶，由于塑晶的蒸气压较高，导致其易挥发失效，应用受限。高分子类相变材料储能容量大，易加工成型，但是该类相变材料种类较少、储能密度低、热导性差，储能效率较低，在实际使用过程中也会暴露问题。因此，研究制备具有合适的相变温度、较大的储能密度和储能容量、较高的储能效率、结构稳定的相变储能材料逐步成为新能源领域的研究热点和难点。

近年来，在相变材料的探索与研究过程中，人们综合利用固－固相变材料和固－液相变材料的优点，利用固－液相变材料和高分子聚合物基载体，制备得到一种复合型相变储能材料。目前，常采用的复合型相变材料的制备方法主要包括熔融共混法、微胶囊法、吸附法、溶胶－凝胶法、插层法、烧结法和接枝法。

8.4.1 熔融共混法

熔融共混法是高分子成型过程中应用最广泛的一种加工方式，将高分子聚合物基材和固-液相变储能材料熔融共混后可以制备得到复合型的相变储能材料。将 HDPE 和石蜡加热到 140℃后，采用熔融共混制备得到相变储能材料[17,18]，如图 8-2 所示。温度在下降的过程中，HDPE 会先降至熔点以下达到脆硬的玻璃态，分子链之间相互缠结形成网状结构，将石蜡包裹、束缚在其结构内部。当制备得到的复合型相变储能材料所处的环境温度从室温逐渐上升时，石蜡会先通过吸收热量发生相变，但此时 HDPE 仍处于玻璃态，相互缠结的分子链会对液态石蜡产生束缚作用，阻碍石蜡流动、渗出，但对石蜡的相变行为不会产生影响[5,6]。

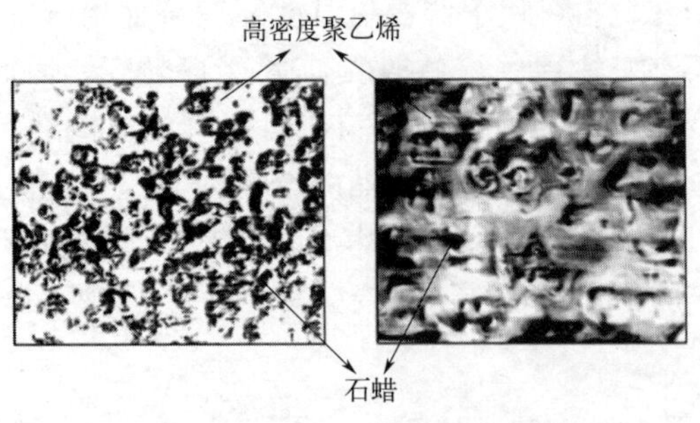

图 8-2 高密度聚乙烯-石蜡共混体系断面的微观扫描电镜图[18]

8.4.2 吸附法

吸附法是利用基体的多孔特性吸附呈现液态的相变材料，由此来制备相变储能材料。吸附法可以进一步分为浸泡法和混合法。其中，浸泡法是将多孔材料浸泡在液体相变材料中，利用毛细管吸附作用将液体相变材料吸附到多孔材料结构中，从而制得相变储能材料。混合法是先将相变材料与基材充分混合，再通过物理或化学作用将其制为相变储能材料。吸附法工艺简单，成本低廉，常用来制备复合型相变储能材料。但由于吸附法多采用多孔结构的基材作为载体，因此在其结构内部存在隔热性能较好的空气，导致导热性能下降，影响相变材料的吸放热速率。此外，在吸热储能过程中，相变材料从固态转变为液态后呈流动态，易从多孔材料中泄漏，多次热循环后会导致相变储热材料失效。

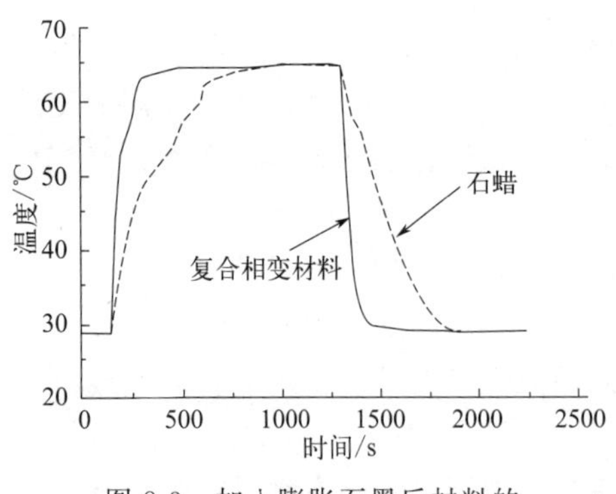

图 8-3 加入膨胀石墨后材料的温度变化曲线[9]

采用有机类相变材料（硬脂酸丁酯和石蜡等）和聚乙烯醇制备相变储能石膏板时，由于有机类相变材料由有机分子链构成，表面呈现疏水特性，不易与水性聚合物聚乙烯醇混合，因此有机类相变材料的含量不宜超过 30%[19]。此外，有研究人员在石蜡中加入具有优异导热性能的膨胀石墨[20-22]，研究发现，加入膨胀石墨后，材料的相变温度保持不变，但是相变材料的导热性能可以得到大幅度提升，温度变化更加灵敏，增强相变储能材料的储能效率，如图 8-3 所示。

8.4.3 微胶囊法

固一液相变材料在吸收热量后，会从固态转变为液态，采用微胶囊封装技术对其进行包裹，形成具有核一壳结构的微胶囊相变材料。相变材料被包裹在微胶囊中后，可有效地防止相变材料发生流动、渗漏的问题，扩大相变材料的应用领域。微胶囊技术生产工艺成熟，原料低廉易得，满足大规模的工业化生产需求。但是，固-液相变材料在相变过程中会发生体积变化，微胶囊材料会发生收缩和膨胀，多次热循环后可能会出现破裂，致使相变材料失效。由于微胶囊材料的机械性能、厚度以及导热性能都会影响到相变材料的储能效率和使用寿命，这也对微胶囊封装材料提出了较高的要求，提高了产品成本。

有研究人员采用微胶囊技术制备得到以 PMMA 为“壳”层、石蜡为“核”结构的微胶囊相变材料，并以季戊四醇四丙烯酸酯为交联剂对 PMMA 进行交联，使“壳”层形成三维网状结构，制备得到的微胶囊相变材料中石蜡含量可以高达 85.6%[23]。采用微胶囊技术对相变材料进行包裹后，制备得到的相变材料不易流动渗漏[24]。然而，当聚合物作为壁层时，导热性能欠缺，针对这一问题，有研究人员采用碳纳米管、SiO_2 或 TiO_2 为“壳”层制备相变储能材料以提升储能效率[25-27]。

8.4.4 溶胶-凝胶法

溶胶-凝胶法常以无机物或金属醇盐作为前驱体，通过水解、缩合等化学反应，在溶液体系中生成稳定的透明溶胶体系，再基于胶粒间的相互聚合反应，最终形成具有三维空间网状结构的凝胶体系。溶胶-凝胶法的反应条件低，工艺简单，是相变储能材料的主要制备方法之一。张静等[28]以棕榈酸作为相变储能材料，以正硅酸乙酯为前驱体溶液，采用溶胶－凝胶法制备了棕榈酸/SiO_2 纳米复合型相变储能材料，由于 SiO_2 的导热系数较高，该复合型相变储能材料的吸放热速率和储能效率显著提高。林怡辉、张正国等[29,30]也采用溶胶－凝胶法制备得到了硅胶/硬脂酸体系的复合型相变储能材料，该材料的相变焓可以达到 163.2J/g，相变温度约为 55.18℃。

8.4.5 插层法

插层法是以无机物层为主体，以有机相变材料为客体插入无机物层之间，从而制备得到复合型相变储能材料。插层法常采用蒙脱土、黏土等有限的几种具有层状结构的硅酸盐以及一些具有层状结构的无机化合物（如石墨等）作为前驱体材料。依据有机物插入过程的不同，插层法可以进一步分为以下三种：原位插层法、聚合物液相插层法和聚合物熔融插层法。原位插层法是先将聚合物的单体引入无机物层结构中，再通过引发剂引发聚合反应进行。当单体聚合为大分子有机物后，即构成复合型相变材料。由于单体的聚合过程涉及链引发、链增长、链转移以及链终止等聚合反应过程，自由基活性和反应效率均会受无机物－单体原料体系中的离子、pH 值以及杂质等因素的影响。聚合物插层法是先将聚合物熔体（或聚合物的溶液）与无机物混合，利用化学及热力学作用使无机物剥离成纳米尺度的片层结构，并均匀分散在聚合物基体中，最终形成复合型相变储能材料。聚合物液相插层法是利用溶剂溶解聚合物，将聚合物的溶液扩散到无机物层结构之中，再将溶剂挥发，形成具有层结构的有机－无机复合型相变材料。该方法顺利进行的关键是聚合物和无机物能够同时溶解在同一种溶剂中。聚合物熔融插层法是通过加热聚合物使其达到黏流态，再将其引入无机物层结构之中，制备复合型相变材料。聚合物熔融插层法较聚合物液相插层法而言，不需要使用大量的溶剂，无溶剂回收和环境污染等问题。

方晓明等[31]以硬脂酸为相变材料，以膨润土为无机物，通过聚合物液相插层法将硬脂酸插层膨润土层结构之中。制备得到的复合型相变储能材料结构稳定，导热性能较硬脂酸好，储能效率有所提升。张正国等[32]采用聚合物液相插层法将硬脂酸丁酯与膨润土添加到复合水泥中，在经过 1500 次热循环后，材料依旧呈现良好的结构稳定性，无硬脂酸丁酯渗出，热循环性能优异。

8.4.6 烧结法

烧结法需要采用烧结工艺，温度高达 600℃以上，聚合物在此高温下易挥发降解，因此该方法常用于制备无机盐一陶瓷体系的复合型相变储能材料。该类复合型相变材料制备工艺苛刻，因此对选用的相变材料要求较高：a. 相变材料和陶瓷基材料在高温下要具有良好的化学相容性和化学稳定性；b. 相变材料与陶瓷体之间要具有较好的相容性；c. 相变材料要具有较高的相变潜热；d. 相变材料要具有较低的蒸气压，不易挥发。该方法制备得到的相变材料往往可以应用在高温相变领域[33]，应用范围较小。

8.4.7 化学连接法

化学连接法是利用接枝、缩合或交联等化学反应，将固一液相变材料与三维骨架材料连接固定在一起，制备得到的复合型相变材料也可以有效防止液体渗漏。该方法在应用过程中，要求骨架材料具有较好的热稳定性和化学稳定性，当温度达到相变材料的相变温度时，骨架材料的结构与性能保持不变。基于化学反应过程，相变材料的分子链段和骨架材料之间产生化学键合作用，通过化学键连接固定到骨架材料上。相变材料在连接到骨架材料上之后，其流动作用会被骨架材料束缚，不再具有流动性。采用化学连接法制备得到的相变储能材料具有较好的热稳定和储能效率，工艺便捷，原料价廉，因而具有较大的实际应用价值，是相变材料领域中的一个研究热点。

Sarı 等以棕榈酸和聚苯乙烯为原料，通过聚合反应制备得到相变储能材料[34]。聚苯乙烯分子结构中含有刚性基团——苯环，可作为骨架材料对棕榈酸产生限域作用。当棕榈酸固定到聚苯乙烯骨架结构中之后，随着环境温度上升，棕榈酸会产生相变，但此温度不会使聚苯乙烯达到软化甚至黏流状态，由于棕榈酸分子链的一端与聚苯乙烯相连，其分子链结构中只有部分链段能运动，保证整体材料呈现固态。

8.5 相变储能材料的应用

利用相变储能材料的相变潜热，此类材料可以在能源存储和温度调控等领域实现推广和应用。目前，随着相变材料的研究与发展，相变材料在储热节能领域中有着广阔的应用前景，具体介绍如下。

8.5.1 节能型建筑类材料

目前，温室气体排放、全球变暖、能源危机等问题愈加严重，相变材料通过吸收和释放能量缓解温度变化，是解决这些问题的理想方法之一。当相变材料作为建筑类材料使用时，可有效减少能源损耗，缓解能源危机。当环境温度高于相变材料的相变温度时，相变材料通过吸收热量来存储能量，延缓并阻碍环境温度上升；当环境温度低于相变材料的相变温度时，相变材料通过释放热量延缓并阻碍环境温度下降，如图 8-4 所示[35]。因此，相变材料可有效阻碍缓解温度变化，减少空调、风扇等控温设备的使用，调整能源在时间和空间上的不协调性，进而减少能源损耗。

有研究人员将石蜡加入聚合物基材中制备相变隔热型降温材料[36]，并通过将石蜡和石墨、碳纤维、碳纳米管等材料复配，进一步提高材料的导热性能。这类材料由于具有较高的导热性能，其内部温度易受周围环境的影响，有利于相变材料吸收或释放热量。

相变储能材料优异的储热性能，使其在被动式低能耗节能建筑领域具有非常大的应用前景。利用相变材料的吸热和放热特性，也可应用在很多领域，诸如冷链储冷系统[37]、余热收集系统[38,39]、相变纺织材料等[40]。

图 8-4 采用熔融共混法制备得到的相变储能材料[35]

8.5.2 储冷系统

冷链物流运输行业是国民日常生产生活中不可或缺的一部分。尤其是在新冠肺炎疫情防控期间，生鲜食品等物资运输周期长，常温运输环境下，食材易变质、腐败，保鲜问题严峻。冷链运输利用低温控温技术，可有效防止食品变质、腐败。我国冷链运输技术中，目前主要还是采用制冷机实现低温冷藏，这种制冷方式损耗的能源较大。相比之下，相变储能材料可有效减少能源损耗，实现低温冷藏技术和节能环保技术的有机结合。近年来，人们对生活品质的需求越来越高，冷链运输生鲜产品、医疗药剂等成为人们日常生产生活中重要的一部分。相变材料可应用在冷藏柜、冷冻车、保鲜箱、保鲜包装等领域。目前，相变储冷技术在冷链运输中的应用越来越广，市场潜力大，应用前景好。

依据冷链运输产品的不同，可以针对性地开发相变储冷技术。用于储冷技术研究的相变材料的相变温度较低，大多保持在5℃以下。其中，无机相变材料有重水、五氯化锑和硫酸等，有机相变材料有甘露醇、乳酸钙、正十四烷、甘氨酸、十二烷、月桂酸、石蜡等，热物性参数见表 8-3。单一组分的相变材料的相变温度和相变焓固定不变，可用于冷链储冷技术的种类较少，应用受限。目前，可依据应用领域的目标产品，将不同的相变材料复配，调控相变材料的相变温度和相变焓。

表 8-3 相变储冷材料的热物性参数

种类	名称	熔点/℃	熔化热/(J/g)
无机相变材料	重水	3.7	318
	五氯化锑	4	33
	硫酸	10.4	100

续表

种类	名称	熔点/℃	熔化热/(J/g)
有机相变材料	甘露醇	−3.3	290
	乳酸钙	−2.3	290
	正十四烷	7	220
	甘氨酸	−5	300
	十二烷	−12	216
	月桂酸甲酯	3.75	175
	石蜡	−12～0	210
复合相变材料	月桂酸/十四烷	4	207
	肉豆蔻酸/正辛酸	7	146
	山梨酸钾/聚丙烯酸钠	3	294
	丙三醇/甘氨酸	−5	296
	山梨酸钾/水	−2.5	256
	乳酸钙/氯化铵/高吸水性树脂	−4.2	297
	甘露醇/氯化铵/高吸水性树脂	−46	308

8.5.3 余热收集系统

工业余热是在工业生产中无法实现能源再利用的“废热”，主要包含高温烟气余热、高温产品余热、冷却介质余热和废水废气余热等。工业余热是造成热污染、热能浪费的主要生产领域。如何变“废”为“宝”，提高能源使用效率，也是近年来需要大力解决的问题。

相变材料具有吸收热量、保存热量、释放热量的功能。基于相变材料自身的潜热，可以将其应用在余热收集系统。余热收集系统大多应用在汽车发动机、船舶柴油机、冰箱制冷系统、电站凝汽器冷却水系统等产生大量废热的设备或装置中。回收的余热可以用于预热、发电、供暖、加热水体等，有效提高能源利用效率。

汽车发动机在使用过程中，能源的有效使用率仅为35%～40%，大部分余热被冷却液和汽车尾气排放物带走。相变材料可以吸收发动机的余热，在环境温度较低时，相变材料释放热量，预热发动机缸体起到保护发动机的作用。类似地，船舶柴油机燃烧的热量中仅有45%～50%能够转化成为机械能，其余热量作为废热被冷却液和尾气排出。冷却液在冷却过程中吸收余热，温度可以高达65～85℃，尾气在吸收余热后，温度则可以高达350～450℃。由于相变材料具有储能密度高、温度恒定、装置体积小、结构简单、应用方便等优点，相变储能技术在船舶余热收集系统中的应用也愈加广泛。

8.5.4 相变纺织材料

相变材料加入纤维材料中后，制备得到的纺织品穿戴在身体上，当环境温度上升或者人体在剧烈运动之后，相变材料吸收热量，并基于自身潜热存储热量，当环境温度下降时，相变材料释放热量，将热量补充给人体和周围环境，起到缓冲温度变化的作用。

在 1995 年，就有研究人员利用相变纤维材料提出“动态保温”的概念，材料的动态保温性能取决于相变材料在相变过程中的温度变化情况。这一类材料也被称为智能温控纺织品，制备方法主要包括以下几种。

① 在纤维熔体中添加微胶囊相变材料后纺丝　将微胶囊相变材料混入聚合物熔体中，使制备得到的材料呈现一定的相变特性。

② 在纤维材料表面浸附有机相变材料　有研究人员采用聚乙二醇的水溶液处理聚酯纤维、尼龙纤维、棉和羊毛等材料。当纤维材料经过相变材料的水溶液浸泡后，其表面会吸附大量的相变材料，相变纤维材料存储或释放的热量是未经处理纤维材料的 2.5 倍。

③ 利用涂层技术将相变材料涂覆到纤维材料表层　采用涂层负载相变材料是制备相变纤维材料最常用的方法。有研究人员在纤维材料表层涂覆了含有聚乙二醇相变材料的涂层，该相变纤维材料呈现良好的存储/释放热量的能力。

④ 利用黏合剂将相变材料贴附到纤维材料表层　有研究人员将聚氨酯基黏合剂将相变复合材料黏附到棉和聚酯纤维材料上，材料的相变温度可以达到 16～17℃，相变焓可以高达 28.6J/g。

8.6 相变储能材料的研究方法

研究相变储能材料性能的方法主要有两种，分别是差示扫描量热（DSC）法和热重分析（TGA）法。DSC 法依据试样和参比样品之间的焓值差，测定物质在热反应过程中时吸收或放出的热量，主要用于表征相变材料在相变过程中的焓值——温度曲线，测得的 DSC 曲线可用于观察焓变大小和相变温度。TGA 法可用于测定试样在不同温度下的失重率，主要用于表征相变材料在相变过程中的质量——温度曲线。当试样在温度升高过程中发生升华、汽化或分解等变化时，会因生成气体或失去结晶水而发生质量变化。因此，测试曲线可用于观察相变材料的分解温度，这对相变材料的组分分析以及应用领域具有很大的指导意义。DSC 法和 TGA 法主要对比见表 8-4。

表 8-4　DSC 法和 TGA 法比较

测试方法	材料用量	温度范围/℃	测试结果	数据分析
差示扫描量热法	5～10mg	−175～725	在升降温过程中试样吸收或释放热量，测试结果为焓值—温度曲线	① 熔融温度（凝固温度） ② 熔化热（凝固热） ③ 吸收峰的形式 ④ 过冷度
热重分析法	15～20g	室温～1400	在升温过程中，试样的质量发生变化，测试结果为质量—温度曲线	① 失重起始温度 ② 失重温度范围 ③ 分解温度 ④ 不同组分的质量含量

习题与思考题

简答题

1. 请简述相变储热方式有哪三种。
2. 请简述潜热存储的特点。
3. 请简述相变储热形式有哪几种。
4. 请简述什么是凝固热。
5. 简述固－液相变储热材料的优缺点。
6. 简述固－固相变储热材料的优缺点。
7. 简述结晶水合盐的特点。
8. 石蜡熔点范围宽，潜热高，是一种常用的固—液相变材料，在使用过程中易出现泄露现象，请简述现阶段研究中解决这一问题的一些方法。
9. 简述固—液相变材料在热管理材料中的应用原理。
10. 相变储能材料在许多领域具有应用价值，请简述相变材料的应用领域。
11. 列举几个日常生活中应用到的相变储热技术。
12. 简述差示扫描量热法测试相变储能材料的温度测试范围和测试结果。

参考文献

[1] 张贺磊，方贤德，赵颖杰. 相变储热材料及技术的研究进展[J]. 材料导报 a：综述篇，2014，28(7)，26-32.

[2] 闫霆，王文欢，王程遥. 化学储热技术的研究现状及进展[J]. 化工进展，2018，37(12)，4586-4595.

[3] Kuznik F，David D，Johannes K，et al. A review on phase change materials integrated in building walls [J]. Renewable and Sustainable Energy Reviews，2011，15(1)，379-391.

[4] Farid M M，Khudhair A M，Razack S A K，et al. A review on phase change energy storage，materials and applications[J]. Energy Conversion and Management，2004，45(9-10)，1597-1615.

[5] Wang X，Lu E，Lin W，et al. Micromechanism of heat storage in a binary system of two kinds of polyalcohols as a solid-solid phase change material[J]. Energy Conversion and Management，2000，41 (2)，135-144.

[6] Gunasekara S N，Pan R，Chiu J N，et al. Polyols as phase change materials for surplus thermal energy storage[J]. Applied Energy，2016，162，1439-1452.

[7] Gunasekara S N，Pan R，Chiu J N，et al. Polyols as phase change materials for low-grade excess heat storage[J]. Energy Procedia，2014，61，664-669.

[8] Weingrill H M，Resch-Fauster K，Lucyshyn T，et al. High-density polyethylene as phase-change material，Long-term stability and aging[J]. Polymer Testing，2019，76，433-442.

[9] Weingrill H M，Resch Fauster K，Zauner C. Applicability of polymeric materials as phase change materials[J]. Macromolecular Materials and Engineering，2018，303(11)，1800355.

[10] Smith D E，Tortorelli D A，Tucker C L. Analysis and sensitivity analysis for polymer injection and compression molding[J]. Computer Methods in Applied Mechanics and Engineering，1998(167)，325-

344.

[11] Li W, Zhang D, Zhang T, et al. Study of solid-solid phase change of $(n\text{-}C_nH_{2n+1}NH_3)_2MCl_4$ for thermal energy storage[J]. Thermochimica Acta, 1999, 326(1-2), 183-186.

[12] Kang J, Chor J, Madeleine R. Phase transition behavior in the perovskite-type layer compound $(n\text{-}C_{12}H_{25}NH_3)_2CuCl_4$[J]. Journal of Physics and Chemistry Solids, 1993, 54(11), 1567-1577.

[13] Reuben R C, S. S, R. B R, et al. Manganese-based layered perovskite solid-solid phase change material, Synthesis, Characterization and Thermal stability study[J]. Mechanics of Materials, 2019 (135), 88-97.

[14] Raj C R, Suresh S, Singh V K, et al. Life cycle assessment of nanoalloy enhanced layered perovskite solid-solid phase change material till 10000 thermal cycles for energy storage applications[J]. Journal of Energy Storage, 2021, 35, 102220.

[15] Mitran R A, Lincu D, Ioniţă S, et al. High temperature shape-stabilized phase change materials obtained using mesoporous silica and NaCl-NaBr-Na_2MoO_4 salt eutectic[J]. Solar Energy Materials and Solar Cells, 2020, 218, 110760.

[16] Wang H L, Liu S J, Zhao F Q. Research and application of solid-solid phase change as energy storage materials[J]. Applied Mechanics and Materials, 2014,707, 85-89.

[17] Hong Y, Xin-shi G. Preparation of polyethylenepara Sn compound as a form-stable solid-liquid phase change material[J]. Solar Energy Materials and Solar Cells, 2000, 64, 37-44.

[18] Sarı A. Form-stable paraffin/high density polyethylene composites as solid-liquid phase change material for thermal energy storage: preparation and thermal properties [J]. Energy Conversion and Management, 2004, 45(13-14), 2033-2042.

[19] Athienitis A K, Liu C, Hawes D, et al. Investigation of the thermal performance of a passive solar test-room with wall latent heat storage[J]. Building and Environment, 1997, 32(5), 405-410.

[20] Luo D, Xiang L, Sun X, et al. Phase-change smart lines based on paraffin-expanded graphite/polypropylene hollow fiber membrane composite phase change materials for heat storage[J]. Energy, 2020,197, 117252.

[21] Zhang Z, Fang X. Study on paraffin/expanded graphite composite phase change thermal energy storage material[J]. Energy Conversion and Management, 2006, 47(3), 303-310.

[22] 杜文清，费华，顾庆军，等. 膨胀石墨基定形复合相变材料的特性及其应用研究进展[J]. 化工新型材料，2021，1-8.

[23] Al-Shannaq R, Farid M, Al-Muhtaseb S, et al. Emulsion stability and cross-linking of PMMA microcapsules containing phase change materials[J]. Solar Energy Materials and Solar Cells, 2015, 132, 311-318.

[24] Zhan S, Chen S, Chen L, et al. Preparation and characterization of polyurea microencapsulated phase change material by interfacial polycondensation method[J]. Powder Technology, 2016, 292, 217-222.

[25] Cheng J, Zhou Y, Ma D, et al. Preparation and characterization of carbon nanotube microcapsule phase change materials for improving thermal comfort level of buildings[J]. Construction and Building Materials, 2020, 244, 118388.

[26] Li M, Liu J, Shi J. Synthesis and properties of phase change microcapsule with SiO_2-TiO_2 hybrid shell [J]. Solar Energy, 2018, 167, 158-164.

[27] Zhang H, Wang X, Wu D. Silica encapsulation of n-octadecane via sol-gel process: A novel microencapsulated phase-change material with enhanced thermal conductivity and performance[J]. Journal of Colloid and Interface Science, 2010,343(1), 246-255.

[28] 张静，丁益民，陈念贻. 以棕榈酸为基的复合相变材料的制备和表征[J]. 盐湖研究，2006(01)，9-13.

[29] 林怡辉，张正国，王世平．硬脂酸－二氧化硅复合相变材料的制备[J]．广州化工，2002，30(1)，18-21.
[30] 张正国，黄弋峰，方晓明，等．硬脂酸/二氧化硅复合相变储热材料制备及性能研究[J]．化学工程，2005(04)，34-37.
[31] 方晓明，张正国，文磊，等．硬脂酸/膨润土纳米复合相变储热材料的制备、结构与性能[J]．化工学报，2004(04)，678-681.
[32] 张正国，庄秋虹，张毓芳，等．硬脂酸丁酯/膨润土复合相变材料的制备及其在储热建筑材料中的应用[J]．现代化工，2006(S1)，131-134.
[33] 王月祥，王执乾．硬脂酸-月桂酸_蒙脱土复合相变储能材料的合成及性能研究[J]．化工新型材料，2015，43(12)，67-69.
[34] Sarı A，Alkan C，Biçer A，et al. Synthesis and thermal energy storage characteristics of polystyrene-graft-palmitic acid copolymers as solid-solid phase change materials[J]．Solar Energy Materials and Solar Cells，2011，95(12)，3195-3201.
[35] Xiang B，Yang Z，Zhang J. ASA/SEBS/paraffin composites as phase change material for potential cooling and heating applications in building[J]．Polymers for Advanced Technologies，2021，32(1)，420-427.
[36] Barreneche C，Navarro L，de Gracia A，et al. In situ thermal and acoustic performance and environmental impact of the introduction of a shape-stabilized PCM layer for building applications[J]．Renewable Energy，2016，85，281-286.
[37] 孙锦涛，谢晶．相变蓄冷材料及其在冷库中应用的研究进展[J]．食品与机械，2021，37，227-232.
[38] Kasza K E，Chen M M. Improvement of the performance of solar energy or waste heat utilization systems by using phase-change slurry as an enhanced heat-transfer storage fluid[J]．Journal of Sloar Energy Engineering，1985，107，229-236.
[39] Yan S R，Fazilati M A，Samani N，et al. Energy efficiency optimization of the waste heat recovery system with embedded phase change materials in greenhouses：a thermo-economic-environmental study [J]．Journal of Energy Storage，2020，30，101445.
[40] 郭制安，隋智慧，李亚萍，等．相变双向调温纺织材料制备技术研究进展[J]．化工进展，2022，41(7)，3648-3659.

本书思政元素

课程思政是一种育人理念，也是一种教育模式。本书围绕“立德树人”的根本任务，从“格物、致知、诚意、正心、修身、齐家、治国、平天下”的中国传统文化角度入手，以“爱国、创新、求实、奉献、协同、育人”的新时代科学家精神为指引，结合“富强、民主、文明、和谐、自由、平等、公正、法治、爱国、敬业、诚信、友善”的社会主义核心价值观，设计出课程思政的主题，然后紧紧围绕“价值塑造、知识传授、能力培养”三位一体的课程建设目标，通过对知识点教学素材的设计运用，在课程内容中挖掘专业知识体系中所蕴含的思想价值和精神内涵，科学合理地拓展专业课程的广度、深度和温度，并以“润物细无声”的方式将正确的价值追求有效地传递给读者，提高学生正确认识问题、分析问题和解决问题的能力，进而培养学生探索未知、追求真理、勇攀科学高峰的责任感和使命感，激发学生科技报国的家国情怀和使命担当。

每个思政元素的教学活动过程中都包括内容导引、展开研讨、总结分析等环节，教师和学生共同参与其中。在课堂教学中，教师可结合下表中的内容导引，针对相关知识点或案例，引导学生进行思考或展开讨论。

序号	内容导引	思考问题	课程思政元素
1	传统化石能源和新能源	1. 传统化石能源有哪些？它们有哪些缺点？ 2. 新能源有哪些？它们有哪些优点？	科技发展 能源与环境 专业与国家
2	储能技术的分类与应用	1. 储能技术的发展在社会发展中起到哪些作用？ 2. 简述储能技术的重要性。 3. 发展储能技术的意义是什么？	努力学习 科技发展 专业与社会
3	储能材料	1. 储能材料有哪些性能？ 2. 储能材料研究开发的重点有哪些？	科学素养 大国复兴 人类命运共同体
4	化学电源的工作原理和组成	1. 化学电源的工作原理是什么？ 2. 化学电源由哪些部分组成？	专业与国家 责任与使命 核心意识
5	化学电源的应用	1. 普遍应用的化学电源有哪些？ 2. 移动通信设备对为之提供能量的化学电源有哪些基本要求？	科学精神 大局意识 社会责任
6	化学电源的发展	1. 化学电源的发展在社会发展中起到哪些作用？ 2. 化学电源在生活中具有什么重要意义？	辩证思想 热爱祖国 责任与使命
7	化学电源的性能	1. 化学电源的性能有哪些？ 2. 讨论一下化学电源的电性能和储存性能	科技发展 专业与社会 创新意识

续表

序号	内容导引	思考问题	课程思政元素
8	铅酸电池	1. 铅酸电池有哪些缺点？ 2. 新式铅酸电池相对于传统铅酸电池在哪些方面有所改进？	辩证思维 科技发展 创新意识
9	镍氢电池	1. 镍氢电池的工作原理是怎样的？ 2. 镍氢电池主要在哪些领域有比较广泛的应用？	专业知识 科学素养 责任使命
10	锂离子电池的结构组成和工作原理	1. 锂离子电池由哪几部分组成？ 2. 各组成部分的作用分别是什么？	全面发展 努力学习 创新意识
11	锂离子电池正极材料	1. 常见的锂离子电池正极材料有哪些？ 2. 通过对比，哪类正极材料性能更加优异？	大国复兴 专业知识 科技发展
12	过渡金属氧化物正极材料	1. 过渡金属氧化物正极材料有哪些？其有何优缺点？ 2. 其主要应用领域有哪些？	科学素养 科技发展 专业与国家
13	钴酸锂正极材料	1. 钴酸锂正极材料具有什么特点？ 2. 如何提高钴酸锂正极材料的性能？	终身学习 科学素养 科技发展
14	三元镍钴锰酸锂正极材料	1. 三元镍钴锰酸锂正极材料存在哪些问题？有哪些解决思路？ 2. 我国三元镍钴锰酸锂正极材料的发展和市场现状如何？	终身学习 科学素养 专业与国家 责任与使命
15	聚阴离子正极材料	1. 什么是聚阴离子正极材料？其具有什么特点？ 2. 磷酸铁锂正极材料存在哪些问题？目前是如何解决的？	科技发展 创新意识 努力学习
16	锂离子电池负极材料	1. 作为锂离子电池负极材料有哪些基本要求？ 2. 固态电解质界面膜是如何产生的？有什么作用？ 3. 锂离子电池负极材料有哪些种类？	专业与国家 科技创新 终身学习
17	碳基负极材料	1. 无定形碳和石墨的特点是什么？ 2. 无定形碳和石墨的嵌锂机制是什么？	终身学习 科学素养 科技发展
18	硅基负极材料	1. 硅基负极材料的嵌锂机制是什么？ 2. 硅基负极材料存在哪些问题？	终身学习 科学素养 科技发展
19	锂离子电池电解质	1. 锂离子电池电解质有哪些种类？ 2. 液态电解质与固态电解质各自的优缺点是什么？	责任与使命 科技发展 民族自豪感
20	电解质中使用锂盐	1. 有机液态电解质中使用的锂盐种类有哪些？ 2. 理想的电解质锂盐应具备哪些特征？	科技发展 辩证思维 大国复兴

续表

序号	内容导引	思考问题	课程思政元素
21	固态电解质	1. 试着阐述现在聚合物电解质存在的问题。 2. 为什么要开发固态电解质？其优势有哪些？	科技发展 创新意识 责任与使命
22	锂离子电池隔膜	1. 简述制备隔膜时使用的工艺方法及特点。 2. 制备锂电池隔膜的性能指标有哪些？	职业精神 专业知识 努力学习
23	锂离子电池黏结剂	1. 黏结剂在电池中的作用是什么？ 2. 简述黏结剂的发展状况。 3. 黏结剂的分类是什么？	能源与环境 努力学习
24	聚合物黏结剂	1. 为什么要探索 Si 和聚合物黏结剂之间的相互作用？ 2. 与线性聚合物相比，网状交联结构的聚合物的优势是什么？	科技发展 科学素养 终身学习
25	锂硫电池	1. 锂硫电池的概念是什么？ 2. 简述锂硫电池的发展历程。 3. 锂硫电池的充放电机理是什么？ 4. 锂硫电池存在哪些缺点？	科技发展 热爱祖国 大局意识
26	锂硫电池电解质	1. 简述锂硫电池电解质的分类。 2. 锂硫电池电解质需要具备哪些特质？	专业与社会 大国复兴 人类命运共同体
27	锂空气电池	1. 锂空气电池有哪些优缺点？对储能发展有什么影响？ 2. 锂空气电池是锂电池吗？	辩证思维 科技发展 能源与环境
28	锂空气电池的工作原理	1. 锂空气电池的工作原理是什么？ 2. 锂空气电池的工作原理与其他锂离子电池有何不同？	科学思维 辩证思维 终身学习
29	锂空气电池的应用	锂空气电池的应用面临哪些问题和挑战？	科学素养 科学思维 责任和使命
30	钠离子电池	1. 钠离子电池为什么成本较低？ 2. 钠离子电池的正极材料有哪些？	终身学习 努力学习 职业精神
31	钠离子电池正极材料	1. 钠离子电池在国内外的发展现状如何？ 2. 钠离子电池的正极材料有哪些？各自的发展现状如何？	科技发展 科学素养 创新意识 专业与国家
32	钠离子电池负极材料	1. 钠离子电池负极材料主要有哪些？ 2. 钠离子电池负极材料需要考虑什么因素？	科技发展 热爱祖国 大局意识

续表

序号	内容导引	思考问题	课程思政元素
33	钠离子电池电解液	1. 钠离子电池非水系溶剂和水系溶剂都有哪些？ 2. 钠离子电池常用添加剂有哪些？	核心意识 沟通协作 专业与社会
34	铝离子电池	1. 铝离子电池的反应机理是什么？ 2. 铝离子电池的研究方向有哪些？其对储能电池的发展有何意义？	科技探索 科技发展 专业与社会
35	锌离子电池	1. 什么是锌离子电池？它是如何工作的？ 2. 锌离子电池具有什么特点？	努力学习 科技探索 科学素养
36	锌离子电池的应用	未来锌离子电池面临怎样的挑战？	科技探索 责任与使命
37	超级电容器	1. 超级电容器和传统电池有何相同点和不同点？ 2. 超级电容器的工作原理是什么？如何分类？	科技发展 科学素养 努力学习 科技进步
38 39	双层超级电容器	1. 双层超级电容器的工作原理是什么？ 2. 双层超级电容器的材料有哪些？它们各有什么优缺点？	科学素养 科学精神 辩证思维 专业与社会
40 41	赝电容超级电容器	1. 赝电容超级电容器的工作原理是什么？ 2. 赝电容超级电容器的材料有哪些？各有什么优缺点？	科学素养 科学精神 辩证思维 专业与社会
42	超级电容器的应用	1. 超级电容器可应用在哪些方面？ 2. 超级电容器与传统器件相比优势在哪？	专业与社会 科技发展 创新意识
43	相变储能方式	1. 有哪些相变储能方法？ 2. 储热材料的工作原理以及适用环境是什么？	专业与社会 科技进步 科学素养
44	相变储能材料	1. 相变储能材料的相变形式有哪些？ 2. 相变储能材料的应用领域有哪些？ 3. 列举几个日常生活中应用到的相变储热技术	科学素养 科技发展 创新意识